科学出版社“十四五”普通高等教育本科规划教材

信息论与编码

窦高奇　杨凯新　刘琴涛　编著

科学出版社
北　京

内 容 简 介

本书系统深入地论述信息论和编码的基本原理和方法，内容包括：信息的度量、离散信源与连续信源、离散信道与连续信道、无失真信源编码、信息率失真理论、香农信道编码定理、近世代数基础、线性分组码，循环码、卷积码等。本书将严密的数学推导、清晰的物理解释与丰富的举例相结合，将经典理论的介绍和信息论的最新研究成果相结合。

本书可作为电子信息、通信工程及计算机科学等相关专业本科生及研究生教材或教学参考书使用，也可供相关领域的科研人员和工程技术人员参考。

图书在版编目（CIP）数据

信息论与编码 / 窦高奇, 杨凯新, 刘琴涛编著. -- 北京 : 科学出版社, 2024. 12. -- (科学出版社“十四五”普通高等教育本科规划教材).

ISBN 978-7-03-080378-8

I. TN911.2

中国国家版本馆 CIP 数据核字第 2024N67Q68 号

责任编辑：吉正霞/责任校对：胡小洁

责任印制：彭　超/封面设计：苏　波

科学出版社 出版

北京东黄城根北街 16 号

邮政编码：100717

http://www.sciencep.com

武汉市首壹印务有限公司印刷

科学出版社发行　各地新华书店经销

*

开本：787×1092　1/16

2024 年 12 月第　一　版　　印张：17 1/2

2024 年 12 月第一次印刷　　字数：448 000

定价：78.00 元

（如有印装质量问题，我社负责调换）

前言

“信息论与编码”是国内外众多大学为信息类高年级本科生和研究生开设的专业理论课之一，是通信、电子、信息安全等学科的专业必修课。海军工程大学从 1995 年开始为通信工程本科生，信息与通信工程、电子信息等专业研究生开设本课程。我们先后使用过多种国内外教材和参考书，发现国内外《信息论与编码》同类教材在涵盖内容、系统性和侧重点各不相同。

随着 5G/6G 通信技术的迅猛发展，大规模机器类通信及超可靠、低延迟通信等物联网应用场景成为未来发展的趋势。为了支持具有严格延迟要求的实时应用和大量的机器设备信息交互，需要采用超低延迟的通信系统和短码传输，这与传统香农渐近信息论与容量可达的长码设计形成鲜明对比。传统香农信道容量及信道编码定理对目前实用化短码和通信系统设计指导性不强，学生对之理解困难，学习信息论停留在理论层面。后香农时代信息论的研究成果为通信系统设计和衡量不同编码性能设计提供准则，此部分内容是传统香农信息论的扩展，为分组码、卷积码等纠错编码在短码设计方面提供指导，同时也是信息论到编码内容的直接过渡，是对传统香农信道容量及信道编码定理的补充，对实际通信系统研究具有更直接的指导意义。作者在近年教学过程中适时增加相关讲解内容，学生普遍认为通过此部分学习，对香农信道容量及信道编码定理理解更加深刻。

本书共分为 11 章，第 1 章～第 6 章为信息论部分，内容从信源建模、信源携带信息效率及信息的有效表示引出（离散和连续）信源各种熵的计算；从互信息角度引出（离散、连续信道及波形信道）信道容量。第 7 章～第 11 章为编码部分，介绍差错控制编码基础、近世代数基础、线性分组码、循环码及卷积码。在介绍传统香农信道容量和信道编码定理时，加入有限块长编码界及短纠错编码设计相关理论。将部分近世代数内容与循环码结合，增加编码构造的应用，减少近世代数理论内容。介绍一般分组码及循环码构造方法。通过生成多项式扩域分解，从根定义循环码引出 BCH 码、RS 码的构造设计方法。针对卷积码在短码长方面优势及 TBCC 码广泛应用情况，增加 TBCC 编译码相关内容。

众所周知，“信息论与编码”这门课程涉及很多概率统计、随机信号分析及代数几何等数学知识，因此本课程学习需要掌握概率论、随机过程以及简单的组合数学等基础知识。

本书可作为高等院校的电子信息、通信工程及计算机科学等相关专业的本科生及研究生教材或教学参考书使用，也可供相关领域的科研人员和工程技术人员参考。

由于时间仓促，本书难免存在疏漏和不当之处，敬请读者批评指正。

作　者

2024 年于武汉

目　录

第 1 章 绪　论

信息论作为关于信息的理论，是人们在长期通信实践中，运用近代概率统计方法来研究信息传输、交换、存储和处理的一门学科。美国科学家香农（Shannon）于 1948 年发表了经典论文《通信的数学理论》（*A Mathematical Theory of Communication*），建立了基于概率论之上的信息和通信数学理论，给出了信息的定量度量理论基础，解决了信道容量、信源统计特性、信源编码、信道编码等通信基本问题，从而创立了影响深远的信息论。

本章首先阐述信息的概念，讨论信息论研究的对象、目的和内容，最后简述信息论与编码这一学科的发展简史。

1.1 信息的基本概念

当今“信息社会”，人们在各种生产、科学研究和社会活动中，无处不涉及信息的交换和利用。早期的语言和文字是人类社会用来表达和传递信息的最基本的工具。近代，电子计算机的迅速发展和广泛应用，极大地提高了人类处理加工信息、存储信息的能力。特别是电报、电话和电视的发明，进一步加快了信息加工和传输的变革。随着新技术变革，人们对信息的表达、存储、传送和处理等问题进行了深层次的理论探索和研究。

信息作为信息论中最基本、最重要的概念，已成为许多专家学者争相研究的对象。信息的概念是在通信实践中产生的，在现代信息理论形成之前，信息一直被看作是通信的消息的同义词，没有被赋予严格的科学定义。到了 20 世纪 40 年代末，随着信息论这一学科的诞生，信息的含义才有了新的拓展。那么，什么是信息呢？在日常生活中，信息常常被认为就是消息。在电报、电话、广播、电视等通信系统中传输的是各种各样的消息。这些被传输的消息有着各种不同的形式，包括文字、符号、语言、图像等。所有这些不同形式的消息都能被人们感觉器官所感知，人们通过通信接收消息，得到的是关于描述某事物状态的具体内容，从而获得信息。可以看出，信息与消息之间是有着密切联系的。相较于消息，信息的含义更深刻、更广泛。

人们通过对周围世界的观察得到的数据中获得信息。信息是抽象的，是看不见、摸不到的，是人脑的思维活动产生的一种想法。当它仍储存在大脑中的时候它就是一种信息，而运用文字、符号、数据、图片、图像等能够被人们感觉器官所感知的形式，把客观物质运动和主观思维活动的状态表达出来就形成了消息。在通信中，消息是指担负着传送信息任务的单个符号或符号序列，这些符号包括字母、文字、数字等。可见，消息是具体的，它载荷信息，而后通过得到消息，从而获得信息。

因此，信息必须依附于一定的物质形式存在，这种运载信息的物质，称为信息载体。消息中包含信息，是信息的载体。同一信息可用不同的消息形式来载荷；一则消息也可载荷不同的信息，可能包含丰富的信息，也可能包含很少的信息。

关于信息的科学定义，到目前为止已有上百种不同的定义或说法。有的人认为，信息是事物之间的差异，是事物联系的普遍形式；数学家认为，信息是使概率分布发生改变的东西。1948 年，香农在其经典论文《通信的数学理论》中，从通信系统传输的实质出发，对信息作了科学的定义，并进行了定性和定量的描述。他认为，信息是事物运动状态或存在方式的不确定性的描述。

香农将各种通信系统概括成如图 1.1 所示的框图。在各种通信系统中，其传输的形式是消息。由于主、客观事物运动状态或存在状态是千变万化的、不规则的、随机的，所以在通信以前，收信者在收到消息以前无法判断发送者将会发来描述何种事物运动状态的具体消息，收信者存在“疑义”和“未知”。同时，受信道干扰或噪声影响，即使收到消息，收信者也不能断定所得到的消息是否正确和可靠。因此，在收到消息前，收信者对发送者发送的消息存在着不确定性。通过消息的传递，收信者知道了消息的具体内容，原先的“不确定”和“疑问”消除或部分消除。因此，对收信者来说，消息的传递过程是一个从不确定到部分确定或全部确定的过程。通信过程是一种消除不确定性的过程。消除了不确定性，收信者就获得了信息。原先的不确定性消除得越多，获得的信息就越多。如果原先的不确定性全部消除了，收信者就获得了全部的信息；如果消除了部分不确定性，收信者就获得了部分信息；如果原先的不确定性没有任何消除，收信者就没有获得任何信息。

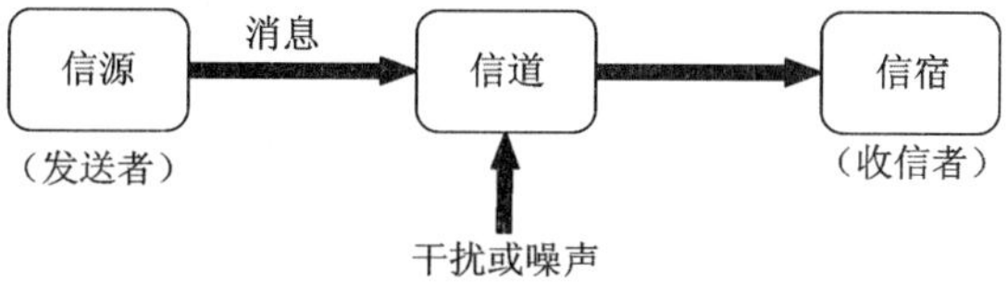

图 1.1　通信系统框图

从以上分析可知，在通信系统中，形式上传输的是消息，但实质上传输的是信息。信息量的大小与不确定性有关。根据香农的有关信息的定义，信息如何度量呢？信息的度量是信息论研究的基本课题。从目前的研究来看，要对通常意义下的信息给出一个统一的度量是困难的。目前，存在许多种关于信息度量的定义，至今为止，最为成功和普及的信息度量是由香农建立在概率模型上的信息度量。他把信息定义为“用来消除不确定性的东西”。既然信息与不确定性相联系，用概率的某种函数来描述不确定性是自然的，所以香农用

$$I(A) = -\log P(A)$$

来度量事件 A 发生所提供的信息，其中 $P(A)$为事件 A 的概率。这个定义与人们的直觉经验相吻合。进一步，如果一个随机试验有 N 个可能结果或者说一个随机消息有 N 个可能值，它们出现的概率分别为 p_1，p_2，…，p_N，则这些事件的自信息的平均值

$$H = -p_i \log p_i$$

作为这个随机试验或随机消息所提供的平均信息度量，H 也称为熵。在物理学中熵是描述系统的不规则性或不确定性程度的一个物理量。

例如，气象预报中可能出现的气象状态有许多种。以十月份北京地区天气为例，经常出现的天气是“晴间多云”“晴”或“多云”，其次是“多云转阴”“阴”“阴有小雨”等，而“小雪”这种天气状态出现的概率是极小的，“大雪”的可能性则更小。因此，在听气象预报前，我们大体上能猜测出天气的状况。由于出现“晴间多云”“晴”或“多云”的可能性大，我们就比较能确定这些天气状况的预期。所以，当预报明天白天“晴间多云”或“晴”，我们并不觉得稀奇，因为和我们猜测的基本一致，所消除的不确定性小，获得的信息量就不大。而出现“小雪”的概率很小，我们很难猜测它是否会出现，所以这一事件的不确定性很大。如果预报是“阴有小雪”，我们就要大吃一惊，感到天气反常，这时就获得了大量的信息量。由此可知，某一事物状态出现的概率越小，其不确定性越大；反之，某一事物状态出现的概率接近于 1，即预料中肯定会出现的事件，那它的不确定性就接近于 0。

香农从研究通信系统传输的实质出发，对信息作了科学的定义，指出信息是事物运动状态或存在方式的不确定性的描述。信息的基本概念在于它的不确定性，信息量与不确定性消除的程度有关。通信过程是一种消除不确定性的过程。

香农信息论是以概率论、随机过程为基本研究工具；研究通信系统的整个过程，而不是单个环节，并以编、译码器为重点；关心的是最优系统的性能以及怎样达到这个性能（并不具体设计系统）。香农信息论的核心旨在揭示在通信系统中采用适当的编码后能够实现高效率和高可靠地传输信息，并得出信源编码定理和信道编码定理。

1.2 信息论研究的对象与目的

信息论是一门把信息作为研究对象，以揭示信息的本质特性和规律为目标，应用概率论、随机过程和数理统计等方法来研究信息的存储、传输、控制和利用等一般规律的学科。下面讨论信息论所研究的对象、研究的目的和研究的内容。

1.2.1 信息论研究的对象

信息论研究的对象是传输信息的系统。信息以不同的形式，如文字、符号、数据、图像等体现出来。传输信息的系统称为信息传输系统，也称为通信系统。从前面的论述可以知道：各种通信系统如电报、电话、雷达和导航等都是信息传输系统。为了便于研究信息传输和处理的共同规律，我们将各种信息传输系统中具有共同特性的部分抽取出来，概括成一个统一的理论模型，如图 1.2 所示。信息论研究的对象正是这种广义的通信系统模型。

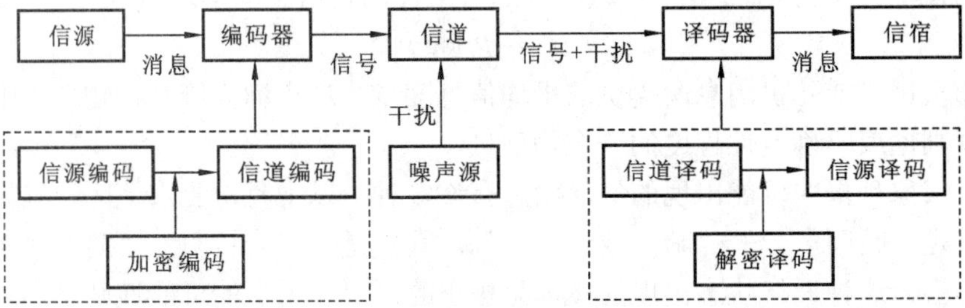

图 1.2 通信系统模型

广义的通信系统模型包括五大部分：信源、编码器、信道、译码器、信宿。

1. 信源

顾名思义，信源是产生消息和消息序列的源。信源可以是人、生物、机器或其他事物，可以把它看作是事物各种运动状态或存在状态的集合。信源的输出是消息，消息携带着信息，是信息的表达者。信源输出的消息有不同的形式，如文字、图像或符号等可以是离散的也可以是连续的。信源输出的消息是随机的、不确定的，但又有一定的规律性，信息的基本属性之一是其随机性。因此，信源的输出通常采用随机过程来描述。

信源研究的主要问题是信源建模及信源输出信息量的定量表示。其核心问题是它所包含的信息量的大小，怎样将信息定量地表示出来，即如何确定信源输出的信息量。

2. 编码器

编码器是将信源输出的消息或消息序列转换成适合信道传输的信号。编码器可分为信源编码器和信道编码器。

信源编码器是把信源产生的消息变换成数字序列，对信源输出的消息进行适当的变换和处理，去除信源消息中的冗余信息，提高信息传输的效率。对无失真信源编码来说，信源编码器的目的是在保证能从其变换数字序列中无错误地恢复出输入消息序列的前提下，最大限度减小输出数字序列的速率，也就是保证在不失真的条件下对输入消息序列进行压缩。

信道编码器是把信源编码输出的数字序列变换成适合于信道传输的信号。信道编码器的最主要作用是通过对数字序列进行编码，对其输出序列提供保护，以抵抗信道噪声和干扰。

编码器的主要作用是如何进行有效编码，使信源消息被充分利用并可靠地通信。

3. 信道

信道是传递消息的通道，也是传送物理信号的设施。在狭义的通信系统中，实际信道有明线、电缆、波导、光纤、无线电波传播空间等；在广义的通信系统中，信道还可以是其他的传输媒介。在信息论的模型中也把发送端和接收端的调制、解调器等归入信道，并把系统中各部分的噪声和干扰都归入信道中。在信道的输入、输出模型中，根据噪声和干扰的统计特性，用输入、输出的条件概率（或称转移概率）来描述信道特性。

信道研究的问题是它能传输、存储多少信息，即信道的最大传输速率是多少。

4. 译码器

译码器是把信道输出的编码信号（已叠加了干扰和噪声）进行逆变换，从受干扰的接收编码信号中最大限度地提取出有关信源输出的信息。译码器可分成信源译码器和信道译码器，分别是信源编码和信道编码的逆变换。

5. 信宿

信宿是信息传送的对象，即接收信息的人或机器。信源和信宿可处于不同地点和不同时刻。

图 1.2 给出的模型只适用于收发两端单向通信的情况。它只有一个信源和一个信宿，信息传输也是单向的。更一般的情况是：信源和信宿各有若干个，即信道有多个输入和多个输出，且信息传输可以双向进行。例如，广播通信是一个输入、多个输出的单向传输的通信；而卫星通信网则是多个输入、多个输出和多向传输的通信。要研究这些通信系统，

我们只需对两端单向通信系统模型作适当修正，就可引出网络通信系统模型。因此，图 1.2 的通信系统模型是最基本的。

1.2.2 信息论研究的目的

香农提出的信息理论是一种基于统计意义上的信息理论，它解决了通信中的两个基本问题：①信源压缩的极限是什么？②通信传输的极限速率是多少？

首先对于信源编码，信息论回答了“达到不失真信源压缩编码的极限（最低）编码速率是多少”这一问题。香农的答复是这个极限速率等于该信源的熵 H。信息论为通信系统解决的第二个问题是关于信道编码方面的。在香农以前，人们都认为提高信道的信息传输速率总要引起错误概率的增加，要使错误概率为零，则传输速率只能为零。但香农却出人意料地证明，只要信息传输速率小于信道容量 C，传输的错误概率可以任意地小；反之如果超过信道容量 C，则传输的错误是不可避免的。对每个信道可以根据它的噪声干扰统计特性计算出它的容量 C。

香农信息论与信息编码技术是两个密不可分的学科领域，或者说它们是信息科学的两个不同方面。香农信息论指出了通信中信源编码和信道编码的极限速率。香农利用随机编码方法，证明了当码长趋于无限时，存在一种编码方式，能够达到这个理论上的极限速率。编码理论工作者和通信工程师所追求的目标不仅仅是要寻找达到香农理论极限的编码方案，更重要的是要寻找可以实现的编译码方法。因此，编译码的复杂性是放在首位考虑的因素。

在信源编码方面，早期的霍夫曼（Huffman）编码被认为是最优的变长度压缩编码方法，但是它的复杂性随着码长的增大急剧增加，对于大的码长来说霍夫曼编码是不实际的。20 世纪 70 年代开始的算术编码，虽然按平均码长来说不是最佳的，但它是一个在线的算法，计算复杂性随码长线性增加。因此，算术码是一种实用的码。有人认为算术码的提出标志着无损压缩编码的一个突破。

信道编码也就是通常所说的纠错编码，是另一大类信息编码技术。这类编码的目的在于检测或纠正传输中的错误，提高信息在传输中的可靠性。早期纠错编码研究集中在线性分组码，以汉明（Hamming）码为代表，采用的数学工具是矩阵理论。随后以有限域理论为主的抽象代数工具的引入，使 BCH［博斯（Bose）、查德胡里（Chaudhuri）与霍昆格姆（Hocquenghem）］码、RS［里德-所罗门（Reed-Solomon）］码等线性分组码的研究突飞猛进。同时基于概率译码的卷积码，获得了极大的发展。特别是 20 世纪 90 年代 Turbo（涡轮）码、LDPC（low density parity check，低密度奇偶校验）码及迭代译码思想出现，纠错编码的性能已非常接近香农指出的极限。同时调制技术与纠错编码的结合、信源编码与信道编码的结合会产生一些性能更好的传输技术。随着计算机技术、电子科学技术的发展，无论对于信源编码，还是对于信道编码，目前都有许多具有实用价值的编、译码方案，它们的性能正逐步向香农指出的极限逼近。

从信息传输角度，信息论研究的主要目是提高信息系统的可靠性、有效性和安全性，以便系统达到最优化。

所谓可靠性高，就是信源发出的消息经过信道传输以后，接收端尽可能准确、不失真地重现发送信息。信息传输的可靠性是所有通信系统努力追求的首要目标。要实现高可靠性的传输，可采取诸如增大功率，增加带宽，提高天线增益等传统方法，但这些方法往往代价较大，在有些场合甚至无法实现。而香农信息论指出：对发送信息序列进行适当的信道编码后，同样可以提高信道的传输可靠性。

所谓有效性高，就是在一定的时间内尽可能多地传输信息量；或在每一个传送符号内携带尽可能多的信息量。信息传输的有效性是通信系统追求的另一个重要目标。通常对信源进行高效率的压缩编码，尽量去除信源中的冗余成分，或采用高阶调制来提高符号信息携带效率。

一般而言，通信系统中可靠性和有效性之间常常会发生矛盾，需要统筹兼顾。例如，为了兼顾有效性，有时就不一定要求绝对准确地在接收端重现原来的消息，而是可以允许一定的误差或一定的失真，或者说允许近似地重现原来的消息。

信息系统不仅要求高效、可靠地传递信息，而且还要求信息传递过程中信息的安全性，不被伪造和篡改。安全性研究如何隐蔽消息中的信息内容，使它在传输过程中不被窃取，提高通信系统的保密安全性。

1.3 信息论研究的内容

信息论是在长期的通信工程实践和理论研究的基础上发展起来的，通过应用概率论、随机过程、数理统计和近代代数的方法，研究广义的信息传输，提取和处理系统中一般规律的学科，它的主要分支包括香农信息理论、编码理论、随机噪声理论和密码学理论等。

目前，对信息论研究的内容一般有以下三种理解。

（1）狭义信息论，也称经典信息论。

它在信息可度量的基础上，研究如何有效、可靠地传递信息，包括信息的测度、信道容量及信源和信道编码理论等问题。这部分内容是信息论的基础理论，又称香农信息理论。香农信息理论研究通信系统的整个过程，而不是其中单个环节，并以编、译码器为重点，关注的是最优系统的性能和怎样到达这个性能（并不具体设计系统），揭示在通信系统中采用适当的编码后能够实现高效和高可靠地传输信息，并得出信源编码定理和信道编码定理。

（2）一般信息论，也称工程信息论。

它主要也是研究信息传输和处理问题。除了香农信息理论以外，还包括其他研究成果，其中最主要的是以美国科学家维纳（Wiener）为代表的微弱信号处理与检测理论。

维纳和香农等人都是运用概率和统计数学的方法来研究准确地或近似地再现消息的问题，但他们之间有一个重要的区别。维纳研究的重点是在接收端。他研究一个信号（消息）在传输过程中被某些因素（如噪声、非线性失真等）干扰后，在接收端如何把该信号（消息）从干扰中提取和恢复出来。在此基础上，维纳创立了最佳线性滤波理论（维纳滤波器）、统计检测与估计理论、噪声理论等。而香农研究的对象则是从信源到信宿之间的全过程，是收、发端联合最优化问题，其研究重点是编码。他指出，只要在传输前后对消息进行适当的编码和译码，就能保证在干扰的存在下，最佳地传送和准确或近似地重现消息。为此发展了信息测度理论、信道容量理论和编码理论等。

由此可见，一般信息论主要是研究信息传输的基础理论，除香农信息理论之外，还包括维纳以及其他学者的研究成果，如噪声理论、信号滤波和预测、统计检测和估计理论、调制理论。

（3）广义信息论。

广义信息论是一门综合性的新型学科——信息科学，至今没有严格的定义。凡是能够用广义通信系统模型描述的过程或系统，都能用信息基本理论来研究。所有研究信息的识别、控制、提取、变换、传输、处理、存储、显示、价值、作用和信息量大小的一般规律以及实现这些原理的技术手段的工程学科，都属于广义信息论的范畴。广义信息论不仅包括上述两方面的内容，而且包括所有与信息有关的自然和社会领域，如模式识别、计算机翻译、心理学、遗传学、生物学、神经生理学、语言学、语义学，甚至包括社会学、人文学和经济学中有关信息的问题。

由于信息论研究的内容极为广泛，而各分支又有一定的相对独立性，所以本书仅论述信息论的基础理论，即香农信息理论及编码理论的基本内容。

1.4 信息论与编码的发展简史

在信息论的指导下，信息技术得到飞速发展，信息论渗透到自然科学和社会科学的所有领域，并且应用于数据传输、检测理论、控制理论、数据压缩、编码学等众多领域。信息论从诞生到今天，已成为一门独立的理论科学。回顾它的发展历史，可以知道信息论是如何从实践中经过抽象、概括、提高而逐步形成的。

1832 年，莫尔斯（Morse）电报系统中的高效编码方法对后来香农的编码理论具有很大的启发。1924 年，奈奎斯特（Nyquist）解释了信号带宽和信息率之间的关系。1928 年哈特莱（Hartley）引入了非统计（等概率事件）信息量的概念。他提出，信息量等于可能消息数的对数，他的工作对后来香农的思想具有很大的影响。1939 年，阿姆斯特朗（Armstrong）提出增加信号带宽可以使抑制噪声干扰的能力增强，并给出了调制指数大的调频方式，使调频实用化，出现了调频通信装置。1939 年达德利（Dudley）发明了声码器。他指出通信所需要的带宽至少应与所传送的消息的带宽相同。达德利和早期的莫尔斯都是研究信源编码的先驱者。这期间理论工作的不足之处是把消息看成是一个确定性的过程。这与许多实际情况不符合。

20 世纪 40 年代初期，由于军事上的需要，维纳在研究防空火炮的控制问题时，把随机过程和数理统计的观点引入通信和控制系统中，揭示了信息传输和处理过程的统计本质。

使通信系统的理论研究面貌焕然一新，引起了质的飞跃。

1948 年，香农用概率测度和数理统计的方法系统地讨论了通信的基本问题，严格定义了信息的度量——熵的概念及信道容量的概念，得出了几个重要而带有普遍意义的结论，为信道编码技术的发展指明了方向，奠定了现代信息论的基础。

香农的论文发表后，不仅引起了与“信息”有关应用领域的兴趣，同时也引起了一些知名数学家的兴趣，如范斯坦（Feinstein）、沃尔夫维兹（Wolfowitz）等，他们将香农的基本概念和编码定理推广到更一般的信源模型，更一般的编码结构和性能度量，并给出严格的证明，使得这一理论具有更为坚实的数学基础。无失真信源编码定理由香农在 1948 年首先提出，并给出了简单的香农编码方法，随后于 1959 年发表了《保真度准则下的离散信源编码定理》，提出了率失真函数及率失真信源编码定理。1971 年伯格尔（Bergel）给出更一般信源的率失真编码定理。率失真信源编码理论是信源编码的核心问题，也是频带压缩、数据压缩的理论基础。

在 1948 年以后的十余年中，香农对信息论的发展作出了巨大的贡献。迄今为止，信息论的主要概念除通用编码外几乎都是香农首先提出的。除一系列基本的概念外，香农的贡献还在于证明了一系列编码定理，这些定理揭示某些系统性能的理论极限。香农在给出一系列编码定理时所用的证明方法是非常独特的，他使用了自己创造的随机编码的方法。该方法的优点是能够给出极限性能的数学表达式，为人们寻找最佳通信系统提供重要的理论依据。特别是在著名的有噪信道编码定理中，给出了在数字通信系统中实现可靠通信的方法以及在特定信道上实现可靠通信的信息传输速率上限。

香农在有噪信道编码定理证明中引用的三个基本条件，为编码理论的发展指明了方向，这三个条件是：

（1）采用随机的编码方法；

（2）码字长度趋近于无穷大；

（3）译码采用最佳的最大似然译码算法。

编码理论研究的目标是设计出好码，使之不仅能够接近理论极限，而且存在现实可行的编、译码器。从 1948 年香农提出信道编码定理到现在，各种新的信道编码方案不断涌现出来，性能离香农提出的最佳极限也越来越近。

20 世纪 50 年代，数学家和通信学家主要研究各种有效的编译码方法，这个时期奠定了线性分组码的基础。汉明码、格雷码、Reed-Muller（雷德-穆勒）码等一系列线性分组码相继出现，但这些码仅适用于 AWGN（additive white Gaussian noise，加性高斯白噪声）信道，只针对随机错误，而不能针对突发错误，码长都较短，译码主要采用硬判决译码。卷积码及其序列译码也在这个年代由伊莱亚斯（Elias）提出。

20 世纪 60 年代，是信道编码发展过程中第一个最为活跃时期，也是信道编码由理论走向实际系统的重要阶段。这个时期出现了许多有效的编译码方案，如软判决译码、卷积码的维特比（Viterbi）译码。1960 年，里德和所罗门提出了纠突发错误的多进制码型 RS 码。1962 年，哥拉格（Gallager）在他的博士论文中首次提出了著名的 LDPC 码及其迭代译码思想，当时并未受到重视，后来事实证明，LDPC 码是非常接近香农极限的好码之一。

1966 年，福尼（Forney）提出了用两个短码来构造长码的串行级联码思想，使其性能提高，而复杂度仅为短码码长的线性叠加关系。在那个年代，移动通信还未有很大的发展，信道编码的大部分应用场合还是一些功率受限、频带不受限的环境，技术上一直以编码增益最大化为主要目标。

20 世纪 70 年代后期至 80 年代，是信道编码发展过程中第二个最为活跃时期。这个时期的重要进展是提出编码调制技术、级联码概念及卷积码的软判决译码算法。

传统的信道编码思想是采用给传输的信息位增加冗余的办法来抗干扰，因此在提高系统可靠性的同时，也降低了系统传输的有效性，即系统的频带利用率下降。1978 年，欧洲学者昂格尔博克（Ungerboeck）和日本学者今井秀树（Imai）分别独立提出了具有不展宽频带特性的编码调制结合的思想。他们通过将信道编码同调制技术联合考虑，通过对信号空间进行不同分配，利用信号集冗余来换取纠错能力。由昂格尔博克提出的网格编码调制（trellis-coded modulation，TCM）技术同今井秀树提出的多级编码（multi-level coding，MLC）调制技术间的最大区别是：TCM 是将卷积码同调制结合，而 MLC 是将分组码同调制结合，两者均可实现不展宽频带编码。之后许多学者在 TCM 设计方面投入了大量的工作。

20 世纪 90 年代，编码理论发生了重大变革。1993 年，博士生巴鲁（Berrou）提出的 Turbo 码第一次在性能上逼近香农理论极限，引起了学者们对随机编码方式和迭代译码的高度关注，使得各种现代编码理论相继出现，完善了香农信道编码理论。1996 年，麦凯（Mackay）和尼尔（Neal）重新发现了 LDPC 码的优越性能，这也是迄今为止离香农极限最近的好码。Turbo 码和 LDPC 码充分利用了信道编码定理的三个条件，一举获得接近香农极限的优异的性能，为信道编码理论揭开了新篇章。

2009 年，埃达尔（Erdal）首次提出的 Polar（极化）码是目前唯一被严格理论证明可以达到香农容量限的编码方案，并且具有低复杂度的编码和译码算法，极大地增强了 Polar 码的实用性。Polar 码在短帧通信中相比于其他编码方案具有更广泛的应用前景，是信道编码领域的重大突破，已经成为信道编码领域的热点研究方向。2016 年 11 月，3GPP（3rd generation partnership project，第三代合作伙伴计划）决定增选 Polar 码为 5G（5th generation mobile communication technology，第五代移动通信技术）通信 eMBB（enhanced mobile broadband，增强移动宽带）场景下控制信道的信道编码。

第 2 章 信息的度量

信息论的发展是以信息可以度量为基础的，度量信息的量称为信息量。对于随机出现的事件，它的出现会给人们带来多大的信息量？通信系统或很多实际的信息传输系统，对于所传输的消息如何用信息量来描述？本章将围绕这些问题展开讨论。

关于信息的度量有几个重要的概念。

（1）自信息（量）：一个事件（消息）本身所包含的信息量，它是由事件的不确定性决定的，比如抛掷一枚硬币的结果是正面这个消息所包含的信息量。

（2）互信息（量）：一个事件所给出关于另一个事件的信息量，比如今天下雨所给出关于明天下雨的信息量。

（3）平均自信息（量），或称信息熵：事件集（用随机变量表示）所包含的平均信息量，它表示事件集的平均不确定性，比如抛掷一枚硬币的试验所包含的平均信息量。

（4）平均互信息（量）：一个事件集所给出关于另一个事件集的平均信息量，比如今天的天气所给出关于明天的天气的信息量。

我们在最简单的离散随机变量的情况下引入这些概念。

2.1 自信息和互信息

2.1.1 自信息

1. 自信息的概念

信源发出的消息（事件）具有不确定性，而事件发生的不确定性与事件发生的概率大小有关，概率越小，不确定性就越大，一旦出现必然使人感到意外，因此产生的信息量就大，特别是几乎不可能出现的事件一旦出现，必然产生极大的信息量；大概率事件，是意料之中的事件，不确定性小，即使发生，也没什么信息量，特别是概率为 1 的确定事件发生以后，不会给人任何信息量。因此，事件不确定性与出现的概率成反比，随机事件的自信息量 $I(x_i)$是该事件发生概率 $P(x_i)$的函数，并且 $I(x_i)$应该满足以下条件。

（1）$I(x_i)$ 是 $P(x_i)$ 的严格递减函数，如果 $P(x_i) > P(x_j)$，则 $I(x_i) < I(x_j)$，概率越小，事件发生的不确定性越大，事件发生以后所包含的自信息量越大。

（2）极限情况下，若 $P(x_i)=0$，则 $I(x_i)\to\infty$；若 $P(x_i)=1$，则 $I(x_i)=0$。信源输出 x_i 所包含的信息量仅依赖于它的概率，而与它的取值无关。

（3）从直观概念上讲，由两个相对独立的不同的消息所提供的信息量应等于它们分别提供的信息量之和，即自信息量满足可加性。

可以证明，满足以上条件的函数形式是对数形式。

定义 2.1 随机事件的自信息量定义为该事件发生概率的对数的负值。设事件 x_i 的概率为 $P(x_i)$，则它的自信息量定义为

$$I(x_i) = \log\frac{1}{P(x_i)} = -\log P(x_i) \tag{2.1}$$

式中：$P(x_i)$ 是事件 x_i 发生的概率，这也是香农关于自信息量的度量（概率信息）。

从信息传输角度，信源发出的消息常常是随机的，在没有收到消息前，收信者并不能确定信源发出的是什么消息。这种不确定性是客观存在的。否则在收信者已知发送的消息情况下，通信就没有意义。因此，从接收端来看，正因为信源发出的消息体现出一定的不确定性，才携带一定的信息量。只有当信源发出的消息通过信道传输给收信者后，收信者获得消息，才能消除不确定性并获得信息。信源发出某一消息概率越小，其不确定性越大，一旦消息被发出，并为收信者接收，消除的不确定性就越大，获得的信息量也就越大。同时，由于信道干扰及噪声等影响，收信者接收到受干扰的消息后，并不能完全掌握信源发出的是什么消息，消息发生的不确定性依然存在或者一点也未消除时，则收信者获得较少的信息或者没有获得信息。因此，收信者获得信息量的大小与消息不确定性消除程度有关。可见，自信息量的表示与人们的直观感觉相吻合。

自信息量的单位取决于式（2.1）对数的底：底为 2，单位为“比特（bit)”；底为 e，

单位为“奈特（nat）”；底为 10，单位为“哈特（hat）”。

一般情况，如果取以 r 为底的对数（$r>1$），则

$$I(x_i)=\log_r\frac{1}{P(x_i)} \quad （r\text{ 进制单位}）$$

根据对数换底关系有

$$\log_a X=\frac{\log_b X}{\log_b a}$$

故得

$$1\ \text{nat}=\log_2 \text{e}\approx 1.443\ \text{bit}$$
$$1\ \text{hat}=\log_2 10\approx 3.322\ \text{bit}$$

若无特别说明，自信息量度量一般都采用以 2 为底的对数，且为了书写简洁，把底数“2”略去不写。对于二元等概率事件 $P(x_i)=\frac{1}{2}$，则 $I(x_i)=1$ bit。所以 1 bit 信息量就是两个互不相容的等可能事件之一发生时所提供的信息量。

例 2.1　有一个输出两种消息的离散无记忆信源，其概率空间为

$$\begin{bmatrix}X\\P\end{bmatrix}=\begin{bmatrix}x_1 & x_2\\0.99 & 0.01\end{bmatrix}$$

如果在信源输出消息之前我们猜测 x_1 或 x_2 发生，显然这种猜测的困难程度不同。由于 x_1 发生的概率接近于 1，即 x_1 发生的可能性很大，所以对 x_1 发生的不确定性较小。同理，因为 x_2 发生的可能性小，所以对 x_2 发生的不确定性较大。

由式（2.1）计算 x_1、x_2 的自信息，可以得到

$$I(x_1)=\log\frac{1}{0.99}=-\log 0.99=0.014\ \text{bit}$$

$$I(x_2)=\log\frac{1}{0.01}=-\log 0.01=6.644\ \text{bit}$$

可见，自信息 $I(x_1)$、$I(x_2)$ 确实是关于 x_1、x_2 发生的不确定性的度量。

如果已知信源输出消息 x_1，则由“x_1 已发生”可消除大小为 $I(x_1)$ 的不确定性，故 x_1 发生提供大小为 0.014 bit 的信息量。同理，如果 x_2 发生，则它包含的信息量为 6.644 bit。

通过这个例子我们可进一步明确自信息的两种含义，即在信源输出消息 x_i 之前，自信息 $I(x_i)$ 是关于 x_i 发生的不确定性的度量，而在信源输出消息 x_i 之后，自信息 $I(x_i)$ 表示 x_i 所含有的信息量。

2. 联合自信息的概念

对于信源输出每个消息包含多个符号时，我们遇到的往往并不是单个的随机变量，而是若干随机变量构成的联合事件。因此需要对由若干随机变量组成的联合事件所具有的不确定性加以讨论。此处，我们以两个随机变量为重点，给出联合事件发生提供的信息量大小的度量。

设有两个离散随机变量 X、Y，其中：

$$X \in \{x_1, x_2, \cdots, x_r\}, \quad Y \in \{y_1, y_2, \cdots, y_s\}$$

X 和 Y 构成的联合事件用二维随机变量 (X, Y) 表示。

对于由 X、Y 组成的联合事件集，由于 (X, Y) 是一个随机矢量，所以我们对联合事件集 (X, Y) 的某一样值是否发生具有不确定性。联合事件集 (X, Y) 某一样值的不确定性大小可以用联合事件集 (X, Y) 的联合自信息进行度量。

定义 2.2 对于二维联合事件集 XY 上的元素 $(x_i y_j)$ 的**联合自信息**定义为

$$I(x_i y_j) = \log \frac{1}{P(x_i y_j)} = -\log P(x_i y_j) \tag{2.2}$$

联合自信息表示 $X = x_i, Y = y_j$ 同时发生时，提供的信息量。由此可知，若 X、Y 独立，则

$$I(x_i y_j) = I(x_i) + I(y_j) \tag{2.3}$$

式（2.3）说明两个随机事件相互独立时，事件同时发生得到的自信息，等于这两个随机事件独立发生得到的自信息之和。

3. 条件自信息的概念

定义 2.3 二维联合事件集 XY 中，对于事件 x_i 和 y_j，事件 x_i 在事件 y_j 给定的条件下的**条件自信息**定义为

$$I(x_i \mid y_j) = \log \frac{1}{P(x_i \mid y_j)} = -\log P(x_i \mid y_j) \tag{2.4}$$

条件自信息含义与自信息类似，只是概率空间有变化。条件自信息表示：

（1）在事件 $Y = y_j$ 给定条件下，事件 $X = x_i$ 发生前的不确定性；

（2）在事件 $Y = y_j$ 给定条件下，事件 $X = x_i$ 发生后所包含的信息量。同样，条件自信息也是随机变量。

联合自信息和条件自信息也满足非负性和单调递减性。由联合概率与条件概率的关系，容易证明，自信息、条件自信息和联合自信息之间有如下关系式：

$$\begin{aligned} I(x_i y_j) &= -\log P(x_i) P(y_j \mid x_i) = I(x_i) + I(y_j \mid x_i) \\ &= -\log P(y_j) P(x_i \mid y_j) = I(y_j) + I(x_i \mid y_j) \end{aligned}$$

当 X 和 Y 独立时

$$I(x_i y_j) = -\log P(x_i) - \log P(y_j) = I(x_i) + I(y_j)$$

例 2.2 设在一正方形棋盘上共有 64 个方格，如果甲将一粒棋子随意地放在棋盘中的某方格且让乙猜测棋子所在位置：

（1）将方格按顺序编号，令乙猜测棋子所在方格的顺序号；

（2）将方格分别按行和列编号，甲将棋子所在方格的行（或列）编号告诉乙之后，再令乙猜测棋子所在列（或行）的位置。

解 由于甲是将一粒棋子随意地放在棋盘中某一方格内，所以棋子在棋盘中所处位置为二维等概率分布。二维概率分布函数为 $P(x_i y_j) = 1/64$，故

（1）在二维联合集 XY 上的元素 $x_i y_j$ 的自信息量为

$$I(x_iy_j)=-\log P(x_iy_j)=-\log\frac{1}{64}=\log 2^6=6\ \text{bit}$$

（2）在二维联合集 XY 上，元素 x_i 相对 y_j 的条件自信息量为

$$I(x_i\mid y_j)=-\log P(x_i\mid y_j)=-\log\frac{P(x_iy_j)}{P(y_j)}=-\log\frac{1/64}{1/8}=3\ \text{bit}$$

2.1.2　互信息

1. 互信息的概念

首先，从信息传递角度分析接收单个符号 $Y=y_j$ 对了解信源发送符号 $X=x_i$ 的帮助。受信道干扰和噪声影响，接收到 $Y=y_j$ 并不能完全确定发送符号 X 的取值，因此，接收到 $Y=y_j$ 时 X 仍然具有的不确定性用条件自信息 $I(x_i\mid y_j)$ 表示。

可见，接收到 $Y=y_j$ 后，虽然对 $X=x_i$ 仍然具有不确定性，但是，通过对 Y 的观测，关于 $X=x_i$ 的不确定性发生了变化。这种变化表明接收者从接收到 $Y=y_j$ 这一事件中得到了关于 $X=x_i$ 的某些信息。

从通信角度，信源发出消息 x_i 的概率 $P(x_i)$ 称为先验概率，信宿收到 y_j 后推测信源发出 x_i 的概率称为后验概率 $P(x_i\mid y_j)$。

定义 2.4　一个事件 y_j 所给出关于另一个事件 x_i 的信息定义为**互信息**，用 $I(x_i;y_j)$ 表示为

$$I(x_i;y_j)=I(x_i)-I(x_i\mid y_j)=\log\frac{P(x_i\mid y_j)}{P(x_i)} \tag{2.5}$$

互信息 $I(x_i;y_j)$ 是已知事件 y_j 后所消除的关于事件 x_i 的不确定性，也代表了由接收到的事件 $Y=y_j$ 获得的关于 $X=x_i$ 的信息量。

可见，互信息实际上就是信道传递的信息量。因此，互信息的大小也反映了一个信道的传信速率。互信息的引入，使信息的传递得到了定量的表示，是信息论发展的一个重要里程碑。

例 2.3　某地二月份天气出现的概率分别为晴 1/2、阴 1/4、雨 1/8、雪 1/8。某一天有人告诉你："今天不是晴天"，把这句话作为收到的消息 y_1，求收到 y_1 后，y_1 与各种天气的互信息。

解　把各种天气记作 x_1（晴）、x_2（阴）、x_3（雨）、x_4（雪）。收到消息 y_1 后，各种天气发生的概率变成了后验概率：

$$P(x_1\mid y_1)=\frac{P(x_1y_1)}{P(y_1)}=0$$

$$P(x_2 \mid y_1)=\frac{P(x_2y_1)}{P(y_1)}=\frac{1/4}{1/4+1/8+1/8}=\frac{1}{2}$$

$$P(x_3 \mid y_1)=\frac{P(x_3y_1)}{P(y_1)}=\frac{1/8}{1/4+1/8+1/8}=\frac{1}{4}$$

同理

$$P(x_4 \mid y_1)=\frac{1}{4}$$

根据互信息的定义，可计算出 y_1 与各种天气之间的互信息：

$$I(x_1;y_1)=\log\frac{P(x_1 \mid y_1)}{P(x_1)}=\infty \text{ bit}$$

$$I(x_2;y_1)=\log\frac{P(x_2 \mid y_1)}{P(x_2)}=\log\frac{1/2}{1/4}=1 \text{ bit}$$

$$I(x_3;y_1)=\log\frac{P(x_3 \mid y_1)}{P(x_3)}=\log\frac{1/4}{1/8}=1 \text{ bit}$$

$$I(x_4;y_1)=\log\frac{P(x_4 \mid y_1)}{P(x_4)}=\log\frac{1/4}{1/8}=1 \text{ bit}$$

2. 互信息的性质

（1）互易性。

互信息的互易性可表示为

$$I(x_i;y_j)=I(y_j;x_i)$$

（2）互信息可正可负可为零。

在给定观测数据 y_j 的条件下，事件 x_i 出现的概率 $P(x_i \mid y_j)$ 称为后验概率。当后验概率 $P(x_i \mid y_j)$ 大于先验概率 $P(x_i)$ 时，互信息量 $I(x_i;y_j)$ 大于零，为正值；当后验概率小于先验概率时，互信息量为负值。互信息量为正值时，意味着事件 y_j 的出现有助于确定事件 x_i 的出现；反之，当互信息量为负值时，说明信宿在收到 y_j 后，不但没有使 x_i 的不确定性减少，反而使 x_i 的不确定性更大。这是通信受到干扰或发生错误所造成的。

特别地，当事件 x_i，y_j 统计独立时，互信息为零，即 $I(x_i;y_j)=0$，这意味着不能从观测 y_j 获得关于另一个事件 x_i 的任何信息。

（3）任何两个事件之间的互信息不可能大于其中任一事件的自信息。

证 由于互信息为

$$I(x_i;y_j)=\log\frac{P(x_i \mid y_j)}{P(x_i)}$$

一般，$P(x_i \mid y_j)\leqslant 1$，所以

$$I(x_i;y_j)\leqslant \log\frac{1}{P(x_i)}=I(x_i)$$

同理，因 $P(y_j | x_i) \leqslant 1$，故

$$I(y_j;x_i) \leqslant \log \frac{1}{P(y_j)} = I(y_j)$$

这说明自信息 $I(x_i)$ 是为了确定事件 x_i 的出现所必须提供的信息量，也是任何其他事件所能提供的关于事件 x_i 的最大信息量。

这一性质清楚地说明了互信息是描述信息流通特性的物理量，流通量的数值当然不能大于被流通量的数值。

例 2.4　设有两个离散信源集合

$$\begin{bmatrix} X \\ P(X) \end{bmatrix} = \begin{bmatrix} x_1 = 0 & x_2 = 1 \\ 0.6 & 0.4 \end{bmatrix}, \qquad [Y] = [y_1 = 0 \quad y_2 = 1]$$

其中

$$P_{Y|X} = \begin{bmatrix} P(y_1 | x_1) & P(y_2 | x_1) \\ P(y_1 | x_2) & P(y_2 | x_2) \end{bmatrix} = \begin{bmatrix} 5/6 & 1/6 \\ 3/4 & 1/4 \end{bmatrix}$$

求：（1）自信息 $I(x_1)$ 和 $I(x_2)$；

（2）条件自信息 $I(x_i | y_j)$；

（3）互信息 $I(x_i;y_j)$。

解　（1）根据自信息的定义可得

$$I(x_1) = -\log P(x_1) = -\log 0.6 = 0.737 \text{ bit}$$
$$I(x_2) = -\log P(x_2) = -\log 0.4 = 1.322 \text{ bit}$$

（2）由全概率公式，可得

$$P(y_1) = \sum_{i=1}^{2} P(x_i y_1) = \sum_{i=1}^{2} P(x_i) P(y_1 | x_i) = 0.6 \times \frac{5}{6} + 0.4 \times \frac{3}{4} = 0.8$$

$$P(y_2) = \sum_{i=1}^{2} P(x_i y_2) = \sum_{i=1}^{2} P(x_i) P(y_2 | x_i) = 0.6 \times \frac{1}{6} + 0.4 \times \frac{1}{4} = 0.2$$

因为 $P(x_i | y_j) = \dfrac{P(x_i y_j)}{P(y_j)}$，所以

$$P(x_1 | y_1) = \frac{P(x_1 y_1)}{P(y_1)} = \frac{5}{8}, \quad P(x_2 | y_1) = \frac{P(x_2 y_1)}{P(y_1)} = \frac{3}{8}$$

$$P(x_1 | y_2) = \frac{P(x_1 y_2)}{P(y_2)} = \frac{1}{2}, \quad P(x_2 | y_2) = \frac{P(x_2 y_2)}{P(y_2)} = \frac{1}{2}$$

且

$$I(x_1 | y_1) = -\log P(x_1 | y_1) = -\log \frac{5}{8} = 0.678 \text{ bit}$$

$$I(x_2 | y_1) = -\log P(x_2 | y_1) = -\log \frac{3}{8} = 1.415 \text{ bit}$$

$$I(x_1 | y_2) = -\log P(x_1 | y_2) = -\log \frac{1}{2} = 1 \text{ bit}$$

$$I(x_2 \mid y_2) = -\log P(x_2 \mid y_2) = -\log \frac{1}{2} = 1\,\text{bit}$$

（3）根据互信息的定义可得

$$I(x_1; y_1) = I(x_1) - I(x_1 \mid y_1) = 0.059\,\text{bit}$$
$$I(x_2; y_1) = I(x_2) - I(x_2 \mid y_1) = -0.093\,\text{bit}$$
$$I(x_1; y_2) = I(x_1) - I(x_1 \mid y_2) = -0.263\,\text{bit}$$
$$I(x_2; y_2) = I(x_2) - I(x_2 \mid y_2) = 0.322\,\text{bit}$$

2.2　平均自信息

自信息是指信源发出某一特定消息符号所具有的信息量。信源发出的消息不同，它们所具有的信息量就不同。所以自信息 $I(x_i)$ 是一个随机变量，不能作为整个信源的信息测度。通常需要研究整个事件集合或符号序列的平均的信息量，即信源的总体特征和不确定性，这就需要引入新的概念，称为平均自信息，又称为信息熵、信源熵，简称熵。

2.2.1　平均自信息的概念

1. 信息熵

信源发出的符号具有不确定性，对于单符号离散信源，可以用随机变量的概率分布来描述信源。通常把一个随机变量的所有可能取值和这些取值对应的概率分布 $[X, P(X)]$ 称为它的概率空间。

假设随机变量 X 有 q 个可能的取值 $x_i\ (i = 1, 2, \cdots, q)$，各种取值出现的概率为 $P(x_i)$，它的概率空间表示为

$$\begin{bmatrix} X \\ P(X) \end{bmatrix} = \begin{bmatrix} x_1, & x_2, & \cdots, & x_q \\ P(x_1), & P(x_2), & \cdots, & P(x_q) \end{bmatrix}$$

其中

$$0 \leqslant P(x_i) \leqslant 1\ (i = 1, 2, \cdots, q) \quad 且 \quad \sum_{i=1}^{q} P(x_i) = 1$$

定义 2.5　定义自信息的数学期望为信源的**平均自信息量**，称为信源的**信息熵**，记为 $H(X)$，即

$$H(X) = E[I(x_i)] = \sum_{i=1}^{q} P(x_i) \log \frac{1}{P(x_i)} \tag{2.6}$$

式中：q 为 X 所有可能取值的个数。

平均自信息的表达式与物理学热熵的表达式很相似，在概念上两者也有相似之处。熵是统计物理学中表示一个物理系统杂乱性（无序性）的度量，可以作为随机变量平均不确定性

的一个测度。因而我们把平均自信息 $H(X)$ 称为信息熵，是信源平均不确定程度的描述。

信息熵的单位取决于对数选取的底。底为 2，单位为 bit；底为 e，单位为 nat；底为 10，单位为 hat；选用以 r 为底，其单位为 r 进制单位。

信源的信息熵 $H(X)$ 是从整个信源的统计特性来考虑的，它是从平均意义上来表征信源总体携带的信息量。对于统计特性给定的信源，其信息熵是一个确定的数值。不同的信源因统计特性不同，其熵也不同。

信息熵具有以下两种物理含义：

（1）信息熵 $H(X)$ 是表示信源输出前，信源的平均不确定性。

（2）信息熵 $H(X)$ 是表示信源输出后，每个消息（或符号）所提供的平均信息量。

例 2.5　有两个信源，其概率空间分别为

$$\begin{bmatrix} X \\ P(X) \end{bmatrix} = \begin{bmatrix} x_1, & x_2 \\ 0.99, & 0.01 \end{bmatrix}, \quad \begin{bmatrix} Y \\ P(Y) \end{bmatrix} = \begin{bmatrix} y_1, & y_2 \\ 0.5, & 0.5 \end{bmatrix}$$

分别求两个信源信息熵。

解

$$H(X) = -0.99\log 0.99 - 0.01\log 0.01 = 0.08 \text{ bit}$$
$$H(Y) = -0.5\log 0.5 - 0.5\log 0.5 = 1 \text{ bit}$$

可见，$H(Y) > H(X)$，信源 Y 比信源 X 的平均不确定性要大。我们观察信源 Y，它的两个输出消息是等概率的，所以在信源没有输出消息以前，事先无法猜测哪一个消息出现的不确定性要大。而对于信源 X，它的两个输出消息不是等概率的，事先猜测 x_1 和 x_2 哪一个出现，虽然具有不确定性，但大致可以猜测 x_1 会出现，因为 x_1 出现的概率大，所以信源 X 的不确定性要小。因而，信息熵正好反映了信源输出消息前，接收者对信源存在的平均不确定程度的大小。

应该注意的是：信息熵是信源的平均不确定性的描述。一般情况下，它并不等于平均获得的信息量。只是在无噪声情况下，接收者才能正确无误地接收到信源所发出的消息，所以获得的平均信息量就等于 $H(X)$。后面将会看到：在一般情况下获得的信息量是两熵之差，并不是信息熵本身。

2. 联合熵

定义 2.6　联合离散符号集合 XY 上的每个元素对 x_iy_j 的联合自信息量的数学期望，即

$$H(XY) = E[I(x_iy_j)] = -\sum_{i=1}^{m}\sum_{j=1}^{n} P(x_iy_j)\log P(x_iy_j) \tag{2.7}$$

联合熵又可称为共熵。

说明：联合熵 $H(XY)$ 表示 X 和 Y 同时发生的平均不确定性。

3. 条件熵

定义 2.7　条件熵是在联合符号集 XY 上的条件自信息的数学期望。在已知随机变量 X 的条件下，随机变量 Y 的条件熵定义为条件自信息的数学期望，即

$$H(Y|X)=E[I(y_j|x_i)]=-\sum_{j=1}^{m}\sum_{i=1}^{n}P(x_iy_j)\log P(y_j|x_i) \tag{2.8}$$

相应地，在给定 Y 条件下，X 的条件熵 $H(X|Y)$ 定义为

$$H(X|Y)=-\sum_{i=1}^{m}\sum_{j=1}^{n}P(x_iy_j)\log P(x_i|y_j) \tag{2.9}$$

条件熵 $H(X|Y)$ 是一个确定值，表示信宿在收到 Y 后，信源 X 仍然存在的不确定性。这是信道干扰所造成的。有时称 $H(X|Y)$ 为信道疑义度，也称损失熵。如果没有干扰，$H(X|Y)=0$，一般情况下 $H(X|Y)<H(X)$，说明经过信道传输，总能消除一些信源的不确定性，从而获得一些信息。

条件熵 $H(Y|X)$ 也是一个确定值，表示信源发出 X 后，信宿 Y 仍然存在的不确定性。这是由于噪声引起的，也称为噪声熵。

从通信系统角度看熵的意义，$H(X)$ 表示信源边每个符号的平均信息量（信源熵）；$H(Y)$ 表示信宿边每个符号的平均信息量（信宿熵）；$H(X|Y)$ 为信道疑义度（损失熵），表示在输出端接收到 Y 后，发送端 X 尚存的平均不确定性，这个对 X 尚存的不确定性是由于信道干扰引起的；$H(Y|X)$ 为信道散布度（噪声熵），表示在已知 X 后，对于输出 Y 尚存的平均不确定性；$H(XY)$ 表示整个信息传输系统的平均不确定性。

例 2.6 已知信源空间 $\begin{bmatrix} X \\ P(X) \end{bmatrix}=\begin{bmatrix} x_1 & x_2 \\ 0.5 & 0.5 \end{bmatrix}$，信道传输特性如图 2.1 所示，求在该信道上传输信息时信源熵 $H(X)$、信宿熵 $H(Y)$、损失熵 $H(X|Y)$、噪声熵 $H(Y|X)$ 和联合熵 $H(XY)$。

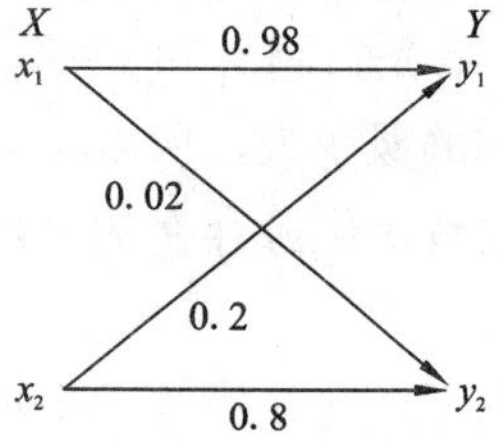

图 2.1　信道传输特性

解　根据 $P(x_iy_j)=P(x_i)P(y_j|x_i)$，求各联合概率：

$$P(x_1y_1)=P(x_1)P(y_1|x_1)=0.5\times0.98=0.49$$
$$P(x_1y_2)=P(x_1)P(y_2|x_1)=0.5\times0.02=0.01$$
$$P(x_2y_1)=P(x_2)P(y_1|x_2)=0.5\times0.20=0.10$$
$$P(x_2y_2)=P(x_2)P(y_2|x_2)=0.5\times0.80=0.40$$

根据 $P(y_j)=\sum_{i=1}^{m}P(x_i)P(y_j|x_i)$，求 Y 集合中各符号的概率，得

$$\begin{aligned}P(y_1)&=P(x_1)P(y_1|x_1)+P(x_2)P(y_1|x_2)\\&=0.5\times0.98+0.5\times0.2=0.59\\P(y_2)&=1-0.59=0.41\end{aligned}$$

根据 $P(x_i|y_j)=P(x_iy_j)/P(y_j)$，求 X 集合中各符号的条件概率，得

$$P(x_1|y_1)=P(x_1y_1)/P(y_1)=0.49/0.59=0.831$$
$$P(x_2|y_1)=P(x_2y_1)/P(y_1)=0.10/0.59=0.169$$
$$P(x_1|y_2)=P(x_1y_2)/P(y_2)=0.01/0.41=0.024$$
$$P(x_2|y_2)=P(x_2y_2)/P(y_2)=0.40/0.41=0.976$$

求各种熵，有

$$\begin{aligned}H(X)&=-\sum_{i=1}^{2}P(x_i)\log P(x_i)\\&=-(0.5\log 0.5+0.5\log 0.5)=1\text{ bit}\end{aligned}$$

$$\begin{aligned}H(Y)&=-\sum_{j=1}^{2}P(y_j)\log P(y_j)\\&=-(0.59\log 0.59+0.41\log 0.41)=0.977\text{ bit}\end{aligned}$$

$$\begin{aligned}H(X|Y)&=-\sum_{i=1}^{2}\sum_{j=1}^{2}P(x_iy_j)\log P(x_i|y_j)\\&=-(0.49\log 0.831+0.01\log 0.024+0.1\log 0.169+0.4\log 0.976)\\&=0.455\text{ bit}\end{aligned}$$

$$\begin{aligned}H(Y|X)&=-\sum_{i=1}^{2}\sum_{j=1}^{2}P(x_iy_j)\log P(y_j|x_i)\\&=-(0.49\log 0.98+0.01\log 0.02+0.1\log 0.2+0.4\log 0.8)\\&=0.432\text{ bit}\end{aligned}$$

$$\begin{aligned}H(XY)&=-\sum_{i=1}^{2}\sum_{j=1}^{2}P(x_iy_j)\log P(x_iy_j)\\&=-(0.49\log 0.49+0.01\log 0.01+0.10\log 0.10+0.40\log 0.40)\\&=1.432\text{ bit}\end{aligned}$$

4. 各种熵的关系

（1）联合熵与信息熵、条件熵的关系。

联合熵与信息熵、条件熵存在下述关系，即

$$H(XY)=H(X)+H(Y|X) \tag{2.10}$$

同理

$$H(XY)=H(Y)+H(X|Y) \tag{2.11}$$

证　对于离散联合集 XY，联合熵为

$$\begin{aligned}H(XY)&=-\sum_{i=1}^{m}\sum_{j=1}^{n}P(x_iy_j)\log P(x_iy_j)\\&=-\sum_{i=1}^{m}\sum_{j=1}^{n}P(x_iy_j)\log[P(x_i)P(y_j|x_i)]\\&=-\sum_{i=1}^{m}\left[\sum_{j=1}^{n}P(y_j|x_i)\right]P(x_i)\log P(x_i)-\sum_{i=1}^{m}\sum_{j=1}^{n}P(x_iy_j)\log P(y_j|x_i)\\&=-\sum_{i=1}^{m}P(x_i)\log P(x_i)+H(Y|X)\\&=H(X)+H(Y|X)\end{aligned}$$

式中

$$\sum_{j=1}^{n}P(y_j \mid x_i)=1 \quad (i=1,2,\cdots,m)$$

式（2.10）和式（2.11）表明，联合熵等于前一个集合 X 出现的熵，加上前一个集合 X 出现的条件下，后一个集合 Y 出现的条件熵。

由式（2.10）和式（2.11）还可以得到

$$H(X)-H(X \mid Y)=H(Y)-H(Y \mid X)$$

如果集合 X 和集合 Y 相互统计独立，则有

$$H(XY)=H(X)+H(Y) \tag{2.12}$$

此时，$H(Y|X)=H(Y)$。式（2.12）表示熵的可加性，而式（2.10）和式（2.11）则表示熵的强可加性。

此性质称为熵函数的链式法则，还可以推广到多个随机变量构成的概率空间之间的情况。设有 N 个概率空间 $X_1,X_2,\cdots,X_N$，其联合熵可表示为

$$\begin{aligned}H(X_1X_2\cdots X_N)&=H(X_1)+H(X_2 \mid X_1)+\cdots+H_N(X_N \mid X_1X_2\cdots X_{N-1})\\&=\sum_{i=1}^{N}H(X_i \mid X_1X_2\cdots X_{i-1})\end{aligned} \tag{2.13}$$

如果 N 个随机变量相互独立，则有

$$H(X_1X_2\cdots X_N)=\sum_{i=1}^{N}H(X_i) \tag{2.14}$$

（2）联合熵与信息熵的关系。

$$H(XY)\leqslant H(X)+H(Y) \tag{2.15}$$

等式成立的条件是集合 X 和 Y 统计独立。

证 按熵的定义

$$\begin{aligned}&H(XY)-H(X)-H(Y)\\&=-\sum_{i=1}^{m}\sum_{j=1}^{n}P(x_iy_j)\log P(x_iy_j)-\left(-\sum_{i=1}^{m}P(x_i)\log P(x_i)\right)-\left(-\sum_{j=1}^{n}P(y_j)\log P(y_j)\right)\\&=-\sum_{i=1}^{m}\sum_{j=1}^{n}P(x_iy_j)\log P(x_iy_j)+\sum_{i=1}^{m}\sum_{j=1}^{n}P(x_iy_j)\log[P(x_i)P(y_j)]\\&=\sum_{i=1}^{m}\sum_{j=1}^{n}P(x_iy_j)\log\frac{P(x_i)P(y_j)}{P(x_iy_j)}\leqslant\log e\cdot\sum_{i=1}^{m}\sum_{j=1}^{n}P(x_iy_j)\left[\frac{P(x_i)P(y_j)}{P(x_iy_j)}-1\right]\\&=\log e\cdot\left[\sum_{i=1}^{m}\sum_{j=1}^{n}P(x_i)P(y_j)-\sum_{i=1}^{m}\sum_{j=1}^{n}P(x_iy_j)\right]=0\end{aligned}$$

故

$$H(XY)\leqslant H(X)+H(Y)$$

上述证明用到引理：若 $x>0$，则 $\ln x\leqslant x-1(\log x\leqslant(x-1)\log e)$，当且仅当 $x=1$ 时等号成立。

若集合 X 和 Y 统计独立，则

$$P(x_iy_j)=P(x_i)P(y_j)$$

显然

$$H(XY)-H(X)-H(Y)=\sum_{i=1}^{m}\sum_{j=1}^{n}P(x_iy_j)\log\frac{P(x_i)P(x_j)}{P(x_iy_j)}=0$$

故

$$H(XY)=H(X)+H(Y) \tag{2.16}$$

当集合 X 和 Y 取自同一符号集合 Z 时，则有

$$H(X)=H(Y)=H(Z) \tag{2.17}$$

且

$$H(XY)\leqslant 2H(X) \tag{2.18}$$

（3）条件熵与信息熵的关系。

$$H(X|\ Y)\leqslant H(X) \tag{2.19}$$

证　按熵的定义

$$\begin{aligned}
&H(X|Y)-H(X)\\
&=-\sum_{i=1}^{m}\sum_{j=1}^{n}P(x_iy_j)\log P(x_i\mid y_j)-\left(-\sum_{i=1}^{m}P(x_i)\log P(x_i)\right)\\
&=-\sum_{i=1}^{m}\sum_{j=1}^{n}P(x_iy_j)\log P(x_i\mid y_j)+\sum_{i=1}^{m}\sum_{j=1}^{n}P(x_iy_j)\log P(x_i)\\
&=\sum_{i=1}^{m}\sum_{j=1}^{n}P(x_iy_j)\log\frac{P(x_i)}{P(x_i\mid y_j)}\\
&\leqslant \log e\cdot\sum_{i=1}^{m}\sum_{j=1}^{n}P(x_iy_j)\left[\frac{P(x_i)}{P(x_i\mid y_j)}-1\right]\\
&=\log e\cdot\left[\sum_{i=1}^{m}\sum_{j=1}^{n}P(x_i)P(y_j)-\sum_{i=1}^{m}\sum_{j=1}^{n}P(x_iy_j)\right]=0
\end{aligned}$$

等式成立的条件是当且仅当集合 X 和 Y 统计独立，即

$$P(x_i\mid y_j)=P(x_i)$$

2.2.2　平均自信息的性质

由前面分析可知，信息熵是与信源的消息数及消息的概率分布有关的量，当信源消息集（即符号集）的个数 q 给定，信源的信息熵就是概率分布 $P(x_i)$ 的函数，也称熵函数，该函数形式已由式（2.6）确定。可用概率矢量 $\boldsymbol{P}$ 来表示概率分布 $P(x_i)$

$$\boldsymbol{P}=(P(x_1),P(x_2),\cdots,P(x_q))=(P_1,P_2,\cdots,P_q)$$

$H(\boldsymbol{P})$ 是概率矢量 $\boldsymbol{P}$ 的函数，称 $H(\boldsymbol{P})$ 为熵函数。一般常用 $H(X)$ 表示以离散随机变量 X 描述的信源的信息熵；而用 $H(\boldsymbol{P})$ 或 $H(P_1,P_2,\cdots,P_q)$ 来表示概率 $\boldsymbol{P}=(P_1,P_2,\cdots,P_q)$ 的 q 个消息信源的信息熵，即

$$H(X) = -\sum_{i=1}^{q} P(x_i)\log P(x_i) = -\sum_{i=1}^{q} P_i \log P_i \\ = H(P_1, P_2, \cdots, P_q) = H(\boldsymbol{P}) \tag{2.20}$$

概率矢量 $\boldsymbol{P} = (P_1, P_2, \cdots, P_q)$ 是 q 维矢量， $P_i (i = 1,2,\cdots,q)$ 是其分量，它们满足

$$\sum_{i=1}^{q} P_i = 1, \quad P_i \geqslant 0 \ (i = 1,2,\cdots,q)$$

熵 $H(\boldsymbol{P})$ 是 $\boldsymbol{P} = (P_1, P_2, \cdots, P_q)$ 的 $N-1$ 元函数（因各分量满足 $\sum_{i=1}^{q} P_i = 1$，所以独立变量只有 $q-1$ 元），称 $H(\boldsymbol{P})$ 为熵函数。

熵函数 $H(\boldsymbol{P})$ 作为一种特殊函数，它具有下列一些性质。

1. 对称性

当变量 $P_1, P_2, \cdots, P_q$ 的顺序任意互换时，熵函数的值不变，即

$$H(P_1, P_2, \cdots, P_q) = H(P_2, \cdots, P_q, P_1) = H(P_q, P_1, P_2, \cdots) \tag{2.21}$$

该性质表明熵只与随机变量的总体结构有关，即与信源总体的统计特性有关。如果某些信源的统计特性相同（含有的消息数和概率分布相同），那么，这些信源的熵就相同。所以，熵表征信源总体的统计特性，总体的平均不确定性。这也说明了所定义的信息熵有它的局限性，它不能描述事件本身的具体含义和主观价值等。

2. 确定性

$$H(1,0) = H(1,0,0) = H(1,0,0,0) = \cdots = H(1,0,\cdots,0) = 0 \tag{2.22}$$

因为在概率矢量 $\boldsymbol{P} = (P_1, P_2, \cdots, P_q)$ 中，当某分量 $P_i = 1$ 时， $P_i \log P_i = 0$；而其余分量 $P_j = 0 \ (j \neq i)$, $\lim_{P_j \to 0} P_j \log P_j = 0$，所以式（2.22）成立。

该性质意味着从总体来看，信源虽然有不同的输出消息（符号），但如果它只有一个消息几乎必然出现，而其他消息都是几乎不可能出现，那么，这个信源是一个确知信源，其熵等于零。

3. 非负性

$$H(\boldsymbol{P}) = H(P_1, P_2, \cdots, P_q) = -\sum_{i=1}^{q} P_i \log P_i \geqslant 0 \tag{2.23}$$

信息熵是自信息的数学期望，自信息是非负值，所以信息熵必定是非负的。只有当随机变量是一确知量时（根据确定性），信息熵才等于零。

4. 扩展性

$$\lim_{\varepsilon \to 0} H_{q+1}(P_1, P_2, \cdots, P_q - \varepsilon, \varepsilon) = H_q(P_1, P_2, \cdots, P_q) \tag{2.24}$$

因为

$$\lim_{\varepsilon\to 0}\varepsilon\log\varepsilon = 0$$

所以式（2.24）成立。本性质说明信源消息数增多时，若这些消息对应的概率很小（接近于零），则信源的熵不变。

虽然，概率很小的事件出现后，给予收信者较多的信息。但从总体来考虑时，这种概率很小的事件几乎不会出现，所以它在熵的计算中占的比重很小，致使总的信源熵值维持不变。这也是熵的总体平均性的一种体现。

5. 递推性

$$\begin{aligned}&H_{n+m-1}(P_1,P_2,\cdots,P_{n-1},q_1,q_2,\cdots,q_m)\\&=H_n(P_1,P_2,\cdots,P_{n-1},P_n)+P_nH_m\left(\frac{q_1}{P_n},\frac{q_2}{P_n},\cdots,\frac{q_m}{P_n}\right)\end{aligned} \tag{2.25}$$

式中：$\sum_{i=1}^{n}P_i=1$，$\sum_{j=1}^{m}q_j=P_n$。

此性质表明，若原信源 X（n 个符号的概率分布为 $P_1,P_2,\cdots,P_n$）中有一元素 x_n 划分（或分割）成 m 个元素（符号），而这 m 个元素的概率之和等于元素 x_n 的概率，则新信源的熵增加，增加的一项是由于划分而产生的不确定性。

可用熵函数的表达式直接来证明式（2.25），此证明作为习题留给读者练习。

例 2.7　利用递推性计算 $H\left(\frac{1}{2},\frac{1}{8},\frac{1}{8},\frac{1}{8},\frac{1}{8}\right)$。

解

$$\begin{aligned}&H\left(\frac{1}{2},\frac{1}{8},\frac{1}{8},\frac{1}{8},\frac{1}{8}\right)\\&=H\left(\frac{1}{2},\frac{1}{2}\right)+\frac{1}{2}H\left(\frac{1}{4},\frac{1}{4},\frac{1}{4},\frac{1}{4}\right)\\&=1+\frac{1}{2}\times 2\\&=2\ \text{bit}\end{aligned}$$

6. 极值性

离散无记忆信源输出 n 个不同的符号，当且仅当各个符号出现概率相等（$P_i=1/n$）时，熵最大。即

$$H(P_1,P_2,\cdots,P_n)\leqslant H\left(\frac{1}{n},\frac{1}{n},\cdots,\frac{1}{n}\right)=\log n \tag{2.26}$$

式（2.26）表明，对于具有 n 个符号的离散信源，只有在 n 个信源符号等可能出现的情况下，信源熵才能达到最大值，这也表明均匀分布的信源的平均不确定性最大，是最“随机”的一类信源。这是一个很重要的结论，称为最大离散熵定理。

证　因

$$
\begin{aligned}
H(P_1,\cdots,P_n)-\log n &= -\sum_{i=1}^{n} P_i \log P_i - \sum_{i=1}^{n} P_i \log n \\
&= -\sum_{i=1}^{n} P_i \log(P_i n) = \sum_{i=1}^{n} P_i \log \frac{1}{P_i n} \\
&\leqslant \log \mathrm{e} \cdot \sum_{i=1}^{n} P_i \left(\frac{1}{P_i n} - 1\right) \\
&= \log \mathrm{e} \cdot \left(\sum_{i=1}^{n} \frac{1}{n} - \sum_{i=1}^{n} P_i \right) = 0 \\
H(X) = H(P_1,\cdots P_n) &\leqslant \log q
\end{aligned}
$$

故只有当 $P_i = \dfrac{1}{q}$ 时，有

$$
H(X) = \sum_{i=1}^{q} P_i \log q = \log q
$$

例 2.8　二进制信源是离散信源的一个特例。设该信源符号只有两个：0 和 1，设符号输出的概率分别为 p 和 $1-p$ 。

信源的概率空间为

$$
\begin{bmatrix} X \\ P(X) \end{bmatrix} = \begin{bmatrix} 0 & 1 \\ p & 1-p \end{bmatrix}
$$

二进制信源的信息熵为

$$
H(X) = -[p \log p + (1-p)\log(1-p)]\ \text{bit}
$$

这时信息熵 $H(X)$ 是 p 的函数。p 取值于[0, 1]区间，我们可以画出二元熵函数 $H(p)$ 的曲线，如图 2.2 所示。

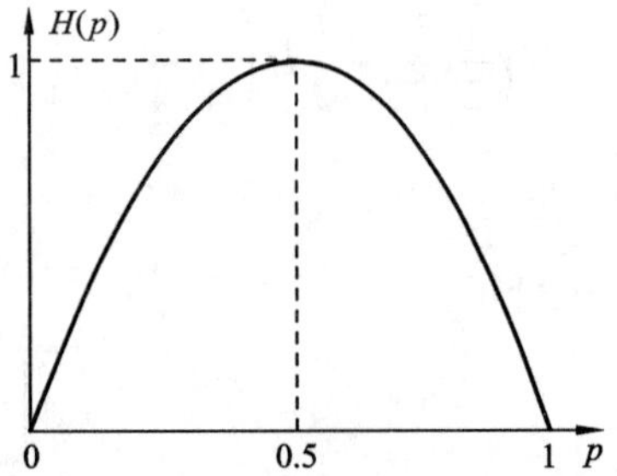

图 2.2　二元熵函数 $H(p)$的曲线图

从图 2.2 中可以得出熵函数的一些性质。如果二元信源的输出是确定的 $(p=1)$，则该信源不提供任何信息。反之，当二元信源符号 0 和 1 等概率发生时，信源的熵达到最大值，提供 1 bit 的信息量。

由此可见，在具有等概率的二元信源输出的二元数字序列中，每一个二元数字将平均提供 1 bit 的信息量。如果符号不是等概率分布，则每一个二元数字所提供的平均信息量总是小于 1 bit。

7. 上凸性

熵函数 $H(\boldsymbol{P})$ 是概率矢量 $\boldsymbol{P}=(P_1,P_2,\cdots,P_q)$ 的严格∩形凸函数（或称上凸函数）。即对任意概率矢量 $\boldsymbol{P}_1=(P_1,P_2,\cdots,P_q)$ 和 $\boldsymbol{P}_2=(P_1',P_2',\cdots,P_q')$ 及任意 $0<\theta<1$，有

$$H[\theta\boldsymbol{P}_1+(1-\theta)\boldsymbol{P}_2]>\theta H(\boldsymbol{P}_1)+(1-\theta)H(\boldsymbol{P}_2) \tag{2.27}$$

此式可根据凸函数的定义来进行证明，作为习题留给读者练习。

正因为熵函数具有上凸性，所以熵函数有极值，熵函数的最大值存在。

8. 香农辅助定理

对任意两个消息数相同的信源

$$\begin{bmatrix} X \\ P(X) \end{bmatrix} \text{和} \begin{bmatrix} Y \\ P(Y) \end{bmatrix} \quad (i=1,2,\cdots,n)$$

有

$$H(P(x_1),P(x_2),\cdots,P(x_n))=\sum_{i=1}^{n}P(x_i)\log\frac{1}{P(x_i)}\leqslant\sum_{i=1}^{n}P(x_i)\log\frac{1}{P(y_i)} \tag{2.28}$$

式中：$\sum_{i=1}^{n}P(x_i)=\sum_{i=1}^{n}P(y_i)=1$。

式（2.28）表明，对于任一概率分布 $P(x_i)$ 和其他概率分布 $P(y_i)$ 的自信息 $\log\frac{1}{P(y_i)}$ 取数学期望时，必大于 $P(x_i)$ 本身的熵。

证　因

$$\begin{aligned}
&H\big(P(x_1),P(x_2),\cdots,P(x_n)\big)-\sum_{i=1}^{n}P(x_i)\log\frac{1}{P(y_i)}\\
&=\sum_{i=1}^{n}P(x_i)\log\frac{1}{P(x_i)}-\sum_{i=1}^{n}P(x_i)\log\frac{1}{P(y_i)}\\
&=\sum_{i=1}^{n}P(x_i)\log\frac{P(y_i)}{P(x_i)}\\
&\leqslant\log\mathrm{e}\cdot\sum_{i=1}^{n}P(x_i)\left(\frac{P(y_i)}{P(x_i)}-1\right)\\
&=\log\mathrm{e}\cdot\left(\sum_{i=1}^{n}P(y_i)-\sum_{i=1}^{n}P(x_i)\right)=0
\end{aligned}$$

故

$$H(P(x_1),P(x_2),\cdots,P(x_n))=\sum_{i=1}^{n}P(x_i)\log\frac{1}{P(x_i)}\leqslant\sum_{i=1}^{n}P(x_i)\log\frac{1}{P(y_i)}$$

利用香农辅助定理可以证明条件熵不大于无条件熵，即

$$H(X|Y)\leqslant H(X)$$

证

$$\begin{aligned}H(X|Y)&=\sum_i\sum_j P(y_j)P(x_i|y_j)\log\frac{1}{P(x_i|y_j)}\\&=\sum_j P(y_j)\left[\sum_i P(x_i|y_j)\log\frac{1}{P(x_i|y_j)}\right]\\&\leqslant\sum_j P(y_j)\left[\sum_i P(x_i|y_j)\log\frac{1}{P(x_i)}\right]\\&=\sum_i\left[\sum_j P(y_j)P(x_i|y_j)\right]\log\frac{1}{P(x_i)}\\&=\sum_i P(x_i)\log\frac{1}{P(x_i)}\\&=H(X)\end{aligned}$$

式中：$\sum_j P(x_i)P(x_i|y_j)=\sum_j P(x_iy_j)=P(x_i)$。

由此可见，已知 Y 时 X 的不确定性不大于 X 本身的不确定性。因为已知 Y 后，从 Y 得到了一些关于 X 的信息，从而使 X 的不确定性下降。

2.3 平均互信息

2.3.1 平均互信息的概念

1. 定义

互信息 $I(x_i;y_j)$ 表示某一事件 y_j 所给出的关于另一个事件 x_i 的信息，它随 x_i 和 y_j 的变化而变化，为了从整体上表示一个随机变量 Y 所给出关于另一个随机变量 X 的信息量，定义互信息 $I(x_i;y_j)$ 在 XY 的联合概率空间中的统计平均值为随机变量 X 和 Y 之间的**平均互信息**。

定义 2.8

$$\begin{aligned}I(X;Y)&=\sum_{i=1}^m\sum_{j=1}^n P(x_iy_j)I(x_i;y_j)=\sum_{i=1}^m\sum_{j=1}^n P(x_iy_j)\log\frac{P(x_i|y_j)}{P(x_i)}\\&=\sum_{i=1}^m\sum_{j=1}^n P(x_iy_j)\log\frac{1}{P(x_i)}-\sum_{i=1}^m\sum_{j=1}^n P(x_iy_j)\log\frac{1}{P(x_i|y_j)}\\&=H(X)-H(X|Y)\end{aligned}\tag{2.29}$$

式中：$H(X)$ 代表接收到输出符号以前关于输入变量 X 的平均不确定性；$H(X|Y)$ 代表接收到输出符号后关于输入变量 X 的平均不确定性。可见，通过信道传输消除了一些不确定性，获得了一定的信息。

$I(X;Y)$ 称为 X 和 Y 之间的平均互信息。它代表接收到输出符号 Y 后平均每个符号获得的关于 X 的信息量。它也表明，输入与输出两个随机变量之间的统计约束程度。

平均互信息 $I(X;Y)$ 也可写成以下概率表达式的形式：

$$
\begin{aligned}
I(X;Y) &= \sum_{i=1}^{m}\sum_{j=1}^{n} P(x_i y_j)\log\frac{P(x_i \mid y_j)}{P(x_i)} \\
&= \sum_{i=1}^{m}\sum_{j=1}^{n} P(x_i y_j)\log\frac{P(x_i y_j)}{P(x_i)P(y_j)} \\
&= \sum_{i=1}^{m}\sum_{j=1}^{n} P(x_i y_j)\log\frac{P(y_j \mid x_i)}{P(y_j)}
\end{aligned}
\tag{2.30}
$$

例 2.9　有两个硬币等概率出现，一个是正常的硬币，它一面是国徽，另一面是面值。另一个是不正常的硬币，它的两面都是面值，随机地抽取一个硬币，抛掷两次。问出现面值的次数对于硬币的识别提供多少信息？

解　选择硬币类型构成的概率空间为

$$
\begin{bmatrix} X \\ P(X) \end{bmatrix} = \begin{bmatrix} x_1 = 0 & x_2 = 1 \\ 0.5 & 0.5 \end{bmatrix}
$$

其中 $x_1 = 0$ 表示所抽取的硬币是正常的，$x_2 = 1$ 表示所抽取的硬币是不正常的，则其提供的平均信息量，即信源的信息熵为

$$
H(X) = -\sum_{i=1}^{2} P_i \log P_i = -\frac{1}{2}\log\frac{1}{2} - \frac{1}{2}\log\frac{1}{2} = 1\ \text{bit}
$$

抛掷两次中出现面值的次数构成的样本空间为 $[Y] = [y_1 = 0 \quad y_2 = 1 \quad y_3 = 2]$，根据题意分析可知

$$
\begin{aligned}
&P(y_1 = 0 \mid x_1 = 0) = \frac{1}{2}\times\frac{1}{2} = 0.25 \\
&P(y_2 = 1 \mid x_1 = 0) = \frac{1}{2}\times 1 = 0.5 \\
&P(y_3 = 2 \mid x_1 = 0) = \frac{1}{2}\times\frac{1}{2} = 0.25 \\
&P(y_1 = 0 \mid x_2 = 1) = P(y_2 = 1 \mid x_2 = 1) = 0 \\
&P(y_3 = 2 \mid x_2 = 1) = 1
\end{aligned}
$$

由此可得

$$
\begin{aligned}
&P(y_1 = 0) = P(x_1 = 0, y_1 = 0) + P(x_2 = 1, y_1 = 0) \\
&= P(x_1 = 0)P(y_1 = 0 \mid x_1 = 0) + P(x_2 = 1)P(y_1 = 0 \mid x_2 = 1) \\
&= \frac{1}{2}\times\frac{1}{4} + \frac{1}{2}\times 0 = \frac{1}{8} \\
&P(y_2 = 1) = P(x_1 = 0, y_2 = 1) + P(x_2 = 1, y_2 = 1) \\
&= P(x_1 = 0)P(y_2 = 1 \mid x_1 = 0) + P(x_2 = 1)P(y_2 = 1 \mid x_2 = 1) \\
&= \frac{1}{2}\times\frac{1}{2} + \frac{1}{2}\times 0 = \frac{1}{4}
\end{aligned}
$$

$$\begin{aligned}&P(y_3=2)=p(x_1=0,y_3=2)+P(x_2=1,y_3=2)\\&=P(x_1=0)P(y_3=2\,|\,x_1=0)+P(x_2=1)P(y_3=2\,|\,x_2=1)\\&=\frac{1}{2}\times\frac{1}{4}+\frac{1}{2}\times 1=\frac{5}{8}\end{aligned}$$

同理，可得

$$P(x_1=0\,|\,y_3=2)=\frac{P(x_1=0)P(y_3=2\,|\,x_1=0)}{P(y_3=2)}=\frac{0.5\times 0.25}{0.625}=0.2$$

$$P(x_2=1\,|\,y_3=2)=\frac{P(x_2=1)P(y_3=2\,|\,x_2=1)}{P(y_3=2)}=\frac{0.5\times 1}{0.625}=0.8$$

且

$$H(X|\,y_3=2)=-\sum_{i=1}^{2}P(x_i\,|\,y_3=2)\log P(x_i\,|\,y_3=2)=0.722\text{ bit}$$

$$H(X\,|\,y_1=0)=-\sum_{i=1}^{2}P(x_i\,|\,y_1=0)\log P(x_i\,|\,y_1=0)=0\text{ bit}$$

$$H(X\,|\,y_2=1)=-\sum_{i=1}^{2}P(x_i\,|\,y_2=1)\log P(x_i\,|\,y_2=1)=0\text{ bit}$$

因此

$$\begin{aligned}&H(X\,|\,Y)\\&=P(y_1=0)H(X\,|\,y_1=0)+P(y_2=1)H(X\,|\,y_2=1)+P(y_3=2)H(X\,|\,y_3=2)\\&=0.125\times 0+0.25\times 0+0.625\times 0.722=0.451\,3\text{ bit}\end{aligned}$$

可得

$$I(X;Y)=H(X)-H(X\,|\,Y)=1-0.451\,3=0.548\,7\text{ bit}$$

2. 物理含义

为了进一步阐明平均互信息的物理意义，我们先讨论一下平均互信息与各类熵的关系。根据熵的定义和表达式，可将式（2.30）重新改写一下，得到如下表达式：

$$\begin{aligned}I(X;Y)&=H(X)-H(X\,|\,Y)\\&=H(X)+H(Y)-H(XY)\\&=H(Y)-H(Y|X)\end{aligned}\tag{2.31}$$

由此，也可求得联合熵

$$H(XY)=H(X)+H(Y\,|\,X)=H(Y)+H(X\,|\,Y)\tag{2.32}$$

其中

$$H(X)=\sum_{x}P(x)\log\frac{1}{P(x)}\tag{2.33}$$

$$H(Y)=\sum_{y}P(y)\log\frac{1}{P(y)}\tag{2.34}$$

$$H(X\,|\,Y)=\sum_{x}\sum_{y}P(xy)\log\frac{1}{P(x\,|\,y)}\tag{2.35}$$

$$H(Y|X)=\sum_x\sum_y P(xy)\log\frac{1}{P(y|x)} \tag{2.36}$$

$$H(XY)=\sum_x\sum_y P(xy)\log\frac{1}{P(xy)} \tag{2.37}$$

由定义 2.8 知，式（2.31）表示从 Y 中获得关于 X 的平均互信息 $I(X;Y)$，等于接收到输出 Y 的前、后关于 X 的平均不确定性的消除量，即等于两熵 $H(X)$ 和 $H(X|Y)$ 之差。同理，平均互信息 $I(X;Y)$ 也等于输出信源 Y 的平均不确定性 $H(Y)$ 与已知 X 的条件下关于 Y 尚存的不确定性 $H(Y|X)$ 之差，即发送 X 的前、后，关于 Y 的平均不确定性的消除量。

如图 2.3 所示，可以进一步理解熵只是平均不确定性的描述，而不确定性的消除（两熵之差）才等于接收端所获得的信息量。因此，获得的信息量不应该和不确定性混为一谈。

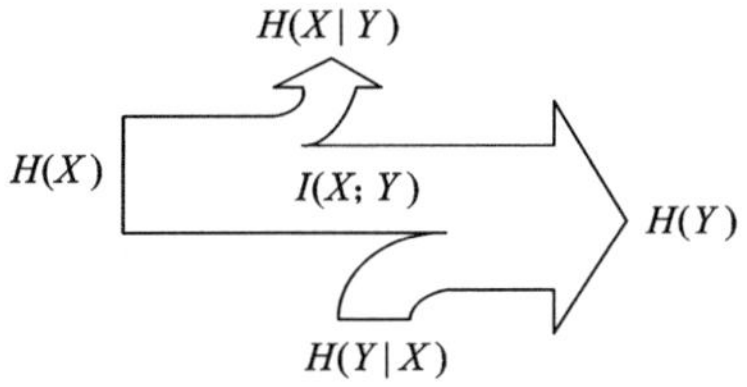

图 2.3　信源到信宿的信息流图

另外，我们用韦恩图可得到关于式（2.31）关系式的清晰表示，如图 2.4 所示。图中，左边的圆代表随机变量 X 的熵，右边的圆代表随机变量 Y 的熵，两个圆重叠部分是平均互信息 $I(X;Y)$。每个圆减去平均互信息后剩余的部分代表信道疑义度和噪声熵。

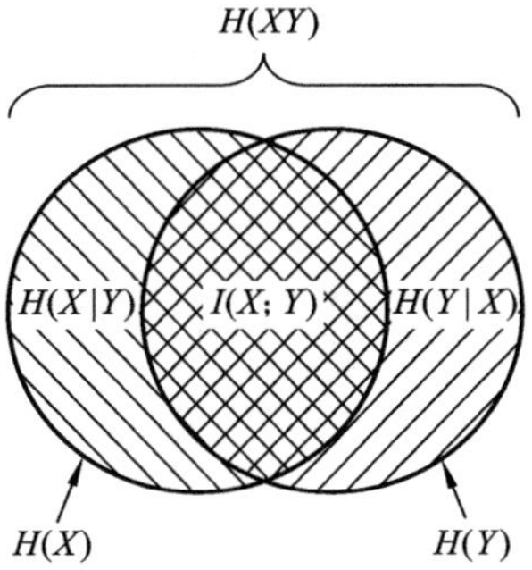

图 2.4　信道各类熵之间的关系

$$H(X|Y)=H(X)-I(X;Y) \tag{2.38}$$

$$H(Y|X)=H(Y)-I(X;Y) \tag{2.39}$$

式中：$H(X|Y)$ 是信道疑义度，它也表示信源符号通过有噪信道传输后所引起的信息量的损失，故也可称为损失熵。所以，信源 X 的熵等于接收到的信息量加上损失掉的信息量。而 $H(Y|X)$ 是信道散布度，表示在已知 X 的条件下，对于随机变量 Y 尚存在的不确定性，这完全是由于信道中噪声引起的，它反映了信道中噪声源的不确定性，所以也可称为噪声熵。输出端信宿 Y 的熵 $H(Y)$ 等于接收到关于 X 的信息量 $I(X;Y)$ 加上噪声熵 $H(Y|X)$。

式（2.38）和式（2.39）也都可从图 2.4 中得到清晰的表示。联合熵 $H(XY)$ 是联合空

间 XY 的熵，所以联合熵是两个圆之和再减去重叠部分，也等于一个圆加上另一部分。

3. 平均互信息与各种熵之间的关系

结合式(2.30)和式(2.31)，给出平均互信息与各种熵之间的关系，如表 2.1 所示。

表 2.1　平均互信息与各种熵之间的关系

$H(X)$	$H(X)\geqslant H(X\|Y)$ $H(X)=H(X\|Y)+I(X;Y)$ $=H(XY)-H(Y\|X)$	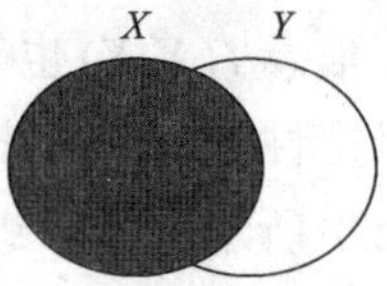
$H(Y)$	$H(Y)\geqslant H(Y\|X)$ $H(Y)=H(Y\|X)+I(X;Y)$ $=H(XY)-H(X\|Y)$	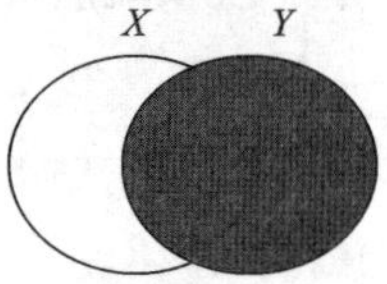
$H(X\|Y)$	$H(X\|Y)=H(XY)-H(Y)$ $=H(X)-I(X;Y)$	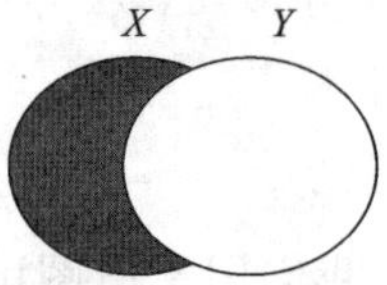
$H(Y\|X)$	$H(Y\|X)=H(XY)-H(X)$ $=H(Y)-I(X;Y)$	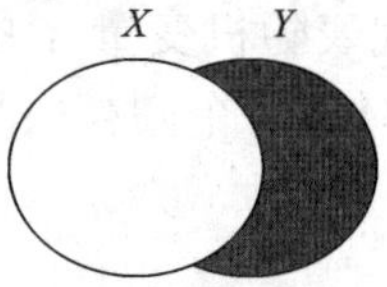
$H(XY)=H(YX)$	$H(XY)=H(X)+H(Y\|X)$ $=H(Y)+H(X\|Y)$ $=H(X)+H(Y)-I(X;Y)$ $=H(X\|Y)+H(Y\|X)+I(X;Y)$	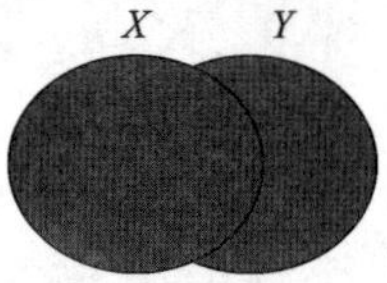
$I(X;Y)=I(Y;X)$	$I(X;Y)=H(X)-H(X\|Y)$ $=H(Y)-H(Y\|X)$ $=H(XY)-H(Y\|X)-H(X\|Y)$ $=H(X)+H(Y)-H(XY)$	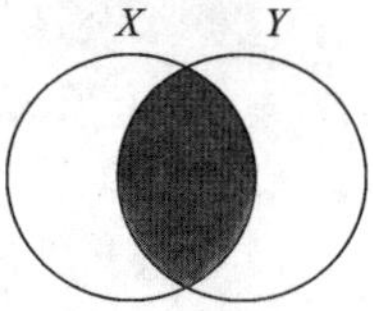

2.3.2　平均互信息的性质

本小节将介绍平均互信息 $I(X;Y)$ 的一些基本特性。

1. 非负性

离散信道输入概率空间为 X，输出概率空间为 Y，则

$$I(X;Y)\geqslant 0 \tag{2.40}$$

当 X 和 Y 统计独立时，等式成立。

证　由式（2.30）可知

$$I(X;Y)=\sum_{i=1}^{m}\sum_{j=1}^{n}P(x_iy_j)\log\frac{P(x_iy_j)}{P(x_i)P(y_j)}$$

则

$$\begin{aligned}-I(X;Y)&=\sum_{i=1}^{m}\sum_{j=1}^{n}P(x_iy_j)\log\frac{P(x_i)P(y_j)}{P(x_iy_j)}\\&\leqslant\log e\cdot\sum_{i=1}^{m}\sum_{j=1}^{n}P(x_iy_j)\left[\frac{P(x_i)P(y_j)}{P(x_iy_j)}-1\right]\\&=\log e\cdot\left[\sum_{i=1}^{m}\sum_{j=1}^{n}P(x_i)P(y_j)-\sum_{i=1}^{m}\sum_{j=1}^{n}P(x_iy_j)\right]\\&=0\end{aligned}$$

当且仅当 X 和 Y 统计独立时，上式中等号才成立，即有 $I(X;Y)=0$。

该性质说明：通过一个信道获得的平均信息量不会是负值，一般总能获得一些信息量。也就是说，观察一个信道的输出，从平均的角度来看总能消除一些不确定性，接收到一定的信息。只有在信道输入和输出是统计独立时，才接收不到任何消息。

2. 互易性（对称性）

平均互信息具有对称性，即

$$I(X;Y)=I(Y;X) \tag{2.41}$$

证　由于 $P(x_iy_j)=P(y_jx_i)$，所以由式（2.30）得

$$\begin{aligned}I(X;Y)&=\sum_{i=1}^{m}\sum_{j=1}^{n}P(x_iy_j)\log\frac{P(x_iy_j)}{P(x_i)P(y_j)}\\&=\sum_{i=1}^{m}\sum_{j=1}^{n}P(y_jx_i)\log\frac{P(y_jx_i)}{P(y_j)P(x_i)}=I(Y;X)\end{aligned}$$

式中：$I(X;Y)$ 表示从 Y 中提取的关于 X 的信息量；$I(Y;X)$ 表示从 X 中提取的关于 Y 的信息量，它们是相等的。这是一个很重要的结果。当 X 和 Y 统计独立时，就不可能从一个随机变量获得关于另一个随机变量的信息，所以 $I(X;Y)=I(Y;X)=0$。而当两个随机变量 X 和 Y 一一对应时，从一个变量就可以充分获得关于另一个变量的信息，即

$$I(X;Y)=I(Y;X)=H(X)=H(Y) \tag{2.42}$$

3. 极值性

平均互信息具有极值性，即

$$I(X;Y)\leqslant H(X) \tag{2.43}$$

证　由于 $\log\dfrac{1}{P(x_i\,|\,y_j)}\geqslant 0$，而信道疑义度 $H(X\,|\,Y)$ 是对 $\log\dfrac{1}{P(x_i\,|\,y_j)}$ 求统计平均，即

$$H(X|Y)=\sum_{i=1}^{m}\sum_{j=1}^{n}P(x_iy_j)\log\frac{1}{P(x_i|y_j)}$$

所以

$$H(X|Y)\geqslant 0$$

则

$$I(X;Y)=H(X)-H(X|Y)\leqslant H(X)$$

该性质的含义为：接收者通过信道获得的信息量不可能超过信源本身固有的信息量。只有当$H(X|Y)=0$，即信道中传输信息无损失时，接收到Y后获得关于X的信息量才等于符号集X中平均每个符号所含有的信息量。

可见，在一般情况下，平均互信息必在0～$H(X)$值之间。

4. 凸状性

由式（2.30）和条件概率公式得

$$I(X;Y)=\sum_{i=1}^{m}\sum_{j=1}^{n}P(x_iy_j)\log\frac{P(y_j|x_i)}{P(y_j)}$$

式中：$P(y_j)=\sum_{i}P(x_i)P(y_j|x_i)$。

可知，平均互信息$I(X;Y)$只是信源X的输入概率分布$P(x_i)$和信道转移概率$P(y_j|x_i)$的函数，即$I(X;Y)=[P(x_i),P(y_j|x_i)]$。平均互信息只与信源的概率分布和信道的转移概率有关，因此对于不同信源和不同信道得到的平均互信息是不同的。

定理 2.1 当信道转移概率$P(y_j|x_i)$给定时，平均互信息$I(X;Y)$是信源的输入概率分布$P(x_i)$的$\cap$形凸函数（又称上凸函数）。

证 根据$\cap$形凸函数的定义来进行证明。首先固定信道，即信道的转移概率$P(y_j|x_i)$是固定的。那么，平均互信息$I(X;Y)$将只是$P(x_i)$的函数，简写成$I[P(x_i)]$。

先选择输入信源X的两种已知的概率分布$P_1(x_i)$和$P_2(x_i)$，其对应的联合概率分布为$P_1(x_iy_j)=P_1(x_i)P(y_j|x_i)$和$P_2(x_iy_j)=P_2(x_i)P(y_j|x_i)$，因而信道输出端的平均互信息分别为$I[P_1(x_i)]$和$I[P_2(x_i)]$。再选择输入变量$X$的另一种概率分布$P(x_i)$，令$0<\theta<1$，和$\theta+\overline{\theta}=1$，而$P(x_i)=\theta P_1(x_i)+\overline{\theta}P_2(x_i)$，因而得其相应的平均互信息为$I[P(x_i)]$。

根据平均互信息的定义得

$$\begin{aligned}&\theta I[P_1(x_i)]+\overline{\theta}I[P_2(x_i)]-I[P(x_i)]\\&=\sum_{i,j}\theta P_1(x_iy_j)\log\frac{P(y_j|x_i)}{P_1(y_j)}+\sum_{i,j}\overline{\theta}P_2(x_iy_j)\log\frac{P(y_j|x_i)}{P_2(y_j)}-\sum_{i,j}P(x_iy_j)\log\frac{P(y_j|x_i)}{P(y_j)}\\&=\sum_{i,j}\theta P_1(x_iy_j)\log\frac{P(y_j|x_i)}{P_1(y_j)}+\sum_{i,j}\overline{\theta}P_2(x_iy_j)\log\frac{P(y_j|x_i)}{P_2(y_j)}-\sum_{i,j}[\theta P_1(x_iy_j)+\overline{\theta}P_2(x_iy_j)]\log\frac{P(y_j|x_i)}{P(y_j)}\end{aligned}$$

式中是根据以下概率关系

$$P(x_i y_j) = P(x_i)P(y_j \mid x_i) = \theta P_1(x_i)P(y_j \mid x_i) + \bar{\theta} P_2(x_i)P(y_j \mid x_i) = \theta P_1(x_i y_j) + \bar{\theta} P_2(x_i y_j)$$

所以得

$$\begin{aligned} &\theta I[P_1(x_i)] + \bar{\theta} I[P_2(x_i)] - I[P(x_i)] \\ &= \theta \sum_{i,j} P_1(x_i y_j) \log \frac{P(y_j)}{P_1(y_j)} + \bar{\theta} \sum_{i,j} P_2(x_i y_j) \log \frac{P(y_j)}{P_2(y_j)} \end{aligned}$$

因为 $f(x) = \log x$ 是上凸函数，所以根据詹森（Jensen）不等式得

$$\begin{aligned} &\theta \sum_{i,j} P_1(x_i y_j) \log \frac{P(y_j)}{P_1(y_j)} + \bar{\theta} \sum_{i,j} P_2(x_i y_j) \log \frac{P(y_j)}{P_2(y_j)} \\ &\leqslant \theta \log \sum_{i,j} P_1(x_i y_j) \frac{P(y_j)}{P_1(y_j)} + \bar{\theta} \log \sum_{i,j} P_2(x_i y_j) \frac{P(y_j)}{P_2(y_j)} \\ &= \theta \log \sum_j \frac{P(y_j)}{P_1(y_j)} \sum_i P_1(x_i y_j) + \bar{\theta} \log \sum_j \frac{P(y_j)}{P_2(y_j)} \sum_i P_2(x_i y_j) \\ &= \theta \log 1 + \bar{\theta} \log 1 = 0 \end{aligned}$$

即

$$\theta I[P_1(x_i)] + \bar{\theta} I[P_2(x_i)] - I[P(x_i)] \leqslant 0$$

从而得

$$I[\theta P_1(x_i) + \bar{\theta} P_2(x_i)] \geqslant \theta I[P_1(x_i)] + \bar{\theta} I[P_2(x_i)]$$

因此，根据凸函数定义知，$I(X;Y)$ 是信源的输入概率分布 $P(x_i)$ 的 $\cap$ 形凸函数。

平均互信息是信源概率分布 $P(x_i)$ 的上凸函数表明，使用给定信道传输不同信源输出的信息时，系统的信息传输率不同。对于每一种给定信道（$P(y_j \mid x_i)$ 固定），一定存在一种信源概率分布 $P(x_i)$，能够使得系统的平均互信息达到其最大值。该平均互信息的最大值本质上依赖于给定信道的转移概率分布 $P(y_j \mid x_i)$，它由给定信道本身的特性所决定，反映的是给定信道传输信息的能力，即给定信道的最大信息传输率。

平均互信息 $I(X;Y)$ 的上凸性所指出的信息传输率的上界表明，对于一种给定的信道，一定存在一个最大的信息传输率 R。如果系统的信息传输率不超过此上界值，则总可以找到一种编码方法，实现信息的可靠传输。在信息系统工程应用中，平均互信息的上凸性所反映的最大信息传输率指出了实现信息可靠传输的理论极限，对于信息系统的可靠性分析和信道编码原理研究具有重要的理论意义，在有噪信道的无差错编码技术研究中有明显的指导意义。

例 2.10　设二元对称信道的输入概率空间为 $\begin{bmatrix} X \\ P(x) \end{bmatrix} = \begin{bmatrix} 0 & 1 \\ \omega & \bar{\omega} \end{bmatrix}$，信道特性如图 2.5 所示，求平均互信息。

解　根据平均互信息的定义可得

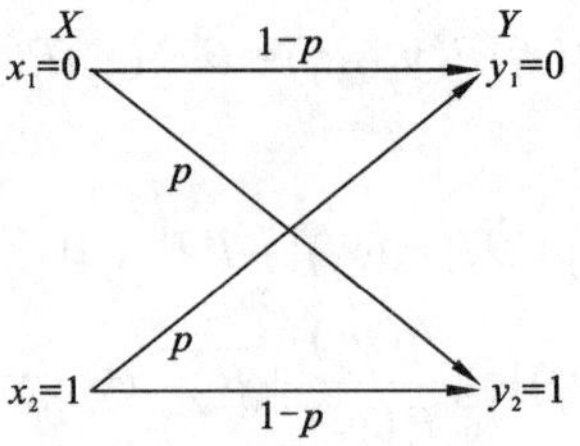

图 2.5　二元对称信道

$$
\begin{aligned}
I(X;Y) &= H(Y) - H(Y|X) \\
&= H(Y) - \sum_x P(x) \sum_y P(y|x) \log \frac{1}{P(y|x)} \\
&= H(Y) - \sum_x P(x) \left[p \log \frac{1}{p} + \bar{p} \log \frac{1}{\bar{p}} \right] \\
&= H(Y) - \left[p \log \frac{1}{p} + \bar{p} \log \frac{1}{\bar{p}} \right] = H(Y) - H(p)
\end{aligned}
$$

式中：$H(p)$ 是[0, 1]区域上的熵函数。

根据已知的输入概率空间和信道转移概率，可求出

$$
P(y=0) = \omega(1-p) + (1-\omega)p = \omega\bar{p} + \bar{\omega}p
$$

$$
P(y=1) = \omega p + (1-\omega)(1-p) = \omega p + \bar{\omega}\bar{p}
$$

所以

$$
\begin{aligned}
I(X;Y) &= H(Y) - H(p) \\
&= H(\omega\bar{p} + \bar{\omega}p) - H(p)
\end{aligned}
$$

其中 $H(\omega\bar{p} + \bar{\omega}p)$ 也是[0, 1]区域上的熵函数。可见，当信道固定，即固定 p 时，可得 $I(X;Y)$ 是 ω 的上凸函数，其曲线如图 2.6 所示。从图中可知，当二元对称信道的信道矩阵固定后，若输入变量 X 的概率分布不同，在接收端平均每个符号获得的信息量就不同。只有当输入变量 X 是等概率分布，即 $P(x_1=0)=P(x_2=1)=\frac{1}{2}$ 时，在信道接收端平均每个符号才获得最大的信息量。

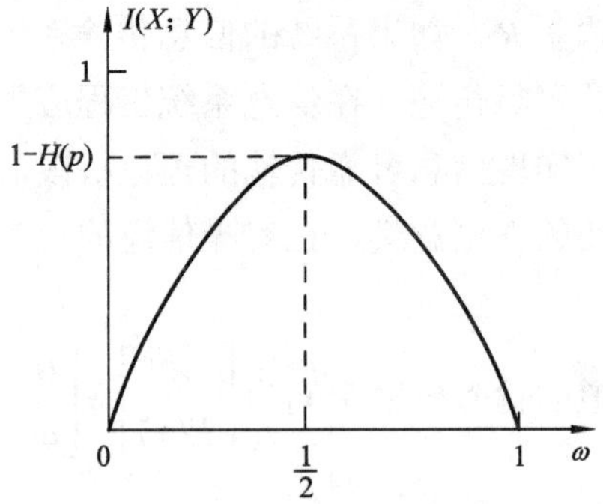

图 2.6　固定二元对称信道的平均互信息

定理 2.1 表明，当固定某信道时，选择不同的信源（其概率分布不同），在信道输出端接收到每个符号后获得的信息量是不同的。而且对于每一个固定信道，一定存在有一种信

源（某一种概率分布 $P(x_i)$），使输出端获得的平均信息量为最大（上凸函数存在极大值）。

定理 2.2　对于固定的输入概率分布 $P(x_i)$，平均互信息 $I(X;Y)$ 是信道转移概率 $P(y_j \mid x_i)$ 的 $\cup$ 形凹函数（又称下凸函数）。

现在，固定信源，即固定输入变量 X 的概率分布 $P(x_i)$，调整与信源相连接的信道，就可得出这个结论。因为固定信源，平均互信息 $I(X;Y)$ 只是与信道统计特性有关，只是信道转移概率 $P(y_j \mid x_i)$ 的函数，简写成 $I[P(y_j \mid x_i)]$。因此，定理 2.2 可表达为

$$I[\theta P_1(y_j \mid x_i) + \bar{\theta} P_2(y_j \mid x_i)] \leqslant \theta I[P_1(y_j \mid x_i)] + \bar{\theta} I[P_2(y_j \mid x_i)]$$

定理 2.2 的证明方法与定理 2.1 的证明方法相似，故此处省略。

使用不同信道传输给定信源输出的信息时，系统的信息传输率不同。对于每一种给定信源，一定存在一种信道，使得信宿获得的关于此信源的平均信息率为最小。下凸性所指出的平均互信息 $I(X;Y)$ 的取值下界给出了传输该信源输出信息时，系统必须有的最小信息传输率 R。同时，平均互信息的下凸性也表明，如果系统的信息传输率 R 小于 $I(X;Y)$ 下界所指出的最小信息传输率，则该信源输出的信息将产生失真。

可见，平均互信息 $I(X;Y)$ 的下凸性对于信息系统的有效性分析和高效信源编码原理具有重要理论意义，在图像、视频、音频、文本等各类信源编码和数据压缩的应用技术领域有明显的指导意义。

在例 2.10 中 $I(X;Y) = H(\omega\bar{p} + \bar{\omega}p) - H(p)$，当固定信源的概率分布 ω 时，$I(X;Y)$ 是 p 的 $\cup$ 形凸函数，如图 2.7 所示。

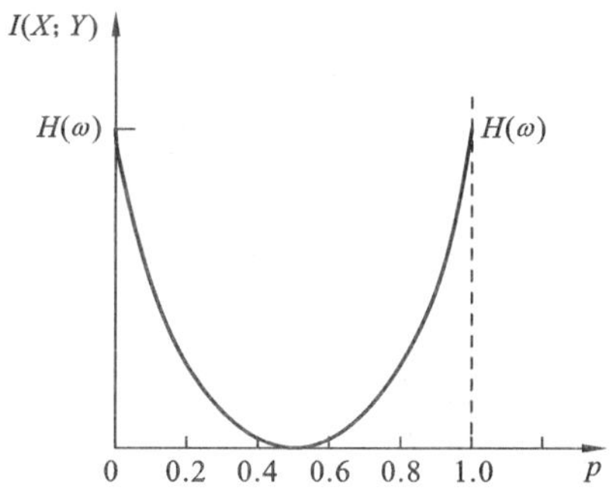

图 2.7　固定二元信源的平均互信息

从图 2.7 中可知，当二元信源固定后，存在一种二元对称信道（其中 $p=1/2$），使在信道输出端获得的信息量最小，即等于零。也就是说，信源的信息全部损失在信道中。这是一种最差的信道（其噪声为最大）。

因此，定理 2.2 说明当信源固定后，选择不同的信道来传输同一信源符号时，在信道的输出端获得关于信源的信息量是不同的。信道输出端获得关于信源的信息量是信道转移概率的下凸函数。也就是说，对每一种信源都存在一种最差的信道，此信道的干扰（噪声）最大，而输出端获得的信息量最小。

由关于平均互信息 $I(X;Y)$ 凸性的讨论和例题分析可以看出，平均互信息 $I(X;Y)$ 的凸

性是反映信息系统最优化的一个具有对偶性的基本问题。

$I(X;Y)$ 是信源概率分布 $P(x_i)$ 的上凸函数，指出了给定信道的最大信息传输率。由于这一最大的信息传输率度量了给定信道传输信息的能力，所以 $I(X;Y)$ 的上凸性函数关系反映了信息系统的可靠性问题，指出了信道编码研究中的基本关系和追求目标。

$I(X;Y)$ 是信道转移概率 $P(y_j|x_i)$ 的下凸函数，指出了传输给定信源必须有的最小信息传输率。由于这一最小的信息传输率度量了给定信源输出信息的特性，所以 $I(X;Y)$ 的下凸性函数关系反映了信息系统的有效性问题，指出了信源编码研究中需要满足的基本关系和追求目标。

作为信息理论中的两个最基本的概念，信源的信息熵 $H(X)$ 和平均互信息 $I(X;Y)$ 在信息理论的学习和信息系统设计中有重要的意义和作用。

习　题

1. （1）英文字母中“a”出现的概率为 0.064，“c”出现的概率为 0.022，分别计算它们的自信息量。

（2）假定前后字母出现是相互独立的，计算“ac”的自信息量。

（3）假定前后字母出现不是相互独立的，当“a”出现以后，“c”出现的概率为 0.04，计算“a”出现以后，“c”出现的自信息量。

2. 设离散无记忆信道的转移概率矩阵为

$$\boldsymbol{P}_{Y|X}=\begin{bmatrix}0.5 & 0.3 & 0.2\\ 0.3 & 0.2 & 0.5\\ 0.2 & 0.5 & 0.3\end{bmatrix}$$

计算信道的噪声熵 $H(Y|X)$。

3. 假设随机变量 X 的概率分布为 $P(x_i)=2^{-i}$，$i=1,2,3,\cdots$，求 $H(X)$。

4. 随机变量 X、Y 的联合概率分布如题表 2.1 所示，求联合熵 $H(XY)$ 和条件熵 $H(Y|X)$。

题表 2.1

X	Y	
	0	1
0	$\frac{1}{4}$	$\frac{1}{4}$
1	$\frac{1}{2}$	0

5. 掷骰子，若结果是 1，2，3 或 4，则抛一次硬币；如果结果是 5 或者 6，则抛两次硬币，试计算从抛硬币的结果可以得到多少掷骰子的信息量。

6. 同时掷 2 颗骰子，事件 A 、B 、C 分别表示：（ A ）仅有一个骰子是 3；（ B ）至少有一个骰子是 4；（C）骰子上点数的总和为偶数。试计算事件 A、B、C 发生后所提供的信息量。

7. 设有 n 个球，每个球都以同样的概率 $1/N$ 落入 N 个格子（$N \geqslant n$）的每一个格子中。假定：(A)某指定的 n 个格子中各落入一个球；(B)任何 n 个格子中各落入一个球。试计算事件 A、B 发生后所提供的信息量。

8. 一信源有 6 种输出状态，概率分别为

$$P(A)=0.5, P(B)=0.25, P(C)=0.125, P(D)=P(E)=0.05, P(F)=0.025$$

试计算 $H(X)$。然后求消息 $ABABBA$ 和 $FDDFDF$ 的信息量（设信源先后发出的符号相互独立），并将之与长度为 6 的消息序列信息量的期望值相比较。

9. 国家标准总局所规定的一、二级汉字共 6 763 个。设每字使用的频度相等，求一个汉字所含的信息量。设每个汉字用一个 16×16 的二元点阵显示，试计算显示方阵所能表示的最大信息。显示方阵的利用率是多少？

10. 已知信源发出 a_1 和 a_2 两种消息，且 $P(a_1)=P(a_2)=1/2$。此消息在二进制对称信道上传输，信道传输特性为 $P(b_1|a_1)=P(b_2|a_2)=1-\varepsilon, P(b_1|a_2)=P(b_2|a_1)=\varepsilon$。求互信息量 $I(a_1;b_1)$ 和 $I(a_1;b_2)$。

11. 已知二维随机变量 XY 的联合概率分布 $P(x_i y_j)$ 为

$$P(0,0)=P(1,1)=1/8, \quad P(0,1)=P(1,0)=3/8$$

求 $H(X|Y)$。

12. 棒球比赛中大卫和麦克在前面的比赛中打平，最后三场与其他选手的比赛结果将最终决定他们的胜、负或平。

（1）假定最后三场他们与其他选手的比赛结果胜负的可能性均为 0.5，把麦克的最终比赛结果{胜、负、平}作为随机变量，计算它的熵；

（2）假定大卫最后三场比赛全部获胜，计算麦克的最终比赛结果的条件熵。

13. X、Y、Z 为三个随机变量，证明以下不等式成立并指出等号成立的条件。

（1）$H(XY|Z) \geqslant H(X|Z)$；

（2）$I(XY;Z) \geqslant I(X;Z)$；

（3）$H(XYZ)-H(XY) \leqslant H(XZ)-H(X)$；

（4）$I(X;Z|Y) \geqslant I(Z;Y|X)-I(Z;Y)+I(X;Z)$。

14. 有两个二元随机变量 X 和 Y，它们的联合概率分布如题表 2.2 所列，同时定义另一随机变量 $Z=X\cdot Y$（一般乘积）。试计算：

题表 2.2

X	Y	
	0	1
0	$\frac{1}{8}$	$\frac{3}{8}$
1	$\frac{3}{8}$	$\frac{1}{8}$

（1）熵 $H(X),H(Y),H(Z),H(XZ),H(YZ)$ 和 $H(XYZ)$；

（2）条件熵 $H(X|Y),H(Y|X),H(X|Z),H(Z|X),H(Y|Z),H(Z|Y),H(X|YZ)$, $H(Y|XZ)$ 和 $H(Z|XY)$；

（3）互信息 $I(X;Y),I(X;Z),I(Y;Z),I(X;Y|Z),I(Y;Z|X),I(X;Z|Y)$。

15. 假定 $X_1 \to X_2 \to X_3 \to \cdots \to X_n$ 形成一个马尔可夫（Markov）链，那么

$$P(x_1x_2\cdots x_n)=P(x_1)\ P(x_2|x_1)\cdots P(x_n|x_{n-1})$$

请简化 $I(X_1;X_2\cdots X_n)$。

16. 给定 X 、Y 的联合概率分布，如题表 2.3 所示，求：

题表 2.3

X	Y	
	0	1
0	$\frac{1}{3}$	$\frac{1}{3}$
1	0	$\frac{1}{3}$

（1）$H(X),H(Y)$；

（2）$H(X|Y),H(Y|X)$；

（3）$H(XY)$；

（4）$H(Y)-H(Y|X)$；

（5）$I(X;Y)$。

17. 考虑两个发射机和一个接收机之间的平均联合互信息 $I(X_1X_2;Y)$，证明：

（1）$I(X_1X_2;Y) \geqslant I(X_1;Y)$，也就是用两台发射机比用一台发射机的效果好；

（2）如果 X_1 和 X_2 相互独立，那么 $I(X_2;Y|X_1) \geqslant I(X_2;Y)$；

（3）如果 X_1 和 X_2 相互独立，那么 $I(X_1X_2;Y) \geqslant I(X_1;Y)+I(X_2;Y)$，也就是同时用两台发射机比分别用两台发射机的效果好。

18. 在一个布袋中有三枚硬币，分别用 H 、T 、F 表示，H 的两面都是正面，T 的两面都是反面，而 F 是一个一正一反的均匀硬币。等概率随机选择一枚硬币并投掷两次，用 X 表示所选择的硬币，Y_1、Y_2 表示两次投掷的结果，Z 表示两次投掷中出现正面的次数。求：

（1）$I(X;Y_1)$；

（2）$I(X;Z)$；

（3）$I(Y_1;Y_2)$。

19. 猜宝游戏。三扇门中有一扇门后藏有一袋金子，并且三扇门后面藏有金子的可能性相同。如果有人随机打开一扇门并告知门后是否藏有金子，他给了你多少关于金子位置

的信息量？

20. 一个年轻人研究了当地的天气纪录和气象台的预报纪录后，得到实际天气和预报天气的联合概率分布，如题表 2.4 所示。他发现预报只有 12/16 的准确率，而不管三七二十一都预报明天不下雨的准确率却是 13/16。他把这个想法跟气象台台长说了后，台长却说他错了。请问这是为什么？

题表 2.4

预报	实际	
	下雨	不下雨
下雨	1/8	3/16
不下雨	1/16	10/16

21. 设 $X_1, X_2, \cdots, X_N$ 为一个独立的伯努利随机变量序列，其分布为

$$P(X_i = 0) = P(X_i = 1) = 1 - p$$

求：使 $S_2 = X_1 + X_2$ 的熵 $H(S_2)$ 取得最大值的 p 值。

22. 投掷一枚均匀的硬币直到出现两次正面或两次反面。用 X_1、X_2 表示头两次投掷的结果，Y 表示最后一次投掷的结果，N 表示投掷的次数。计算 $H(X_1)$，$H(X_2)$，$H(Y)$，$H(N)$，$I(X_1;Y)$，$I(X_2;Y)$，$I(X_1X_2;Y)$，$I(X_1;N)$，$I(X_2;N)$，$I(X_1X_2;N)$。

23. 设随机变量 X 的概率分布为 $\left\{\frac{2}{10},\frac{2}{10},\frac{2}{10},\frac{1}{10},\frac{1}{10},\frac{1}{10},\frac{1}{10}\right\}$。随机变量 Y 是 X 的函数，其分布为将 X 的 4 个最小的概率分布合并为一个 $\left\{\frac{2}{10},\frac{2}{10},\frac{2}{10},\frac{4}{10}\right\}$。

（1）显然 $H(X) \leqslant \log 7$，请解释原因；

（2）请解释为什么 $H(X) > \log 5$？

（3）计算 $H(X)$，$H(Y)$；

（4）计算 $H(X|Y)$ 并解释其结果。

24. 已知 $H(Y|X) = 0$，求证任意 x，$p(x) > 0$，只存在一个 y 使得 $p(xy) > 0$。

25. 在一个布袋中有 r 个红球，w 个白球，b 个黑球，从布袋中取 $k \geqslant 2$ 个球，每次取出球后放回还是每次取出球后不放回的熵 $H(X_i | X_{i-1} \cdots X_1)$ 更大？

26. X、Y_1、Y_2 为二元随机变量，如果 $I(X;Y_1) = 0$ 并且 $I(X;Y_2) = 0$，能不能推出 $I(X;Y_1Y_2) = 0$，如果能请证明，如果不能请给出反例。

27. 设离散无记忆信源

$$\begin{bmatrix} X \\ P(x) \end{bmatrix} = \begin{bmatrix} a_1 = 0 & a_2 = 1 & a_3 = 2 & a_4 = 3 \\ \frac{3}{8} & \frac{1}{4} & \frac{1}{4} & \frac{1}{8} \end{bmatrix}$$

其发出的消息为（202 1201 3021 3021 3001 2032 1011 0321 0100 2032 0011 2232），根据“离散无记忆信源发出的信息序列的自信息等于消息中的各个符号的自信息之和”，求此消息的自信息量。在此消息中平均每个符号携带的信息量是多少？

28. 试证明 $H(X)$ 是输入概率分布 $P(x)$ 的上凸函数。

第3章 信源及信源熵

信源是信息的源泉，是信息传输系统中的主体之一。信源输出的消息都是随机的，对信源的输出消息统计特性的研究是信息论的主要内容。信源输出消息的统计特性与携带信息量大小密切相关。因此，从统计角度对信源进行恰当建模是衡量信源携带信息量大小的前提，也是信息论的核心内容。信息论对信源的研究内容包括以下三个方面。

（1）信源的建模。

信源输出的消息都是随机的，因此可用概率来描述其统计特性。信源的建模是在一定程度上恰当地利用随机过程来描述信源的。

（2）信源输出消息中携带信息的效率。

在信息论中，如何定量描述信源输出信息的能力。信源输出消息所携带信息的效率是用熵率或冗余度来表示的。

（3）信源输出信息的有效表示。

如何用适当的符号有效地表示信源输出的信息，这就是信源编码的问题。

本章首先给出信源的分类及数学模型，重点研究离散信源及其信息度量的计算。

3.1 信源的分类与建模

信息是抽象的，必须借助具体的消息来表现，信源输出消息是不确定的、随机的，所以，要通过研究信源输出消息的统计特性来研究信源输出信息的大小。因此，信源携带信息量的大小与信源输出消息的统计特性密切相关。信源建模的重点就是如何恰当地利用随机过程来描述信源输出消息的统计特性。

根据信源输出消息的不同形式对信源进行分类：从信源发出的消息在时间上和幅度上的分布考虑，可将其分为离散信源和连续信源；从信源消息是模拟的还是数字的，可将其分为离散信源、连续信源及波形信源。

从数学角度，信源输出的消息可以看作是一种随机过程，更严格的分类是以信源输出消息的统计特性为依据对信源进行分类和建模。例如，根据信源输出消息前后记忆特性可分为无记忆信源和有记忆信源；根据信源输出消息平稳特性可分为平稳信源和非平稳信源。此外，依据特殊随机过程对信源进行建模，如高斯（Gauss）过程对应的高斯信源以及马尔可夫过程对应的马尔可夫信源等。

3.2 离散信源的数学模型

信源输出的消息通常以单个符号的形式出现，例如汉字、字母等，这些符号是有限的或可数的，这样的信源称为离散信源。有的信源每次只输出一个符号，称为单符号离散信源，可用随机变量描述；有的信源每次输出一个符号序列，序列中每一位符号的出现都是随机的，而且一般前后符号之间是有依赖关系的，称为多符号离散信源，可用随机矢量描述。

3.2.1 单符号离散信源

定义 3.1 如果信源发出的消息是离散、有限或无限可列的符号或数字，且一个符号代表一条完整的消息，则称这种信源为**单符号离散信源**。

单符号离散信源的实例很多。例如，掷骰子每次只能是 1、2、3、4、5、6 中的某一个；天气预报可能是晴、阴、雨、雪、风、冰雹等一种或其中几种组合等；二进制通信中传输的只能是 1、0 两个数字等。这种符号或数字都可以看作某一集合中的事件，每个符号或数字（事件）都是信源中的输出元素，它们的出现往往具有一定的概率。因此，信源又可以看作是具有一定概率分布的某一符号集合。

把某事物各种可能出现的不同状态，即信源所有可能出现的符号集合，称为样本空间。每个可能出现的符号是样本空间的一个元素。对于离散符号的集合，概率函数就是对每一个可能出现的符号指定一个概率（这个概率是非负的，且所有符号的概率和为 1）。样本空间和概率函数称为信源的**概率空间**，表示为

$$\begin{bmatrix} X \\ P(X) \end{bmatrix} = \begin{bmatrix} x_1 & x_2 & \cdots & x_q \\ P(x_1) & P(x_2) & \cdots & P(x_q) \end{bmatrix} \tag{3.1}$$

显然，$P(x_i)\ (i=1,2,\cdots,q)$ 应满足

$$0 \leqslant P(x_i) \leqslant 1, \quad \sum_{i=1}^{q} P(x_i) = 1 \tag{3.2}$$

式中：X 是随机变量，代表信源整体；x_i 为随机事件的某一结果或信源输出的某个符号；$P(x_i)=P(X=x_i)$ 是表示信源输出符号 $x_i\ (i=1,2,\cdots,q)$ 的概率；q 是有限正整数或可数无限大，表示信源可能的消息（符号）数是有限的。由式（3.2）可知，信源每次必定选取其中一个符号输出，满足完备集条件，这是最基本的离散信源。

例如，研究扔硬币后哪一面朝上，每次实验的结果只能是正面朝上或反面朝上，两者发生的概率是相等的，因此信源发出的消息有两种，且每次发出的必有也只能有其中的一种，即

$$\begin{bmatrix} X \\ P(X) \end{bmatrix} = \begin{bmatrix} \text{正面朝上} & \text{反面朝上} \\ 1/2 & 1/2 \end{bmatrix}$$

信源输出的所有符号的自信息的统计平均值定义为信源的平均自信息（信源熵或信息熵），它表示单符号离散信源的平均不确定性。如式（3.3）所示。

$$H(X) = E[I(x_i)] = \sum_{i=1}^{q} P(x_i) \log \frac{1}{P(x_i)} \tag{3.3}$$

例 3.1　二元信源 $\begin{bmatrix} X \\ P(X) \end{bmatrix} = \begin{bmatrix} 0 & 1 \\ \omega & \bar{\omega} \end{bmatrix}$，$\omega + \bar{\omega} = 1$，求 $H(X)$。

解

$$\begin{aligned} H(X) &= -\sum_{i=1}^{q} p_i \log p_i \\ &= -\omega \log \omega - (1-\omega) \log(1-\omega) \\ &= H(\omega) \end{aligned}$$

式中：$H(X)$ 是概率 ω 的函数，通常用 $H(\omega)$ 表示；ω 取值于[0, 1]区间。如果输出符号是确定的，即 $\omega=1$ 或 $\omega=0$，则 $H(\omega)=0$，信源不提供任何信息。而当 $\omega=0.5$，即符号 0、1 以等概率输出时，信源熵达到极大值，平均每符号含有 1 bit 信息量。

3.2.2　多符号离散信源

许多实际信源输出的消息往往是由一系列符号所组成的。例如，英文单词作为信源，其输出消息序列是由若干字母排列组成；而中文语言信源的输出消息序列是所有汉字与标点符号的集合，由这些英文单词或汉字及标点符号组成的序列构成句子和整个文章。

定义 3.2　如果信源发出的消息是时间上离散的符号序列，则称这种信源为**多符号离散信源**。

多符号离散信源输出的符号序列中，每个符号的出现是不确定的、随机的，不同符号之间可能独立也可能具有依赖关系，所以可以把这种信源输出的消息看作时间上或空间上离散的一系列随机变量，即为随机序列或随机矢量。这样，信源的输出可用 N 维随机矢量 $\boldsymbol{X}=X_1X_2\cdots X_N$ 来描述。

实际信源输出的消息往往是时间上或空间上的一系列符号，例如电报系统，消息符号序列中前后符号间一般是有统计依赖关系的。如果信源发出的各个符号是相互独立的，发出的符号序列中的各个符号之间没有统计关联性，各个符号的出现概率是它自身的先验概率，称为**离散无记忆信源**；如果信源发出前后符号之间是相互关联时，称为**离散有记忆信源**，通常采用信源发出的一个符号序列的整体概率（即联合概率）反映有记忆信源的特征。当信源发出符号只与前面输出的一个或有限个符号有关，而与更早的输出符号无关，这样的信源称为**马尔可夫信源**，其统计特性可以用信源发出符号序列内各个符号之间的条件概率来反映信源的记忆特征。

对于离散无记忆信源，其输出符号取自同一符号集 $A:\{x_1,x_2,\cdots,x_q\}$，若不同时刻信源先后发出的一个个符号彼此是统计独立的。也就是说信源输出的随机矢量 $\boldsymbol{X}=X_1X_2\cdots X_N$ 中，各随机变量 $X_i(i=1,2,\cdots,N)$ 之间是无依赖的、统计独立的，则概率分布满足

$$P(\boldsymbol{X})=P(X_1X_2\cdots X_N)=\prod_{i=1}^{N}P(X_i) \tag{3.4}$$

则把信源 X 所输出的随机矢量 $\boldsymbol{X}$ 所描述的信源称为离散无记忆信源 X 的 **N 次扩展信源**。此时，$\boldsymbol{X}=X_1X_2\cdots X_N=X^N$，可见，$N$ 次扩展信源是由离散无记忆信源输出的长随机序列构成的信源。离散无记忆信源的 N 次扩展信源的数学模型是 X 信源空间的 N 重空间：

$$\begin{bmatrix} X^N \\ P(\alpha_i) \end{bmatrix}=\begin{bmatrix} \alpha_1 & \alpha_2 & \cdots & \alpha_{q^N} \\ P(\alpha_1) & P(\alpha_2) & \cdots & P(\alpha_{q^N}) \end{bmatrix} \tag{3.5}$$

式中：$\alpha_i=(x_{i_1}x_{i_2}\cdots x_{i_N})$，$x_{i_1},x_{i_2},\cdots,x_{i_N}$ 取值于符号集 $\{x_1,x_2,\cdots,x_q\}$，并满足

$$P(\alpha_i)=P(x_{i_1}x_{i_2}\cdots x_{i_N})=\prod_{i_k=1}^{N}P(x_{i_k}) \tag{3.6}$$

根据统计独立的多维随机变量的联合熵与信息熵之间的关系，可以推出：

$$H(\boldsymbol{X})=H(X^N)=NH(X) \tag{3.7}$$

即 N 次扩展信源的熵等于单符号离散信源熵的 N 倍，信源输出的 N 长符号序列平均提供的信息量是单符号离散信源平均每个符号所提供信息量的 N 倍。

例 3.2 设有一离散无记忆信源 X，其概率空间为

$$\begin{bmatrix} X \\ P(X) \end{bmatrix}=\begin{bmatrix} x_1 & x_2 & x_3 \\ \dfrac{1}{2} & \dfrac{1}{4} & \dfrac{1}{4} \end{bmatrix}$$

求该信源的二次扩展信源（信源每次输出两个符号）的熵。

解 单符号离散信源熵

$$H(X)=-\sum_{i=1}^{q}p_i\log p_i=\frac{1}{2}\log 2+\frac{1}{4}\log 4+\frac{1}{4}\log 4=\frac{3}{2}\ \text{bit/sig}$$

二次扩展信源的熵

$$H(X^2)=2H(X)=3\ \text{bit/2sig}$$

注意，$H(X^2)$ 的单位在这里是“bit/2sig”，其中每个符号提供的信息量仍然是 1.5 bit。

3.3　离散平稳信源

所谓离散平稳信源，就是信源输出符号或符号序列的统计特性不随时间的推移而变化，即信源所发符号序列的概率分布与时间起点无关，这种信源称为离散平稳信源。一般来说，对于多符号离散信源，其输出前后符号之间具有依赖关系，称其为离散有记忆信源，可以用随机序列描述

$$\boldsymbol{X}=X_1X_2\cdots X_i\cdots$$

式中：任一变量 X_i 都是离散的随机变量，它表示 $t=i$ 时刻所发出的符号。离散信源在某一时刻发出什么样的值取决于两方面：①该时刻输出符号的概率分布；②该时刻输出符号与前后符号的依赖关系。

本节主要讨论离散平稳信源。

3.3.1　离散平稳信源的数学模型

定义 3.3　对于离散信源输出符号序列 $\boldsymbol{X}=X_1X_2\cdots X_N$，每个随机变量 $X_i(i=1,2,\cdots,N)$ 都取自于信源符号集 $\{x_1,x_2,\cdots,x_q\}$。若任意两个不同时刻 i、j，信源发出符号的概率分布完全相同，数学定义如下：

若当 $t=i$，$t=j$ 时(i 、j 是大于 1 的任意整数)，$P(x_i)=P(x_j)=P(x)$，则称这种信源为**一维平稳信源**。

除上述条件外，如果联合概率分布 $P(x_ix_{i+1})$ 也与时间起点无关，即

$$P(x_ix_{i+1})=P(x_jx_{j+1})\qquad (i\text{、}j\text{ 为任意整数且 }i\neq j)$$

则称信源为**二维平稳信源**。这种信源在任何时刻发出两个符号的概率完全相同。

如果信源输出符号序列的各维联合概率分布均与时间起点无关，即当 $t=i$，$t=j$ 时(i、j 为任意整数且 $i\neq j$)有

$$P(X_i)=P(X_j)$$

$$P(X_iX_{i+1})=P(X_jX_{j+1})$$

$$\cdots\cdots$$

$$P(X_iX_{i+1}X_{i+2}\cdots X_{i+N})=P(X_jX_{j+1}X_{j+2}\cdots X_{j+N})$$

则信源是完全平稳信源，这种各维联合概率分布均与时间起点无关的完全平稳信源称为离

散平稳信源。

对于平稳信源来说，其条件概率均与时间起点无关，只与关联长度 N 有关，进而表示平稳信源发出的平稳随机符号序列前后的依赖关系与时间起点无关，这种信源也称为离散多符号有记忆平稳信源。

下面为了使分析简单直观，先讨论二维离散平稳有记忆信源 $\boldsymbol{X}=X_1X_2$ 的信息熵 $H(\boldsymbol{X})=H(X_1X_2)$，然后将分析结论推广到 N 维的情况。

3.3.2 二维平稳信源的信息熵

最简单的离散平稳信源就是二维离散平稳信源，其一维和二维概率分布与时间起点无关。由于二维离散平稳信源指的是所发出随机序列中只有两相邻符号之间有依赖关系的信源，所以，只需给出随机序列的一维和二维概率分布就能很好地从数学上描述二维离散平稳信源的信息熵。

因为二维离散平稳信源输出的符号序列中，相邻两个符号是有依赖的，即当前符号只与前一个符号有关联，而且依赖关系不随时间推移而变化。那么，可以把这个二维信源输出的随机序列分成每两个符号一组，每组代表新信源 $\boldsymbol{X}=X_1X_2$ 中的一个符号（消息）。并假设组与组之间是统计独立的、互不相关的。这时，就可等效成一个新的离散无记忆信源 $\boldsymbol{X}$，它们的联合概率空间为

$$\begin{bmatrix}\boldsymbol{X}\\P(\boldsymbol{X})\end{bmatrix}=\begin{bmatrix}\alpha_1 & \alpha_2 & \cdots & \alpha_i & \cdots & \alpha_{q^2}\\P(\alpha_1) & P(\alpha_2) & \cdots & P(\alpha_i) & \cdots & P(\alpha_{q^2})\end{bmatrix}$$

式中：$P(\alpha_i)=P(x_{i_1}x_{i_2})=P(x_{i_1})P(x_{i_2}/x_{i_1})$，$\sum\limits_{i=1}^{q^2}P(\alpha_i)=1$。

根据信息熵的关系可得

$$H(X_1X_2)=H(X_1)+H(X_2\,|\,X_1) \tag{3.8}$$

式（3.8）表明联合熵等于前一个符号出现的熵加上前一个符号已知时后一个符号出现的条件熵。同时，还可以得到条件熵与无条件熵的关系为

$$H(X_2|X_1)\leqslant H(X_2) \tag{3.9}$$

证 在区域[0,1]中，设 $f(x)=-x\log x$，它是区域内的∩形凸函数。并设 $P(a_j\,|\,a_i)=P_{ij}$，而 $P(a_i)=P_i$，有 $\sum\limits_{i=1}^{q}P_i=1$。所以根据詹森不等式

$$\begin{gathered}\sum_{i=1}^{q}P_i f(x_i)\leqslant f\left(\sum_{i=1}^{q}P_i x_i\right)\\-\sum_{i=1}^{q}P_iP_{ij}\log P_{ij}\leqslant-\sum_{i=1}^{q}P_iP_{ij}\log\left(\sum_{i=1}^{q}P_iP_{ij}\right)=-P_j\log P_j\end{gathered} \tag{3.10}$$

因式中 $\sum_{i=1}^{q} P_i P_{ij} = \sum_{i=1}^{q} P(a_i a_j) = P(a_j) = P_j$，然后，将式（3.10）两边对所有 j 求和，得

$$-\sum_{i=1}^{q}\sum_{j=1}^{q} P_i P_{ij} \log P_{ij} \leqslant -\sum_{j=1}^{q} P_j \log P_j \tag{3.11}$$

只有当 $P(a_j \mid a_i) = P(a_j)$，即前后符号出现统计独立时等式成立。

若 X_1和X_2都取自同一概率空间 X，则有

$$H(X_1) = H(X_2) = H(X) \tag{3.12}$$

联合式（3.11）和式（3.12）得

$$H(X_1X_2) \leqslant H(X_1) + H(X_2) = 2H(X) \tag{3.13}$$

式中：只有当前后两个符号统计独立时等式成立。当前后符号之间无依赖关系时，新信源 X_1X_2 就是无记忆的二次扩展信源，所以新信源 X_1X_2 的熵等于原信源熵的两倍。但一般情况下，输出符号之间是有依赖的，所以输出两个符号的联合熵总是小于等于两倍原信源的熵，也即新信源平均每个符号熵 $\frac{1}{2}H(X_1X_2)$ 总是小于等于原信源的熵 $H(X)$。因为当两个符号之间有依赖关系时，就意味着在前一个符号发生的条件下，其后面跟着什么符号发生不是完全不确定的，而是有的符号发生的可能性大，有的符号发生的可能性小，从而减少平均不确定性。

也可用条件熵 $H(X_2 \mid X_1)$ 来作为二维平稳信源的信息熵的近似值。因为条件熵正好描述了前后两个符号有依赖关系时的平均不确定性大小。

在这两近似值 $\frac{1}{2}H(X_1X_2)$ 和 $H(X_2 \mid X_1)$ 中到底选取哪一个值更能接近实际二维平稳信源的熵呢？下面通过对一般离散平稳信源的分析，可找到答案。

例 3.3　某二维离散平稳信源

$$\begin{bmatrix} X \\ P(X) \end{bmatrix} = \begin{bmatrix} 0 & 1 & 2 \\ \frac{11}{36} & \frac{4}{9} & \frac{1}{4} \end{bmatrix} \quad \text{且} \quad \sum_{i=1}^{3} P(x_i) = 1$$

并设信源当前发出的符号只与前一个符号有关，可用联合概率 $P(x_1x_2)$ 表示它们的关联程度，见表 3.1。

表 3.1　联合概率 $P(x_1x_2)$

x_j	x_i		
	0	1	2
0	$\frac{1}{4}$	$\frac{1}{18}$	0
1	$\frac{1}{18}$	$\frac{1}{3}$	$\frac{1}{18}$
2	0	$\frac{1}{18}$	$\frac{7}{36}$

将表 3.1 进行列相加

$$\sum_{j=0}^{2} P(x_i x_j) = P(x_i)$$

根据概率关系可计算得条件概率 $P(x_j \mid x_i)$，把计算结果列成表 3.2。由表 3.2 可知 $\sum_{j=0}^{2} P(x_j \mid x_i) = 1$（表中列相加）。此式说明当已知信源前面发出的一个符号为 x_i 时，其后面发生的符号一定是符号 0、1、2 中的一个。

表 3.2　条件概率 $P(x_j \mid x_i)$

x_j	x_i		
	0	1	2
0	$\frac{9}{11}$	$\frac{1}{8}$	0
1	$\frac{2}{11}$	$\frac{3}{4}$	$\frac{2}{9}$
2	0	$\frac{1}{8}$	$\frac{7}{9}$

当信源符号之间无依赖性时，计算得信源 X 的信息熵为

$$H(X) = -\sum_{i=0}^{2} P(x_i) \log P(x_i) = 1.542 \text{ bit}$$

当考虑符号之间有依赖性时，计算得条件熵为

$$H(X_2 \mid X_1) = -\sum_{i=0}^{2}\sum_{j=0}^{2} P(x_i x_j) \log P(x_j \mid x_i) = 0.870 \text{ bit}$$

由此可见

$$H(X_1 X_2) = H(X_1) + H(X_2 \mid X_1) = 1.542 + 0.870 = 2.412 \text{ bit}$$

而 $H(X_2 \mid X_1) < H(X)$，信源的条件熵比信源的无条件熵 $H(X)$ 减少了 0.672 bit，这正是因为符号之间有依赖性所造成的结果。

联合熵 $H(X_1 X_2)$ 表示平均每两个信源符号所携带的信息量，用 $\frac{1}{2}H(X_1 X_2)$ 作为二维平稳信源 X 的信息熵的近似值，平均每一个信源符号携带的信息量近似为

$$H_2(X) = \frac{1}{2} H(X_1 X_2) = 1.205 \text{ bit}$$

可见

$$H(X_2 \mid X_1) < H_2(X) < H(X)$$

不过，二维平稳信源的信息熵不等于 $H_2(X)$，此值只能作为信源的信息熵的近似值。因为在新信源 $X_1 X_2$ 中已假设组与组之间是统计独立的，但实际上它们之间是有关联的。虽然信源 X 发出的随机序列中每个符号只与前一个符号有直接关系，但在平稳序列中，由于每一时刻的符号都通过前一个符号与更前一个符号联系起来，所以符号序列的关联是可以引申到无穷的。

3.3.3　离散平稳信源的极限熵

在一般离散平稳有记忆信源中，符号的相互依赖关系往往不仅存在于相邻两个符号之间，而且存在于更多的符号之间。假设信源符号之间的依赖长度为 N，并已知各维概率分布（它们不随时间推移而改变），现将二维离散平稳有记忆信源推广到 N 维的情况。

1. 平均符号熵

设离散平稳有记忆信源发出的符号序列为 $X_1\ X_2 \cdots\ X_N\ X_{N+1} \cdots$，假设信源符号之间的依赖长度为 N，由式（2.8）熵函数的链式法则，可得 N 维离散平稳信源 $\boldsymbol{X} = X_1X_2\cdots X_N$ 的信息熵

$$\begin{aligned} H(\boldsymbol{X}) &= H(X_1X_2\cdots X_N) \\ &= H(X_1) + H(X_2 \mid X_1) + \cdots + H(X_N \mid X_1X_2\cdots X_{N-1}) \end{aligned} \tag{3.14}$$

N 维离散平稳有记忆信源 $\boldsymbol{X}$ 的熵 $H(\boldsymbol{X})$ 是 $\boldsymbol{X}$ 中起始时刻随机变量 X_1 的熵与各阶条件熵之和。由于信源是平稳的，这个和值与起始时刻无关。

联合熵 $H(\boldsymbol{X}) = H(X_1X_2\cdots X_{N-1}X_N)$ 表示平均发一个消息（由 N 个符号组成）提供的信息量。

定义 3.4　为了计算离散平稳信源的信息熵，我们定义 N 长的信源符号序列中平均每个信源符号所携带的信息量为**平均符号熵**，记为

$$H_N(\boldsymbol{X}) = \frac{1}{N} H(X_1X_2\cdots X_N) \tag{3.15}$$

对于离散平稳有记忆信源 $\boldsymbol{X}$ 来说，因为有记忆，所以在不同时刻所发符号提供的平均信息量是不同的。那么，平均符号熵 $H_N(\boldsymbol{X})$ 就成为评估 N（特别是 $N \to \infty$ 时）维离散平稳有记忆信源 $\boldsymbol{X} = X_1X_2\cdots X_N$ 每发一个信源符号提供的平均信息量，也就是离散平稳信源提供信息能力的一个衡量标准。

平均符号熵随 N 增加是非递增的，即

$$0 \leqslant H_N(X) \leqslant H_{N-1}(X) \leqslant \cdots \leqslant H_1(X) \leqslant \infty \tag{3.16}$$

2. 条件熵

对于多符号离散平稳信源，假设信源符号之间的依赖关系长度为 N，可以求出已知前面 N-1 个符号时，后面出现一个符号的平均不确定性。也就是已知前面 N-1 个符号时，后面出现一个符号所携带的平均信息量，即**条件熵** $H(X_N \mid X_1X_2\cdots X_{N-1})$。

3. 极限熵

定义 3.5　当 $N\to\infty$时，信源平均符号熵取极限值，称之为**极限熵**或**熵率**，用 H_∞ 表示，即

$$H_\infty = \lim_{N\to\infty} \frac{1}{N} H(X_1X_2\cdots X_N) \tag{3.17}$$

极限熵表示多符号离散信源的平均不确定性，它是信源输出的符号序列中平均每个符

号所携带的信息量。

当离散有记忆信源是平稳信源时，从数学上可以证明，极限熵是存在的，且等于关联长度 $N\to\infty$ 时条件熵 $H(X_N\mid X_1X_2\cdots X_{N-1})$ 的极限值，即

$$\begin{aligned}H_\infty &= \lim_{N\to\infty} H_N(\boldsymbol{X})\\ &= \lim_{N\to\infty}\frac{1}{N}H(X_1X_2\cdots X_{N-1}X_N)\\ &= \lim_{N\to\infty} H(X_N\mid X_1X_2\cdots X_{N-1})\end{aligned} \tag{3.18}$$

极限熵表示一般离散平稳有记忆信源平均每发出一个符号提供的信息量。离散多符号平稳信源实际上就是原始信源在无穷地发出符号，符号之间的统计关联关系也并不仅限于长度 N 之内，而是伸向无穷远。所以要研究实际信源，必须求出极限熵 H_∞，才能确切地表达离散多符号平稳有记忆信源平均每发出一个符号提供的真实信息量。当考虑依赖关系为无限长时，平均符号熵和条件熵都非递增地一致趋同于平稳信源的信息熵（极限熵）。所以可以用条件熵或者平均符号熵来近似描述离散平稳信源的信息熵。

对于二维离散平稳信源，条件熵等于极限熵，因此条件熵就是二维离散平稳信源的真实熵。对于一般信源，必须测定信源的无穷阶联合概率和条件概率分布，求出极限熵是很困难的。然而，一般来说，N 取值不大时就可以得到与极限熵非常接近的条件熵和平均符号熵，因此可以用条件熵和平均符号熵来近似极限熵。在有些情况下，即使 N 取值并不大，这些熵值也很接近极限熵 H_∞，例如马尔可夫信源。

定理 3.1 对于一般离散平稳信源，若 $H_1(X)<\infty$，则具有以下 4 点性质：

（1）条件熵 $H(X_N\mid X_1X_2\cdots X_{N-1})$ 随 N 的增加是非递增的，即

$$H(X_N\mid X_1X_2\cdots X_{N-1})\leqslant H(X_N\mid X_1X_2\cdots X_{N-2}) \tag{3.19}$$

（2）N 给定时，平均符号熵大于等于条件熵，即

$$H_N(\boldsymbol{X})\geqslant H(X_N\mid X_1X_2\cdots X_{N-1}) \tag{3.20}$$

（3）平均符号熵 $H_N(\boldsymbol{X})$ 随 N 的增加是非递增的，即

$$H_N(\boldsymbol{X})\leqslant H_{N-1}(\boldsymbol{X}) \tag{3.21}$$

（4）$H_\infty=\lim\limits_{N\to\infty}H_N(\boldsymbol{X})$ 存在，并且

$$H_\infty=\lim_{N\to\infty}H(X_N\mid X_1X_2\cdots X_{N-1}) \tag{3.22}$$

证 （1）根据前面已证明的 $H(X_2\mid X_1)\leqslant H(X_2)$，同理可证 $H(X_3\mid X_1X_2)\leqslant H(X_3\mid X_2)$，由于信源是平稳的，所以 $H(X_3\mid X_2)=H(X_2\mid X_1)$，则得

$$H(X_3\mid X_1X_2)\leqslant H(X_2\mid X_1)\leqslant H(X_2)=H(X_1)$$

对于平稳信源递推

$$\begin{aligned}H(X_N\mid X_1X_2\cdots X_{N-1})&\leqslant H(X_{N-1}\mid X_1X_2\cdots X_{N-2})\\ &\ \ \vdots\\ &\leqslant H(X_3\mid X_1X_2)\\ &\leqslant H(X_2\mid X_1)\\ &\leqslant H(X_1)\end{aligned}$$

结论：条件较多的熵必小于或等于条件较少的熵，而条件熵必小于等于无条件熵。

（2）由于

$$H_N(\boldsymbol{X})=\frac{1}{N}H(X_1X_2\cdots X_N)$$
$$=\frac{1}{N}[H(X_1)+H(X_2\mid X_1)+\cdots+H(X_N\mid X_1X_2\cdots X_{N-1})]$$

又因为

$$H(X_1)\geqslant H(X_2\mid X_1)\geqslant\cdots\geqslant H(X_N\mid X_1X_2\cdots X_{N-1})$$

所以

$$H_N(\boldsymbol{X})=\frac{1}{N}[H(X_1)+H(X_2\mid X_1)+\cdots+H(X_N\mid X_1X_2\cdots X_{N-1})]$$
$$\geqslant\frac{1}{N}\times N\times H(X_N\mid X_1X_2\cdots X_{N-1})=H(X_N\mid X_1X_2\cdots X_{N-1})$$

（3）由于

$$H_N(\boldsymbol{X})=\frac{1}{N}H(X_1X_2\cdots X_N)$$
$$=\frac{1}{N}[H(X_1X_2\cdots X_{N-1})+H(X_N\mid X_1X_2\cdots X_{N-1})]$$
$$=\frac{N-1}{N(N-1)}H(X_1X_2\cdots X_{N-1})+\frac{1}{N}H(X_N\mid X_1X_2\cdots X_{N-1})$$
$$=\frac{N-1}{N}H_{N-1}(\boldsymbol{X})+\frac{1}{N}H(X_N\mid X_1X_2\cdots X_{N-1})$$

又因为

$$H_N(\boldsymbol{X})\geqslant H(X_N\mid X_1X_2\cdots X_{N-1})$$

可得

$$H_N(\boldsymbol{X})\leqslant\frac{N-1}{N}H_{N-1}(\boldsymbol{X})+\frac{1}{N}H_N(\boldsymbol{X})$$

所以

$$H_N(\boldsymbol{X})\leqslant H_{N-1}(\boldsymbol{X})$$

（4）只要 X_1 的样本空间是有限的或无限可数的，则必然 $H_1(X)<\infty$ 。由此可得

$$0\leqslant H_N(\boldsymbol{X})\leqslant H_{N-1}(\boldsymbol{X})\leqslant H_{N-2}(\boldsymbol{X})\leqslant\cdots\leqslant H_1(\boldsymbol{X})<\infty$$

所以，$H_N(\boldsymbol{X}),\ N=1,2,\cdots$ 是单调有界序列，极限 $\lim\limits_{N\to\infty}H_N(\boldsymbol{X})$ 必然存在，且为处于零和 $H_1(X)$ 之间的某一有限值。

另设一整数 k，有

$$H_{N+k}(\boldsymbol{X})=\frac{1}{N+k}H(X_1X_2\cdots X_N\cdots X_{N+k})$$
$$=\frac{1}{N+k}[H(X_1X_2\cdots X_{N-1})+H(X_N\mid X_1X_2\cdots X_{N-1})$$
$$+\cdots+H(X_{N+k}\mid X_1X_2\cdots X_{N+k-1})]$$

根据条件熵的非递增性和平稳性，有

$$H_{N+k}(\boldsymbol{X})\leqslant\frac{1}{N+k}[H(X_1X_2\cdots X_{N-1})+H(X_N\mid X_1X_2\cdots X_{N-1})+\cdots+H(X_N\mid X_1X_2\cdots X_{N-1})]$$
$$=\frac{1}{N+k}H(X_1X_2\cdots X_{N-1})+\frac{k+1}{N+k}H(X_N\mid X_1X_2\cdots X_{N-1})$$

当 k 取足够大时 $(k\to\infty)$，固定 N，而 $H(X_1\cdots X_{N-1})$ 和 $H(X_N\mid X_1\cdots X_{N-1})$ 为定值，所以前一项因为 $\dfrac{1}{N+k}\to 0$ 可以忽略。而后一项因为 $\dfrac{k+1}{N+k}\to 1$，所以可得

$$\lim_{k\to\infty}H_{N+k}(\boldsymbol{X})\leqslant H(X_N\mid X_1\cdots X_{N-1})\tag{3.23}$$

在式（3.23）中，再令 $N\to\infty$，因下列极限存在

$$\lim_{N\to\infty}H_N(\boldsymbol{X})=H_\infty$$

所以

$$\lim_{N\to\infty}H_N(\boldsymbol{X})\leqslant\lim_{N\to\infty}H(X_N\mid X_1\cdots X_{N-1})\tag{3.24}$$

由定理 3.1 性质（2），令 $N\to\infty$ 得

$$\lim_{N\to\infty}H_N(\boldsymbol{X})\geqslant\lim_{N\to\infty}H(X_N\mid X_1\cdots X_{N-1})\tag{3.25}$$

最后，由式（3.24）和式（3.25）得

$$H_\infty=\lim_{N\to\infty}H_N(\boldsymbol{X})=\lim_{N\to\infty}H(X_N\mid X_1\cdots X_{N-1})$$

当平稳信源的记忆长度有限时，设记忆长度为 m（即某时刻发什么符号只与前 m 个符号有关），则得离散平稳信源的极限熵

$$H_\infty=\lim_{N\to\infty}H(X_N\mid X_1\cdots X_{N-1})=H(X_{m+1}\mid X_1\cdots X_m)\tag{3.26}$$

所以，对于有限记忆长度的离散平稳信源可用有限记忆长度的条件熵来对其进行信息测度。

3.4　马尔可夫信源

对于一般离散平稳信源，由于信源某一时刻输出的符号受其之前时刻发出符号的约束，从而使熵减小。这种约束可以追溯至很早以前，甚至无穷远，从而给熵率的计算和编码都带来更大复杂性。

对于某些特殊的信源，其输出的消息的概率统计不满足时移不变性，属于非平稳的随机序列，但这类信源输出的符号序列中符号之间的依赖关系是有限的，即信源在某一时刻发出符号的概率除与该符号有关外，只与此前发出的有限个符号有关，它满足马尔可夫链的性质。为此，可以限制信源输出符号序列的记忆长度。当记忆长度为 m+1 时，称这种有记忆信源为 m 阶马尔可夫信源。也就是信源每次发出的符号只与前 m 个符号有关，与更前面的符号无关。这样，就可以用马尔可夫链来描述此信源。

假设 m 阶马尔可夫信源输出的随机序列为 $\boldsymbol{X}=X_1X_2\cdots X_{i-1}X_iX_{i+1}\cdots X_N$。在该符号序列中某 i 时刻的随机变量 X 取什么符号只与前 m 个随机变量 $X_{i-1}X_{i-2}\cdots X_{i-m}$ 取什么符号有关。

若把这有限个符号记作一个状态 $S_i = X_{i-1}X_{i-2}\cdots X_{i-m}$，则信源发出某一符号的概率除与该符号有关外，还与该时刻信源所处的状态有关。在这种情况下，信源将来的状态及其发出的符号将只与信源现在的状态有关，而与信源过去的状态无关，一旦现在的状态被确定，将来的状态就不会再与过去的状态有关。这种信源的一般数学模型就是马尔可夫过程，所以称这种信源为马尔可夫信源。

3.4.1　有限状态马尔可夫信源

为了描述这类信源，除了信源符号集外还要引入状态集，因为信源输出消息符号还与信源所处的状态有关。所谓“状态”，指与当前输出符号 X_{m+1} 有关的前 m 个随机变量序列 $(X_1X_2\cdots X_m)$的某一具体消息，用 S_i 表示，把这个具体消息看作是某个状态。

对 m 阶离散有记忆信源，在任何时刻 l，符号发出的概率只与前面 m 个符号有关，把这 m 个符号看作信源在 l 时刻的状态：

$$\cdots,\underbrace{X_1,X_2,\cdots,X_{m-1},X_m}_{S_i},X_{m+1}$$

m 阶离散有记忆信源的数学模型可由一组信源符号集和一组条件概率确定，即

$$\begin{bmatrix} X \\ P(X_{m+1} \mid X_1\cdots X_m) \end{bmatrix} = \begin{bmatrix} x_1,x_2,\cdots,x_q \\ P(x_{k_{m+1}} \mid x_{k_1}x_{k_2}\cdots x_{k_m}) \end{bmatrix}$$

$$\sum_{k_{m+1}=1}^{q} P(x_{k_{m+1}} \mid x_{k_1}x_{k_2}\cdots x_{k_m}) = 1 \quad (k_1,k_2,\cdots,k_{m+1}=1,2,\cdots,q)$$

式中：q 为信源符号数；q^m 为信源不同的状态数；$m+1$ 为信源输出符号依赖长度。

当 $m=1$ 时，任何时刻信源符号发生的概率只与前面一个符号有关，称其为一阶马尔可夫信源。

设离散平稳有记忆信源所处的状态 $S\in E=\{E_1,E_2,\cdots,E_j\}$，在每一状态下可能输出的符号 $X\in A=\{a_1,a_2,\cdots,a_q\}$，并认为每一时刻，当信源发出一个符号后，信源所处的状态将发生转移。信源输出符号序列为

$$x_1,x_2,\cdots,x_{l-1},x_l \tag{3.27}$$

信源所处的随机状态序列为

$$S_1,S_2,\cdots,S_{l-1},S_l \tag{3.28}$$

设在第 l 时刻，信源处于状态 E_i 时，输出符号 a_k 的概率给定为

$$P(x_i = a_k \mid S_l = E_i) \tag{3.29}$$

设在第 l 时刻，信源处于状态 E_i 时，下一时刻转移到状态 E_j 的概率为

$$P_{ij}(l) = P(S_i = E_j \mid S_l = E_i) \tag{3.30}$$

即信源的随机状态序列服从马尔可夫链。一般情况，状态转移概率和已知状态下发出符号的概率均与时刻 l 有关。若状态转移概率与时刻 l 无关（即满足齐性），即满足

$$P(x_l = a_k \mid S_i = E_i) = P(a_k \mid E_i) \tag{3.31}$$

$$P_{ij}=P(E_j\,|\,E_i) \tag{3.32}$$

则称为**齐次**的。此时，信源的状态序列服从齐次马尔可夫链。

下面给出马尔可夫信源的定义。

若信源输出的符号和信源所处的状态满足下面两个条件，则称为**马尔可夫信源**。

（1）某一时刻信源符号的输出只与此刻信源所处的状态有关，而与以前的状态和以前的输出符号都无关。即

$$P(x_l=a_k\,|\,S_l=E_i,x_{l-1}=a_{k_1},S_{l-1}=E_j,\cdots)=P(a_k\,|\,E_i) \tag{3.33}$$

当具有齐次性时，有

$$P(x_l=a_k\,|\,S_l=E_i)=P(a_k\,|\,E_i) \quad 且 \quad \sum_k P(a_k\,|\,E_i)=1 \tag{3.34}$$

（2）信源某一时刻所处的状态只由当前输出的符号和前一时刻信源的状态决定。即

$$P(S_l=E_j\,|\,x_l=a_k,S_{l-1}=E_i)=\begin{cases}0, & E_i,E_j\in E\\ 1, & a_k\in A\end{cases} \tag{3.35}$$

此条件表明，若信源处于某一状态 E_i，当它发出一个符号后，所处的状态就变了，一定从状态 E_i 转移到另一状态。显然，状态的转移依赖于发出的信源符号，因此任何时刻信源处在什么状态完全由前一时刻的状态和发出的符号决定。又因为条件概率 $P(a_k\,|\,E_i)$ 已给定，所以状态之间的转移有一定的分布，并可求得状态的一步转移概率 $P(E_j\,|\,E_i)$。

这种信源的状态序列在数学模型上可以作为齐次马尔可夫链来处理，故可用马尔可夫链的状态转移图来描述信源。如图 3.1 所示，在状态转移图上，每个圆圈代表一个状态，状态之间的有向线代表某一状态向另一状态的转移。有向线的一侧标注发出的某符号 a_k 和条件概率 $P(a_k\,|\,E_i)$。

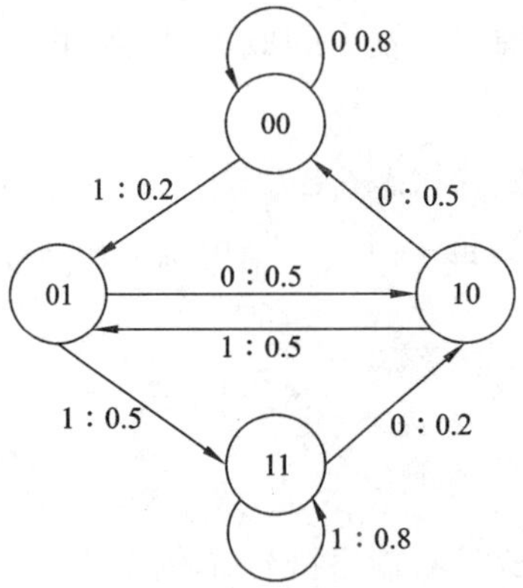

图 3.1　二元二阶马尔可夫信源状态转移图

例 3.4　设有一个二元二阶马尔可夫信源，如图 3.1 所示，其信源符号集为 $\{0,1\}$，条件概率为

$$P(0\,|\,00)=P(1\,|\,11)=0.8$$
$$P(1\,|\,00)=P(0\,|\,11)=0.2$$
$$P(0\,|\,01)=P(0\,|\,10)=P(1\,|\,01)=P(1\,|\,10)=0.5$$

这个信源的符号数是 $q=2$，故共有 $q^m=2^2=4$ 个可能的状态：$S_1=00$，$S_2=01$，$S_3=10$，$S_4=11$。如果信源原来所处的状态为 $S_1=00$，则下一个状态信源只可能发出 0 或 1。因此，下一时刻只可能转移到 00 或 01 状态，而不会转移到 10 或 11 状态。同理还可分析出初始状态为其他状态时的状态转移过程。由条件概率容易求得

$$P(S_1|S_1)=P(S_4|S_4)=0.8$$
$$P(S_2|S_1)=P(S_3|S_4)=0.2$$
$$P(S_3|S_2)=P(S_1|S_3)=P(S_4|S_2)=P(S_2|S_3)=0.5$$

除此之外，其余条件概率为零。可求该信源的状态转移矩阵为

$$\boldsymbol{P}=\begin{bmatrix}0.8 & 0.2 & 0 & 0\\ 0 & 0 & 0.5 & 0.5\\ 0.5 & 0.5 & 0 & 0\\ 0 & 0 & 0.2 & 0.8\end{bmatrix}$$

3.4.2 马尔可夫信源的极限熵

下面主要研究如何计算遍历的 m 阶马尔可夫信源的极限熵。因为 m 阶马尔可夫信源发出的符号只与最近的 m 个符号有关，所以

$$\begin{aligned}H_\infty&=\lim_{N\to\infty}H(X_N|X_1X_2\cdots X_{N-1})\\&=\lim_{N\to\infty}H(X_N|X_{N-m}X_{N-m+1}\cdots X_{N-1})\quad（马尔可夫性）\\&=H(X_{m+1}|X_1X_2\cdots X_m)\quad（序列的平稳性）\\&=H_{m+1}\end{aligned}\tag{3.36}$$

即 m 阶马尔可夫信源的极限熵 H_∞ 等于条件熵 H_{m+1}。H_{m+1} 表示已知前面 m 个符号的条件下，输出下一个符号的平均不确定性。

对于齐次遍历的马尔可夫信源，其状态 S_i 由 $x_{i_1}x_{i_2}\cdots x_{i_m}$ 唯一确定，因此有

$$P(x_{i_{m+1}}|x_{i_1}x_{i_2}\cdots x_{i_m})=P(x_{i_{m+1}}|S_i)=P(S_j|S_i)\tag{3.37}$$

所以

$$\begin{aligned}H_{m+1}&=H(X_{m+1}|X_1X_2\cdots X_m)\\&=E[-\log P(x_{i_{m+1}}|x_{i_1}x_{i_2}\cdots x_{i_m})]\\&=E[-\log P(x_{i_{m+1}}|S_i)]\\&=-\sum_{i=1}^{q^m}\sum_{i_{m+1}=1}^{q}P(S_i)P(x_{i_{m+1}}|S_i)\log P(x_{i_{m+1}}|S_i)\\&=\sum_i P(S_i)H(X|S_i)\\&=-\sum_i\sum_j P(S_i)P(S_j|S_i)\log P(S_j|S_i)\end{aligned}\tag{3.38}$$

式中：$P(S_i)$ 是马尔可夫信源的平稳分布或称状态极限概率；$H(X|S_i)$ 表示信源处于某一

状态时发出下一个符号的平均不确定性；$P(S_j|S_i)$ 表示下一步状态转移概率。

说明：**m** 阶马尔可夫信源在起始的有限时间内，信源不是平稳和遍历的，状态的概率分布有一段起始渐变过程。经过足够长时间之后，信源处于什么状态已与初始状态无关，这时每种状态出现的概率已达到一种稳定分布。此马尔可夫链是平稳和遍历的。在此之前，其概率有一段逐渐变化的过渡过程，在过渡过程阶段，需要用转移概率和初始时刻的概率分布来描述。

一般马尔可夫信源并非平稳信源，但当齐次、遍历的马尔可夫信源达到稳定后，这时就可以看成是平稳信源。由于平稳信源必须知道信源的各维概率分布，而 m 阶马尔可夫信源只需知道与前 m 个符号有关的条件概率，就可计算出信源的信息熵。所以，一般有限记忆长度的平稳信源可以用 m 阶马尔可夫信源来近似。

例 3.5 考虑图 3.1 所示的二元二阶马尔可夫信源状态转移图，该信源的 4 个状态都是遍历的，设 4 个状态分别为 $P(S_1)$、$P(S_2)$、$P(S_3)$、$P(S_4)$。根据马尔可夫信源遍历的充分条件和状态转移矩阵，得

$$\begin{cases} 0.8P(S_1)+0.5P(S_3)=P(S_1) \\ 0.2P(S_1)+0.5P(S_3)=P(S_2) \\ 0.5P(S_2)+0.2P(S_4)=P(S_3) \\ 0.5P(S_2)+0.8P(S_4)=P(S_4) \\ P(S_1)+(S_2)+P(S_3)+P(S_4)=1 \end{cases}$$

可以解得平稳分布

$$p(S_1)=p(S_4)=\frac{5}{14}$$

$$p(S_2)=p(S_3)=\frac{1}{7}$$

从而求得信息熵 H_∞，即

$$\begin{aligned} H_\infty &= H_{m+1}=H_3=\sum_i P(S_i)H(X|S_i) \\ &= \frac{5}{14}H(0.8,0.2)+\frac{1}{7}H(0.5,0.5)+\frac{1}{7}H(0.5,0.5)+\frac{5}{14}H(0.8,0.2) \\ &= 0.80\ \text{bit} \end{aligned}$$

3.5 信源携带信息的效率

第 2 章讨论了信源的信息熵，信息熵表示了信源每输出一个符号所携带的信息量。熵值越大，表示信源符号携带信息的效率就越高。对于一个具体的信源，它所具有的总信息量是一定的。因此，若信息熵越大，即每个信源符号所承载的信息量越大，则信源输出全部信息所需传送的符号就越少，通信效率就越高，这正是研究信息熵的目的。

对于一般平稳的离散信源，极限熵 H_∞ 表示信源输出一个符号所具有的真实信息量，然而，求 H_∞ 涉及信源的全部符号概率分布。不过可以将信源输出符号依赖关系近似为有

限长度，利用平均符号熵来近似信源的真实熵，从而进一步简化信源，即可假设信源为无记忆信源，而信源符号有一定的概率分布。这时，可用信源的平均自信息 $H_1 = H(X)$ 来近似。最后，则可以假定是等概率分布的离散无记忆信源，用最大熵 $H_0 = \log q$ 来近似（假设信源输出 q 个符号）。

平均符号熵随 N 增加是非递增的，也就是说信源输出符号间的相关程度越长，信源的实际熵越小，趋近于极限熵；若相关程度减小，信源实际熵增大。因此可得

$$H_\infty \leqslant \cdots \leqslant H_{m+1} \leqslant \cdots \leqslant H_2 \leqslant H_1 \tag{3.39}$$

当信源输出符号间彼此不存在依存关系，且为等概率分布时，信源实际熵趋于最大熵 H_0

$$H_0 = \log q \tag{3.40}$$

由此可见，由于信源符号间的依赖关系使信源的熵减小。信源符号之间依赖关系越强，每个符号提供的平均信息量越小。

例 3.6 26 个英文字母和一个空格符号组成的英文信源，当发出的英文字母相互统计独立、互不相关，而且等概率分布时，达到英文信源的最大熵值

$$H_0 = \log 27 = 4.76\ \text{bit}$$

但实际上，由英文字母（包括空格）组成英文文章时，英文字母（空格）并非等概率出现。如仍假定英文字母（空格）统计独立，但不等概率分布，则英文信源就可近似看作一个离散无记忆信源。由测定的 26 个英文字母和一个空格出现的概率分布（表 3.3），求得英文信源的熵为

$$H(X) = -\sum_{i=1}^{27} p_i \log p_i = 4.02\ \text{bit}$$

表 3.3 英文字母和一个空格出现的概率分布表

字母	概率	字母	概率	字母	概率
A	0.064 2	J	0.000 8	S	0.051 4
B	0.012 7	K	0.004 9	T	0.079 6
C	0.021 8	L	0.032 1	U	0.022 8
D	0.031 7	M	0.019 8	V	0.008 3
E	0.103 1	N	0.057 4	W	0.017 5
F	0.020 8	O	0.063 2	X	0.001 3
G	0.015 2	P	0.015 2	Y	0.016 4
H	0.046 7	Q	0.000 8	Z	0.000 5
I	0.057 5	R	0.048 4	空格	0.185 9

实际上，由英文字母（空格）组成的文章中，英文字母（空格）之间也不是统计独立的，相互之间是有一定的统计依赖关系的。可把实际的英文文章近似地看作 $m(m=1, 2, 3, \cdots)$阶马尔可夫信源来处理，分别求出 $m(m=1, 2, 3, \cdots)$阶马尔可夫信源的极限熵

$$H_2 = 3.32 \text{ bit}$$
$$H_3 = 3.10 \text{ bit}$$
$$\cdots\cdots$$
$$H_\infty = 1.40 \text{ bit}$$

由此可见，英文信源的极限熵确实随着记忆长度 m 的增大而减小。英文文章中英文字母（空格）之间的依赖关系越强，每一英文字母（空格）提供的平均信息量就越小。

每个符号提供的平均自信息随着符号间的依赖关系长度的增加而减少。为此，引进信源的冗余度来衡量信源的相关性程度（有时也称为多余度或冗余度）。

定义 3.6 为了衡量信源符号间的依赖程度，我们把离散平稳有记忆信源的极限熵 H_∞，与具有相同符号集的最大熵 $H_0 = \log q$ 的比值，定义为熵的**相对率**。其表达式为

$$\eta = \frac{H_\infty}{H_0} \tag{3.41}$$

信源**冗余度**的表达式为

$$\gamma = 1 - \eta = 1 - \frac{H_\infty}{H_0} \tag{3.42}$$

$H_\infty - H_0$ 越大，信源的冗余度越大。

冗余度表示给定信源在实际发出消息时所包含的多余信息。可见，信源冗余度的大小能很好地反映离散信源输出的符号序列中符号之间依赖关系的强弱。

冗余度来自两个方面：

（1）信源符号间的相关性，由于信源输出符号间的依赖关系使得信息熵减小，这就是信源的相关性。相关性越大，信源的实际熵越小，越趋于极限熵 H_∞；反之相关性减小，信源实际熵就增大。

（2）信源符号分布的不均匀性，当等概率分布时信息熵最大。而实际应用中大多是不均匀分布，使得实际熵减小。

从提高信息传输有效性的观点出发，应该减小或消除信源的冗余度。例如，我们在发中文电报时，为了节约经费和时间，设法在能表达自己基本意思的前提下，尽量把电文写得简短些，例如把“中华人民共和国”简写成“中国”。这样，电文的冗余度大大减小，通信的有效性也就随之提高。

3.6 连续信源

现实世界中信源的输出往往是时间和取值都是连续的消息。例如，话音信号、无线射频信号等都是时间连续的波形信号，它们的可能取值是连续的又是随机的，这样的信源称为**波形信源**。波形信源输出的消息与随机过程 $\{x(t)\}$ 相对应，其输出的消息数是无限的，每一个消息都是随机过程的一个样本函数，可用有限维概率密度函数以及各维概率密度函数有关的统计量来描述。

众所周知，对于确知的模拟信号可以通过抽样后再量化转换成时间和取值都是离散的数字信号来处理。同样，根据波形信号的抽样定理，可以将随机波形信号 $x(t)$ 在时间上离散化，变成时间上离散的无限维随机序列 $\boldsymbol{X}=X_1X_2\cdots X_r\cdots$ 来处理。此时，随机序列中每个随机变量 $X_i(i=1,2,3,\cdots)$ 是取值连续的连续型随机变量。输出消息在时间上离散且在取值上连续的信源，称为**时间离散的连续信源**，简称**连续信源**。

3.6.1　连续信源的微分熵

连续信源的输出是取值连续的单个随机变量，可用变量的概率密度函数、变量间的条件概率密度函数和联合概率密度函数来描述。

基本连续信源的数学模型为

$$X\sim\begin{bmatrix}\mathbf{R}\\p(x)\end{bmatrix}\text{并满足}\int_{\mathbf{R}}p(x)\mathrm{d}x=1$$

式中：$\mathbf{R}$ 是全实数集，是连续变量 X 的取值范围。根据前述的离散化原则，连续变量 X 可量化分层后用离散变量描述。量化单位越小，则所得的离散变量和连续变量越接近。因此，连续变量的信息测度可以用离散变量的信息度量来逼近。

假设连续信源 X 的概率密度函数 $p(x)$ 如图 3.2 所示，把取值区间 $[a,b]$ 分割成 N 个小区间，各小区间等宽，区间宽度 $\Delta=\dfrac{b-a}{N}$。那么，X 处于第 i 区间的概率 P_i 是

$$P_i=P\{a+(i-1)\Delta\leqslant x\leqslant a+i\Delta\}=\int_{a+(i-1)\Delta}^{a+i\Delta}p(x)\mathrm{d}x=p(x_i)\Delta \tag{3.43}$$

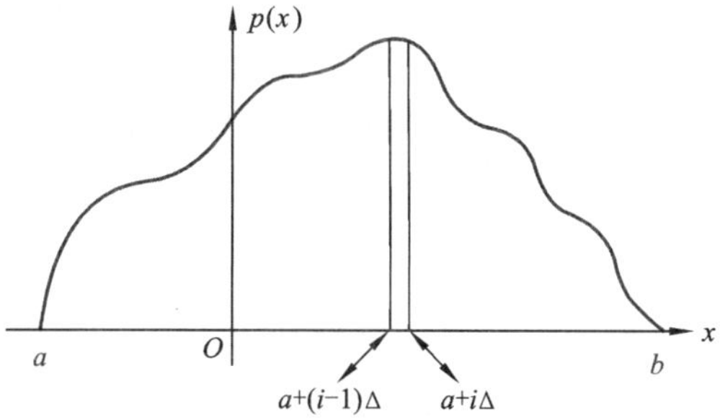

图 3.2　概率密度函数

式中：x 是 $a+(i-1)\Delta$ 到 $a+i\Delta$ 之间的某一值；当 $p(x)$ 是 x 的连续函数时，由积分中值定理可知必然存在一个值 x_i，使式(3.43)成立。这样，连续变量 X 就可用取值为 $x_i\ (i=1,2,\cdots,N)$ 的离散变量 X_N 来近似，连续信源 X 就被量化成离散信源。

$$\begin{bmatrix}X_N\\P\end{bmatrix}=\begin{bmatrix}x_1 & x_2 & \cdots & x_N\\p(x_1)\Delta & p(x_2)\Delta & \cdots & p(x_N)\Delta\end{bmatrix} \tag{3.44}$$

且

$$\sum_{i=1}^{N}p(x_i)\Delta=\sum_{i=1}^{N}\int_{a+(i-1)\Delta}^{a+i\Delta}p(x)\mathrm{d}x=\int_a^b p(x)\mathrm{d}x=1$$

离散信源 X_N 的熵是

$$\begin{aligned} H(X_N) &= -\sum_i P_i \log P_i = -\sum_i p(x_i)\Delta \log[p(x_i)\Delta] \\ &= -\sum_i p(x_i)\Delta \log p(x_i) - \sum_i p(x_i)\Delta \log \Delta \end{aligned} \tag{3.45}$$

当 $N \to \infty$，$\Delta \to 0$ 时，离散随机变量 X_N 趋于连续随机变量 X，而离散信源熵 $H(X_N)$ 的极限值就是连续信源的信息熵。

$$\begin{aligned} H(X) &= -\lim_{\substack{N\to\infty \\ \Delta\to 0}} \sum_{i=1}^{N} p(x_i)\Delta \log p(x_i) - \lim_{\substack{N\to\infty \\ \Delta\to 0}} (\log \Delta) \sum_{i=1}^{N} p(x_i)\Delta \\ &= -\int_a^b p(x)\log p(x)\mathrm{d}x - \lim_{\Delta\to 0}(\log\Delta)\int_a^b p(x)\mathrm{d}x \\ &= -\int_a^b p(x)\log p(x)\mathrm{d}x - \lim_{\Delta\to 0}(\log\Delta) \end{aligned} \tag{3.46}$$

式（3.46）的第一项一般是定值，而第二项在 $\Delta \to 0$ 时是一无限大量。丢掉后一项，定义连续信源的**微分熵**为

$$h(X) = -\int_{\mathbf{R}} p(x)\log p(x)\mathrm{d}x \tag{3.47}$$

微分熵在形式上和离散熵相似，也满足离散熵的主要特性，如可加性，但在概念上与离散熵有差异，因为它失去了离散熵的部分含义和性质。由式（3.47）可知，所定义的连续信源的熵并不是实际信源输出的绝对熵，连续信源的绝对熵应该还要加上一项无限大常数项。可见，$h(X)$ 已不能代表连续信源的平均不确定性大小，也不能代表连续信源输出的信息量，这种定义可以与离散信源在形式上统一起来。在实际问题中常常讨论的是熵之间的差值问题，比如平均互信息，在讨论熵差时，只要两者离散逼近时所取的间隔 Δ 一致，这两个无限大量就可以互相抵消。因此在任何包含有熵差的问题中，连续信源微分熵具有信息的特征。由此可见，连续信源的微分熵 $h(X)$ 具有相对性，因此 $h(X)$ 也称为**相对熵**或**差熵**。

同理，可以定义两个连续变量 X、Y 的**联合微分熵**为

$$h(XY) = -\iint_{\mathbf{R}^2} p(xy)\log p(xy)\mathrm{d}x\mathrm{d}y \tag{3.48}$$

两个连续变量的**条件微分熵**，即

$$h(Y|X) = -\iint_{\mathbf{R}^2} p(xy)\log p(y|x)\mathrm{d}x\mathrm{d}y \tag{3.49}$$

$$h(X|Y) = -\iint_{\mathbf{R}^2} p(xy)\log p(x|y)\mathrm{d}x\mathrm{d}y \tag{3.50}$$

这样定义的熵虽然在形式上和离散信源的熵相似，但在概念上不能把它作为信息熵来理解。

例 3.7 求指数分布的随机变量的微分熵。

$$p(x) = \begin{cases} \dfrac{1}{a}\mathrm{e}^{-\frac{x}{a}}, & x > 0 \\ 0, & x \leqslant 0 \end{cases}$$

解

$$
\begin{aligned}
h(X) &= -\int_{-\infty}^{+\infty} p(x)\log p(x)\mathrm{d}x \\
&= -\int_{0}^{+\infty} p(x)\log\left(\frac{1}{a}\mathrm{e}^{-\frac{x}{a}}\right)\mathrm{d}x \\
&= -\int_{0}^{+\infty} p(x)\log\frac{1}{a}\mathrm{d}x - \int_{0}^{+\infty} p(x)\log\mathrm{e}^{-\frac{x}{a}}\mathrm{d}x \\
&= -\log\frac{1}{a}\int_{0}^{+\infty} p(x)\mathrm{d}x + \frac{1}{a}\log\mathrm{e}\int_{0}^{+\infty} xp(x)\mathrm{d}x \\
&= \log a + \log\mathrm{e} \\
&= \log a\mathrm{e}\ \text{nat}
\end{aligned}
$$

式中

$$
\int_{0}^{+\infty} p(x)\mathrm{d}x = 1, \quad \int_{0}^{\infty} xp(x)\mathrm{d}x = a
$$

3.6.2　特殊连续信源的微分熵

现在来计算两种常见的特殊连续信源的微分熵。

1. 均匀分布连续信源的微分熵

一维连续随机变量 X 在区间[a，b]内均匀分布时，概率密度函数为

$$
p(x) = \begin{cases} \dfrac{1}{b-a}, & a \leqslant x \leqslant b \\ 0, & x > b, x < a \end{cases} \tag{3.51}
$$

则

$$
h(X) = -\int_{a}^{b} \frac{1}{b-a}\log\frac{1}{b-a}\mathrm{d}x = \log(b-a) \tag{3.52}
$$

当取对数以 2 为底时，单位为 bit。

当$(b-a)>1$ 时，$h(X)>0$；

当$(b-a)=1$ 时，$h(X)=0$；

当$(b-a)<1$ 时，$h(X)<0$。

这说明连续熵不具有非负性，失去了信息的部分含义和性质（但是熵差具有信息的特性）。

N 维连续平稳信源，若其输出 N 维矢量 $\boldsymbol{X} = X_1X_2\cdots X_N$，其分量分别在$[a_1,b_1]$,$[a_2,b_2],\cdots,[a_N,b_N]$的区域内均匀分布，即 N 维联合概率密度

$$
p(x) = \begin{cases} \dfrac{1}{\prod_{i=1}^{N}(b_i - a_i)}, & x \in \prod_{i=1}^{N}(b_i - a_i) \\ 0, & x \notin \prod_{i=1}^{N}(b_i - a_i) \end{cases} \tag{3.53}
$$

则称为在 N 维区域体积内均匀分布的连续平稳信源。由式（3.53）可知，其满足

$$p(\boldsymbol{x}) = p(x_1 x_2 \cdots x_N) = \prod_{i=1}^{N} p(x_i) \tag{3.54}$$

式（3.54）表明 N 维矢量 $\boldsymbol{X}$ 中各变量 $X_i (i=1,\cdots,N)$ 相互统计独立，则此连续平稳信源为无记忆信源。由式（3.53）可求得此 N 维连续平稳信源的微分熵为

$$\begin{aligned} h(\boldsymbol{X}) &= h(X_1 X_2 \cdots X_N) = -\int_{a_N}^{b_N} \cdots \int_{a_1}^{b_1} p(\boldsymbol{x}) \log p(\boldsymbol{x}) \mathrm{d}x_1 \cdots \mathrm{d}x_N \\ &= -\int_{a_N}^{b_N} \cdots \int_{a_1}^{b_1} \frac{1}{\prod_{i=1}^{N}(b_i - a_i)} \log \frac{1}{\prod_{i=1}^{N}(b_i - a_i)} \mathrm{d}x_1 \cdots \mathrm{d}x_N = \log \prod_{i=1}^{N} (b_i - a_i) \\ &= \sum_{i=1}^{N} \log(b_i - a_i) = h(X_1) + h(X_2) + \cdots h(X_N) \text{bit/自由度} \end{aligned} \tag{3.55}$$

可见，N 维区域体积内均匀分布的连续平稳信源的微分熵就是 N 维区域体积的对数，也等于各变量 X_i 在各自取值区间 $[a_i, b_i]$ 内均匀分布时的微分熵 $h(X_i)$ 之和，因此，连续随机矢量中各分量相互统计独立时，其矢量微分熵就等于各单个随机变量的微分熵之和。这与离散信源的情况类似。

2. 高斯信源的微分熵

基本高斯信源是指信源输出的一维连续型随机变量 X 的概率密度分布是正态分布，即

$$p(x) = \frac{1}{\sqrt{2\pi\sigma^2}} \exp\left(-\frac{(x-m)^2}{2\sigma^2}\right) \tag{3.56}$$

式中：m 是 X 的均值；σ^2 是 X 的方差。概率密度函数如图 3.3 所示。

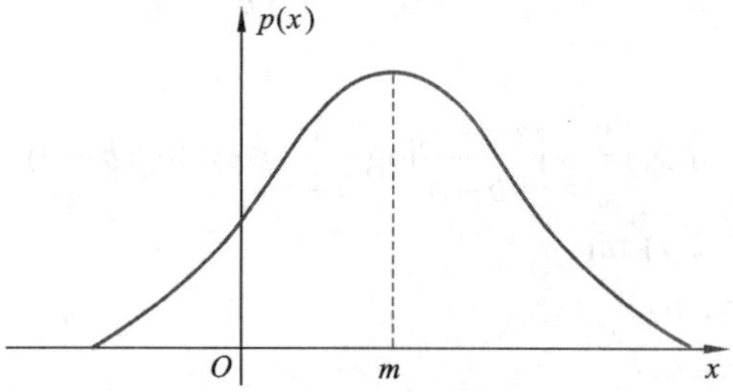

图 3.3　一维正态分布的概率密度函数

这个连续信源的微分熵为

$$\begin{aligned} h(X) &= -\int_{-\infty}^{\infty} p(x) \log p(x) \mathrm{d}x = -\int_{-\infty}^{\infty} p(x) \log \left[\frac{1}{\sqrt{2\pi\sigma^2}} \exp\left(-\frac{(x-m)^2}{2\sigma^2}\right) \right] \mathrm{d}x \\ &= -\int_{-\infty}^{\infty} p(x)(-\log\sqrt{2\pi\sigma^2}) \mathrm{d}x + \int_{-\infty}^{\infty} p(x) \left[\frac{(x-m)^2}{2\sigma^2} \right] \mathrm{d}x \cdot \log \mathrm{e} \\ &= \log\sqrt{2\pi\sigma^2} + \frac{1}{2}\log \mathrm{e} = \frac{1}{2}\log 2\pi\mathrm{e}\sigma^2 \text{ bit} \end{aligned} \tag{3.57}$$

式中：由 $\int_{-\infty}^{\infty} p(x)\mathrm{d}x = 1$ 和 $\int_{-\infty}^{\infty} (x-m)^2 p(x)\mathrm{d}x = \sigma^2$ 可知，高斯分布的连续信源的微分熵与数学期望 m 无关，只与其方差 σ^2 有关。当均值 $m=0$ 时，X 的方差 σ^2 就等于信源输出的平均功率 P。由式（3.57）得

$$h(X) = \frac{1}{2}\log 2\pi eP \text{ bit} \tag{3.58}$$

由式（3.57）可知，高斯连续信源的微分熵与数学期望 m 无关，只与方差 σ^2 有关；微分熵描述的是信源的总体特性，当均值 m 变化时，只是 $p(x)$的对称中心在横轴上发生平移，曲线的形状没有任何变化，即数学期望 m 对高斯信源的总体特性没有任何影响；若方差 σ^2 改变，曲线的形状随之改变，所以高斯连续信源的微分熵与方差有关，与数学期望无关。这是信源微分熵的总体特性的再度体现。

3.7　连续信源微分熵的性质

3.7.1　微分熵的性质

与离散信源的信息熵比较，连续信源的微分熵具有以下一些性质。

1. 上凸性

连续信源的微分熵 $h(x)$是其概率密度函数 $p(x)$的$\bigcap$形凸函数（上凸函数）。即对于任意两概率密度函数 $p_1(x)$ 和 $p_2(x)$ 及任意 $0<\theta<1$，则有

$$h[\theta p_1(x) + (1-\theta)p_2(x)] \geqslant \theta h[p_1(x)] + (1-\theta)h[p_2(x)] \tag{3.59}$$

（此性质证明留作习题）

2. 连续信源微分熵可为负值

连续信源的熵在某些情况下，可以得出其值为负值。例如，在$[a, b]$区间内均匀分布的连续信源，其微分熵为

$$h(X) = \log(b-a) \ \text{ bit}$$

若 $(b-a)<1$时，则得 $h(X)<0$，为负值。

由于微分熵的定义中去掉了一项无限大的常数项，所以微分熵为负值，由此性质可看出，微分熵不能表达连续事物所含有的信息量。这是由连续信源微分熵的相对性所致，同时也说明香农微分熵在描述连续信源时还不是很完善。

3. 连续信源微分熵的可加性

两个相互关联的连续信源 X 和 Y，有

$$h(XY) = h(X) + h(Y|X) = h(Y) + h(X|Y) \tag{3.60}$$

下面证明式（3.60）。

根据式（3.48），可得两连续随机变量的联合微分熵

$$
\begin{aligned}
h(XY) &= -\iint_{\mathbf{R}^2} p(xy)\log p(xy)\mathrm{d}x\mathrm{d}y = -\iint_{\mathbf{R}^2} p(xy)\log p(x)p(y\,|\,x)\mathrm{d}x\mathrm{d}y \\
&= -\iint_{\mathbf{R}^2} p(xy)\log p(x)\mathrm{d}x\mathrm{d}y - \iint_{\mathbf{R}^2} p(xy)\log p(y\,|\,x)\mathrm{d}x\mathrm{d}y \\
&= -\int_{\mathbf{R}} \log p(x)\left[\int_{\mathbf{R}} p(xy)\mathrm{d}y\right]\mathrm{d}x + h(Y\,|\,X) \\
&= h(X) + h(Y|X)
\end{aligned}
$$

式中：$\int_{\mathbf{R}} p(xy)\mathrm{d}y = p(x)$。

同理，可证 $h(XY) = h(Y) + h(X\,|\,Y)$。

根据连续信源的可加性可推广到 N 个变量的情况，即

$$
h(X_1X_2\cdots X_N) = h(X_1) + h(X_2\,|\,X_1) + h(X_3\,|\,X_1X_2) + \cdots + h(X_N\,|\,X_1X_2\cdots X_{N-1}) \quad (3.61)
$$

3.7.2 具有最大微分熵的连续信源

在离散信源中，当信源符号等概率分布时信源的熵取最大值。在连续信源中微分熵也具有极大值，但与离散信源不同的是，连续信源在不同的限制条件下，信源的最大熵是不同的。除存在完备集条件 $\int_{\mathbf{R}} p(x)\mathrm{d}x = 1$ 以外，还有其他约束条件。当各约束条件不同时，信源的最大微分熵值不同。一般情况，求连续信源微分熵的最大值，就是在下述若干约束条件下：

$$\int_{-\infty}^{\infty} p(x)\mathrm{d}x = 1$$

$$\int_{-\infty}^{\infty} xp(x)\mathrm{d}x = K_1$$

$$\int_{-\infty}^{\infty} (x-m)^2 p(x)\mathrm{d}x = K_2$$

$$\cdots\cdots$$

求泛函数 $h(X) = -\int_{-\infty}^{\infty} p(x)\log p(x)\mathrm{d}x$ 的极值。

下面对以下两种情况加以讨论：一种是信源的输出幅度受限；另一种是信源的输出平均功率受限。

1. 幅度受限的最大微分熵

若某连续信源输出信号的峰值功率受限为 $\hat{P}$，即信源输出信号的瞬时电压限定在 $\pm\sqrt{\hat{P}}$ 内，该条件等价于信源输出的连续随机变量 X 的取值幅度受限，限于 $[a, b]$ 内取值。因此可求在约束条件 $\int_a^b p(x)\mathrm{d}x = 1$ 下，连续信源的相对最大微分熵。

定理 3.2 *若代表信源的 N 维随机变量的取值被限制在一定的范围之内，即幅度受限，则在有限的定义域内，均匀分布的连续信源具有最大微分熵。*

证 设 N 维随机变量为

$$x \in \prod_{i=1}^{N}(a_i, b_i),\quad b_i > a_i$$

其均匀分布概率密度为

$$p(\boldsymbol{x}) = \begin{cases} \dfrac{1}{\prod\limits_{i=1}^{N}(b_i - a_i)}, & x \in \prod\limits_{i=1}^{N}(b_i - a_i) \\ 0, & x \notin \prod\limits_{i=1}^{N}(b_i - a_i) \end{cases}$$

定义 $q(\boldsymbol{x})$为除均匀分布以外的其他任意概率密度函数，假设 $h[p(\boldsymbol{x}), \boldsymbol{X}]$表示均匀分布连续信源的微分熵，$h[q(\boldsymbol{x}), \boldsymbol{X}]$表示任意分布连续信源的微分熵。

已知概率密度满足

$$\int_{a_N}^{b_N} \cdots \int_{a_1}^{b_1} p(\boldsymbol{x})\mathrm{d}x_1 \cdots \mathrm{d}x_N = 1$$

$$\int_{a_N}^{b_N} \cdots \int_{a_1}^{b_1} q(\boldsymbol{x})\mathrm{d}x_1 \cdots \mathrm{d}x_N = 1$$

由微分熵定义可得，表示任意分布 $q(\boldsymbol{x})$连续信源的微分熵 $h[q(\boldsymbol{x}), \boldsymbol{X}]$为

$$\begin{aligned} h[q(\boldsymbol{x}), \boldsymbol{X}] &= -\int_{a_N}^{b_N} \cdots \int_{a_1}^{b_1} q(\boldsymbol{x}) \log q(\boldsymbol{x}) \mathrm{d}x_1 \cdots \mathrm{d}x_N \\ &= \int_{a_N}^{b_N} \cdots \int_{a_1}^{b_1} q(\boldsymbol{x}) \log \left[\frac{1}{q(\boldsymbol{x})} \frac{p(\boldsymbol{x})}{p(\boldsymbol{x})} \right] \mathrm{d}x_1 \cdots \mathrm{d}x_N \\ &= -\int_{a_N}^{b_N} \cdots \int_{a_1}^{b_1} q(\boldsymbol{x}) \log p(\boldsymbol{x}) \mathrm{d}x_1 \cdots \mathrm{d}x_N + \int_{a_N}^{b_N} \cdots \int_{a_1}^{b_1} q(\boldsymbol{x}) \log \left[\frac{p(\boldsymbol{x})}{q(\boldsymbol{x})} \right] \mathrm{d}x_1 \cdots \mathrm{d}x_N \end{aligned}$$

运用詹森不等式

$$\sum_{i=1}^{n} p(x_i) f(x_i) \leqslant f\left(\sum_{i=1}^{n} p(x_i) x_i \right)$$

得

$$\begin{aligned} h[q(\boldsymbol{x}), \boldsymbol{X}] &\leqslant -\int_{a_N}^{b_N} \cdots \int_{a_1}^{b_1} q(\boldsymbol{x}) \log \frac{1}{\prod\limits_{i=1}^{N}(b_i - a_i)} \mathrm{d}x_1 \cdots \mathrm{d}x_N \\ &\quad + \log \left[\int_{a_N}^{b_N} \cdots \int_{a_1}^{b_1} q(\boldsymbol{x}) \left[\frac{p(\boldsymbol{x})}{q(\boldsymbol{x})} \right] \mathrm{d}x_1 \cdots \mathrm{d}x_N \right] \\ &= \log \prod_{i=1}^{N}(b_i - a_i) + 0 = h[p(\boldsymbol{x}), \boldsymbol{X}] \end{aligned}$$

即

$$h[q(\boldsymbol{x}), \boldsymbol{X}] \leqslant h[p(\boldsymbol{x}), \boldsymbol{X}]$$

在连续信源输出信号的幅度受限条件下，任何概率密度分布时的微分熵必定小于均匀分布时的微分熵，即当均匀分布时微分熵达到最大值。

2. 平均功率受限的最大微分熵

定理 3.3　若一个连续信源输出信号的平均功率被限定为 P，则其输出信号幅度的概率

密度分布是高斯分布时，信源有最大的微分熵，其值为$\frac{1}{2}\log 2\pi e P$。

现在被限制的条件是连续信源输出的平均功率受限为 P。因为信号的平均功率 $P=\int_{-\infty}^{\infty} x^2 p(x)\mathrm{d}x$，当 $m=0$ 时，$\sigma^2=\int_{-\infty}^{\infty}(x-m)^2 p(x)\mathrm{d}x=P$，所以，对于均值为零的信号来说，平均功率受限，就是其方差σ^2受限。

证 单变量连续信源 X 呈高斯分布时的概率密度函数为

$$p(x)=\frac{1}{\sqrt{2\pi\sigma^2}}\mathrm{e}^{-\frac{(x-m)^2}{2\sigma^2}}$$

当 X 是高斯分布以外其他任意分布时，概率密度函数记为 $q(x)$。由约束条件知

$$\begin{cases}\int_{-\infty}^{\infty} p(x)\mathrm{d}x=1, & \int_{-\infty}^{\infty} q(x)\mathrm{d}x=1\\ \int_{-\infty}^{\infty} xp(x)\mathrm{d}x=m, & \int_{-\infty}^{\infty} xq(x)\mathrm{d}x=m\\ \int_{-\infty}^{\infty} x^2 p(x)\mathrm{d}x=P, & \int_{-\infty}^{\infty} x^2 q(x)\mathrm{d}x=P\end{cases}$$

随机变量 X 的方差 $E[(X-m)^2]=E[X^2]-m^2=P^2-m^2=\sigma^2$。

平均功率和均值受限的条件，相当于方差受限的条件

$$\int_{-\infty}^{\infty}(x-m)^2 p(x)\mathrm{d}x=\int_{-\infty}^{\infty}(x-m)^2 q(x)\mathrm{d}x=\sigma^2$$

当均值 $m=0$ 时，平均功率 $P=\sigma^2$

对平均功率和均值的限制就等于对方差的限制，把平均功率受限当成是 $m=0$ 情况下，方差受限的特例，则把平均功率受限的问题变成方差受限的问题来讨论。

已知

$$h(p(x),X)=\frac{1}{2}\log 2\pi e\sigma^2$$

现计算任意分布的连续信源的微分熵为

$$\begin{aligned}h[q(x),X]&=-\int_{-\infty}^{\infty} q(x)\log q(x)\mathrm{d}x=\int_{-\infty}^{\infty} q(x)\log\left[\frac{1}{q(x)}\frac{p(x)}{p(x)}\right]\mathrm{d}x\\&=-\int_{-\infty}^{\infty} q(x)\log p(x)\mathrm{d}x+\int_{-\infty}^{\infty} q(x)\log\left[\frac{p(x)}{q(x)}\right]\mathrm{d}x\\&\leqslant-\int_{-\infty}^{\infty} q(x)\log p(x)\mathrm{d}x+\log\left[\int_{-\infty}^{\infty} q(x)\left[\frac{p(x)}{q(x)}\right]\mathrm{d}x\right]\\&=-\int_{-\infty}^{\infty} q(x)\log p(x)\mathrm{d}x+0\end{aligned}$$

将 $p(x)$代入上式，则

$$-\int_{-\infty}^{\infty} q(x)\log p(x)\mathrm{d}x=-\int_{-\infty}^{\infty} q(x)\log\left[\frac{1}{\sqrt{2\pi\sigma^2}}\mathrm{e}^{-\frac{(x-m)^2}{2\sigma^2}}\right]\mathrm{d}x$$

$$= -\int_{-\infty}^{\infty} q(x)\log\frac{1}{\sqrt{2\pi\sigma^2}}\mathrm{d}x + \int_{-\infty}^{\infty} q(x)\frac{(x-m)^2}{2\sigma^2}(\log \mathrm{e})\mathrm{d}x$$

$$= \frac{1}{2}\log 2\pi\mathrm{e}\sigma^2$$

得

$$h[q(x), X] \leqslant \frac{1}{2}\log(2\pi\mathrm{e}\sigma^2) = h[p(x), X]$$

所以

$$h[q(x), X] \leqslant h[p(x), X]$$

这一结论说明，当连续信源输出信号的平均功率受限时，只有信源输出信号的幅度呈高斯分布时，才会有最大微分熵。

已知幅度受限，服从均匀分布的连续信源微分熵最大；而平均功率受限，服从高斯分布的连续信源微分熵最大。在这两种情况下，连续信源的统计特性与两种常见噪声——均匀噪声和高斯噪声的统计特性相一致。

3.7.3 熵功率

从 3.7.2 小节已知，当信号平均功率受限时，高斯信源的熵最大。令其平均功率为 P，则其熵为

$$h_0(X) = \frac{1}{2}\log 2\pi\mathrm{e}P \text{ bit} \tag{3.62}$$

也就是高斯信源的熵值与 P 有确定的对应关系：

$$P = \frac{1}{2\pi\mathrm{e}}\mathrm{e}^{2h_0(X)} \tag{3.63}$$

如果另一信源的平均功率也为 P，但不是高斯分布，那它的熵一定比式（3.62）计算的熵 $h_0(X)$ 小。反过来说，如果有一个信源与这个高斯信源有相同的熵 $h_0(X)$，则它的平均功率 $P \geqslant \overline{P}$，$\overline{P}$ 为高斯信源的平均功率，因为对于非高斯信源，$h_0(X) \leqslant \frac{1}{2}\log 2\pi\mathrm{e}\overline{P}$，而对于高斯信源 $h_0(X) = \frac{1}{2}\log 2\pi\mathrm{e}\overline{P}$，此时两个信源熵 $h_0(X)$ 相同，所以必定 $P \geqslant \overline{P}$。

定义 3.7 假定某连续信源的熵为 $h(X)$，平均功率为 P，则与它具有相同熵的高斯信源的平均功率 $\overline{P}$ 定义为**熵功率**，即

$$\overline{P} = \frac{1}{2\pi\mathrm{e}}\mathrm{e}^{2h(X)} \tag{3.64}$$

所以，$\overline{P} \leqslant P$，当该连续信源为高斯信源时等号成立。

熵功率的大小可以表示连续信源冗余度的大小。如果熵功率等于信号平均功率，就表示信号没有冗余；熵功率和信号的平均功率相差越大，说明信号的冗余越大。所以，信号平均功率和熵功率之差 $(P-\overline{P})$ 被称为**连续信源的冗余度**。

习　题

1. 设一个二元一阶马尔可夫信源，信源符号集为 $X=\{0,1\}$，信源输出符号的条件概率为

$$p(0|0)=0.25, p(0|1)=0.5, p(1|0)=0.75, p(1|1)=0.5$$

求状态转移概率。

2. 计算汉字的冗余度。假设常用汉字约为 10 000 个，其中 140 个汉字出现的概率占 50%，625 个汉字（含 140 个）出现的概率占 85%，2 400 个汉字（含 625 个）出现的概率占 99.7%，其余 7 600 个汉字出现的概率占 0.3%，不考虑符号间的相关性，只考虑它的概率分布，在这一级近似下计算汉字的冗余度。

3. 证明 $\lim\limits_{n\to\infty}\frac{1}{2}H(X_nX_{n-1}|X_1\cdots X_{n-2})=H_\infty$。

4. 有一无记忆信源的符号集为 $\{0,1\}$，已知信源的概率空间为 $\begin{bmatrix}X\\P_X\end{bmatrix}=\begin{bmatrix}0 & 1\\ \frac{1}{4} & \frac{3}{4}\end{bmatrix}$。

（1）求信源熵；

（2）求由 m 个“0”和 $(100-m)$ 个“1”构成的某一特定符号序列自信息量的表达式；

（3）计算由 100 个符号构成的符号序列的熵。

5. 某信源符号集的概率分布和对应的二进制代码如题表 3.1 所示。

题表 3.1

信源符号	概率	代码
u_0	1/2	0
u_1	1/4	10
u_2	1/8	110
u_3	1/8	111

（1）求信源符号熵；

（2）求平均每个消息符号所需要的二进制码元的个数或平均代码长度，进而用这一结果求码序列中的二进制码元的熵。

6. 二次扩展信源的熵为 $H(X_2)$，而一阶马尔可夫信源的熵为 $H(X_2|X_1)$。试比较两者的大小，并说明原因。

7. 一个马尔可夫过程的基本符号为 0、1、2，这 3 个符号等概率出现，并且具有相同的转移概率。

（1）画出一阶马尔可夫过程的状态图，并求稳定状态下的一阶马尔可夫信源熵 H_1 和信源冗余度；

（2）画出二阶马尔可夫过程的状态图，并求稳定状态下的二阶马尔可夫信源熵 H_2 和

信源冗余度。

8. 一阶马尔可夫信源的状态转移图如题图 3.1 所示，信源 X 的符号集为 $\{0,1,2\}$。

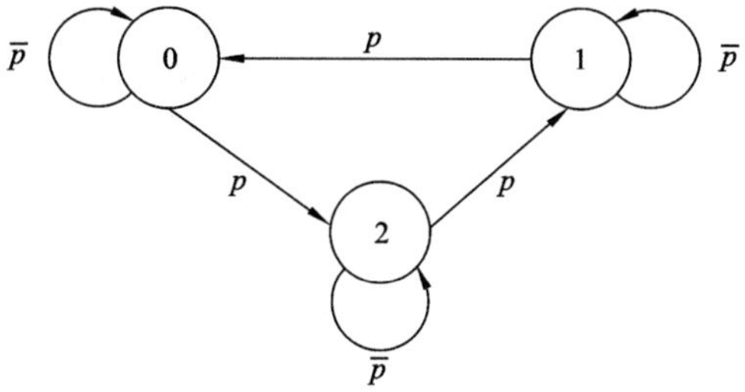

题图 3.1

（1）求平稳后的信源的概率分布；

（2）求信源熵 H_∞；

（3）求当 $p=0$ 或 $p=1$ 时信源的熵，并说明其理由。

9. 给定状态转移概率矩阵 $\boldsymbol{P}=\begin{bmatrix}1-p & p\\ 1 & 0\end{bmatrix}$，求：

（1）此两状态马尔可夫链的熵率 H_∞；

（2）此熵率的极大值及相应的 p。

10. 题图 3.2 是一张有 4 个节点的随机行走图，从任何一个节点走到下一个节点的概率都相等。

（1）求随机行走的稳态分布；

（2）求随机行走的极限熵。

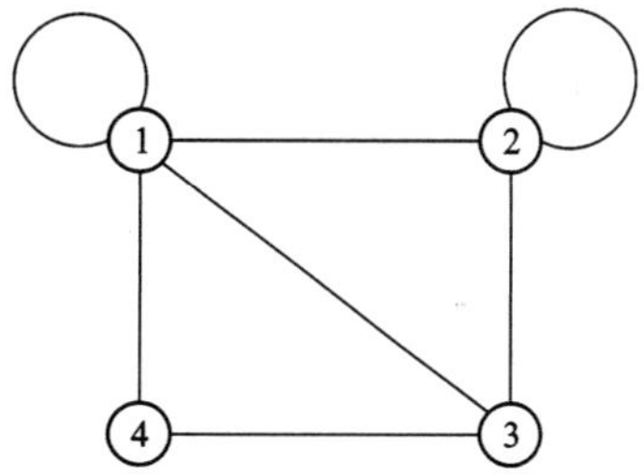

题图 3.2

11. 求具有如下概率密度函数的随机变量的熵。

（1）指数分布 $f(x)=\lambda \mathrm{e}^{-\lambda x}(x\geqslant 0)$；

（2）$f(x)=\dfrac{1}{2}\lambda \mathrm{e}^{-\lambda|x|}$。

12. 给定状态转移概率矩阵 $\boldsymbol{P}=\begin{bmatrix}1-\alpha & \alpha\\ \beta & 1-\beta\end{bmatrix}$，求：此两状态马尔可夫信源的熵率 H_∞。

13. 布袋中有手感完全相同的 3 个红球和 3 个蓝球，每次从中随机取出 1 个球，取出后不放回布袋。用 X_i 表示第 i 次取出的球的颜色 $(i=1,2,\cdots,6)$，求：

（1）$H(X_1)$；

（2）$H(X_2)$；

（3）$H(X_2|X_1)$；

（4）随着 k 的增加，$H(X_k|X_1\cdots X_{k-1})$ 是增加还是减少？请解释。

（所有的答案用 $H(p)$ 的形式表示）

14. 已知一个二元一阶马尔可夫信源的状态转移概率矩阵为 $\boldsymbol{P}=\begin{bmatrix}0.9 & 0.1\\ 0.2 & 0.8\end{bmatrix}$。

（1）求此马尔可夫信源的熵率；

（2）求符号序列 1000011 的概率（根据平稳分布确定第一个符号的概率）。

15. 一个二元一阶马尔可夫信源的状态转移图如题图 3.3 所示。

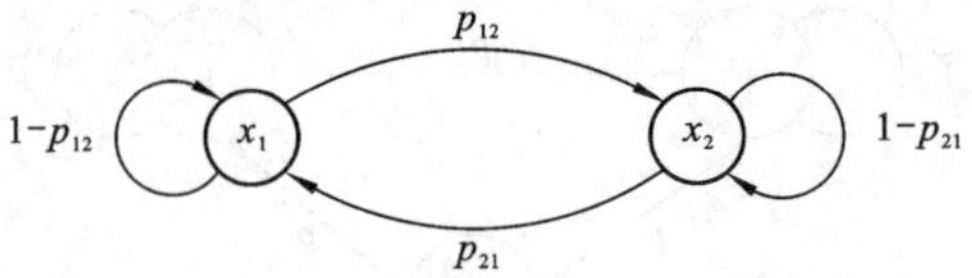

题图 3.3

计算当 $p_{12}=0.2$，$p_{21}=0.3$ 时，该马尔可夫信源的熵率；并求具有同样的符号概率分布的离散无记忆信源的熵。

16. 求具有如下概率密度函数的连续随机变量的微分熵 $(\lambda>0)$：

$$f_x(x)=\begin{cases}(x+\lambda)/\lambda^2, & -\lambda\leqslant x\leqslant 0\\(-x+\lambda)/\lambda^2, & 0<x\leqslant\lambda\\0, & 其他\end{cases}$$

17. 设信源为 $X=[x_1,x_2,x_3],p(x_1)=\dfrac{1}{2},p(x_2)=\dfrac{1}{3}$,求信源的剩余度。

18. 设有一个信源，它产生 0、1 序列的信息。它在任意时刻而且不论以前发生过什么符号，均按 $P(0)=0.4$，$P(1)=0.6$ 的概率发出符号。

（1）试问这个信源是否是平稳的？

（2）试计算 $H(X^2)$，$H(X_3|X_1X_2)$ 及 H_∞；

（3）试计算 $H(X_4)$ 并写出 X_4 信源中可能有的所有符号。

19. 对某城市进行交通忙、闲的调查，并把天气分成晴、雨两种状态，气温分成冷、暖两种状态，调查结果所得联合出现的相对频度如题图 3.4 所示。

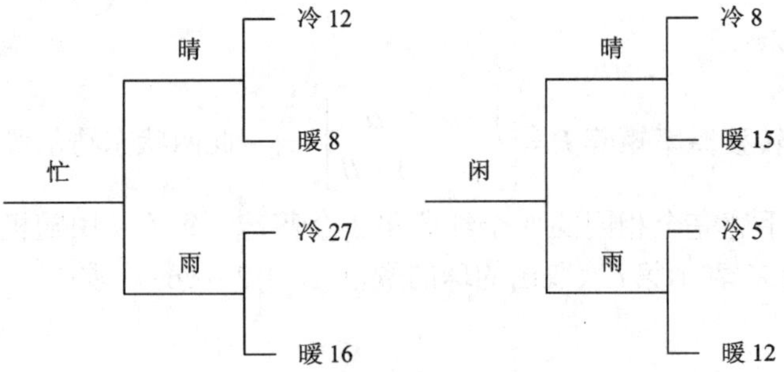

题图 3.4

若把这些频度看作概率测度，求：

（1）忙、闲的无条件熵；

（2）天气状态和气温状态已知时忙、闲的条件熵；

（3）从天气状态和气温状态获得的关于忙、闲的信息。

20. 每帧电视图像可以认为是由 3×10^5 个像素组成的，所有像素均是独立变化，且每像素又取 128 个不同的亮度电平，并设亮度电平是等概率出现，问每帧图像含有多少信息量？若有一个广播员，在约 10 000 个汉字中选出 1 000 个汉字来口述此电视图像，试问广播员描述此图像所广播的信息量是多少（假设汉字字汇是等概率分布，并彼此无依赖）？若要恰当地描述此图像，广播员在口述中至少需要多少汉字？

21. 设 $X = X_1X_2\cdots X_N$ 是平稳离散有记忆信源，试证明：

$$H(X_1X_2\cdots X_N) = H(X_1) + H(X_2 \mid X_1) + H(X_3 \mid X_1X_2) + \cdots + H(X_N \mid X_1X_2\cdots X_{N-1})$$

第 4 章 信道及信道容量

信道是信息论中与信源并列的另一个主要研究对象。信道是信息传输的媒介或通道，能够以信号形式传输和存储信息。在物理信道确定的条件下，单位时间内传输的信息量越多越好，所以信息传输率是衡量通信系统性能的一个重要指标。但信道对于信息量的容纳有限，它不仅与物理信道本身的特性有关，还与载荷信息的信号形式和信源输出信号的统计特性有关。本章将讨论在什么条件下，通过信道的信息量达到最大，即所谓的信道容量问题。研究内容包括信道的建模、信道容量以及在不同条件下充分利用信道容量的各种方法。

信道建模与信源建模一样是以随机过程理论为基础的，所不同的是信道建模涉及输入和输出两个随机过程，因此在建模中条件概率或条件概率分布函数起着核心的作用。信道容量是信道研究的核心。借助互信息的概念对信道的信道容量进行定量的测度。本章重点分析离散无记忆信道的信道容量、连续信道的信道容量、波形信道的信道容量。

信息论对信道容量的分析为充分利用信道的信息传输能力提供了理论依据，对实际通信系统设计有巨大的指导意义。

4.1 信道的分类及数学模型

将信道的发送端和接收端分别看成是两个“信源”，则两者之间的统计依赖关系（信道输入和输出之间）描述了信道的特性。因此，确定信道输入输出之间信息传输的总体度量函数是研究信道信息传输的首要课题。

4.1.1 信道的分类

在通信系统中，信道按其物理组成常被分成微波信道、光纤信道、电缆信道等，这种分类是因为信号在这些信道中传输时遵循不同的物理规律，而通信技术必须研究这些规律以获得信号在这些信道中的传输特性。信息论不研究怎样获得这些传输特性，而是假定传输特性是已知的，并在此基础上研究信息的传输问题。

信道也可以根据输入信号和输出信号的形式、信道的统计特性及信道的用户多少等方法来进行分类。

（1）按信道输入/输出信号在幅度和时间上的取值是离散或连续来划分。分类结果如表4.1所示。

表 4.1 按输入/输出信号在幅度和时间上是离散或连续划分

幅度	时间	信道名称
离散	离散	离散信道（数字信道）
连续	离散	连续信道
连续	连续	模拟信道（波形信道）
离散	连续	（理论和实用价值均很小）

（2）按信道输入、输出信号之间关系的记忆特性来划分。

可分为有记忆信道和无记忆信道。如果信道的输出只与信道该时刻的输入有关而与其他时刻的输入、输出无关，则称此信道是无记忆信道，反之称为有记忆信道。实际信道一般都是有记忆的，信道中的记忆现象来源于物理信道中的惯性，如电缆信道中的电感电容、无线信道中的电波传播的衰落现象等。有记忆信道的分析比较复杂，有用的研究成果很少，因此，主要研究无记忆信道。

（3）按信道输入、输出信号之间的关系是否确定来划分。

可分为有噪声信道和无噪声信道。一般来讲，因为信道中总是存在某种程度的噪声，所以信道输入/输出之间的关系是一种统计依赖的关系。但是当噪声与信号相比很小时，可以近似为无噪声信道。有噪声信道是信息论研究的主要对象。信道输入、输出以及信道输入、输出信号之间的统计关系的描述就构成了有噪声信道的数学模型。

（4）根据信道输入端和输出端的个数来划分。

①两端信道（单用户信道）：只有一个输入端和一个输出端的单向通信的信道。

②多端信道（多用户信道）：双向通信或更多个用户之间相互通信的信道。

本课程主要研究两端信道的情况。

（5）根据信道的统计特性是否随时间变化来划分。

①恒参信道（平稳信道）：信道的统计特性不随时间变化。例如，卫星通信信道在某种意义上可以近似为恒参信道。

②随参信道（非平稳信道）：信道的统计特性随时间变化。例如，短波通信中，其信道可看成随参信道。

本课程主要研究恒参信道的情况。

4.1.2　信道的数学模型

信息论对信道的研究旨在建立与各种通信系统相适应的信道抽象模型，研究信息在这些信道抽象模型上传输的普遍规律，用于指导通信系统的设计。信道抽象模型不研究信号在信道中传输的物理过程，而是把各路不同类型的信道抽象成统一的数学模型，集中研究信息的传输和存储问题。信道传输取值为离散的单个符号，称为离散单符号信道。离散单符号信道是最基本的信道抽象模型。

1. 离散单符号信道的数学模型

设离散单符号信道的输入符号集为 $X \in (x_1, x_2, \cdots, x_r)$，输出符号集为 $Y \in (y_1, y_2, \cdots, y_s)$，信道模型可表示为 $\{X, \boldsymbol{P}(Y|X), Y\}$，如图 4.1 所示。

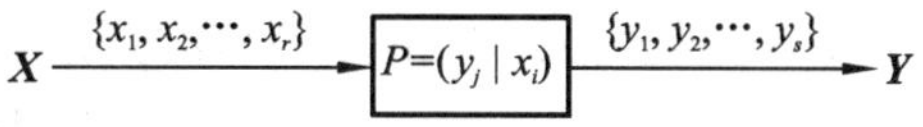

图 4.1　离散单符号信道的数学模型

图 4.1 中，条件概率 $\boldsymbol{P}(Y|X) = P(y_j|x_i)\quad (i=1,2,\cdots,r\ ;\ j=1,2,\cdots,s)$ 被称为信道的**传递概率**或**转移概率**。由输入输出状态可得所有转移概率。将所有转移概率以矩阵方式列出，得

$$\boldsymbol{P}(Y|X) = \begin{bmatrix} P(y_1|x_1) & P(y_2|x_1) & \cdots & P(y_s|x_1) \\ P(y_1|x_2) & P(y_2|x_2) & \cdots & P(y_s|x_2) \\ \vdots & \vdots & & \vdots \\ P(y_1|x_r) & P(y_2|x_r) & \cdots & P(y_s|x_r) \end{bmatrix} \tag{4.1}$$

式中：$P(y_j|x_i) \geqslant 0$，$\sum_{j=1}^{s} P(y_j|x_i) = 1$。

该矩阵完全描述了信道在干扰作用下的统计特性，称为**信道矩阵**（r 行 s 列）。

与此相对应，反信道矩阵（s 行 r 列）由条件概率 $P(x_i|y_j)$ 表示，称为后验概率矩阵。

$$
\boldsymbol{P}(X|Y)=\begin{bmatrix} P(x_1|y_1) & P(x_2|y_1) & \cdots & P(x_r|y_1) \\ P(x_1|y_2) & P(x_2|y_2) & \cdots & P(x_r|y_2) \\ \vdots & \vdots & & \vdots \\ P(x_1|y_s) & P(x_2|y_s) & \cdots & P(x_r|y_s) \end{bmatrix} \tag{4.2}
$$

式中：$P(x_i|y_j)\geqslant 0$，$\sum_{j=1}^{s}P(x_i|y_j)=1$。

2. 离散多符号信道的数学模型

离散多符号信道的数学模型一般如图 4.2 所示。

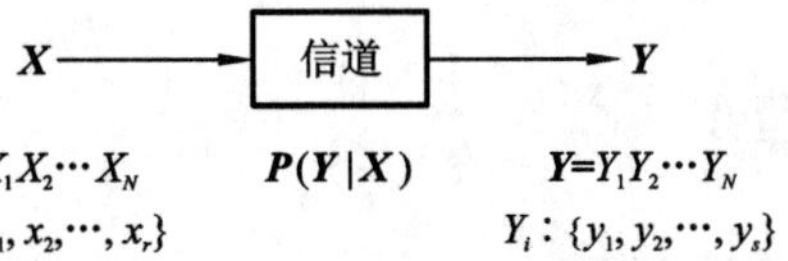

图 4.2 离散多符号信道的数学模型

图 4.2 中输入和输出信号均用随机矢量表示，输入信号 $\boldsymbol{X}=X_1X_2\cdots X_N$，输出信号 $\boldsymbol{Y}=Y_1Y_2\cdots Y_N$，其中 $i=1,2,\cdots,N$ 表示时间或空间的离散值。而每个随机变量 X_i 和 Y_i 又分别取值于符号集 $\{x_1,x_2,\cdots,x_r\}$ 和 $\{y_1,y_2,\cdots,y_s\}$，其中 r 不一定等于 s。另外，图 4.2 中输入信号和输出信号之间统计依赖关系由条件概率 $\boldsymbol{P}(\boldsymbol{Y}|\boldsymbol{X})$ 来描述，信道噪声与干扰的影响也包含在 $\boldsymbol{P}(\boldsymbol{Y}|\boldsymbol{X})$ 之中，$\boldsymbol{P}(\boldsymbol{Y}|\boldsymbol{X})$ 反映了信道的统计特性。离散信道的数学模型表示为 $\{\boldsymbol{X},\boldsymbol{P}(\boldsymbol{Y}|\boldsymbol{X}),\boldsymbol{Y}\}$。

4.2 离散信道及信道容量

离散无记忆信道（discrete memoryless channel，DMC）是最简单、最基本的信道，本节将从离散无记忆信道入手，给出信道容量的定义，讨论离散无记忆信道容量的存在性，分析各种离散无记忆信道容量的计算问题。

4.2.1 离散无记忆信道

设离散无记忆信道的输入量 $X\in\{x_1,x_2,\cdots,x_r\}$，输出量 $Y\in\{y_1,y_2,\cdots,y_s\}$，信道输入量和输出量之间的条件概率为 $P(y_j|x_i)$，其中 $i\in\{1,2,\cdots,r\}$，$j\in\{1,2,\cdots,s\}$。所有条件概率 $P(y_j|x_i)$ 组成一个 $r\times s$ 维的条件概率矩阵 $\boldsymbol{P}_{Y|X}$，即

$$
\boldsymbol{P}(Y|X)=\begin{bmatrix} P(y_1|x_1) & P(y_2|x_1) & \cdots & P(y_s|x_1) \\ P(y_1|x_2) & P(y_2|x_2) & \cdots & P(y_s|x_2) \\ \vdots & \vdots & & \vdots \\ P(y_1|x_r) & P(y_2|x_r) & \cdots & P(y_s|x_r) \end{bmatrix} \tag{4.3}
$$

式中：$P(y_j \mid x_i)$ 表示在信道输入 x_i 条件下信道输出 y_j 的概率，又称为前向转移概率，相应的矩阵 $\boldsymbol{P}(Y \mid X)$ 也称为**前向转移概率矩阵**，或简称**转移概率矩阵**、**信道矩阵**。显然，当信道输入 x_i 时，各种可能输出值 y_j 的概率之和必定等于 1，即 $\sum_{j=1}^{s} P(y_j \mid x_i) = 1$。

离散无记忆信道中一类很重要的特殊信道是二进制对称信道（binary symmetric channel，BSC），信道的输入/输出符号数皆为 2，信道矩阵可以表示为

$$\boldsymbol{P} = \begin{bmatrix} 1-p & p \\ p & 1-p \end{bmatrix} \tag{4.4}$$

4.2.2 信道容量的定义

由 2.3.1 节平均互信息定义可知，$I(X;Y)$ 是接收到输出符号集 Y 后所获得的关于输入符号集 X 的信息量。信源的不确定性为 $H(X)$，由于干扰的存在，接收端收到 Y 后对信源仍然存在的不确定性为 $H(X \mid Y)$，$H(X \mid Y)$ 又称为**信道疑义度**。信宿所消除的关于信源的不确定性，也就是获得的关于信源的信息为 $I(X;Y)$，是平均意义上每传送一个符号流经信道的信息量，从这个意义上来说，平均互信息又称为信道的**信息传输率**，通常用 R 表示，即

$$R = I(X;Y) = H(X) - H(X \mid Y)\ \text{bit/sig} \tag{4.5}$$

例 4.1 已知信源 X 包含两种消息 $\{x_0, x_1\}$，且 $P(x_0)=\frac{1}{2}$，$P(x_1)=\frac{1}{2}$，信源是有干扰的，信宿收到的消息集合 Y 包含 $\{y_0, y_1\}$。给定信道矩阵

$$\boldsymbol{P} = \begin{bmatrix} P(y_0 \mid x_0) & P(y_1 \mid x_0) \\ P(y_0 \mid x_1) & P(y_1 \mid x_1) \end{bmatrix} = \begin{bmatrix} 0.98 & 0.02 \\ 0.2 & 0.8 \end{bmatrix}$$

求信息传输率，即平均互信息 $I(X;Y)$。

解 根据公式 $I(X;Y)=H(X)+H(Y)-H(XY)$ 求平均互信息，因

$$H(X) = -\sum_X P(x_i)\log P(x_i)$$

$$H(Y) = -\sum_Y P(y_i)\log P(y_i)$$

$$H(XY) = -\sum_X \sum_Y P(x_i y_i)\log P(x_i y_i)$$

故应求 $P(x)$，$P(y)$，$P(xy)$。

（1）求联合概率：

$$P(x_0 y_0) = P(x_0)P(y_0 \mid x_0) = 0.5 \times 0.98 = 0.49$$

$$P(x_0 y_1) = P(x_0)P(y_1 \mid x_0) = 0.5 \times 0.02 = 0.01$$

$$P(x_1 y_0) = P(x_1)P(y_0 \mid x_1) = 0.5 \times 0.2 = 0.1$$

$$P(x_1 y_1) = P(x_1)P(y_1 \mid x_1) = 0.5 \times 0.8 = 0.4$$

（2）求先验概率：

$$P(y_0)=\sum_X P(xy_0)=P(x_0y_0)+P(x_1y_0)=0.49+0.1=0.59$$

$$P(y_1)=\sum_X P(xy_1)=P(x_0y_1)+P(x_1y_1)=0.01+0.4=0.41$$

（3）求后验概率：

$$P(x_0\mid y_0)=\frac{P(x_0y_0)}{P(y_0)}=\frac{0.49}{0.59}=0.831$$

$$P(x_1\mid y_0)=\frac{P(x_1y_0)}{P(y_0)}=\frac{0.1}{0.59}=0.169$$

$$P(x_0\mid y_1)=\frac{P(x_0y_1)}{P(y_1)}=\frac{0.01}{0.41}=0.024$$

$$P(x_1\mid y_1)=\frac{P(x_1y_1)}{P(y_1)}=\frac{0.4}{0.41}=0.976$$

（4）求熵：

$$H(X)=-\sum_X P(x_i)\log P(x_i)=0.5\log 0.5-0.5\log 0.5=1\text{ bit}$$

$$H(Y)=-\sum_Y P(y_i)\log P(y_i)=-0.59\log 0.59-0.41\log 0.41=0.977\text{ bit}$$

$$\begin{aligned}H(XY)&=-\sum_X\sum_Y P(x_iy_i)\log P(x_i)P(x_iy_i)\\&=-0.49\log 0.49-0.01\log 0.01-0.1\log 0.1-0.4\log 0.4=1.432\text{ bit}\end{aligned}$$

所以平均互信息

$$I(X;Y)=H(X)+H(Y)-H(XY)=1+0.977-1.432=0.545\text{ bit}$$

研究信道的目的是获得尽可能高的信息传输率，即得到信道中符号能够传送最大的平均互信息量。仅仅知道信道的最大信息传输率是不够的，还需要知道在什么条件下信道能够达到最大的信息传输率。只有这样才能设定相应的条件，使得信道的信息传输率达到最大。已知平均互信息是信源输入概率分布和信道转移概率分布的函数，是信源和信道共同作用的结果。当信道给定，即信道的转移概率分布一定时，只有信道输入概率取某种最佳的概率分布情况下，平均互信息量才能达到最大值。

定义 4.1 已知离散无记忆信道，其**信道容量**为

$$C=\max_{P(X)} I(X;Y)\text{ bit/sig} \tag{4.6}$$

信道容量就是信道所能容纳的最大信息传输率，是信道的基本特性参量。与平均互信息的单位相同，信道容量的单位也是 bit/sig（或 nat/sig、hat/sig）。需要注意的是，信道容量由信道唯一确定，与输入的信源无关。当信道的实际信息传输率达到信道容量时，相应的信源称为匹配信源，其概率分布称为**最佳输入分布**。

设信道传输一个符号需要 t（单位：s），信道平均每秒钟传输的信息量为 $R_t=\frac{1}{t}I(X;Y)$，将其称为信息传输速率，单位为 bit/s。该信道单位时间内的最大信息传输率 C_t 为

$$C_t=\frac{1}{t}\max_{P(X)} I(X;Y) \tag{4.7}$$

一般仍称 C_t 为信道容量，但增加一个下标 t 以区别于 C 。

例 4.2　设离散无噪有损信道的信道矩阵为

$$\boldsymbol{P}=\begin{bmatrix}1 & 0\\1 & 0\\0 & 1\end{bmatrix}$$

若传输一个符号需要 t（单位：s），试计算该信道单位时间内的最大信息传输率。

解　由于 $C=\max\limits_{P(X)}I(X;Y)=\max\limits_{P(X)}[H(Y)-H(Y|X)]$，且信道矩阵中所有元素都是 0 或 1，得到 $H(Y|X)=0$，所以 $C=\max\limits_{P(X)}H(Y)$。

注意：当信源概率分布为 $P(x_1)+P(x_2)=0.5$，$P(x_3)=0.5$ 时，信道输出符号等概率，信息传输率最大，等于信道容量 $C=1$ bit/sig，因此信道单位时间内的最大信息传输率 $C_t=1/t$ bit/s。

4.2.3　离散无噪无损信道的信道容量

无噪无损信道的信道特点：信道的输入和输出符号之间存在一一对应的关系。

如图 4.3 所示，其信道转移概率为

$$P(y_j|x_i)=P(x_i|y_j)$$
$$=\begin{cases}0, & i\neq j\\1, & i=j\end{cases}\quad(i,j=1,2,3)$$

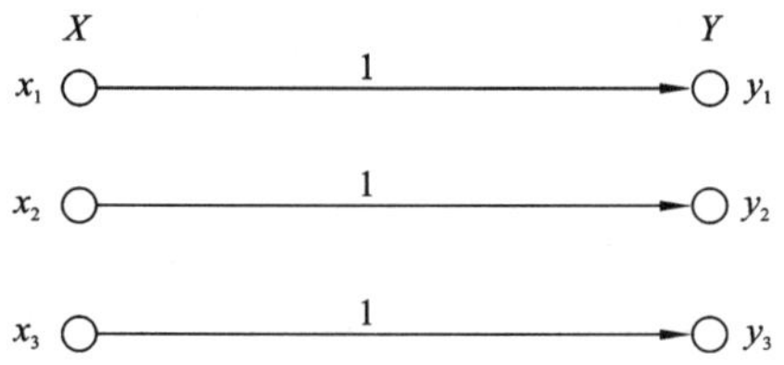

图 4.3　无噪无损信道

它的信道矩阵是单位矩阵

$$\boldsymbol{P}=\begin{bmatrix}1 & 0 & 0\\0 & 1 & 0\\0 & 0 & 1\end{bmatrix}$$

对于这种信道，其信道疑义度（即损失熵）$H(X|Y)$ 和信道的噪声熵 $H(Y|X)$ 都等于零，所以这类信道的平均互信息为

$$I(X;Y)=H(X)=H(Y)\tag{4.8}$$

它表示接收到符号 Y 后，平均获得的信息量就是信源发出每个符号所含的平均信息量，信道中无信息损失。而且因噪声熵也等于零，输出端 Y 的不确定性没有增加，所以其信道容量为

$$C=\max_{P(x)}\{I(X;Y)\}=\max_{P(x)}\{H(X)\}=\log r\ \text{bit/sig}\tag{4.9}$$

式中：r 为输入信源 X 的符号个数。

这表明，无噪无损信道的信道容量C，只取决于信源X的符号数r，所以当信源等概率分布时信源熵$H(X)$最大。

4.2.4 离散对称信道的信道容量

离散信道中有一类特殊的信道，其特点是信道矩阵具有很强的对称性。所谓对称性，就是指信道矩阵$\boldsymbol{P}$中每一行都是由同一集合$\{p_1',p_2',\cdots,p_s'\}$的诸元素不同排列组成，并且每一列也都是由同一集合$\{q_1',q_2',\cdots,q_r'\}$的诸元素不同排列组成。

定义 4.2 信道矩阵$\boldsymbol{P}$中每行都是第一行元素的不同排列，并且每列都是第一列元素的不同排列，这类信道称为**对称信道**。

一般$r\neq s$，当$r=s$时$\{q_i\}$集和$\{p_i\}$集相同；若$r<s$，$\{q_i\}$集应是$\{p_i\}$集的子集。例如，信道矩阵

$$\boldsymbol{P}=\begin{bmatrix}\frac{1}{3}&\frac{1}{3}&\frac{1}{6}&\frac{1}{6}\\ \frac{1}{6}&\frac{1}{6}&\frac{1}{3}&\frac{1}{3}\end{bmatrix}\quad 和\quad \boldsymbol{P}=\begin{bmatrix}\frac{1}{2}&\frac{1}{3}&\frac{1}{6}\\ \frac{1}{6}&\frac{1}{2}&\frac{1}{3}\\ \frac{1}{3}&\frac{1}{6}&\frac{1}{2}\end{bmatrix}$$

满足对称性，所对应的信道是离散对称信道。但是信道矩阵

$$\boldsymbol{P}=\begin{bmatrix}\frac{1}{3}&\frac{1}{3}&\frac{1}{6}&\frac{1}{6}\\ \frac{1}{6}&\frac{1}{3}&\frac{1}{6}&\frac{1}{3}\end{bmatrix}\quad 和\quad \boldsymbol{P}=\begin{bmatrix}0.7&0.2&0.1\\ 0.2&0.1&0.7\end{bmatrix}$$

都不具有对称性，因而所对应的信道不是离散对称信道。

若输入符号和输出符号个数相同，都等于r，且信道矩阵为

$$\boldsymbol{P}=\begin{bmatrix}\bar{p}&\frac{p}{r-1}&\frac{p}{r-1}&\cdots&\frac{p}{r-1}\\ \frac{p}{r-1}&\bar{p}&\frac{p}{r-1}&\cdots&\frac{p}{r-1}\\ \vdots&\vdots&\vdots&&\vdots\\ \frac{p}{r-1}&\frac{p}{r-1}&\frac{p}{r-1}&\cdots&\bar{p}\end{bmatrix}\tag{4.10}$$

式中：$p+\bar{p}=1$，则此信道称为强对称信道或均匀信道。这类信道中总的错误概率为p，对称地平均分配给$r-1$个输出符号，是离散对称信道的一类特例。二元对称信道就是$r=2$的均匀信道。对于均匀信道，其信道矩阵中各列之和也等于 1（一般信道的信道矩阵中各列之和不一定等于 1）。

由平均互信息的定义式可知

$$I(X;Y)=H(Y)-H(Y\mid X)$$

而

$$H(Y|X)=\sum_x P(x)\sum_y P(y|x)\log\frac{1}{P(y|x)}=\sum_x P(x)H(Y|X=x)$$

其中

$$H(Y|X=x)=\sum_y P(y|x)\log\frac{1}{P(y|x)}$$

这一项是固定 $X=x$ 时对 Y 求和，即对信道矩阵的行求和。由于信道具有对称性，所以 $H(Y|X=x)$ 与 x 无关，为一常数，即

$$H(Y|X=x)=H(p_1',p_2',\cdots,p_s')$$

因此得

$$I(X;Y)=H(Y)-H(p_1',p_2',\cdots,p_s')$$

可得信道容量

$$C=\max_{P(x)}[H(Y)-H(p_1',p_2',\cdots,p_s')] \tag{4.11}$$

这就变换成求一种输入分布 $P(x)$ 使 $H(Y)$ 取最大值的问题了。现已知输出 Y 的符号集共有 s 个符号，则 $H(Y)\leqslant\log s$，只有当 $P(y)=1/s$（等概率分布）时，$H(Y)$ 才达到最大值 $\log s$。一般情况下，不一定存在一种输入概率分布 $P(x)$，能使输出符号达到等概率分布。但对于离散对称信道，其信道矩阵中每一列都是由同一集合 $\{q_1',q_2',\cdots,q_r'\}$ 的诸元素的不同排列组成，所以保证了当输入符号是等概率分布，即 $P(x)=1/r$ 时，输出符号 Y 一定也是等概率分布，这时 $H(Y)=\log s$。即

$$\begin{cases} P(y_1)=\sum_x P(x)P(y_1|x)=\dfrac{1}{r}\sum_x P(y_1|x) \\ P(y_2)=\sum_x P(x)P(y_2|x)=\dfrac{1}{r}\sum_x P(y_2|x) \\ \cdots\cdots\cdots \\ P(y_s)=\sum_x P(x)P(y_s|x)=\dfrac{1}{r}\sum_x P(y_s|x) \end{cases} \tag{4.12}$$

式中：第二个等号成立是假设输入符号等概率分布。而 $\sum_x P(y_1|x)$ 是信道矩阵中第一列各元素之和。同理，$\sum_x P(y_j|x)\ (j=1,2,\cdots,s)$ 是信道矩阵中第 j 列各元素之和。由于信道矩阵的对称性，所以

$$\sum_x P(y_1|x)=\sum_x P(y_2|x)=\cdots=\sum_x P(y_s|x)=\sum_{i=1}^{r} q_i' \tag{4.13}$$

可得

$$P(y_1)=P(y_2)=\cdots=P(y_s) \tag{4.14}$$

对于离散对称信道，当输入符号 X 达到等概率分布时，则输出符号 Y 一定也达到等概率分布。由此得离散对称信道的信道容量为

$$C=\log s-H(p_1',p_2',\cdots,p_s')\ \text{bit/sig} \tag{4.15}$$

式（4.15）是离散对称信道能够传输的最大的平均信息量，它只与对称信道矩阵中行矢量 $\{p_1',p_2',\cdots,p_s'\}$ 和输出符号集的个数 s 有关。

对于 DMC 对称信道，可以得到以下结论：

（1）DMC 对称信道的条件熵 $H(Y|X)$ 与信道输入符号的概率分布无关。

（2）DMC 对称信道的输入符号等概率分布时，信道输出符号也等概率分布；反之 DMC 对称信道的输出符号等概率分布时，信道输入符号也等概率分布。

（3）当信道输入符号等概率分布时，DMC 对称信道的平均互信息最大，等于其信道容量。

例 4.3 设信道矩阵为 $\boldsymbol{P}=\begin{bmatrix}1/2 & 1/4 & 1/4\\ 1/4 & 1/2 & 1/4\\ 1/4 & 1/4 & 1/2\end{bmatrix}$，计算信道容量。

解 根据式（4.15），可得

$$C=\log 3-H\left(\frac{1}{2},\frac{1}{4},\frac{1}{4}\right)=0.085\ \text{bit/sig}$$

例 4.4 设某离散对称信道的信道矩阵

$$\boldsymbol{P}=\begin{bmatrix}\frac{1}{2} & \frac{1}{3} & \frac{1}{6}\\ \frac{1}{6} & \frac{1}{2} & \frac{1}{3}\\ \frac{1}{3} & \frac{1}{6} & \frac{1}{2}\end{bmatrix}$$

求其信道容量。

解 由对称信道的信道容量公式（4.15）得

$$\begin{aligned}C&=\log s-H(p_1',p_2',\cdots,p_s')\\&=\log 3-H\left(\frac{1}{2},\frac{1}{3},\frac{1}{6}\right)\\&=1.585-H\left(\frac{1}{2}\log\frac{1}{2}+\frac{1}{3}\log\frac{1}{3}+\frac{1}{6}\log\frac{1}{6}\right)\\&=0.126\ \text{bit/sig}\end{aligned}$$

在这个信道中，每个符号平均能够传输的最大信息为 0.126 bit，而且只有当信道输入是等概率分布时才能达到这个最大值。

例 4.5 设信道矩阵为 $\boldsymbol{P}=\begin{bmatrix}\bar{p} & \frac{p}{r-1} & \frac{p}{r-1} & \cdots & \frac{p}{r-1}\\ \frac{p}{r-1} & \bar{p} & \frac{p}{r-1} & \cdots & \frac{p}{r-1}\\ \vdots & \vdots & \vdots & & \vdots\\ \frac{p}{r-1} & \frac{p}{r-1} & \frac{p}{r-1} & \cdots & \bar{p}\end{bmatrix}$，计算信道容量。

解 强对称信道（均匀信道）的信道矩阵是 $r\times r$ 阶矩阵，根据式（4.15）得强对称信

道的信道容量为

$$C=\log r-H\left(\bar{p},\frac{p}{r-1},\frac{p}{r-1},\cdots,\frac{p}{r-1}\right)$$

$$=\log r+\bar{p}\log\bar{p}+\underbrace{\frac{p}{r-1}\log\frac{p}{r-1}+\cdots+\frac{p}{r-1}\log\frac{p}{r-1}}_{\text{共}(r-1)\text{项}}$$

$$=\log r+\bar{p}\log\bar{p}+p\log\frac{p}{r-1}$$

$$=\log r-p\log(r-1)-H(p)\ \text{bit/sig}$$

式中：p 是总的错误传递概率；$\bar{p}$ 是正确传递概率。

二元对称信道就是 $r=2$ 的均匀信道，计算可得信道容量

$$C=1-H(p)\ \text{bit/sig}$$

若是 $p=1/2$ 的二元对称信道，其信道容量 $C=0$ bit/sig。可以看出，此时不管输入概率分布如何，都能达到信道容量。因为任何的输入概率分布 $P(x)$都使输出概率分布 $P(y)$ 为等概率分布，而信道噪声熵 $H(Y|X)$ 又等于 $H(1/2)$，所以任何输入分布都使平均互信息等于 0，达到信道容量的最佳输入分布。说明此信道输入端不能传递任何信息到输出端。当然，这种信道实践中是没有任何实际意义的，但它在理论上证明了信道的最佳输入分布不一定是唯一的。

4.2.5 准对称信道的信道容量

定义 4.3 若信道矩阵中，每行都是第一行元素的不同排列，每列并不都是第一列元素的不同排列，但是该信道按列可以划分成几个互不相交的子集合，而每个子矩阵（由子集合所对应的信道矩阵中的列所组成）具有下述性质：

（1）每一行都是第一行的置换；

（2）每一列都是第一列的置换。

则该信道为**准对称信道**。

例如，信道矩阵

$$\boldsymbol{P}=\begin{bmatrix}0.8 & 0.1 & 0.1\\0.1 & 0.1 & 0.8\end{bmatrix}$$

可以划分成两个对称的子矩阵

$$\boldsymbol{P}_1=\begin{bmatrix}0.8 & 0.1\\0.1 & 0.8\end{bmatrix}\quad \text{和} \quad \boldsymbol{P}_2=\begin{bmatrix}0.1\\0.1\end{bmatrix}$$

因此它是准对称信道。

对于准对称信道而言，可以证明达到信道容量的最佳输入分布是等概率分布的。

设准对称信道矩阵可划分为 n 个互不相交的子集。N_k 是第 k 个子矩阵中的行元素之和，M_k 是第 k 个子矩阵中列元素之和。经分析可计算出准对称信道的信道容量为

$$C = \log r - H(p_1', p_2', \cdots, p_s') - \sum_{k=1}^{K} N_k \log M_k \text{ bit / sig} \tag{4.16}$$

式中：r 是输入符号集的个数；$(p_1', p_2', \cdots, p_s')$ 为准对称信道矩阵中的行元素。

例 4.6 信道线图如图 4.4 所示，设信道矩阵为

$$\boldsymbol{P} = \begin{bmatrix} 1-p-q & q & p \\ p & q & 1-p-q \end{bmatrix}$$

求信道容量。

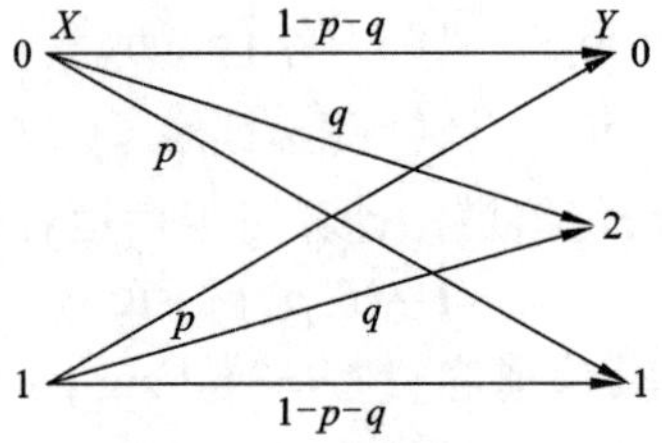

图 4.4 信道线图

解 根据式（4.16）可计算

$$N_1 = 1-q, \quad N_2 = q$$
$$M_1 = 1-q, \quad M_2 = 2q$$

信道的信道容量为

$$\begin{aligned} C &= \log 2 - H(1-p-q, q, p) - (1-q)\log(1-q) - q\log 2q \\ &= (1-q)\log 2 + p\log p + q\log q + (1-p-q)\log(1-p-q) \\ &\quad -(1-q)\log(1-q) - q\log q \qquad (4.17) \\ &= p\log p + (1-p-q)\log(1-p-q) + (1-q)\log\frac{2}{1-q} \text{bit/ sig} \end{aligned}$$

若题目信道矩阵 $\boldsymbol{P}$ 中 $p=0$，则信道矩阵为

$$\begin{matrix} & \begin{matrix} 0 & 2 & 1 \end{matrix} \\ \begin{matrix} 0 \\ 1 \end{matrix} & \begin{bmatrix} 1-q & q & 0 \\ 0 & q & 1-q \end{bmatrix} \end{matrix}$$

称为二元纯删除信道，由式（4.17）计算可得信道容量为

$$C = 1-q \text{ bit / sig} \tag{4.18}$$

4.2.6 一般离散信道的信道容量

信道容量就是在固定信道的条件下，对所有可能的输入概率分布 $P(x)$ 求平均互信息的极大值。由定理 2.1 知，$I(X;Y)$ 是输入概率分布 $P(x)$ 的上凸函数，所以极大值一定存在。而 $I(X;Y)$ 是 r 个变量 $\{P(x_1), P(x_2), \cdots, P(x_r)\}$ 的多元函数，并满足 $\sum_{i=1}^{r} P(x_i) = 1$ 。所以可以运用拉格朗日乘子法来计算这个条件极值。

引进一个新函数

$$\Phi = I(X;Y) - \lambda\left(\sum_{i=1}^{r} P(x_i) - 1\right) \tag{4.19}$$

式中：λ 为拉格朗日乘子（待定常数）。解方程组

$$\begin{cases} \dfrac{\partial \Phi}{\partial P(x_i)} = \dfrac{\partial\left[I(X;Y) - \lambda\left(\sum\limits_{i=1}^{r} P(x_i) - 1\right)\right]}{\partial P(x_i)} = 0 \\ \sum\limits_{i=1}^{r} P(x_i) = 1 \end{cases} \tag{4.20}$$

可先求解出达到极值的概率分布和拉格朗日乘子 λ 的值，然后再求解出信道容量 C。

因为

$$\begin{aligned} I(X,Y) &= H(Y) - H(Y \mid X) \\ &= \sum_{i=1}^{r} P(x_i) \sum_{j=1}^{s} P(y_j \mid x_i) \log P(y_j \mid x_i) - \sum_{j=1}^{s} P(y_j) \log P(y_j) \end{aligned}$$

而

$$P(y_j) = \sum_{i=1}^{r} P(x_i) P(y_j \mid x_i)$$

所以

$$\frac{\partial}{\partial P(x_i)} \log P(y_j) = \left[\frac{\partial}{\partial P(x_i)} \ln P(y_j)\right] \log \mathrm{e} = \frac{P(y_j \mid x_i)}{P(y_j)} \log \mathrm{e}$$

解方程组式（4.20）中的第一个方程式，得

$$\sum_{j=1}^{s} P(y_j \mid x_i) \log P(y_j \mid x_i) - \sum_{j=1}^{s} P(y_j \mid x_i) \log P(y_j) - \sum_{j=1}^{s} P(y_j) \frac{P(y_j \mid x_i)}{P(y_j)} \log \mathrm{e} - \lambda = 0 \tag{4.21}$$

又因为

$$\sum_{j=1}^{s} P(y_j \mid x_i) = 1 \quad (i = 1, 2, \cdots, r)$$

所以，方程组式（4.20）变换成

$$\begin{cases} \sum\limits_{j=1}^{s} P(y_j \mid x_i) \log \dfrac{P(y_j \mid x_i)}{P(y_j)} = \lambda + \log \mathrm{e} \quad (i = 1, 2, \cdots, r) \\ \sum\limits_{i=1}^{r} P(x_i) = 1 \end{cases} \tag{4.22}$$

假设解得使平均互信息 $I(X;Y)$ 达到极值的输入概率分布是 $\{P_1, P_2, \cdots, P_r\}$，简写为 P_i 或 P。然后把式（4.22）中前 r 个方程式两边分别乘以达到极值的输入概率 P_i，并求和得

$$\sum_{i=1}^{r} \sum_{j=1}^{s} P_i P(y_j \mid x_i) \log \frac{P(y_j \mid x_i)}{P(y_j)} = \lambda + \log \mathrm{e}$$

上式等号左边即是信道容量，所以得

$$C=\lambda+\log \mathrm{e} \tag{4.23}$$

令

$$I(x_i;Y)=\sum_{j=1}^{s}P(y_j\mid x_i)\log\frac{P(y_j\mid x_i)}{P(y_j)} \tag{4.24}$$

式中：$I(x_i;Y)$是输出端接收到Y后获得关于$X=x_i$的信息量，即信源符号$X=x_i$对输出端Y平均提供的互信息。式（4.24）中对数取不同的底就得相应不同的单位。一般来讲，$I(x_i;Y)$值与x_i有关。根据式（4.22）和式（4.23）得

$$I(x_i;Y)=C\quad(i=1,2,\cdots,r) \tag{4.25}$$

所以，对于一般离散信道有下述定理。

定理 4.1 一般离散信道的平均互信息$I(X;Y)$达到极大值（即等于信道容量）的充要条件是输入概率分布$\{P_i\}$满足：

（1）$I(x_i;Y)=C$，对所有x_i其$P_i\neq 0$；

（2）$I(x_i;Y)\leqslant C$，对所有x_i其$P_i=0$。

这时C就是所求的信道容量。

因为

$$\frac{\partial I(X;Y)}{\partial P_i}=I(x_i;Y)-\log \mathrm{e}\quad(i=1,2,\cdots,r)$$

又根据式（4.23），因此定理 4.1 中的充要条件（1）与（2）可改写成

（1）$\dfrac{\partial I(X;Y)}{\partial P_i}=\lambda$，对所有$x_i$其$P_i\neq 0$；

（2）$\dfrac{\partial I(X;Y)}{\partial P_i}\leqslant\lambda$，对所有$x_i$其$P_i=0$。

由定理 4.1 可得：当信道平均互信息达到信道容量时，输入信源符号集中每一个信源符号x_i对输出端Y提供相同的互信息，只是概率为零的符号除外。这个结论和直观概念是一致的。在某给定的输入分布下，若有一个输入符号$X=x_i$对输出Y所提供的平均互信息比其他输入符号所提供的平均互信息大，那么，就可以更多地使用这一符号来增大平均互信息$I(X;Y)$。但是，这就会改变输入符号的概率分布，必然使这个符号的半平均互信息$I(x_i;Y)$减小，而其他符号对应的半平均互信息增加。所以，经过不断调整输入符号的概率分布，就可使每个概率不为零的输入符号对输出Y提供相同的平均互信息。

定理 4.1 只给出了达到信道容量时，最佳输入概率分布应满足的条件，并没有给出输入符号的最佳概率分布值，因而也没有给出信道容量的数值。另外，定理 4.1 本身也隐含着，达到信道容量的最佳输入概率分布并不一定是唯一的。只要输入概率分布满足定理 4.1 的条件，它们都是信道的最佳输入概率分布。在一些特殊情况下，常常可以利用这一定理来找出所求的最佳输入概率分布和信道容量。下面举例说明。

例 4.7 设某离散无记忆信道的输入X的符号集为$\{0,1,2\}$，输出Y的符号集为$\{0,1,2\}$，如图 4.5 所示。

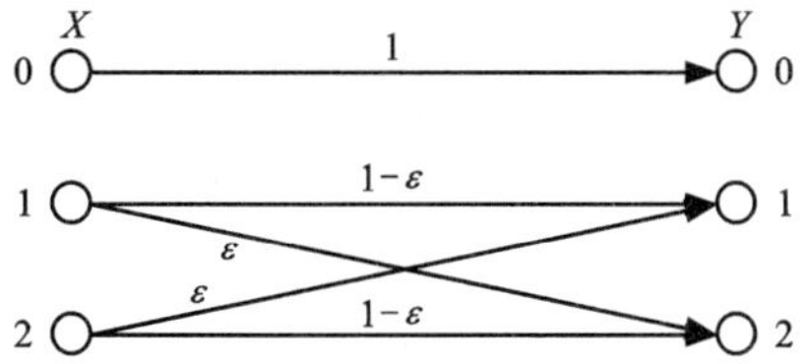

图 4.5　离散无记忆信道

求信道容量及最佳输入概率分布，并求当 $\varepsilon=0$ 和 $\varepsilon=1/2$ 时的信道容量 C。

解　信道矩阵

$$\boldsymbol{P}=\begin{bmatrix}1 & 0 & 0\\ 0 & 1-\varepsilon & \varepsilon\\ 0 & \varepsilon & 1-\varepsilon\end{bmatrix}$$

该信道既不是对称信道，也不是准对称信道，应采用一般信道的解法算其信道容量。又因为信道转移矩阵是非奇异矩阵（即可逆矩阵），且 $r=s$，由式（4.24）和式（4.25），令 $C+\log p(y_j)=\beta_j$，所以可利用以下方程组来求解

$$\sum_{j=1}^{3}P(y_j\,|\,x_i)\beta_j=\sum_{j=1}^{3}P(y_j\,|\,x_i)\log P(y_j\,|\,x_i)$$

可得

$$\begin{cases}\beta_1=0\\ (1-\varepsilon)\beta_2+\varepsilon\beta_3=(1-\varepsilon)\log(1-\varepsilon)+\varepsilon\log\varepsilon\\ \varepsilon\beta_2+(1-\varepsilon)\beta_3=(1-\varepsilon)\log(1-\varepsilon)+\varepsilon\log\varepsilon\end{cases}$$

即

$$\begin{cases}\beta_1=0\\ \beta_2=\beta_3=(1-\varepsilon)\log(1-\varepsilon)+\varepsilon\log\varepsilon=-H(\varepsilon)\end{cases}$$

于是该信道的信道容量为

$$\begin{aligned}C&=\log\sum_{j=1}^{3}2^{\beta}_{j}=\log[2^0+2\times2^{-H(\varepsilon)}]\\ &=\log\left[1+\frac{2}{2^{H(\varepsilon)}}\right]=\log[2+2^{H(\varepsilon)}]-H(\varepsilon)\ \text{bit/sig}\end{aligned}$$

求得其输出概率为

$$P(y_1)=2^{\beta_1-C}=2^{-\log[2+2^{H(\varepsilon)}]+H(\varepsilon)}=\frac{2^{H(\varepsilon)}}{2+2^{H(\varepsilon)}}$$

$$P(y_2)=P(y_3)=2^{\beta_2-C}=\frac{1}{2+2^{H(\varepsilon)}}$$

而

$$P(y_j)=\sum_{i=1}^{3}P(x_i)P(y_j\,|\,x_i)\quad(j=1,2,3)$$

于是，可解得最佳输入概率分布为

$$\begin{cases} P(y_1) = P(x_1) \\ P(y_2) = P(x_2)(1-\varepsilon) + P(x_3)\varepsilon \\ P(y_3) = P(x_2)\varepsilon + P(x_3)(1-\varepsilon) \end{cases}$$

解得

$$\begin{cases} P(x_1) = \dfrac{2^{H(\varepsilon)}}{2+2^{H(\varepsilon)}} \\ P(x_2) = P(x_3) = \dfrac{1}{2+2^{H(\varepsilon)}} \end{cases}$$

当 $\varepsilon = 0$ 时，此信道为一一对应信道，则 $C = \log(2+1) - 0 = \log 3 = 1.585$ bit/sig，这时

$$P(x_1) = P(x_2) = P(x_3) = \frac{1}{3}$$

当 $\varepsilon = \frac{1}{2}$ 时，$C = \log(2+2^1) - 1 = 1$ bit/sig，对应的输入概率

$$P(x_1) = \frac{1}{2}, P(x_2) = P(x_3) = \frac{1}{4}$$

上述求得的 $P(x_i)(i=1,2,3)$ 都大于零，故求得的结果是正确的。

例 4.8 设信道线图如图 4.6 所示，输入符号集为{0,1,2}，输出符号集为{0,1}，求信道容量和最佳输入概率分布。

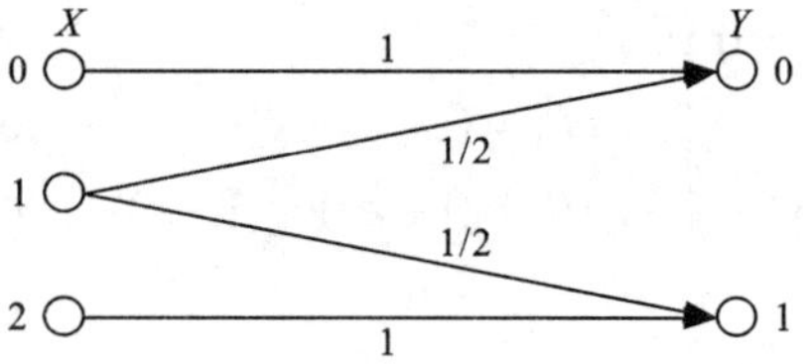

图 4.6 信道线图

解 信道矩阵

$$\boldsymbol{P} = \begin{bmatrix} 1 & 0 \\ \frac{1}{2} & \frac{1}{2} \\ 0 & 1 \end{bmatrix}$$

这个信道不是对称信道，但可利用定理 4.1 来求信道容量。

仔细考察此信道，可设想若输入符号 1 的概率分布等于零，该信道就成了一一对应的信道，接收到 Y 后对输入端 X 是完全确定的。若输入符号 1 的概率分布不等于零，就会增加不确定性。所以，首先假设输入概率分布为 $P(0) = P(2) = \frac{1}{2}$，$P(1) = 0$，然后检查它是否满足定理 4.1。若满足，则该分布就是要求的最佳输入概率分布，若不满足可再另找最佳概率分布。根据式（4.24）可计算得

$$I(x_i=0;Y)=\sum_{y=1}^{2}P(y\mid 0)\log\frac{P(y\mid 0)}{P(y)}=\log 2$$

同理

$$I(x_i=2;Y)=\log 2$$

而

$$I(x_i=1;Y)=\sum_{y=1}^{2}P(y\mid 1)\log\frac{P(y\mid 1)}{P(y)}=0$$

可见，此分布满足定理 4.1

$$\begin{cases}I(x_i;Y)=\log 2, & P_i\neq 0\text{的所有}x_i\\ I\left(x_i;Y\right)<\log 2, & P_i=0\text{的}x_i\end{cases}$$

因此，求得这个信道的信道容量为

$$C=\log 2=1\ \text{bit/sig}$$

而达到信道容量的最佳输入概率分布就是前面假设的分布

$$P(0)=P(2)=\frac{1}{2},\ \ P(1)=0$$

4.3　组合信道及信道容量

4.2 节中，讨论了最简单的离散信道，即信道的输入和输出都只是单个随机变量的信道。实际离散信道的输入和输出常常都是随机变量序列，用随机矢量来表示，称为离散多符号信道。为简化起见，主要研究离散无记忆信道。

4.3.1　N 次扩展信道

如图 4.2 所示，输入信号 $\boldsymbol{X}=X_1X_2\cdots X_N$，符号集 $X=(x_1,x_2,\cdots,x_r)$，有 r 个符号，所以随机矢量 $\boldsymbol{X}$ 的可能取值共有 r^N 个。输出信号 $\boldsymbol{Y}=Y_1Y_2\cdots Y_N$，符号集 $Y=(y_1,y_2,\cdots,y_s)$，有 s 个符号，所以随机矢量 $\boldsymbol{Y}$ 的可能取值共有 s^N 个。因此 N 次扩展信道的信道矩阵是一个 $r^N\times s^N$ 的矩阵。

根据信道无记忆的特性，其转移概率为

$$\begin{aligned}P(\boldsymbol{Y}\mid\boldsymbol{X})&=P(Y_1Y_2\cdots Y_N\mid X_1X_2\cdots X_N)\\&=P(Y_1\mid X_1)P(Y_2\mid X_2)\cdots P(Y_N\mid X_N)\\&=\prod_{k=1}^{N}P(Y_k\mid X_k)\end{aligned}\tag{4.26}$$

例 4.9　求二元对称信道的二次扩展信道的信道矩阵。

解　二元对称信道的二次扩展信道的输入、输出序列的每一个随机变量均取值于{0,1}，输入共有 $r^N=2^2=4$ 个取值，输出共有 $s^N=2^2=4$ 个取值。根据 $P(\boldsymbol{Y}\mid\boldsymbol{X})=\prod_{k=1}^{N}P(Y_k\mid X_k)$ 可

求出

$$p(\boldsymbol{y}_1\,|\,\boldsymbol{x}_1)=p(00\,|\,00)=p(0\,|\,0)p(0\,|\,0)=\overline{p}^2$$
$$p(\boldsymbol{y}_2\,|\,\boldsymbol{x}_1)=p(01\,|\,00)=p(0\,|\,0)p(1\,|\,0)=\overline{p}p$$
$$p(\boldsymbol{y}_3\,|\,\boldsymbol{x}_1)=p(10\,|\,00)=p(1\,|\,0)p(0\,|\,0)=p\overline{p}$$
$$p(\boldsymbol{y}_4\,|\,\boldsymbol{x}_1)=p(11\,|\,00)=p(1\,|\,0)p(1\,|\,0)=p^2$$

同理，可求出其他的转移概率 $p_{ij}(i=2,3,4,\ j=1,2,3,4)$，得到信道矩阵

$$\boldsymbol{P}=\begin{pmatrix}\overline{p}^2 & \overline{p}p & p\overline{p} & p^2\\ \overline{p}p & \overline{p}^2 & p^2 & p\overline{p}\\ p\overline{p} & p^2 & \overline{p}^2 & \overline{p}p\\ p^2 & p\overline{p} & \overline{p}p & \overline{p}^2\end{pmatrix}$$

二元对称信道的二次扩展信道如图 4.7 所示。

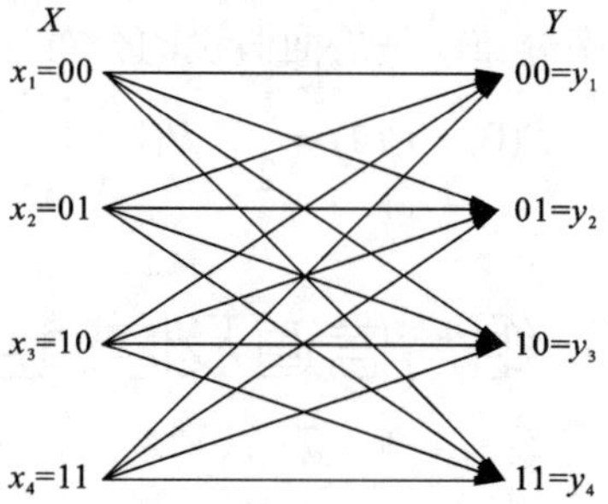

图 4.7　二元对称信道的二次扩展信道

定理 4.2　*若信道的输入和输出分别是 N 长序列 $\boldsymbol{X}$ 和 $\boldsymbol{Y}$，且信道是无记忆的，则*

$$I(\boldsymbol{X};\boldsymbol{Y})\leqslant\sum_{k=1}^{N}I(X_k;Y_k) \tag{4.27}$$

这里 X_k、Y_k 分别是序列 $\boldsymbol{X}$ 和 $\boldsymbol{Y}$ 中第 k 维随机变量。

证　根据熵函数的链式法则与无条件熵的关系，可得

$$\begin{aligned}H(\boldsymbol{Y}\,|\,\boldsymbol{X})&=H(Y_1Y_2\cdots Y_N\,|\,X_1X_2\cdots X_N)\\&=H(Y_1\,|\,X_1X_2\cdots X_N)+H(Y_2\,|\,Y_1X_1X_2\cdots X_N)\\&\quad+\cdots+H(Y_N\,|\,Y_1Y_2\cdots Y_{N-1}X_1X_2\cdots X_N)\\&=H(Y_1\,|\,X_1)+H(Y_2\,|\,X_2)+\cdots+H(Y_N\,|\,X_N)\\&=\sum_{k=1}^{N}H(Y_k\,|\,X_k)\end{aligned}$$

根据熵函数的链式法则和离散无记忆信道的定义，可得

$$\begin{aligned}H(\boldsymbol{Y})&=H(Y_1Y_2\cdots Y_N)\\&=H(Y_1)+H(Y_2\,|\,Y_1)+\cdots H(Y_N\,|\,Y_1Y_2\cdots Y_{N-1})\\&\leqslant\sum_{k=1}^{N}H(Y_k)\end{aligned}$$

所以

$$
\begin{aligned}
I(\boldsymbol{X};\boldsymbol{Y}) &= H(\boldsymbol{Y}) - H(\boldsymbol{Y}\mid\boldsymbol{X}) \\
&\leqslant \sum_{k=1}^{N}[H(Y_k) - H(Y_k \mid X_k)] \\
&= \sum_{k=1}^{N} I(X_k;Y_k)
\end{aligned}
$$

即对于离散无记忆信道，其平均互信息 $I(\boldsymbol{X};\boldsymbol{Y})$ 小于等于序列 $\boldsymbol{X}$ 和 $\boldsymbol{Y}$ 中所有对应时刻的随机变量 X_k、Y_k 的平均互信息 $\sum_{k=1}^{N} I(X_k;Y_k)$ 之和。当且仅当信源也是无记忆信源时等号成立。

离散无记忆信道的 N 次扩展信道的信道容量为

$$
C^N = \max_{P(\boldsymbol{X})} I(\boldsymbol{X};\boldsymbol{Y}) = \max_{P(\boldsymbol{X})} \sum_{k=1}^{N} I(X_k;Y_k) = \sum_{k=1}^{N} \max_{P(X_k)} I(X_k;Y_k) = \sum_{k=1}^{N} C_k \tag{4.28}
$$

式中：$\sum_{k=1}^{N} \max_{P(X_k)} I(X_k;Y_k)$ 是时刻 k 通过离散无记忆信道传输的最大信息量，可以用前面介绍的求离散单符号信道的信道容量的方法求解。因为现在输入随机序列 $\boldsymbol{X} = X_1X_2\cdots X_N$ 在同一信道中传输，所以任何时刻通过离散无记忆信道传输的最大信息量都相同，即 $C_k = C$ （$k = 1,2,\cdots,N$）。所以

$$
C^N = NC \tag{4.29}
$$

即离散无记忆信道的 N 次扩展信道的信道容量等于离散单符号信道的信息容量的 N 倍，当信源也是无记忆信源并且每一时刻的输入分布各自达到最佳输入分布时，才能达到这个信道容量 NC 。

4.3.2　独立并联信道

前面分析了 N 次扩展信道，实际应用中常常会遇到两个或更多个信道组合在一起使用的情况。

一般独立并联信道结构如图 4.8 所示。

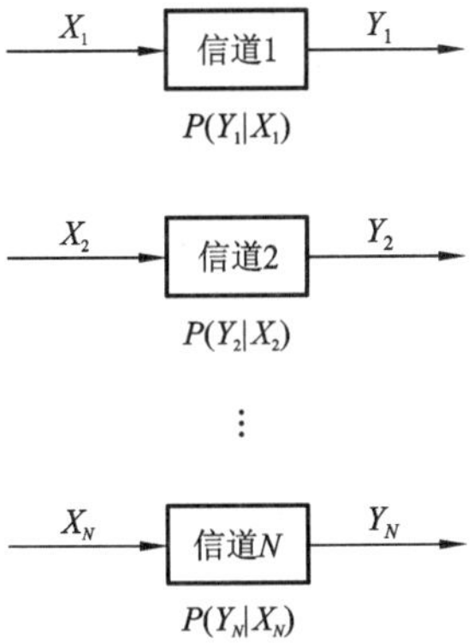

图 4.8　独立并联信道结构图

设有 N 个信道并联，它们的输入分别为 $X_1,X_2,\cdots,X_N$，输出分别为 $Y_1,Y_2,\cdots,Y_N$ ，N 个信道的转移概率分别为 $P(Y_1\mid X_1),P(Y_2\mid X_2),\cdots,P(Y_N\mid X_N)$ 。在这 N 个独立信道中，每一个信道的输出 Y_k 只与本信道的输入 X_k 有关，而与其他信道的输入、输出无关。这 N 个信道的联合转移概率满足以下关系：

$$
P(Y_1Y_2\cdots Y_N \mid X_1X_2\cdots X_N) = P(Y_1\mid X_1)P(Y_2\mid X_2)\cdots P(Y_N\mid X_N) \tag{4.30}
$$

这相当于离散无记忆信道应满足的条件。因此可以把定理 4.2 的结论推广到 N 个独立并联信道

$$
I(X_1X_2\cdots X_N;Y_1Y_2\cdots Y_N) \leqslant \sum_{k=1}^{N} I(X_k;Y_k)
$$

即联合平均互信息不大于各信道的平均互信息之和。因此独立并联信道的信道容量

$$C_{并}=\max_{P(X_1\cdots X_N)} I(X_1\cdots X_N;Y_1\cdots Y_N)=\sum_{k=1}^{N}C_k \tag{4.31}$$

式中：$C_k=\max\limits_{P(X_k)} I(X_k;Y_k)$ 是各个独立信道的信道容量。

所以，独立并联信道的信道容量等于各个信道的信道容量之和。只有所有信道输入随机变量相互独立且当每个输入随机变量的概率分布均达到各自信道的最佳输入分布时，独立并联信道的信道容量才等于各信道容量之和，即

$$C_{并}=\sum_{k=1}^{N}C_k \tag{4.32}$$

当 N 个独立并联信道的信道容量都相等时

$$C_{并}=NC \tag{4.33}$$

4.3.3 级联信道

级联信道是信道最基本的组合形式，许多实际信道都可以看成是级联信道。图 4.9 所示信道是由两个单符号信道组成的最简单的级联信道。

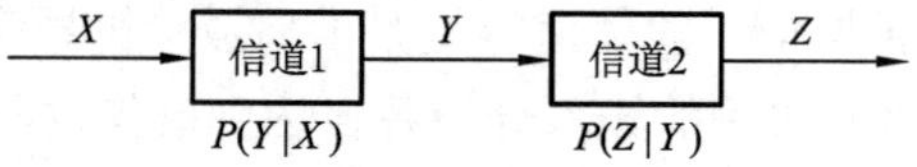

图 4.9 级联信道

信道 1：输入随机变量为 X，输出随机变量为 Y。信道 2：输入随机变量为 Y，输出随机变量为 Z。信道 1 的输出恰好是信道 2 的输入。由于两个信道是各自独立的，所以信道 1 的统计特性由转移概率 $P(Y|X)$ 表示，信道 2 的统计特性由转移概率 $P(Z|Y)$ 表示，并且在给定 Y 后，Z 的取值与 X 无关，这意味着 X、Y、Z 组成一个马尔可夫链。根据马尔可夫链的性质，级联信道的总的信道矩阵等于这两个串接信道的信道矩阵的乘积。求得级联信道的总的信道矩阵后，级联信道的信道容量就可以用求离散单符号信道的信道容量的方法计算。

例 4.10 设有两个离散二元对称信道，其级联信道如图 4.10 所示，求级联信道的信道容量。

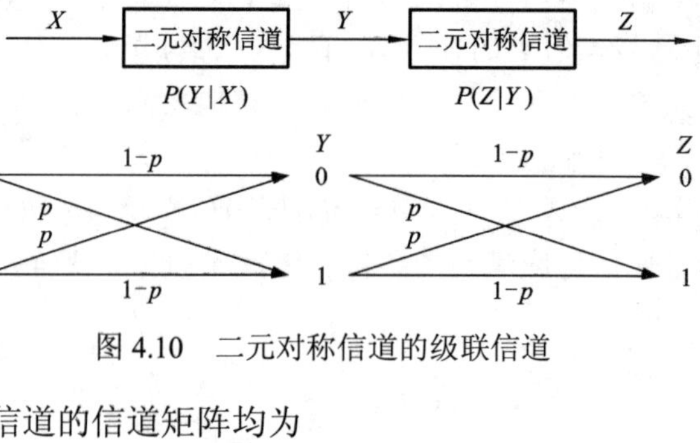

图 4.10 二元对称信道的级联信道

解 两个二元对称信道的信道矩阵均为

$$\boldsymbol{P}_1=\boldsymbol{P}_2=\begin{pmatrix}1-p & p\\ p & 1-p\end{pmatrix}$$

因为 X、Y、Z 组成马尔可夫链，根据马尔可夫链的性质，级联信道的总的信道矩阵为

$$\boldsymbol{P}=\boldsymbol{P}_1\boldsymbol{P}_2=\begin{pmatrix}1-p & p\\ p & 1-p\end{pmatrix}\begin{pmatrix}1-p & p\\ p & 1-p\end{pmatrix}=\begin{pmatrix}(1-p)^2+p^2 & 2p(1-p)\\ 2p(1-p) & (1-p)^2+p^2\end{pmatrix}$$

因此级联信道仍然是一个二元对称信道。可得

$$C_s=1-H[2p(1-p)]\ \text{bit/sig}$$

4.4　连续信道的分类及数学模型

连续信道是时间离散、幅度连续的信道的简称。对于连续信道，其输入和输出均为连续的随机信号，但从时间关系上来看，可以分为时间离散和时间连续两大类型。当信道的输入和输出只能在特定的时刻变化，即时间为离散值时，称信道为**时间离散的连续信道**。当信道的输入和输出的取值是随时间变化的，即时间为连续值时，称信道为**模拟信道**或**波形信道**。

波形信道是输入和输出信号在幅度和时间上都连续取值的信道。信道的输入和输出都可以表示为随机过程 $\{x(t)\}$ 和 $\{y(t)\}$，如图 4.11 所示。实际模拟通信系统中，信道都是波形信道。波形信道是物理媒体，例如，光纤、电缆、电磁波传播的大气层或宇宙空间等，因此，对模拟信道的研究具有重大的实际意义和实用价值。

研究波形信道就是要研究波形信道的信息传输问题。实际波形信道的带宽总是受限的，所以实际波形信道在有限观察时间 T 内，能满足限频 W 和限时 T 的条件，可以根据时间采样定理，把波形信道的输入 $\{x(t)\}$ 和输出 $\{y(t)\}$ 的平稳随机过程信号离散化成 $N=2WT$ 个时间离散、取值连续的平稳随机序列 $\boldsymbol{X}=X_1X_2\cdots X_N$ 和 $\boldsymbol{Y}=Y_1Y_2\cdots Y_N$。这样，波形信道就转化成多维连续信道，如图 4.12 所示。

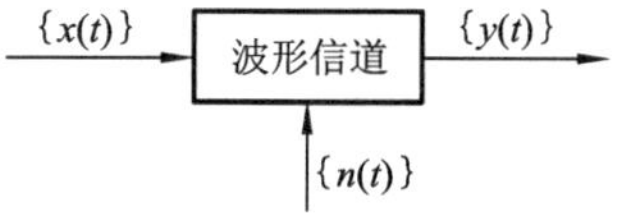

图 4.11　波形信道

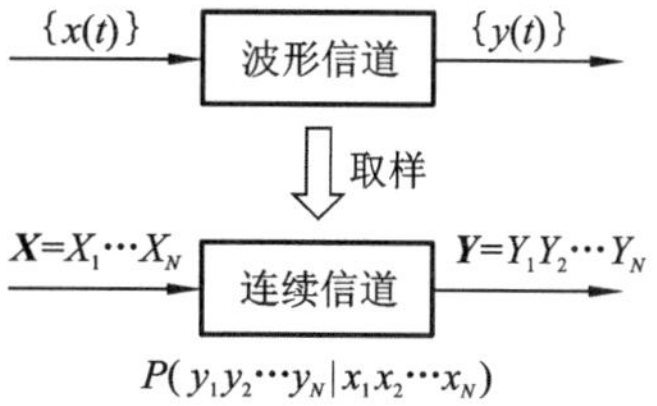

图 4.12　波形信道转化成多维连续信道

多维连续信道其输入是 N 维连续型随机序列 $\boldsymbol{X}=X_1X_2\cdots X_N$，输出也是 N 维连续型随机序列 $\boldsymbol{Y}=Y_1Y_2\cdots Y_N$，而信道转移概率密度函数为

$$p(\boldsymbol{y}\,|\,\boldsymbol{x})=p(y_1y_2\cdots y_N|x_1x_2\cdots x_N)$$

并且满足

$$\iint_{\mathbf{R}^2}\cdots\int_{\mathbf{R}}p(y_1y_2\cdots y_N|x_1x_2\cdots x_N)\mathrm{d}y_1\mathrm{d}y_2\cdots\mathrm{d}y_N=1 \tag{4.34}$$

用$[X,P(y|x),Y]$来描述多维连续信道。式（4.34）中$\mathbf{R}$为实数域。

若多维连续信道的转移概率密度函数满足

$$p(\boldsymbol{y}|\boldsymbol{x})=\prod_{i=1}^{N}p(y_i|x_i) \tag{4.35}$$

则称此信道为连续无记忆信道。

和离散无记忆信道的定义一样，若连续信道在任一时刻输出的变量只与对应时刻的输入变量有关，与以前时刻的输入、输出变量无关，也与以后的输入变量无关，则此信道为连续无记忆信道。同样可以证明，式（4.35）是满足连续无记忆信道的充要条件。

一般情况，不满足式（4.35）时，也就是连续信道任何时刻的输出变量与其他任何时刻的输入、输出变量都有关，则此信道称为连续有记忆信道。

基本连续信道就是输入和输出都是单个连续型随机变量的信道，即连续单符号信道：其输入是连续型随机变量X，取值于$[a,b]$或实数域$\mathbf{R}$；输出也是连续型随机变量Y，取值于$[a,b]$或实数域$\mathbf{R}$；信道的转移概率密度函数为$p(y|x)$，并满足

$$\int_{\mathbf{R}}p(y|x)\mathrm{d}y=1 \tag{4.36}$$

因此，可用$[X,p(y|x),Y]$来描述连续单符号信道。

另外，如图 4.11 所示，波形信道中有噪声$\{n(t)\}$加入。所以，从另一角度来看，研究波形信道就要研究噪声。在通信系统模型中，把来自各部件的噪声都集中在一起，认为都是通过信道加入的，这种内部噪声通常都是平稳的随机过程。

因此，通常还可以按噪声的性质和作用来对波形信道进行分类。

按噪声的统计特性来分类，有高斯信道、白噪声信道、高斯白噪声信道和有色噪声信道。

按噪声对信号的作用功能来分类，有加性信道和乘性信道。

本文主要研究高斯白噪声信道和加性信道。

高斯白噪声信道——信道中的噪声$\{n(t)\}$是高斯白噪声，则此信道称为高斯白噪声信道。

高斯白噪声是平稳遍历的随机过程，其瞬时值的概率密度函数服从高斯分布（即正态分布），而且其功率谱密度又是均匀分布于整个频率区间$-\infty<\omega<+\infty$。一般情况，把服从高斯分布而功率谱密度又是均匀分布的噪声称为高斯白噪声。热噪声就是高斯白噪声的一个典型实例。因此，通信系统中的波形信道常假设为高斯白噪声信道。

加性信道——信道中噪声对信号的干扰作用表现为与信号相加的关系，则此信道称为加性信道。

在加性信道中，有一重要性质，即信道的转移概率密度函数等于噪声的概率密度函数。图 4.13 中，对于基本加性信道，一般输入信号与噪声是相互独立的，且接收到的随机变量Y是发送的随机变量X和噪声随机变量n的线性叠加，即$Y=X+n$。

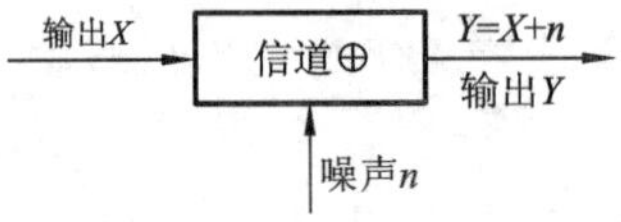

图 4.13　加性基本连续信道

4.5　连续信道的信道容量

4.5.1　加性噪声信道的信道容量

基本连续信道（又称单符号连续信道）的数学模型为 $[X, p(y|x), Y]$，其输入信源 X 为

$$\begin{bmatrix} X \\ p(X) \end{bmatrix} = \begin{bmatrix} \mathbf{R} \\ p(x) \end{bmatrix}, \quad \int_{\mathbf{R}} p(x)\mathrm{d}x = 1 \tag{4.37}$$

输出信源 Y 为

$$\begin{bmatrix} Y \\ p(Y) \end{bmatrix} = \begin{bmatrix} \mathbf{R} \\ p(y) \end{bmatrix}, \quad \int_{\mathbf{R}} p(y)\mathrm{d}y = 1 \tag{4.38}$$

连续信道的输入信号和输出信号可以在整个实数域或其某个子集上连续取值。与离散信道不同的是，连续信道的输入所取的值域不足以完全表示对信道输入的限制，因为不同的信号取值往往对应于信道在传输信号时所花费的不同的费用，如功率代价。因此，连续信道的信道容量不但与信道输入/输出的值域有关，而且还与信道传输信号时所允许的平均功率有关。实际都是在给定信号功率条件下求解信道传输速率的最大值问题。

下面将讨论这种最简单的时间离散加性信道，由图 4.13，其信道模型可以表示为

$$Y = X + N$$

式中：X 为输入随机变量；Y 为输出随机变量；N 为随机噪声；且 X 和 N 统计独立。

设随机变量 X 和 N 的概率密度分别为 $p_X(x)$ 和 $p_N(n)$，根据概率论不难求得随机变量 Y 在 X 条件下的概率密度为

$$p(y|x) = p_N(y-x) = p_N(n)$$

则有

$$\begin{aligned} h(Y|X) &= -\int_{-\infty}^{\infty}\int_{-\infty}^{\infty} p(xy)\log p(y|x)\mathrm{d}x\mathrm{d}y \\ &= -\int_{-\infty}^{\infty}\int_{-\infty}^{\infty} p_X(x)p(y|x)\log p(y|x)\mathrm{d}x\mathrm{d}y \\ &= -\int_{-\infty}^{\infty}\int_{-\infty}^{\infty} p_X(x)p_N(y-x)\log p_N(y-x)\mathrm{d}x\mathrm{d}y \\ &= -\int_{-\infty}^{\infty} p_X(x)\int_{-\infty}^{\infty} p_N(n)\log p_N(n)\mathrm{d}x\mathrm{d}y \\ &= \int_{-\infty}^{\infty} p_X(x)h(N)\mathrm{d}x\mathrm{d}y = h(N) \end{aligned}$$

式中：$h(N)$ 为信道噪声的熵。

该结论说明了条件熵 $h(Y|X)$ 是由于信道中噪声引起的，它完全等于噪声信源的熵，所以称它为噪声熵。

平均互信息为

$$I(X;Y) = h(Y) - h(Y|X) = h(Y) - h(N) \tag{4.39}$$

则信道容量为

$$C = \max_{p(x)}\{I(X;Y)\} \tag{4.40}$$

4.5.2 高斯加性信道的信道容量

单符号高斯加性信道是指信道的输入和输出都是取值连续的一维随机变量，而加入信道的噪声是加性高斯噪声。

设信道叠加的噪声 n 是均值为零，方差为 σ^2 的一维高斯噪声，则其概率密度函数为

$$p(n) = \frac{1}{\sqrt{2\pi\sigma^2}}\exp\left(-\frac{n^2}{2\sigma^2}\right)$$

根据式（3.43）求得噪声信源的熵为

$$h(N) = \log\sqrt{2\pi e\sigma^2}$$

得到单符号高斯加性信道的信道容量

$$C = \max_{p(x)}[h(Y) - \log\sqrt{2\pi e\sigma^2}] \tag{4.41}$$

式中，只有 $h(Y)$ 与输入信号的概率密度函数 $p(x)$ 有关。如果当信道输出信号 Y 的平均功率限制在 P_0 时，由前已知，Y 是均值为零的高斯变量，其熵 $h(Y)$ 为最大。而输出信号 Y 是输入信号 X 和噪声的线性叠加。又已知噪声是均值为零，方差为 σ^2 的高斯变量，并与输入信号 X 彼此统计独立。那么，要使 Y 是均值为零，方差为 P_0 的高斯变量必须要求输入信号也是均值为零，方差为 $P_s = P_0 - \sigma^2$ 的高斯变量（因为从概率论知，统计独立的正态分布的随机变量之和仍是正态分布的变量，并且和变量的方差等于各变量的方差之和）。因此，得**平均功率受限高斯加性信道**的信道容量

$$\begin{aligned} C &= \log\sqrt{2\pi e P_0} - \log\sqrt{2\pi e\sigma^2} = \frac{1}{2}\log\frac{P_0}{\sigma^2} \\ &= \frac{1}{2}\log\left(1+\frac{P_s}{\sigma^2}\right) \\ &= \frac{1}{2}\log\left(1+\frac{P_s}{P_n}\right) \text{ bit/自由度} \end{aligned} \tag{4.42}$$

式中：P_s 是输入信号 X 的平均功率的上限；$P_n = \sigma^2$ 是高斯噪声的平均功率。只有当信道的输入信号是均值为 0、平均功率为 P_s 高斯分布的随机变量时，信息传输率才能达到这个最大值。

式（4.42）中 $\dfrac{P_s}{P_n}$ 为信道的信噪比，可见单符号高斯加性信道的信道容量 C 只取决于信道的信噪比。

4.5.3 非高斯加性信道的信道容量

当 $\dfrac{P_s}{P_n}$ 任意大时，则 $I(X;Y)$ 同样也可以任意大。由于实际中信号和噪声的能量是有限

的，所以我们所研究的时间离散连续信道的容量是在功率受限条件下进行的。

非高斯加性信道的信道容量的计算相当复杂，只能给出其上、下限，所以，对于平均功率受限情况下，即输入平均功率$\leqslant P_s$，加性噪声平均功率为P_n条件下，有下述定理存在。

定理 4.3　假设输入信源的平均功率受限于P_s，信道加性噪声的平均功率为P_n，则非高斯加性信道的信道容量C满足

$$\frac{1}{2}\log\left(\frac{P_s+\overline{P}_n}{\overline{P}_n}\right)\leqslant C\leqslant\frac{1}{2}\log\left(\frac{P_s+P_n}{\overline{P}_n}\right) \tag{4.43}$$

式中：$\overline{P}_n$为噪声的熵功率。

证　对于加性信道

$$Y=X+N$$

当输入信源和噪声的均值分别为 0 时，则信道的输出功率为

$$E(Y^2)=E(X^2)+E(N^2)=P_s+P_n$$

由于

$$h(Y)\leqslant\frac{1}{2}\log[2\pi e(P_s+P_n)]$$

且

$$\overline{P}_n=\frac{1}{2\pi e}e^{2h(N)}$$

即

$$h(N)=\frac{1}{2}\log(2\pi e\overline{P}_n)$$

故有

$$\begin{aligned}C&=\max_{p(x)}[h(Y)-h(N)]\\&=\max_{p(x)}[h(Y)]-h(N)\\&\leqslant\frac{1}{2}\log[2\pi e(P_x+P_n)]-\frac{1}{2}\log(2\pi e\overline{P}_n)\\&=\frac{1}{2}\log\left(\frac{P_s+P_n}{\overline{P}_n}\right)\end{aligned}$$

原不等式右端成立。当噪声满足高斯分布时，则有$\overline{P}_n=P_n$，等号成立。

由熵功率的定义可知，任何一个信源的熵功率小于或等于其平均功率，即

$$\overline{P}_n\leqslant P_n$$

所以有

$$\frac{1}{2}\log[2\pi e(P_s+P_n)]\geqslant\frac{1}{2}\log[2\pi e(P_s+P_n)]$$

当选择输入信源功率为P_s的高斯变量时，则

$$
\begin{aligned}
C &\geqslant I(X;Y)=h(Y)-h(N) \\
&\geqslant \frac{1}{2}\log[2\pi e(P_s+\overline{P}_n)]-\frac{1}{2}\log(2\pi e\overline{P}_n) \\
&=\log\left(\frac{P_s+\overline{P}_n}{\overline{P}_n}\right)
\end{aligned}
$$

故不等式左端成立。所以

$$
\frac{1}{2}\log\left(\frac{P_s+\overline{P}_n}{\overline{P}_n}\right)\leqslant C\leqslant\frac{1}{2}\log\left(\frac{P_s+P_n}{\overline{P}_n}\right)
$$

上述定理表明，当噪声功率 P_n 给定时。高斯型干扰是最坏的干扰。此时其信道容量 C 最小。因此，在实际应用中，往往把干扰视为高斯分布，这样分析最坏的情况是比较安全的。

4.6 波形信道的信道容量

4.6.1 随机信号的正交展开

分析和处理波形信号的一个有效方法就是在选择一组合适的归一化正交函数族 $\{e_n(t)\}$ 的基础上，通过积分变换使波形信号可以用一组离散的可数数列来表示。对波形信号来说，这是一个非常有力的分析手段，因此在分析波形信号时可以应用矢量空间中的许多概念和分析方法。在数字信号处理中广泛应用低通实信号或基带实信号的采样函数族。两个最常用的归一化正交函数族为傅里叶变换的复正弦基函数和 sinc 采样函数。

由采样定理可知，对平稳高斯过程进行正交展开所得系数的联合概率密度可以直接写成各一维概率密度的乘积，即

$$
p(x_1,x_2,\cdots,x_N)=\prod_{n=1}^{N}p(x_n)
$$

4.6.2 高斯白噪声加性信道

高斯白噪声加性信道（AWGN 信道）是经常假设的一种波形信道，此信道的输入和输出信号是随机过程 $\{x(t)\}$ 和 $\{y(t)\}$，而加入信道的噪声是加性高斯白噪声 $\{n(t)\}$ (其均值为零，功率谱密度为 $N_0/2$)，所以，输出信号满足

$$
\{y(t)\}=\{x(t)\}+\{n(t)\}
$$

此信道又称为**可加波形信道**。

设信道的频带限于 $(0,W)$，如果每秒传送 $2W$ 个采样点，在接收端可无失真地恢复出原始信号。在信道频带受限及信号存在时间长度有限的情况下，按照采样定理，对信号和噪声都只需要 $2WT$ 个采样点。这样，这一模拟信道就可以看成是由 $2WT$ 个时间离散的多维连续信道来处理，如图 4.14 所示。

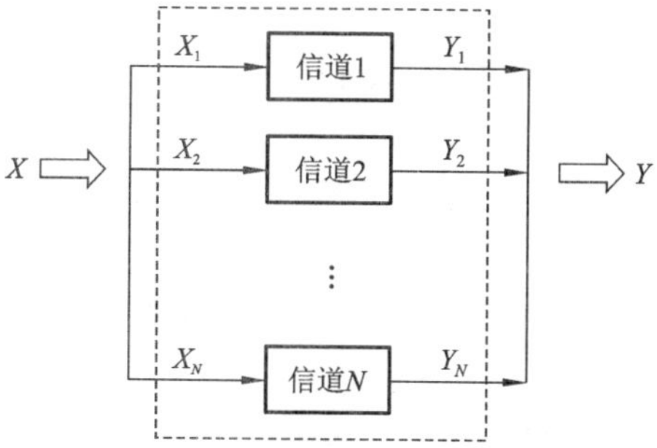

图 4.14 限带高斯白噪声加性信道变换成 $N=2WT$ 个独立并联高斯加性信道

由于是加性信道，所以多维连续信道也满足

$$\boldsymbol{Y}=\boldsymbol{X}+\boldsymbol{n}$$

因为信道的频带是受限的，所以加入信道的噪声成为限带的高斯白噪声。根据低频限带高斯白噪声的重要性质，限频的高斯白噪声过程可分解成 $N=2WT$ 维统计独立的随机序列，其中每个分量 n 都是均值为零，方差 $\sigma_n^2=P_n=N_0/2$。得 N 维的联合概率密度函数为

$$p(n)=p(n_1n_2\cdots n_N)=\prod_{i=1}^{N}p(n_i)$$

$$=\prod_{i=1}^{N}\frac{1}{\sqrt{2\pi\sigma_{n_i}^2}}\mathrm{e}^{-\frac{n_i^2}{2\sigma_{n_i}^2}}$$

对加性信道来说，若上式成立，则有

$$p(y\,|\,x)=p(n)=\prod_{i=1}^{N}p(n_i)=\prod_{i=1}^{N}p(y_i\,|\,x_i)$$

所以信道是无记忆的。这就是多维无记忆高斯加性信道。因此，多维无记忆高斯加性信道就可等效成 N 个独立的并联高斯加性信道。

如果把波形信道的一次传输看成是一次采样，由于信道每秒传输 $2W$ 个采样点，由式（4.42）可得限带高斯白噪声加性信道单位时间的信道容量

$$C_t=\lim_{T\to\infty}\frac{C}{T}=W\log\left(1+\frac{P_s}{N_0W}\right)\ \text{bit/s} \tag{4.44}$$

式中：对数以 2 为底，则信道容量的单位为 bit/s。P_s 是信号的平均功率，N_0W 为高斯白噪声在带宽 W 内的平均功率（其功率谱密度为 $N_0/2$），可见，信道容量与信噪比和带宽有关。

这就是重要的香农公式。当信道输入信号是平均功率受限的高斯信号时，信道的信息传输率才达到此信道容量。

香农公式说明：

在平均功率受限条件下，高斯白噪声的熵最大，所以高斯加性信道是平均功率受限条件下的最差信道。香农公式可适用于其他一般非高斯波形信道，由香农公式得到的值是非高斯波形信道的信道容量的下限值。

4.6.3 限带高斯加性信道性能极限

限带高斯白噪声加性信道的信道容量如式（4.44）所示，由式可以得出这一信道的各种性能极限。

（1）保持平均功率不变，增加信道带宽 W 情况下增大信道容量的极限。

$$\begin{aligned}\lim_{W\to\infty} C &= \lim_{W\to\infty}\frac{P_s}{N_0}\log\left(1+\frac{P_s}{N_0W}\right)^{\frac{N_0W}{P_s}} \\ &= \frac{P_s}{N_0}\log \mathrm{e} = 1.4427\frac{P_s}{N_0}\end{aligned} \tag{4.45}$$

式（4.45）说明当频带很宽时，或信噪比很低时，信道容量等于信号功率与噪声功率密度比。此值是高斯白噪声加性信道在无限带宽时的信道容量，是它信息传输率的极限值。从公式（4.45）可以看出，当频带不受限制时，若传送 1 bit 信息，信噪比最低只需为 0.693 1。但实际要达到可靠通信往往都比这个值大很多。

同时也可以看出，增加信道带宽（也就是信号的带宽），并不能无限制地使信道容量增大。从公式（4.45）可以看出，当带宽增大时，信道容量 C 也开始增大，到一定阶段后 C 的加大就变缓慢，当 $W\to\infty$ 时 C 趋向于一极限值，如图 4.15 所示。

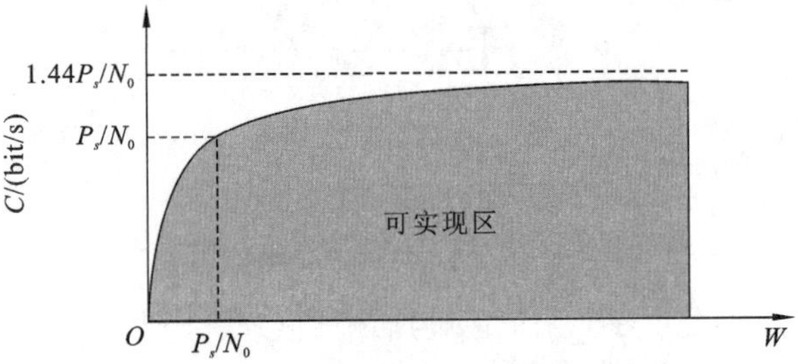

图 4.15　信道容量与带宽的关系

（2）保持信道带宽不变，在增加信号的平均功率情况下增大信道容量的极限。

从理论上讲，这一增长没有限制，因为当 $P_s \gg N_0W$ 时，有

$$C \approx W\ln\left(\frac{P_s}{N_0W}\right)$$

随着 P_s 的增长，C 的增大速度不断减小，直至趋于 0。

（3）有效利用信号功率的极限

如何有效地利用功率，使同样功率下信道传输的信息量最大是人们感兴趣的一个问题。为此，取同样噪声强度下传送 1 bit 信息所需的最小能量为参数，并设为 E_b，于是，如果要使信道的传输速率达到信道容量 C，则至少需要的平均功率为 $P_X = E_bC$

$$\frac{E_b}{N_0} = \frac{P_X}{N_0C} = \frac{P_X}{N_0W\log\left(1+\dfrac{P_X}{N_0W}\right)}$$

令

$$\gamma = \frac{P_X}{N_0 W}$$

则

$$\frac{E_b}{N_0} = \frac{\gamma}{\log(1+\gamma)}$$

$$\min\frac{E_b}{N_0} = \lim_{\gamma\to 0}\frac{\gamma}{\log(1+\gamma)} = \frac{1}{\log \mathrm{e}}\lim_{\gamma\to 0}\frac{\gamma}{\ln(1+\gamma)}$$

$$= \frac{1}{\log \mathrm{e}} = 0.693 = -1.6$$

$\min\frac{E_b}{N_0}$（单位：dB）称为香农限，其含义是：以码率等于信道容量的最大速率通信时，通过编码可降低对信道信噪比的要求，但最低不可能低于香农限。

逆推来说，只要信道信噪比大于香农限，就可以通过码长 $N\to\infty$ 的编码实现无差错的信息传输。根据香农信道编码定理，此时的信道误码可以任意小，所以实际通信系统中常用此极限值来衡量实际系统的潜力以及各种纠错编码性能的好坏。

如何达到这一理论极限，香农并没有给出具体方案，这正是编码理论家和设计者追求的目标。

（4）信道容量一定时，带宽 W 、传输时间 T 和信噪比 P_s/P_n 三者之间可以互换。

由式（4.44）可以清楚地看到，香农公式把信道的统计参量（信道容量）和实际物理量（频带宽度 W 、传输时间 T 和信噪比 P_s/P_n ）联系起来。它表明一个信道可靠传输的最大信息量完全由 W 、 T 、 P_s/P_n 所确定。一旦这三个物理量给定，理想通信系统的极限信息传输率就确定了。由此可见，对一定的信息传输率来说，带宽 W 、传输时间 T 和信噪比 P_s/P_n 三者之间可以互相转换。

若传输时间 T 固定，则扩展信道的带宽 W 就可以降低信噪比的要求；反之，带宽变窄，就要增加信噪比。也就是说，可以通过带宽和信噪比的互换而保持信息传输率不变。

例 4.11　若要保持信道的信息传输率 $C_t = 12\times10^3$ bit/s，当信道的带宽 W 从 4×10^3 Hz 减小到 3×10^3 Hz ，则就要求增加信噪比。由香农公式可计算得，当 $W = 4\times10^3$ Hz 时，有

$$12\times10^3 = 4\times10^3\log\left(1+\frac{P_s}{N_0 W}\right)$$

解得

$$\frac{P_s}{N_0 W} = 2^3 - 1 = 7 \Rightarrow P_s = 2.8\times10^3 N_0$$

当 $W' = 3\times10^3$ Hz 时，求得

$$P_s' = 4.5\times10^3 N_0$$

$$\frac{P_s'}{P_s} \approx 1.6$$

可见，带宽减少了 25%，信噪比必须增加约 61%。带宽很小的改变，信噪比就有较大的改变。若增加较少的带宽，就能节省较大的信噪比。

习　　题

1. 设信道矩阵为 $\boldsymbol{P}=\begin{bmatrix} 1-\varepsilon & \dfrac{\varepsilon}{n-1} & \cdots & \dfrac{\varepsilon}{n-1} \\ \dfrac{\varepsilon}{n-1} & 1-\varepsilon & \cdots & \dfrac{\varepsilon}{n-1} \\ \vdots & \vdots & & \vdots \\ \dfrac{\varepsilon}{n-1} & \dfrac{\varepsilon}{n-1} & \cdots & 1-\varepsilon \end{bmatrix}$，计算信道容量。

2. 求如下信道的信道容量：

$$\boldsymbol{P}=\begin{bmatrix} \frac{1}{2} & \frac{1}{4} & 0 & \frac{1}{4} \\ 0 & 1 & 0 & 0 \\ 0 & 0 & 1 & 0 \\ \frac{1}{4} & 0 & \frac{1}{4} & \frac{1}{2} \end{bmatrix}$$

3. 设离散信道如题图 4.1 所示，输入符号集 $\{x_1,x_2,x_3,x_4,x_5\}$，输出符号集 $\{y_1,y_2\}$，求信道容量 C。

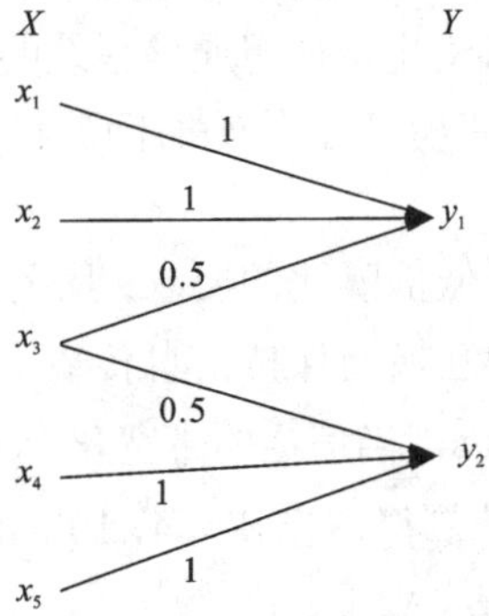

题图 4.1　离散信道

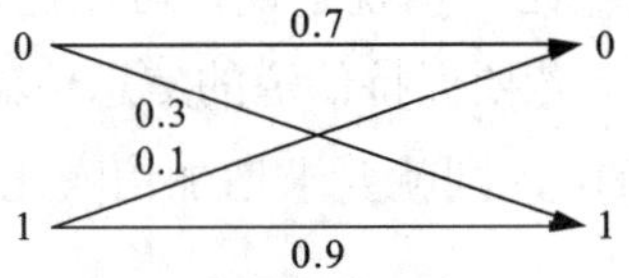

题图 4.2

4. 设一个二元信道如题图 4.2 所示，其输入概率空间为 $\begin{bmatrix} X \\ P \end{bmatrix}=\begin{bmatrix} 0 & 1 \\ 0.2 & 0.8 \end{bmatrix}$，试计算 $I(X=0;Y=1)$、$I(X=1;Y)$ 和 $I(X;Y)$。

5. 二元删除信道，如题图 4.3 所示，有两个输入：0 和 1，三个输出：0、1 和 E，其中 E 表示可检出但无法纠正的错误。信道前向转移概率为

$$p(0|0)=1-\alpha,\quad p(E|0)=\alpha,\quad p(1|0)=0$$
$$p(0|1)=0,\qquad p(E|1)=\alpha,\quad p(1|1)=1-\alpha$$

求信道容量 C。

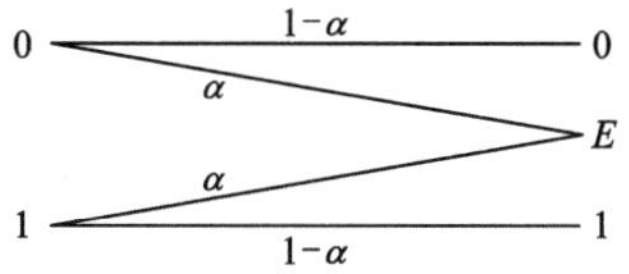

题图 4.3

6. 设某二进制数字传输系统接收判决器的输入信号电平、噪声密度分布及判决电平如题图 4.4 所示。试求：①信道线图；②平均互信息；③信道容量。

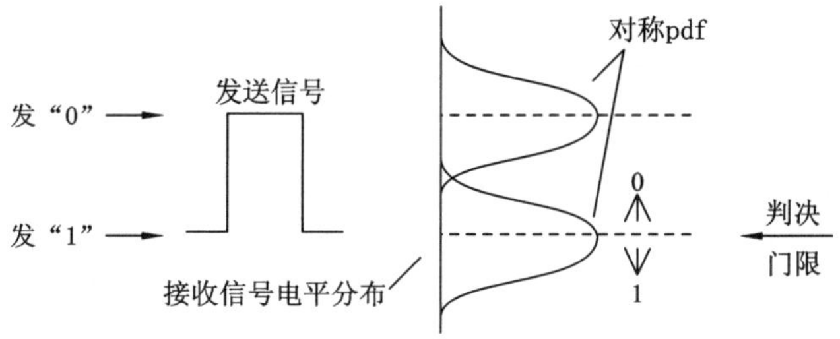

题图 4.4

7. 设有扰离散信道的输入端是以等概率出现的 A、B、C、D 四个字母。该信道的正确传输概率为 1/2，错误传输概率平均分布在其他三个字母上。验证在该信道上每个字母传输的平均信息量为 0.208 bit。

8. Z 信道及它的输入、输出如题图 4.5 所示。

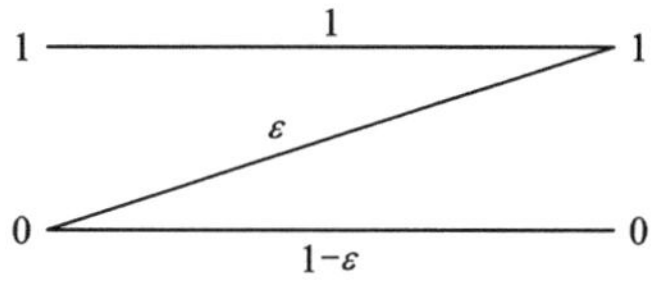

题图 4.5

（1）求最佳输入分布；

（2）求 $\varepsilon = 1/2$ 时的信道容量；

（3）求当 $\varepsilon \to 0$ 和 $\varepsilon \to 1$ 时的最佳输入分布值。

9. 试求出准对称信道的信道容量的一般表达式。

10. 试画出三元对称信道在理想（无噪声）和强噪声（输出不依赖于输入）情况下的信道模型，设信道输入等概率分布。

11. 串联信道如题图 4.6 所示，求总的信道矩阵。

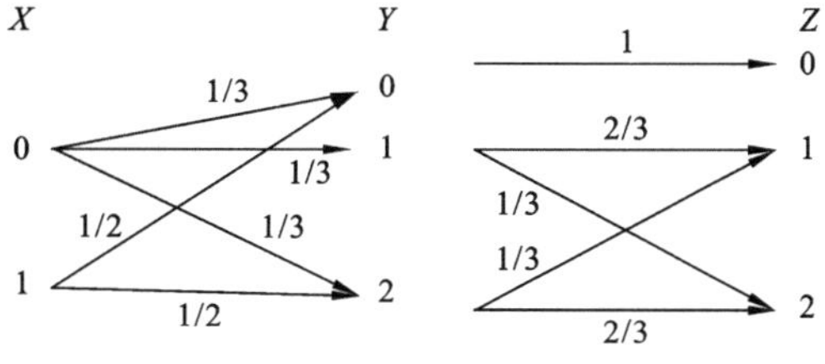

题图 4.6

12. 判断题图 4.7 中各信道是否对称，如对称，求出其信道容量。

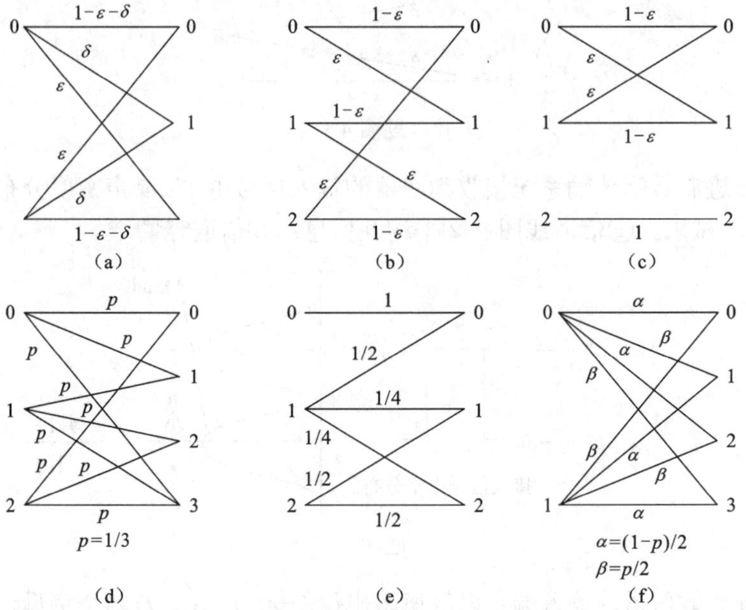

题图 4.7

13. 一个快餐店只提供汉堡包和牛排，当顾客进店以后只需向厨房喊一声“B”或“Z”就表示他点的是汉堡包或牛排，不过通常 8%的概率厨师可能会听错。一般来说进店的顾客 90%会点汉堡包，10%会点牛排。问：

（1）这个信道的信道容量？

（2）每次顾客点菜时提供的信息？

14. 求题图 4.8 中信道的信道容量及其最佳的输入概率分布，并求当$\varepsilon=0$和 1/2 时的信道容量值。

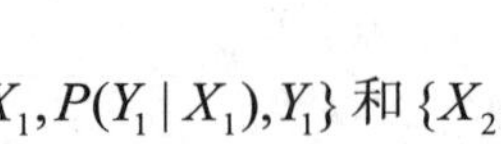

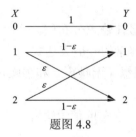

题图 4.8

15. 有两个离散无记忆信道$\{X_1,P(Y_1|X_1),Y_1\}$和$\{X_2,P(Y_2|X_2),Y_2\}$，信道容量分别为C_1和C_2。两个信道同时分别输入X_1和X_2，输出Y_1和Y_2，这两个信道组成一个新的信道。求它的信道容量。

16. 一个信道的信道矩阵为

$$
\begin{matrix} & 0 & 1 & 2 \\ 0 & \\ 1 & \\ 2 & \end{matrix}
\begin{pmatrix} 3/4 & 1/4 & 0 \\ 1/3 & 1/3 & 1/3 \\ 0 & 1/4 & 3/4 \end{pmatrix}
$$

求信道容量。

17. 已知 AWGN 信道，信号的带宽范围为 300～3 400 Hz，信号与噪声功率比为 26 dB。

（1）计算该信道的最大信息传输速率；

（2）若信号与噪声功率比降到 10 dB，且保持信道最大信息传输速率不变，则信道带宽应该变为多少？

18. 已知信道的转移矩阵如下，求最佳输入概率分布和信道容量。

$$\boldsymbol{P}_{Y|X}=\begin{bmatrix} 0 & 1 \\ 0 & 1 \\ 1 & 0 \\ 1 & 0 \end{bmatrix}$$

19. 设某对称离散信道的信道矩阵为

$$\boldsymbol{P}=\begin{bmatrix} \frac{1}{2} & \frac{1}{6} & \frac{1}{6} & \frac{1}{6} \\ \frac{1}{6} & \frac{1}{2} & \frac{1}{6} & \frac{1}{6} \\ \frac{1}{6} & \frac{1}{6} & \frac{1}{2} & \frac{1}{6} \\ \frac{1}{6} & \frac{1}{6} & \frac{1}{6} & \frac{1}{2} \end{bmatrix}$$

求其信道容量。

20. 对如下信道转移矩阵，求得信道容量 C。

$$\boldsymbol{P}_{Y|X}=\begin{bmatrix} \frac{1}{3} & \frac{1}{3} & \frac{1}{6} & \frac{1}{6} \\ \frac{1}{6} & \frac{1}{3} & \frac{1}{6} & \frac{1}{3} \end{bmatrix}$$

21. 设二元对称信道的传递矩阵为

$$\begin{bmatrix} \frac{2}{3} & \frac{1}{3} \\ \frac{1}{3} & \frac{2}{3} \end{bmatrix}$$

（1）若 $P(0)=3/4$，$P(1)=1/4$，求 $H(X)$、$H(X|Y)$、$H(Y|X)$ 和 $I(X;Y)$；

（2）求该信道的信道容量及其达到信道容量时的输入概率分布。

22. 有一个二元信道，其信道如题图 4.9 所示。设该信道以 1 500 个 2 sig/s 的速度输入符号，现有一消息序列共有 14 000 个 2 sig，并设在这消息中 $P(0)=P(1)=\frac{1}{2}$。问从信息传输的角度来考虑，10 s 内能否将这消息序列无失真地传输完？

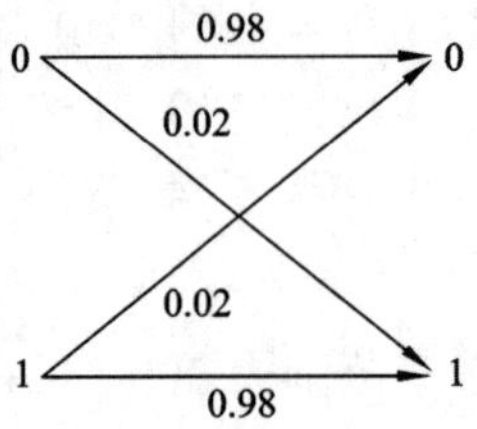

题图 4.9

23. 若有两个串接的离散信道，它们的信道矩阵都是

$$\begin{bmatrix} 0 & 0 & 0 & 1 \\ 0 & 0 & 0 & 1 \\ \frac{1}{2} & \frac{1}{2} & 0 & 0 \\ 0 & 0 & 1 & 0 \end{bmatrix}$$

并设第一个信道的输入符号 $X \in \{a_1, a_2, a_3, a_4\}$ 是等概率分布，求 $I(X;Z)$ 和 $I(X;Y)$ 并加以比较。

24. 在图像传输中，每帧约 2.25×10^6 个像素，为了能很好地重现图像，需分 16 个亮度电平，并假设亮度电平等概率分布。试计算每秒钟传送 30 帧图片所需信道的带宽（信噪功率比为 30 dB）。

25. 设在平均功率受限高斯加性波形信道中，信道带宽为 3 kHz，又设（信号功率+噪声功率）/噪声功率 = 10 dB。

（1）试计算该信道传送的最大信息率（单位时间）；

（2）若功率信噪比降为 5 dB，要达到相同的最大信息传输率，信道带宽应为多少？

第5章 无失真信源编码

由于文字、图像等各类实际信源往往都存在较强的相关性，所以实际信源输出的符号序列中存在较大的信息冗余。在信息传输系统设计中，需要通过信源数据的某种压缩编码，减少或去除冗余，便可以在保持信源信息的前提下传输或存储较少的符号，大大提高信息系统的有效性。有鉴于此，以提高信息系统有效性为目的的信源编码，成为当前信息系统设计中的关键技术。

信源编码以提高信息系统的有效性为目的，在不失真或允许一定失真的条件下，尽可能用少的符号来传递信源消息，从而实现信源输出信息的有效表示和传输。

本章将针对离散无记忆信源的统计特性，从无失真信源编码的要求出发，讨论无失真信源编码的原理、理论极限和基本方法。

5.1 信源编码的概念

在信息论中，信源输出信号所携带信息的效率是用熵率或冗余度（又称“剩余度”）来表示的。一般情况下，信源输出信号中携带信息的效率并不高，如何用适当的信号有效地表示信源输出的信息是人们感兴趣的问题，这就是信源编码的意义所在。

信源的冗余度主要取决于以下两个因素：无记忆信源中，符号概率分布的不均匀性；有记忆信源中，符号间的相关性及符号概率分布的不均匀性。去除信源输出符号间的相关性通常采用预测编码和变换编码；而去除信源符号概率分布的不均匀性，使输出符号等概率分布，采用统计编码方式。

由于信源输出符号概率分布的不均匀性和符号间的相关性，使得信源输出符号存在冗余。信源编码的实质是对原始信源符号按照一定规则进行变换，以码符号代替原始信源符号，使变换后得到的码符号接近等概率分布，目的是提高信息传输的有效性。

为了使信号更有效地传输信息，经信源编码后，码字母表的大小与信源字母的大小相比或码字母序列的长度与信源字母序列的长度相比，应该减小，这样才能去除信源输出信号的冗余度。编码的关键是编码器在编码过程中尽可能等概率地使用各个码符号，从而使原始信源各符号出现概率的不均匀性在编码后得以消除。

信源编码主要有冗余度压缩编码和熵压缩编码两种。冗余度压缩编码可以保证码字母序列在译码后无失真地复原为信源字母序列，无失真信源编码定理是离散信源/数字信号编码的基础。熵压缩编码是在允许一定失真的条件下恢复信源字母序列，但同时又能保留尽可能多的信息量，限失真信源编码定理是连续信源/模拟信号编码的基础。

无失真信源编码的主要任务就是减少冗余度，提高编码效率。去除信源冗余度的方法有两个：一是去除信源符号间的相关性，使编码后码字母序列的各个码符号尽可能地相互独立，这一般利用对信源的符号序列进行编码而不是对单个的信源符号进行编码的方法实现；二是使编码后各个码符号出现的概率尽可能地相等，即概率分布均匀化，这可以通过概率匹配的方法实现，也就是使小概率消息对应长码，大概率消息对应短码。

5.1.1 编码器

信源输出的符号序列，需要变换成适合信道传输的符号序列，一般称为码符号序列，对信源输出的原始符号按照一定的数学规则进行的这种变换称为**编码**，完成编码功能的器件，称为**编码器**。接收端有一个**译码器**完成相反的功能。

信源编码器的输入是信源符号集 $S=\{s_1,s_2,\cdots,s_q\}$，共有 q 个信源符号。同时存在另一个符号集 $X=\{x_1,x_2,\cdots,x_r\}$，称为码符号集，共有 r 个码符号，码符号集 X 中的元素称为**码元或码符号**，编码器的作用就是将信源符号集 S 中的符号 $s_i(i=1,2,\cdots,q)$ 变换成由 l_i 个码元组成的一一对应的码符号序列。编码器输出的码符号序列称为**码字**，并用 $w_i(i=1,2,\cdots,q)$ 来表示，它与信源符号 $s_i(i=1,2,\cdots,q)$ 之间是一一对应的关系，如图 5.1 所示。

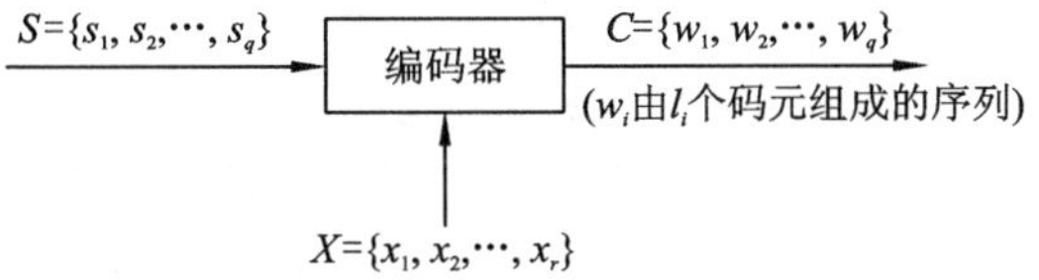

图 5.1　信源编码模型

码字的集合 C 称为**码集**，即 $C=\{w_1,w_2,\cdots,w_q\}$。信源符号 s_i 对应的码字 w_i 包含 l_i 个码符号，l_i 称为码字长度，简称**码长**。

所以，信源编码就是把信源符号序列变换到码符号序列的一种映射。若要实现无失真编码，那么这种映射必须是一一对应的、可逆的。一般来说，人们总是希望把信源所有的信息毫无保留地传递到接收端，即实现无失真传递，所以首先要对信源输出符号实现无失真编码。

5.1.2　码的分类

下面通过一些例子来说明码的分类。

1. 定长码和变长码

定义 5.1　如果码字集合 C 中所有码字的码长都相同，称为**定长码**（或**等长码**）。反之，如果码字长度不同，则称为**变长码**（或**不等长码**）。

比如表 5.1 中方案一的码字就是定长码，方案二的码字就是变长码。

表 5.1　两种信源编码方案

信源符号	概率	方案一的码字	方案二的码字
s_1	1/8	00	000
s_2	1/8	01	001
s_3	1/4	10	01
s_4	1/2	11	1

2. 二元码

定义 5.2　如果码元集 $X=\{0,1\}$，对应的码字称为**二元码**。二元码是数字通信系统中常用的一种码。

3. 奇异码和非奇异码

定义 5.3　若一种分组码中的所有码字都互不相同，则称此分组码为**非奇异码**，否则称为**奇异码**。

分组码是非奇异的应是正确译码的必要条件，这是由于非奇异码的分组码并不能保证正确地译出，因为当码字排在一起时还可能出现奇异性，如表 5.2 所示的码。

表 5.2　两种信源编码方案

信源符号 s_i	C_1	C_2
s_1	0	0
s_2	11	10
s_3	00	00
s_4	11	01

显然，表 5.2 中 C_1 是奇异码，C_2 是非奇异码。但若传送分组码 C_2 时，在信道输出端接收到 00 时，并不能确定发送端的消息是 s_1s_1，还是 s_3。

4. 唯一可译码和非唯一可译码

定义 5.4　若某一种码的任意一串有限长的码序列只能被唯一地译成所对应的信源符号，则该码称为**唯一可译码**，反之为**非唯一可译码**。

唯一可译码的物理含义是十分清楚的，即不仅要求不同的码字表示不同的信源符号，而且还进一步要求对由信源符号构成的消息序列进行编码后，在接收端仍能正确译码，而不发生混淆。

同是唯一可译码，其译码方法仍有不同。如表 5.3 中列出的两组唯一可译码，其译码方法不同，当传送码 C_1 时，信道输出端接收到一个码字后不能立即译码，还须等到下一个码字接收到时才能判断是否可以译码，而若传送码 C_2 时，则无此限制，接收到一个完整码字后立即可以译码。称后一种码 C_2 为即时码（又称立即码），前一种码 C_1 为非即时码。

表 5.3　两种信源编码方案

信源符号 s_i	C_1	C_2
s_1	1	1
s_2	10	01
s_3	100	001
s_4	1000	0001

5. 续长码和非续长码

定义 5.5　若码集中，任何一个码字都不是另一个码字的续长（加长），这种码被称为**非续长码**，反之为**续长码**。

如表 5.3 中，C_1 是续长码，C_2 是非续长码。

5.1.3　码树

非续长码是一类重要的变长码，可用码树构造出来，有关码树的概念如下。

1. 节点

图 5.2 中显示了四棵二进制码树。码树从树根开始向上长出树枝，树枝代表码元，树枝与树枝的交点称为**节点**。经过 l 个树枝才能到达的节点称为 **l 阶节点**。码树上任意一个节点都对应一个码字，组成该码字的码元就是从树根开始到该节点所经过的树枝(或码元)，如图 5.2（c）所示。

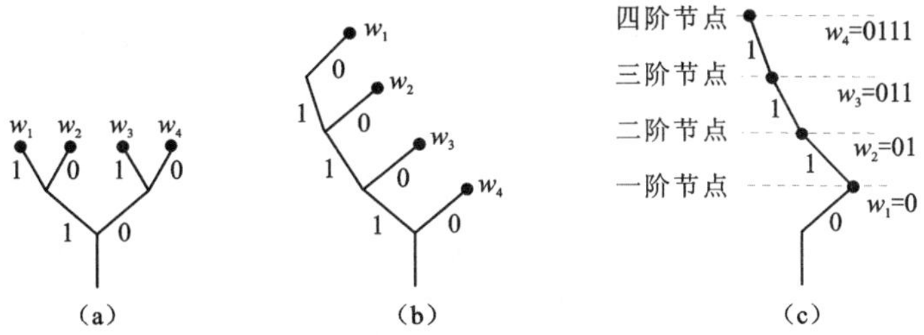

图 5.2　码树

2. 端点

向上部长树枝的节点称为**终端节点**，简称**端点**。若一个码的所有码字均处于终端节点即端点上，则该码为非续长码，图 5.2（a）和图 5.2（b）示出的码就是非续长码，这里将定长非奇异码视为非续长码的特例。图 5.2（c）示出的码是续长码，不难看出到达码字 w_2 必须经过码字 w_1，因此 w_1 是 w_2 的前缀，同理，w_2 是 w_3 的前缀。非续长码是唯一可译码的子集，不但唯一可译，而且即时可译。

3. 整树与非整树

r 进制码树各节点（包括树根）向上长出树枝数不会超过 r，若等于 r，则称为**整树**。图 5.2（a）是整树，而图 5.2（b）和图 5.2（c）是非整树。

5.2　定长编码及定长编码定理

无失真信源编码的要求是能够无失真或无差错地从码元序列中恢复出原始信源符号，也就是能在接收端正确地进行译码。假设不考虑信源符号出现的概率，以及符号之间的依赖关系，对 N 次扩展信源进行定长编码，如果要求编得的定长码是唯一可译码，由于信源

符号共有 q^N 个，则相应的输出码字应不少于 q^N 个，即必须满足

$$q^N \leqslant r^l \tag{5.1}$$

式中：l 是定长码的码长；码符号有 r 种可能值；r^l 表示长度为 l 的定长码数目。

式（5.1）两边取对数，得到

$$\frac{l}{N} \geqslant \frac{\log q}{\log r} \tag{5.2}$$

可见对于定长唯一可译码，平均每个信源符号所需的码元个数至少为 $\frac{\log q}{\log r}$ 个。当采用二元码，即 $r=2$ 时，上式变为 $\frac{l}{N} \geqslant \log q$ 。

定理 5.1（定长信源编码定理） 一个熵为 $H(S)$ 的离散无记忆信源，若对信源长为 N 的符号序列进行定长编码，设码字是从 r 个字母的码符号集中，选取 l 个码元组成。对于任意 $\varepsilon > 0$ ，只要满足

$$\frac{l}{N} \geqslant \frac{H(S)+\varepsilon}{\log r} \tag{5.3}$$

则当 N 足够大时，可实现几乎无失真编码，即译码错误概率能为任意小。反之，若

$$\frac{l}{N} \leqslant \frac{H(S)-2\varepsilon}{\log r} \tag{5.4}$$

则不可能实现无失真编码，而当 N 足够大时，译码错误概率近似等于 1。

定理的前一部分内容称为正定理，后一部分内容称为逆定理。

在讨论这个定理以前，先讨论信源输出消息的统计特性，以寻求满足式(5.1)和式(5.2)的具体实现途径。

离散、随机序列信源的统计特性是在 1948 年由香农首先发现的，在 1953 年和 1961 年分别由麦克米伦和沃尔夫兹给出了严格的证明。香农认为：这类信源具有**渐进等同分割性**，或简称为 AEP（asymptotic equipatition property）。它的基本思想是，一个总数为 q^N 种的消息序列信源随着消息序列长度 N 的增长且足够大时，越来越明显产生两极分化现象。

其中一类组成大概率事件的序列集合 A_ε ，它具有下列三项明显特征：

（1） $\lim\limits_{N\to\infty} P(A_\varepsilon)=1$；

（2）序列的符号熵收敛于信源输出符号熵；

（3）序列趋于等概率分布。

而另一类则组成小概率事件的非典型序列集合 $\overline{A_\varepsilon}$ ，它具有特性： $\lim\limits_{N\to\infty} P(\overline{A_\varepsilon})=0$ 。

这样，我们无须对全部信源输出符号进行信源编码，而只要对其中的典型序列集合 A_ε 中的符号序列进行信源编码即可。

证 基本思路是，把离散无记忆信源的 N 次扩展信源划分成两个互补的集合，$G_{\varepsilon N}$ 和 $\overline{G}_{\varepsilon N}$ 。一个集合 $G_{\varepsilon N}$ 中元素较少但包含的都是经常出现的信源序列，而且这个集合出现的概率接近于 1。另一个集合 $\overline{G}_{\varepsilon N}$ 中虽包含的元素较多，但总的出现概率极小，趋于零。那

么，对高概率集 $G_{\varepsilon N}$ 中的信源序列进行编码，而将低概率集 $\overline{G}_{\varepsilon N}$ 中的信源序列舍弃，不编码。这样，所需的平均码长可以减少，而所引起的错误概率却很小，趋于零。因此，只要知道高概率集中信源序列个数的上、下限，就可证得所需平均码长的上、下限。

定理 5.1 是在平稳无记忆离散信源的条件下论证的。但它同样适合于平稳有记忆信源，只是要求有记忆信源的极限熵 $H_\infty(S)$ 和极限方差 $\sigma_\infty^2(S)$ 存在即可。对于平稳有记忆信源，式（5.3）和式（5.4）中 $H(S)$ 应改成极限熵 $H_\infty(S)$ 。即为

$$\frac{l}{N} \geqslant \frac{H_\infty(S)+\varepsilon}{\log r} \tag{5.5}$$

当二元编码时，$r=2$，式（5.3）和式（5.5）成为

$$\frac{l}{N} \geqslant H(S)+\varepsilon \tag{5.6}$$

$$\frac{l}{N} \geqslant H_\infty(S)+\varepsilon \tag{5.7}$$

可见，定理 5.1 给出了定长编码时平均每个信源符号所需的二元码符号的理论极限，这极限值由信源熵 $H(S)$ 或 $H_\infty(S)$ 决定。

比较式（5.2）和式（5.5）可知，当信源符号具有等概率分布时，两式就完全一致。但一般情况下，信源符号并非等概率分布，而且符号之间有很强的关联性，故信源的熵 $H_\infty(S)$（极限熵）将远小于 $\log q$ 。根据定理 5.1 可知，这时在定长编码中每个信源符号平均所需的二元码符号可大幅减少，从而使编码效率提高。

定理 5.1 蕴涵了如下思想：

（1）定长无失真信源编码的错误概率可以任意小，但并非为零。

（2）定长无失真信源编码通常是对非常长的消息序列进行的，特别是信源符号序列长度 N 趋于无穷时，才能实现香农意义上的有效信源编码。

仍以英文电报符号为例，由第 3 章例 3.6 的讨论得知英文信源的极限熵 $H_\infty(S)\approx 1.4\ \text{bit}$，因此由式（5.7）得

$$\frac{l}{N} > 1.4\ \text{码元/符号}$$

此式表示平均每个英文信源符号只需近似用 1.4 个二元码元来编码，这比由 $\dfrac{l}{N} \geqslant \log q$ 计算的需要 5 个二元码元减少了许多，从而提高了信息传输效率。

定理 5.1 中的条件式（5.3）可改写成

$$l\log r > NH(S) \tag{5.8}$$

这个不等式左边表示长为 l 的码元序列能载荷的最大信息量，而右边表示长为 N 的信源序列平均携带的信息量。由定长编码定理可知：只要码字传输的信息量大于信源序列携带的信息量，总可实现几乎无失真编码。

将定理 5.1 中的条件式（5.3）移项，又可得

$$\frac{l}{N}\log r \geqslant H(S)+\varepsilon \tag{5.9}$$

令

$$R' = \frac{l}{N}\log r \tag{5.10}$$

它是编码后平均每个码字能载荷的最大信息量，R' 称为编码速率。可见编码速率大于信源的熵，才能实现几乎无失真编码。为了衡量各种实际定长编码方法的编码效果，引进

$$\eta = \frac{H(S)}{R'} = \frac{H(S)}{\frac{l}{N}\log r} \tag{5.11}$$

称为**编码效率**。

一般情况下，在已知信源熵的条件下，信源序列长度 N 是与最佳编码效率和允许错误概率有关系。显然，若要允许错误概率越小，编码效率要越高，则信源序列长度 N 必须越长。在实际情况下，要实现几乎无失真的定长编码，N 需要大到难以实现的程度。而且 N 越大，实际应用系统的编、译码器的复杂性和延时性将大大增加。因此，一般来说，当 N 有限时，高传输效率的定长码往往要引入一定的失真和错误，它不能像变长码那样可以实现无失真编码。

根据定理 5.1，最佳定长编码效率可以表示为

$$\eta = \frac{H(S)}{H(S)+\varepsilon},\quad \varepsilon > 0 \tag{5.12}$$

所以

$$\varepsilon = \frac{1-\eta}{\eta}\cdot H(S) \tag{5.13}$$

习惯上，以二元码表示编码的码字，此时 $r=2$。当二元编码时，式（5.3）成为

$$\frac{l}{N} \geqslant H(S)+\varepsilon \tag{5.14}$$

编码速率

$$R' = \frac{l}{N} \tag{5.15}$$

此时，编码效率

$$\eta = \frac{H(S)}{l/N} \tag{5.16}$$

由于定长编码时，舍弃了扩展信源中的低概率集合，而只对高概率集合进行定长编码，所以会产生译码错误，译码错误概率就是非典型序列中低概率集合 $\bar{G}_{\varepsilon N}$ 出现的概率，通过推导可得

$$P_E \leqslant \frac{\sigma^2(S)}{N\varepsilon^2} \tag{5.17}$$

式中：$\sigma^2(S) = D[I(s_i)] = E\{[I(s_i)-H(S)]^2\} = \sum_{i=1}^{q} p_i(-\log p_i)^2 - [H(S)]^2$ 为信源序列的自信息方差；ε 为一个正数。当 $\sigma^2(S)$ 和 ε 均为定值时，只要信源序列长度 N 足够大，P_E 可以小于任一正数 δ。即

$$\frac{\sigma^2(S)}{N\varepsilon^2} \leqslant \delta \tag{5.18}$$

也就是 N 满足

$$N \geqslant \frac{\sigma^2(S)}{\varepsilon^2 \delta} \tag{5.19}$$

此时，能达到差错率要求。如果取足够小的 δ，就可几乎无差错地译码，而所需的编码速率不会超过 $H(S)+\varepsilon$。

例 5.1　设一个离散无记忆信源的概率空间为

$$\begin{bmatrix} S \\ P(S) \end{bmatrix} = \begin{bmatrix} s_1 & s_2 & s_3 & s_4 \\ \dfrac{1}{8} & \dfrac{1}{8} & \dfrac{1}{4} & \dfrac{1}{2} \end{bmatrix}$$

若对该信源采取定长二元编码，要求编码效率 $\eta = 0.9$，允许译码错误概率 $\delta \leqslant 10^{-5}$，试计算需要的信源序列长度 N 为多少？

解　信源熵为

$$H(S) = 2 \times \frac{1}{8}\log 8 + \frac{1}{4}\log 4 + \frac{1}{2}\log 2 = 1.75 \text{ bit}$$

自信息的方差

$$\begin{aligned} \sigma^2(S) &= \sum_{i=1}^{q} p_i(-\log p_i)^2 - [H(S)]^2 \\ &= 2 \times \frac{1}{8}\left(\log\frac{1}{8}\right)^2 + \frac{1}{4}\left(\log\frac{1}{4}\right)^2 + \frac{1}{2}\left(\log\frac{1}{2}\right)^2 - 1.75^2 = 0.687\,5 \end{aligned}$$

因为编码效率 $\eta = 0.9$，由式（5.13）可得

$$\varepsilon = \frac{1-\eta}{\eta} \cdot H(S) = 0.194\,4$$

由式（5.19）可得

$$N \geqslant \frac{\sigma^2(S)}{\varepsilon^2 \delta} = \frac{0.687\,5}{0.194\,4^2 \times 10^{-5}} = 1.819 \times 10^6$$

所以，信源序列长度达到 1.819×10^6 以上，才能实现给定的要求，这在实际中是很难实现的。所以定长编码没有实际意义，实践中一般都采用变长编码。

定长编码在实际应用时有两个问题：第一是编译码的同步问题，即如何使译码端知道每一个码字的起点；第二是如何有效处理分组长度与编译码复杂性、编译码延时等的关系。对于第一个问题，可以用两种办法加以解决：一是在每个码字前面加上一段很短的同步序列作为码字的前缀；二是每隔若干个码字插入一个较长的同步序列。在正确选择同步序列和其他相关参数的情况下，实现这两种方法所付出的代价都可以很小。对于第二个问题，为了使编码真正有效，信源输出序列的分组长度必须很大，这会导致编译码的延时和编译码器复杂性的增加，该问题没有理想的解决办法，所以定长编码在信源冗余度压缩编码中的理论意义远大于其实用价值。与此相反，变长编码在信源冗余度压缩编码中的理论意义虽不如定长编码，但却具有很大的实用价值。

5.3 变长编码

离散无记忆信源的冗余度是由于信源符号的概率分布不均匀造成的。当用等概率的码符号序列对源符号序列进行定长编码时，为了使编码有效，源符号序列的长度 N 必须很大，这在实践应用中很难实现。一般离散无记忆信源输出的各种消息概率是不等的，若对概率大的使用较短的码字，对概率小的使用较长的码字，采用可变长度的码符号序列去适应不同概率的源符号序列或源字母，使编码的平均码长最短，同时实现与信源统计特性相匹配。变长码往往在码长不很大情况下就可编出效率很高且无失真的码。

对于变长编码，接收端译码时如何正确识别每个长度不同的码字的起点，进而对码字截取分割，以实现正确译码，是一个很困难的问题。解决这个问题一般有两类方法：一类是类似于莫尔斯电报，码字间留空隙或加同步信号，但是，这样会极大降低编码效率；另一类是试图从编码方法的内在规律上寻求差异，寻求码字可分离的基本条件，这也是本节讨论的主要内容。

5.3.1 唯一可译变长码与前缀码

本节讨论对信源进行变长编码的问题。变长码往往在 N 不很大时就可编出效率很高而且无失真的码。同样，变长码也必须是唯一可译码，才能实现编译码无失真。对于变长码，要满足唯一可译性，不但码本身必须是非奇异的，而且其任意有限长 N 次扩展码也都必须是非奇异的。所以，唯一可译变长码的任意有限长 N 次扩展码都是非奇异码。表 5.4 中给出不同的变长编码。

表 5.4 不同变长编码

信源符号 s_i	符号出现概率 $P(s_i)$	码 1	码 2	码 3	码 4
s_1	1/2	0	0	1	1
s_2	1/4	11	10	10	01
s_3	1/8	00	00	100	001
s_4	1/8	11	01	1000	0001

对于码 1，显然它不是唯一可译的，因为信源符号 s_2 和 s_4 对应于同一个码字 11，码 1 本身是一个奇异码。对于码 2，虽然它本身是一个非奇异码，但它仍然不是唯一可译码。因为当接收到一串码符号序列时无法唯一地译出对应的信源符号。例如，当我们接收到一串码符号 01000 时，可将它译成信源符号 $s_4s_3s_1$，也可译成 $s_4s_1s_3$、$s_1s_2s_3$ 和 $s_1s_2s_1s_1$ 等，因此译出的信源符号不是唯一的，所以不是唯一可译码。事实上，码 2 从单个码字来看，不是奇异的，但从有限长的码符号序列来看，它仍然是一个奇异码。对此，只要把码 2 的二次扩展码写出来（见表 5.5）就可以看得很清楚了。

表 5.5　码 2 的二次扩展码

信源符号	码字	信源符号	码字
s_1s_1	00	s_3s_1	000
s_1s_2	010	s_3s_2	0010
s_1s_3	000	s_3s_3	0000
s_1s_4	001	s_3s_4	0001
s_2s_1	100	s_4s_1	010
s_2s_2	1010	s_4s_2	0110
s_2s_3	1000	s_4s_3	0100
s_2s_4	1001	s_4s_4	0101

表 5.4 中码 3 和码 4 都是唯一可译码。码 3 和码 4 虽然都是唯一可译码，但它们还有不同之处。比较码 3 和码 4，我们会发现在码 4 中，每个码字都以符号“1”为终端。这样，在我们接收码符号序列过程中，只要一出现“1”时，就知道一个码字已经终结，新的码字就要开始，所以当出现符号“1”后，就可立即将接收到的码符号序列译成对应的信源符号，故称为即时码。

而码 3 情况就不同，对于这类码，当收到一个或几个码符号后，不能立即判断码字是否已经终结，必须等待下一个或下几个码符号收到后才能作出判断。例如，当已经收到两个码符号“10”时，我们不能判断码字是否终结，必须等下一个码符号到达后才能决定。如果下一个码符号是“1”，则表示前面已经收到的码符号“10”为一码字，把它译成信源符号 s_2；如果下一个符号仍是“0”，则表示前面收到的码符号“10”并不代表一个码字，这时真正的码字可能是“100”，也可能是“1000”，到底是什么码字还需等待下一个符号到达后才能作出判断，所以码 3 不能即时进行译码。

定义 5.6　在唯一可译变长码中，有一类码，它在译码时无须参考后续的码符号就能立即作出判断，译成对应的信源符号，则这类码称为**即时码**，否则为**非即时码**。

再来研究码 3 和码 4 的结构就会发现，这两类码之间有一个重要的结构上的不同点。在码 3 中，码字 $W_2=10$ 是码字 $W_3=100$ 的前缀，而码字 $W_3=100$ 又是码字 $W_4=1\,000$ 的前缀。或者说码字 $W_2=10$ 是码字 $W_1=1$ 的延长（加一个 0），而码字 $W_3=100$ 又是码字 $W_2=10$ 的延长（再加一个 0）。但是在码 4 中找不到任何一个码字是另外一个码字的前缀。当然也就没有一个码字是其他码字的延长。因此，即时码也可定义如下：

定义 5.7　若码 C 中，存在一个完整的码字是其他码字的前缀，即设 $W_i=(x_{i1},x_{i2},\cdots,x_{im})$ 是码 C 中的任一码字，而它是其他码字

$$W_k=(x_{i1},x_{i2},\cdots,x_{im},\cdots,x_{ij})\qquad (j>m)$$

的前缀，则此码为**非即时码**。否则称为**即时码**（也称**非延长码**或**前缀条件码**）。

这两个定义是一致的。事实上，如果没有一个码字是其他码字的前缀，则在译码过程中，当收到一个完整码字的码符号序列时，就能直接把它译成对应的信源符号，无须等待

下一个符号到达后才作判断，这就是即时码。

反之，设码 C 中有一些码字，例如码字 W_i 是另一码字 W_k 的前缀。当我们收到的码符号序列正好是 W_i 时，它可能是码字 W_i，也可能是码字 W_k 的前缀部分，因此不能即刻作出判断，译出相应的信源符号。必须等待后续一些码符号到达，才能作出正确判断，所以这就是非即时码。

5.3.2 克拉夫特不等式

定理 5.2 对于码符号集为 $X=\{x_1,x_2,\cdots,x_r\}$ 的任意 r 元即时码，其码字为 $w_1,w_2,\cdots,w_q$，所对应的码长为 $l_1,l_2,\cdots,l_q$，则必定满足

$$\sum_{i=1}^{q} r^{-l_i} \leqslant 1 \tag{5.20}$$

反之，若码长满足不等式（5.20），则一定存在具有这样码长的 r 元即时码。

证 ① 必要性。即证明即时码必满足式（5.20）。

设任意 r 元即时码 C，其码字为 $w_1,w_2,\cdots,w_q$，对应的码长为 $l_1,l_2,\cdots,l_q$。因为任意 r 元即时码都可用 r 元码树来描述，那么，r 元即时码 C 一定也可用 r 元码树来表示。从码树来看，第 N 阶所有可能伸出的树枝为 r^N 枝。当某第 $i(i<N)$ 阶节点为码字，即码长 $l_i=i$。它将影响到第 N 阶所伸出的树枝。它使第 N 阶不能伸出的树枝数（减少掉的 N 阶节点数）等于 $r^{N-i}=r^{N-l_i}$ 个。因为码字共有 q 个，每个码字作为树的终端节点后，都会影响第 N 阶所伸出的树枝。假设 $N \geqslant \max l_i (i=1,2,\cdots,q)$，那么，$q$ 个码字影响第 N 阶总共不能伸出的树枝为

$$\sum_{i=1}^{q} r^{N-l_i}$$

这些总共不能伸出的树枝应该小于或等于第 N 阶所有可能伸出的树枝，所以有

$$\sum_{i=1}^{q} r^{N-l_i} \leqslant r^N \tag{5.21}$$

则有

$$\sum_{i=1}^{q} r^{-l_i} \leqslant 1$$

② 充分性。证明码长满足不等式（5.20）一定存在具有这样码长的 r 元即时码。下面采用构造性的证明方法。

因为即时码可用码树法构成，为了用 r 元树上的节点分配为码字，首先将具有给定码字长度 $l_i(i=1,2,\cdots,q)$ 的数值按大小顺序重新排列，并将下标改变，使下式成立

$$l_1 \leqslant l_2 \leqslant l_3 \leqslant \cdots \leqslant l_q$$

这种重新排列和将下标改变是完全可以的。

因为这些码字长度满足不等式（5.20），即有

$$r^{-l_1}+r^{-l_2}+\cdots+r^{-l_{q-1}}+r^{-l_q}\leqslant 1$$

移项有

$$r^{-l_q}\leqslant 1-\sum_{i=1}^{q-1}r^{-l_i} \tag{5.22}$$

两边乘以 r^{l_q}，得

$$1=r^{l_q-l_q}\leqslant r^{l_q}-\sum_{i=1}^{q-1}r^{l_q-l_i} \tag{5.23}$$

显然又由式（5.20）可得

$$\sum_{i=1}^{q-1}r^{-l_i}<1 \tag{5.24}$$

式（5.24）移项可得

$$r^{-l_{q-1}}<1-\sum_{i=1}^{q-2}r^{-l_i} \tag{5.25}$$

两边乘以 r^{l_q}，得

$$r^{l_q-l_{q-1}}<r^{l_q}-\sum_{i=1}^{q-2}r^{l_q-l_i} \tag{5.26}$$

依次类推，得到下列一系列不等式

$$r^{l_q-l_{q-2}}<r^{l_q}-\sum_{i=1}^{q-3}r^{l_q-l_i} \tag{5.27}$$

……

$$r^{l_q-l_3}<r^{l_q}-\sum_{i=1}^{2}r^{l_q-l_i} \tag{5.28}$$

$$r^{l_q-l_2}<r^{l_q}-r^{l_q-l_1} \tag{5.29}$$

这样，r、q、l_i 满足式（5.20），可转换成满足一系列不等式，将式（5.29）写成一般形式为

$$r^{l_q-l_{k+1}}<r^{l_q}-\sum_{i=1}^{k}r^{l_q-l_i}\qquad (k=1,2,\cdots,q-1) \tag{5.30}$$

根据式（5.30）中的码长，用码树法来构造一棵即时码的码树。描画出一棵 l_q 阶的整树，在这棵树上，第 l_q 阶的节点共有 r^{l_q} 个。如果选取第 l_1 阶的任一节点作为终端节点，且分配以码字 w_1，因此 l_q 阶可利用的节点数减少了 $r^{l_q-l_1}$ 个。l_q 阶剩下的节点才能被安排为其他码字，剩下的节点有 $r^{l_q}-r^{l_q-l_1}$ 个。现在需给码长 l_2 分配码字，即选取 l_2 阶的任一节点分配以码字 w_2，这时 l_q 阶可利用的节点又将减少 $r^{l_q-l_2}$ 个。由于式（5.29）满足，所以安排码字 w_2 是合理的。安排完码字 w_2 后，这时剩下可利用的节点有 $r^{l_q}-\sum_{i=1}^{2}r^{l_q-l_i}$。然后，再给码长为 l_3 的分配码字，由于式（5.28）满足，所以可在 l_3 阶的任一节点分配以码字 w_3。以此继续，因为式（5.30）满足，故可在 $l_4,\cdots,l_{q-1}$ 阶的节点上分配以码字 $w_4,\cdots,w_{q-1}$。这样，在 l_q

阶剩下的可利用的节点数为 $r^{l_q}-\sum_{i=1}^{q-1}r^{l_q-l_i}$ 。因为式（5.23）成立，所以足以在 l_q 阶的节点上分配一个码长为 l_q 的码字 w_q 。这样就构造成一个即时码。

所以，证得满足克拉夫特（Kraft）不等式，一定存在一种即时码。

不等式（5.20）称为克拉夫特不等式，是 1949 年由克拉夫特提出，并在即时码条件下证明的。克拉夫特不等式指出了即时码的码长必须满足的条件。后来在 1956 年由麦克米伦证得对于唯一可译码也满足此不等式，1961 年卡拉什（Karush）简化了麦克米伦的证明方法。这说明唯一可译码在码长的选择上并不比即时码有更宽松的条件，而是唯一可译码的码长也必须满足克拉夫特不等式。因此，在码长选择的条件上，即时码与唯一可译码是一致的。

定理 5.3 对于码符号为 $X=\{x_1,x_2,\cdots,x_r\}$ 的任意 r 元唯一可译码，其码字为 $w_1,w_2,\cdots,w_q$ ，所对应的码长为 $l_1,l_2,\cdots,l_q$ ，则必定满足克拉夫特不等式

$$\sum_{i=1}^{q}r^{-l_i}\leqslant 1 \tag{5.31}$$

反之，若码长满足不等式（5.31），则一定存在具有这样码长的 r 元唯一可译码。

证 ①必要性。即证明唯一可译码必满足式（5.31）。

设任意 r 元唯一可译码 $C=\{w_1,w_2,\cdots,w_q\}$ ，码树中每一个码字 $w_i(i=1,2,\cdots,q)$ ，都是 r 元码符号序列，设其分别对应的码长为 $l_1,l_2,\cdots,l_q$ 。现设任意正整数 n ，研究原码 C 的 n 次扩展码 B 。扩展码 B 中共有 q^n 个码字， $B_i(i=1,2,\cdots,q^n)$ ，每个码字 $B_i=w_{i_1}w_{i_2}\cdots w_{i_n}$ 是由源码 n 个码字排列而成，而且都是一些码长各异的一串 r 元码符号序列，如图 5.3 所示。图中 $1,2,\cdots,n$ 表示扩展码字 B 中原码码字排列的序号， $l_{i_1},l_{i_2},\cdots,l_{i_n}$ 分别为所对应的原码码字 $w_{i_1},w_{i_2},\cdots,w_{i_n}$ 的码长。因为原码码字 $w_{i_k}\in C=\{w_1,w_2,\cdots,w_q\}\ (k=1,2,\cdots,n)$ ，所以扩展码码字共有 q^n 个。令

$$l_{i_1}+l_{i_2}+\cdots+l_{i_n}=j \tag{5.32}$$

并且有

$$l_{i_k}\in\{l_1,l_2,\cdots,l_q\}\quad (k=1,2,\cdots,n)$$

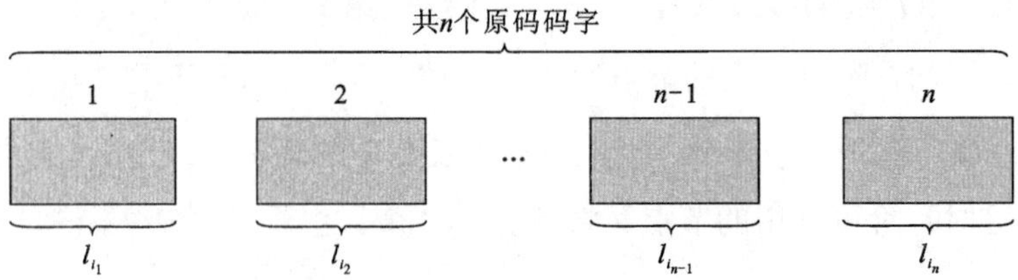

图 5.3 扩展码码字 B_i 中原码码字的排列

这里， j 是扩展码的码字 B_i 的码长，即是 n 个原码码字 w_i 排列组成的码符号序列的总长度。因为讨论的是变长码，原码的码长 $l_1,l_2,\cdots,l_q$ 不全相同，所以 j 是一个变量。设原码

中，码长的最大值和最小值分别为 $l_{\max}$ 和 $l_{\min}$，即

$$l_{\max}=\max\{l_1,l_2,\cdots,l_q\}$$

$$l_{\min}=\min\{l_1,l_2,\cdots,l_q\}$$

故有

$$l_{\min}\leqslant l_i\leqslant l_{\max}\quad (i=1,2,\cdots,q)$$

则 j 的取值范围为

$$nl_{\min}\leqslant j\leqslant nl_{\max}$$

一般取 $l_{\min}=1$，则有

$$n\leqslant j\leqslant nl_{\max} \tag{5.33}$$

现在，考虑下面求和式，从数学上可以证明得

$$\left[\sum_{i=1}^{q}r^{-l_i}\right]^n=(r^{-l_1}+r^{-l_2}+\cdots+r^{-l_q})^n=\sum_{i_1=1}^{q}\sum_{i_2=1}^{q}\cdots\sum_{i_n=1}^{q}r^{-(l_{i_1}+l_{i_2}+\cdots+l_{i_n})} \tag{5.34}$$

由式（5.32）可得，等式（5.34）为 q^n 项的 r^{-j} 之和。其每一项正好对应着原码 C 的 n 次扩展码 B 中一个码字 B_i 的码符号序列，而且 q^n 项也正好包含了 n 次扩展码 B 的全部码字。在式（5.34）中，因为 $l_{i_1},l_{i_2},\cdots,l_{i_n}$ 都可取 $l_1,l_2,\cdots,l_q$ 中任一值，而 $l_1,l_2,\cdots,l_q$ 又都可取值为 $l_{\min}=1$ 至 $l_{\max}$，所以相同的码字个数为 A_j 个，例如，表 5.4 中的码 2 为 $l_1=1,l_2=l_3=l_4=2$，在 $n=2$ 的码字序列中（见表 5.5），序列总码长 j 的取值可为 2,3,4。当 $j=3$ 时，共有 6 个码字序列，所以 $A_j=6$。因此将式（5.34）中同类项合并后，又根据式（5.33）得

$$\left[\sum_{i=1}^{q}r^{-l_i}\right]^n=\sum_{j=n}^{nl_{\max}}A_j r^{-j} \tag{5.35}$$

由变长码的唯一可译性知，因为原码 C 是唯一可译码，所以原码 C 的 n 次扩展码 B 也是唯一可译码。由于 n 次扩展码 B 具有非奇异性，则其码字中码长为 j 的所有码符号序列必定互不相同。而长度为 j 的 r 元码符号序列只有 r^j 个，因而必满足下列关系

$$A_j\leqslant r^j$$

将上式代入式（5.35）得

$$\left[\sum_{i=1}^{q}r^{-l_i}\right]^n\leqslant\sum_{j=n}^{nl_{\max}}r^j r^{-j}=\sum_{j=n}^{nl_{\max}}1=nl_{\max}-n+1\leqslant nl_{\max} \tag{5.36}$$

于是有

$$\sum_{i=1}^{q}r^{-l_i}\leqslant(nl_{\max})^{1/n} \tag{5.37}$$

因为对于所有正整数 n，式（5.37）都成立，而当 $n\to\infty$ 时

$$\lim_{n\to\infty}(nl_{\max})^{1/n}=1$$

所以必有

$$\sum_{i=1}^{q}r^{-l_i}\leqslant 1$$

由此证得，唯一可译码必满足克拉夫特不等式。

②充分性，即证明满足式（5.31），一定存在一种具有这样码长的 r 元唯一可译码。存在唯一可译码的充分性证明可类同于定理 5.2 的充分性证明。由定理 5.2 可知，满足克拉夫特不等式的码长，一定能构成至少一种具有这样码长的即时码，而即时码是唯一可译码。所以，码长满足克拉夫特不等式，则一定存在具有这样码长的唯一可译码。

定理 5.3 指出了唯一可译码中 r、q、l 之间的关系。说明如果符合这个关系式，则一定能够构成至少一种唯一可译码，否则，无法构成唯一可译码。例如，表 5.4 中，信源符号个数 $q=4$，而 $r=2$，对于码 1，其码长分别为 $l_1=1, l_2=l_3=l_4=2$，代入式（5.31）后得

$$\sum_{i=1}^{4} 2^{-l_i} = 2^{-1}+2^{-2}+2^{-2}+2^{-2}=\frac{5}{4}>1$$

因为不等式不满足，所以在 $l_1=1, l_2=l_3=l_4=2$ 的码长条件下一定不能构成唯一可译码。

若令 $l_1=1, l_2=2, l_3=3, l_4=4$ 时，不等式

$$\sum_{i=1}^{4} 2^{-l_i} = 2^{-1}+2^{-2}+2^{-3}+2^{-4}=\frac{15}{16}<1$$

满足式（5.31）。尽管对于码长为 $l_1=1, l_2=2, l_3=3, l_4=4$ 的码可以有许多种，但由定理 5.3 可知，在可能构成的许多种码中至少可以找到一种是唯一可译码。例如，表 5.4 中的码 3 和码 4 都是满足这种码长条件的唯一可译码。但码 4 是即时码，码 3 是非即时码。然而，在满足这种码长条件下，有的码也可能是非唯一可译变长码。例如，码字为 $w_1=1$、$w_2=01$、$w_3=011$、$w_4=0001$ 的码，其码长满足式（5.31），但却是非唯一可译码。

由此可见，定理 5.3 只给出了唯一可译变长码的存在性。它说明，唯一可译码一定满足不等式；反之，满足不等式的码不一定是唯一可译码，但一定存在至少一种唯一可译码。

由定理 5.2 和定理 5.3，可以得到一个重要的结论（定理 5.4），即任何一个唯一可译码均可用一个即时码来代替，而不改变任一码字的长度。定理 5.4 的证明留作习题。

定理 5.4 *若存在一个码长为 $l_1, l_2, \cdots, l_q$ 的唯一可译码，则一定存在具有相同码长的即时码。*

由前已知，即时码可以很容易用码树法来构造。所以要构造唯一可译码，只需讨论如何构造即时码。

5.4 变长无失真编码定理

5.4.1 变长编码的平均码长

定义 5.8 设有信源

$$\begin{bmatrix} S \\ P \end{bmatrix} = \begin{bmatrix} s_1 & s_2 & \cdots & s_q \\ P(s_1) & P(s_2) & \cdots & P(s_q) \end{bmatrix}$$

编码后的码字分别为 $w_1, w_2, \cdots, w_q$，各码字相应的码长分别为 $l_1, l_2, \cdots, l_q$。因是唯一可译码，信源符号 s_i，和码字 w_i 一一对应，则这个码的**平均码长**为

$$\bar{L} = \sum_{i=1}^{q} P(s_i) l_i \text{ 码元/符号} \tag{5.38}$$

平均码长 $\bar{L}$ 表示对每个信源符号编码平均需用的码元数。

定义 5.9 当信源给定时，信源熵 $H(S)$ 就确定了，而编码后每个信源符号平均用 $\bar{L}$ 个码元来表示，故平均每个码元载荷的信息量就是**编码后的信息传输率** R

$$R = \frac{H(S)}{\bar{L}} \text{bit/码元} \tag{5.39}$$

如果传输一个码符号平均需要 t 秒时间，则编码后信道每秒传输的信息量为

$$R_t = \frac{H(S)}{\bar{L}t} \text{bit/s} \tag{5.40}$$

由式（5.40）可见，R_t 越大，信息传输率就越高。因此，人们感兴趣的码是使平均码长 $\bar{L}$ 为最短的码。

定义 5.10 **编码效率**定义为编码后的信息传输率与编码最大信息传输率的比值

$$\eta = \frac{R}{\log r} = \frac{H(S)}{\bar{L} \log r} = \frac{H_r(S)}{\bar{L}} \tag{5.41}$$

式中：$\bar{L}$ 为平均码长。此处，$\bar{L} = \dfrac{\bar{L}_N}{N}$。

编码效率 η 一定是小于或等于 1 的数。平均码长 $\bar{L}$ 越短，那么编码效率将趋于 1，效率就越高，因此我们可以用码的效率 η 来衡量各种编码的优劣。

另外，为了衡量各种编码与最佳码的差距，引入码的冗余度的概论。

定义 5.11 为了衡量各种编码方法与理想编码的差距，定义码的**冗余度**（或**剩余度**）为

$$\gamma = 1 - \eta = 1 - \frac{H_r(S)}{\bar{L}} \tag{5.42}$$

定义 5.12 对于给定的信源和码符号集，若有一种唯一可译码，其平均码长 $\bar{L}$ 小于所有其他唯一可译码的平均码长，则称这种码为**紧致码**，或**最佳码**。

信源变长编码的核心问题就是寻找紧致码。

定理 5.5 对于熵为 $H(S)$ 的离散无记忆信源

$$\begin{bmatrix} S \\ P \end{bmatrix} = \begin{bmatrix} s_1 & s_2 & \cdots & s_q \\ P(s_1) & P(s_2) & \cdots & P(s_q) \end{bmatrix}$$

码符号集 $X = (x_1, x_2, \cdots, x_r)$，总可以找到一种唯一可译码，其平均码长 $\bar{L}$ 满足

$$\frac{H(S)}{\log r} \leqslant \bar{L} < 1 + \frac{H(S)}{\log r} \tag{5.43}$$

该定理指出，平均码长 $\bar{L}$ 不能小于极限值 $H(S)/\log r$，否则唯一可译码不存在。同时又给出了平均码长的上界 $\left(1 + \dfrac{H(S)}{\log r}\right)$。但是，并不是说大于这个上界就不能构成唯一可译

码，只是因为我们总希望平均码长$\bar{L}$尽可能短。当平均码长$\bar{L}$小于上界时，唯一可译码也存在。只是平均码长$\bar{L}$达到下界时才成为最佳码。

证 ①先证下界成立。

将式（5.43）下界条件改写为

$$H(S)-\bar{L}\log r\leqslant 0 \tag{5.44}$$

根据定义有

$$\begin{aligned}H(S)-\bar{L}\log r&=-\sum_{i=1}^{q}P(s_i)\log P(s_i)-\log r\sum_{i=1}^{q}P(s_i)l_i\\&=-\sum_{i=1}^{q}P(s_i)\log P(s_i)+\sum_{i=1}^{q}P(s_i)\log r^{-l_i}\\&=\sum_{i=1}^{q}P(s_i)\log\frac{r^{-l_i}}{P(s_i)}\end{aligned} \tag{5.45}$$

应用詹森不等式

$$\sum_{k=1}^{q}\lambda_k f(x_k)\leqslant f\left(\sum_{k=1}^{q}\lambda_k x_k\right)$$

有

$$H(S)-\bar{L}\log r\leqslant\log\sum_{i=1}^{q}P(s_i)\frac{r^{-l_i}}{P(s_i)}=\log\sum_{i=1}^{q}r^{-l_i}$$

因为存在唯一可译码的充要条件是

$$\sum_{i=1}^{q}r^{-l_i}\leqslant 1$$

这样，总可以找到一种唯一可译码，其码长满足克拉夫特不等式，故

$$H(S)-\bar{L}\log r\leqslant\log 1=0$$

于是有

$$\bar{L}\geqslant\frac{H(S)}{\log r} \tag{5.46}$$

式（5.46）等号成立的充要条件是

$$P(s_i)=r^{-l_i}\quad(\text{对}\ \forall i) \tag{5.47}$$

这可以从式（5.45）得到证明。将式（5.47）代入式（5.45）中，有

$$H(S)-\bar{L}\log r=\sum_{i=1}^{q}P(s_i)\log\frac{r^{-l_i}}{P(s_i)}=\sum_{i=1}^{q}P(s_i)\log 1=0$$

故

$$\bar{L}=\frac{H(S)}{\log r} \tag{5.48}$$

式（5.48）的意义是清楚的，只有当选择每个码字的相应码长

$$l_i=\frac{-\log P(s_i)}{\log r}=-\log_r P(s_i)\quad(\text{对}\ \forall i) \tag{5.49}$$

时，$\bar{L}$ 才能达到下界值。令

$$\alpha_i = \frac{-\log P(s_i)}{\log r} = \frac{\log P(s_i)}{\log\left(\frac{1}{r}\right)} \tag{5.50}$$

则式（5.50）可表示为

$$P(s_i) = \left(\frac{1}{r}\right)^{\alpha_i} \tag{5.51}$$

这意味着当式（5.46）等号成立时，每个信源符号 s_i 的概率 $P(s_i)$ 满足式（5.51）。

②证明上界成立。

$$\bar{L} < 1 + \frac{H(S)}{\log r} \tag{5.52}$$

要证明的问题是，由于上界的含义是表示平均码长 $\bar{L}$ 小于上界 $\left(1+\frac{H(S)}{\log r}\right)$，仍然存在唯一可译码，所以只要证明可选择一种唯一可译码满足式（5.52）即可。

首先，将信源符号 s_i 的概率 $P(s_i)$ 表示成

$$P(s_i) = \left(\frac{1}{r}\right)^{\alpha_i}$$

选择每个码字的长度 l_i 为 α_i。由于 r 是正整数，而 $\alpha_i = \frac{\log P(s_i)}{\log\left(\frac{1}{r}\right)}$ 不一定是整数。故

若 α_i 是整数，则选择 $l_i = \alpha_i$；

若 α_i 不是整数，则选择 l_i，满足下式

$$\alpha_i < l_i < \alpha_i + 1$$

由此得到选择码长 l_i 应满足

$$\alpha_i \leqslant l_i < \alpha_i + 1 \quad （对 \forall i） \tag{5.53}$$

将式（5.50）代入式（5.53）中的下界，有

$$l_i \geqslant \frac{-\log P(s_i)}{\log r}$$

即

$$P(s_i) \geqslant r^{-l_i} \tag{5.54}$$

上式对一切 i 求和，得

$$\sum_{i=1}^{q} r^{-l_i} \leqslant \sum_{i=1}^{q} P(s_i) = 1 \tag{5.55}$$

上式为克拉夫特不等式，表明这种码长的唯一可译码一定存在。

将式（5.50）代入式（5.53）中的上界，有

$$l_i < \frac{-\log P(s_i)}{\log r} + 1$$

对上述不等式取数学期望，有

$$\sum_{i=1}^{q} P(s_i) l_i < \frac{-\sum_{i=1}^{q} P(s_i) \log P(s_i)}{\log r} + 1$$

从而得

$$\bar{L} < \frac{H(S)}{\log r} + 1 \tag{5.56}$$

由式（5.55）和式（5.56）知，对于上述所选择的码长为l_i的码，其平均码长$\bar{L}$小于上界$\left(1+\frac{H(S)}{\log r}\right)$，而且存在唯一可译码。

如果信源熵中对数的底取为r，由式（5.43）得

$$H_r(S) \leqslant \bar{L} < H_r(S) + 1$$

所以，平均码长$\bar{L}$的下界为信源的r进制熵$H_r(S)$。

5.4.2 香农第一定理

变长无失真编码定理即香农第一定理。

定理 5.6 设离散无记忆信源为

$$\begin{bmatrix} S \\ P \end{bmatrix} = \begin{bmatrix} s_1 & s_2 & \cdots & s_q \\ P(s_1) & P(s_2) & \cdots & P(s_q) \end{bmatrix}$$

其信源熵为$H(S)$。它的N次扩展信源为

$$\begin{bmatrix} S^N \\ P \end{bmatrix} = \begin{bmatrix} \alpha_1 & \alpha_2 & \cdots & \alpha_{q^N} \\ P(\alpha_1) & P(\alpha_2) & \cdots & P(\alpha_{q^N}) \end{bmatrix}$$

其熵为$H(S^N)$。码符号集$X = (x_1, x_2, \cdots, x_r)$。现对信源$S^N$进行编码，总可以找到一种编码方法，构成唯一可译码，使信源S中的每个信源符号所需的码字平均码长满足

$$\frac{H(S)}{\log r} \leqslant \frac{\bar{L}_N}{N} < \frac{H(S)}{\log r} + \frac{1}{N} \tag{5.57}$$

或

$$H_r(S) \leqslant \frac{\bar{L}_N}{N} < H_r(S) + \frac{1}{N} \tag{5.58}$$

当$N \to \infty$时，则

$$\lim_{N \to \infty} \frac{\bar{L}_N}{N} = H_r(S) \tag{5.59}$$

式中：$\bar{L}_N$是离散无记忆N次扩展信源S^N中每个信源符号α_i所对应的平均码长。

$$\bar{L}_N = \sum_{i=1}^{q^N} P(\alpha_i) \lambda_i$$

式中：λ_i是α_i所对应的码字长度。

$\frac{\bar{L}_N}{N}$ 表示离散无记忆信源 S 中每个信源符号 s_i 所对应的平均码长。

$\bar{L}$ 和 $\frac{\bar{L}_N}{N}$ 两者都是每个原始信源符号 $s_i, i=1,2,\cdots,q$ 所需要的码元的平均数。但不同的是，对于 $\frac{\bar{L}_N}{N}$，为了得到这个平均值，不是直接对单个信源符号 s_i 进行编码，而是对 N 次扩展信源符号序列 $\alpha_j(j=1,2,\cdots,q^N)$ 进行编码得到的。

证　将 S^N 视为一个新的离散无记忆信源，应用定理 5.5 中式（5.43），可得

$$H_r(S^N) \leqslant \bar{L}_N < H_r(S^N)+1$$

由第 3 章 3.2 节知，N 次无记忆扩展信源 S^N 的熵 $H_r(S^N)$ 是信源 S 的熵 $H_r(S)$ 的 N 倍，即

$$H_r(S^N) = NH_r(S)$$

于是有

$$NH_r(S) \leqslant \bar{L}_N < NH_r(S)+1$$

两边除以 N，可得

$$H_r(S) \leqslant \frac{\bar{L}_N}{N} < H_r(S)+\frac{1}{N}$$

于是，式（5.58）得证。

显然，当 $N\to\infty$ 时，有

$$\lim_{N\to\infty}\frac{\bar{L}_N}{N} = H_r(S)$$

此式表明，当 N 充分大时，每个信源符号所对应的平均码长 $\frac{\bar{L}_N}{N}$ 等于 r 进制的信源熵 $H_r(S)$。若编码的平均码长 $\frac{\bar{L}_N}{N}$ 小于该信源熵 $H_r(S)$，则唯一可译码不存在。这是因为不能生成和信源符号一一对应的码字，在译码或逆变换时必然要带来失真和差错。

将定理 5.6 的结论推广到平稳遍历的有记忆信源（如马尔可夫信源），便有

$$\lim_{N\to\infty}\frac{\bar{L}_N}{N} = \frac{H_\infty}{\log r} \tag{5.60}$$

式中：H_∞ 为有记忆信源的极限熵。

香农第一定理是香农信息论的主要定理之一。

类似于 5.2 节中的编码速率，可以定义变长编码的编码速率为

$$R' = \frac{\bar{L}_N}{N}\log r \tag{5.61}$$

它是编码后平均每个码字能载荷的最大信息量。于是，定理 5.6 又可表述为，若

$$R' < H(S)$$

则不存在唯一可译的变长编码，不能实现无失真的信源编码。

例 5.2　有一离散无记忆信源

$$\begin{bmatrix} S \\ P \end{bmatrix} = \begin{bmatrix} s_1 & s_2 \\ \frac{3}{4} & \frac{1}{4} \end{bmatrix}$$

求编码后的信息传输率及二次、三次、四次扩展信源的信息传输率。

解 信源熵

$$H(S) = \frac{1}{4}\log 4 + \frac{3}{4}\log\frac{4}{3} = 0.811\,\text{bit}$$

现在用二元码符号 {0,1} 来构造一个即时码

$$s_1 \to 0, s_2 \to 1$$

这时平均码长

$$\bar{L} = 1 \text{ 码元/符号}$$

编码的效率为

$$\eta = \frac{H(S)}{\bar{L}} = 0.811$$

得信道的信息传输率为

$$R = 0.811 \text{ bit/码元}$$

进一步，对信源 S 的二次扩展信源 S^2 进行编码。其二次扩展信源 S^2 和即时码如表 5.6 所列。

表 5.6 二次扩展信源和即时码

α_i	$P(\alpha_i)$	即时码
s_1s_1	9/16	0
s_1s_2	3/16	10
s_2s_1	3/16	110
s_2s_2	1/16	111

这个码的平均码长

$$\bar{L}_2 = \left(\frac{9}{16}\times 1 + \frac{3}{16}\times 2 + \frac{3}{16}\times 3 + \frac{1}{16}\times 3\right) = \frac{27}{16} \text{ 码元/二个符号}$$

信源 S 中每一单个符号的平均码长为

$$\bar{L} = \frac{\bar{L}_2}{2} = \frac{27}{32} \text{ 码元/符号}$$

其编码效率

$$\eta_2 = \frac{32\times 0.811}{27} = 0.961$$

得

$$R_2 = 0.961 \text{ bit/码元}$$

可见编码复杂了，但信息传输效率有了提高。

用同样方法可进一步对信源 S 的三次和四次扩展信源进行编码，并求出其编码效率为

$$\eta_3 = 0.985$$

$$\eta_4 = 0.991$$

这时信道的信息传输率分别为

$$R_3 = 0.985 \text{ bit/码元}$$

$$R_4 = 0.991 \text{ bit/码元}$$

经过分析，对于同一信源，要求编码效率都达到 96%时，变长码只需对二次扩展信源（$N=2$）进行编码，而定长码则要求 N 大于 4.13×10^7。很明显，用变长码编码时，N 不需很大就可以达到相当高的编码效率，而且可实现无失真编码。随着扩展信源次数的增加，编码效率越来越接近于 1，编码后信道的信息传输率 R 也越来越接近于无噪无损二元对称信道的信道容量 C，达到信源与信道匹配，使信道容量得到充分利用。

变长无失真编码定理（即香农第一定理）指出了信源无损压缩与信源信息熵的关系。它指出了信息熵是无损压缩编码所需平均码长的极限值，也指出了可以通过编码使平均码长达到极限值。所以，这是一个很重要的极限定理。

5.5　变长信源编码方法

香农第一定理指出了平均码长与信源信息熵之间的关系，同时也指出了可以通过编码使平均码长达到极限值，这是一个很重要的极限定理。

至于如何去构造一个紧致码（最佳码），定理并没有直接给出。本节将阐述具体的编码方法。

5.5.1　香农编码

香农编码方法是选择每个码字长度 l_i，满足

$$l_i = \left\lceil \log \frac{1}{P(s_i)} \right\rceil \tag{5.62}$$

式中：$\lceil x \rceil$ 表示不小于 x 的整数，即 x 为整数时等于 x，x 不是整数时，等于 x 取整加 1。由定理 5.6 可知，这样选择的码长一定满足克拉夫特不等式，所以一定存在唯一可译码。然后，按照这个码长 l_i，用码树法就可编出相应的一组码（即时码）。

按照香农编码方法编出来的码，可以使其平均码长 $\bar{L}$ 不超过上界，即

$$\bar{L} < H_r(S) + 1 \tag{5.63}$$

香农第一定理指出，选择每个码字的长度 l_i 使之满足式 $-\log P(s_i) \leqslant l_i < -\log P(s_i) + 1$

的整数，就可以得到唯一可译码，这种编码方法称为香农编码。按照香农编码方法编出来的码可以使$\bar{L}$不超过上界，但并不一定能使$\bar{L}$为最短，即编出来的不一定是紧致码。

可见，香农编码冗余度稍大，实用性不强，但有其重要的理论意义。二进制香农码的编码过程如下：

（1）将信源发出的q个消息符号按其概率的递减次序依次排列。

$$P_1 \geqslant P_2 \geqslant \cdots \geqslant P_q$$

（2）按下式计算第i个信源符号的二进制码字的码长l_i并取整。

$$-\log P(s_i) \leqslant l_i < -\log P(s_i) + 1$$

（3）为了编成唯一可译码，首先计算第i个信源符号的累加概率

$$P_i = \sum_{k=1}^{i-1} P(s_k)$$

（4）将累加概率P_i（为小数）变换成二进制数。

（5）去除小数点，并根据码长l_i，取小数点后l_i位数作为第i个信源符号的码字。l_i由下式确定。

$$l_i = -\log p(s_i) + 1 \quad （取整）$$

下面给出一个具体的例子来说明这种编码方法。

例 5.3 参见表 5.7，按照以上步骤对一个有 7 个信源符号的信源编码。例如当$i=4$时，先求第 4 个信源符号的二元码的码长l_4：

$$l_4 = \lceil -\log P(s_4) \rceil = 3$$

因此码长取为 3。

表 5.7 香农编码

信源符号 s_i	概率 $p(s_i)$	累加概率 P_i	$-\log P(s_i)$	码长 l_i	二进制码字
s_1	0.20	0	2.34	3	000
s_2	0.19	0.2	2.41	3	001
s_3	0.18	0.39	2.48	3	011
s_4	0.17	0.57	2.56	3	100
s_5	0.15	0.74	2.74	3	101
s_6	0.10	0.89	3.34	4	1110
s_7	0.01	0.99	6.66	7	1111110

再计算累加概率：

$$P_4 = \sum_{k=1}^{3} P(s_k) = P(s_1) + P(s_2) + P(s_3) = 0.57$$

将累加概率P_4变成二进制小数：

$$P_4 = 0.57 = 0 \times 2^0 + 1 \times 2^{-1} + 0 \times 2^{-2} + 0 \times 2^{-3} + 1 \times 2^{-4} + \cdots$$

即

$$P_4 = (0.57)_{10} = (0.1001\cdots)_2$$

根据码长 $l_4 = 3$ 取小数点后三位作为第 4 个信源符号的二元码，即“100”，其他信源符号的编码可依次求得，过程不再赘述。

由表 5.7 可以看出，一共有 5 个三位的二元码，各码字至少有一位码符号不同。这个码是唯一可译码，而且是即时码。

平均码长

$$\bar{L} = \sum_{i=1}^{7} P(s_i) l_i = 3.14 \text{ 码元/符号}$$

编码后信息传输率

$$R = \frac{H(S)}{\bar{L}} = \frac{2.61}{3.14} = 0.831 \text{ bit/码元}$$

5.5.2　霍夫曼编码

香农第一定理的证明过程告诉了我们一种编码方法，这种编码方法称为香农编码。一般情况下，香农编码的 $\bar{L}$ 不是最短，即编出来的不是紧致码（最佳码）。至于如何去构造一个紧致码，定理并没有直接给出。

霍夫曼于 1952 年提出了一种构造紧致码的方法。它是一种最佳的逐个符号的编码方法，其编码效率较高。

1. 二元霍夫曼编码

下面首先给出二元霍夫曼码的编码方法，它的编码过程如下：

（1）将信源 S 发出的 q 个消息符号按其概率大小递减次序依次排列，即

$$P_1 \geqslant P_2 \geqslant \cdots \geqslant P_q$$

（2）用 0 和 1 码元分别代表概率最小的两个信源符号，并将这两个概率最小的信源符号合并成一个符号，从而得到只包含 $q-1$ 个符号的新信源，称为 S 信源的缩减信源 S_1。

（3）把缩减信源 S_1 的符号仍按概率大小以递减次序排列，再将其最后两个概率最小的信源符号合并成一个符号，并分别用 0 和 1 码元表示，这样又形成了 $q-2$ 个符号的缩减信源 S_2。

（4）依次继续下去，直至信源最后只剩下两个符号为止。将这最后两个信源符号分别用 0 和 1 码元表示。然后从最后一级缩减信源开始，依编码路径向前返回（从右往左），就得出各信源符号所对应的码字。

然后给出一个具体的例子来说明这种编码方法。

例 5.4　以例 5.3 信源为例编制二元霍夫曼码。

解 编码结果如表 5.8 所示。

表 5.8 霍夫曼编码

码字	信源符号	编码过程	码长
10	s_1	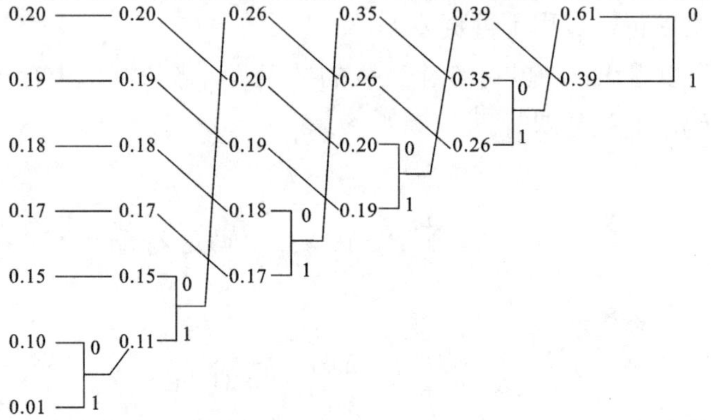	2
11	s_2		2
000	s_3		3
001	s_4		3
010	s_5		3
0110	s_6		4
0111	s_7		4

该码的平均码长

$$
\begin{aligned}
\overline{L} &= \sum_{i=1}^{7} P(s_i) l_i \\
&= 0.2 \times 2 + 0.19 \times 2 + 0.18 \times 3 + 0.17 \times 3 + 0.15 \times 3 + 0.1 \times 4 + 0.01 \times 4 \\
&= 2.72 \text{ 码元/符号}
\end{aligned}
$$

其编码效率

$$
\eta = \frac{H_r(S)}{\overline{L}} = \frac{2.61}{2.72} = 0.960
$$

从霍夫曼码的编码方法可知，这样得到的码并非唯一的，原因有两个。

（1）在每次对信源缩减时，概率最小的两个信源符号对应的码符号 0 和 1 是可以互换的，所以可得到不同的霍夫曼码。

（2）对信源进行缩减时，如果两个概率最小的信源符号合并后的概率与其他信源符号的概率相同，则在缩减信源中进行概率排序的次序可以是任意的，因此会得到不同的霍夫曼码。

表 5.9 给出了同一信源的两种霍夫曼码，它们的平均码长和编码效率都相同，都是紧致码，但是质量不完全相同，因为它们的码方差不同。

表 5.9 霍夫曼编码之间的比较

信源符号 s_i	概率 $p(s_i)$	码 1	码 1 的码长	码 2	码 2 的码长
s_1	0.4	0	1	00	2
s_2	0.2	01	2	10	2
s_3	0.2	000	3	11	2
s_4	0.1	0010	4	010	3
s_5	0.1	0011	4	011	3

平均码长

$$\bar{L}=\sum_{i=1}^{5}P(s_i)l_i=2.2\ \text{码元/符号}$$

编码效率

$$\eta=\frac{H_r(S)}{\bar{L}}=0.965$$

码 1 的码方差

$$\begin{aligned}\sigma_1^2&=\sum_{i=1}^{5}P(s_i)(l_i-\bar{L})^2\\&=0.4\times(1-2.2)^2+0.2\times(2-2.2)^2+0.2\times(3-2.2)^2+\\&\quad 0.1\times(4-2.2)^2+0.1\times(4-2.2)^2\\&=1.36\end{aligned}$$

码 2 的码方差

$$\begin{aligned}\sigma_2^2&=\sum_{i=1}^{5}P(s_i)(l_i-\bar{L})^2\\&=0.4\times(2-2.2)^2+0.2\times(2-2.2)^2+0.2\times(2-2.2)^2+\\&\quad 0.1\times(3-2.2)^2+0.1\times(3-2.2)^2\\&=0.16\end{aligned}$$

由此可见，码 2 的码方差要比码 1 的码方差小得多，因此，码 2 的码长更均匀，质量更好。

从此例可以看出，霍夫曼编码在信源缩减排列时，应使合并的信源符号位于缩减信源中尽可能高的位置上，这样可以使合并的信源符号码长较短，充分利用短码，得到方差最小的码。

2. r 元霍夫曼编码

二进制霍夫曼码的编码方法很容易推广到 r 进制的情况，只是编码过程中构成缩减信源时，每次都是将 r 个概率最小的信源符号合并，并分别用 $0,1,\cdots,(r-1)$ 码元表示。

为了充分利用短码，使霍夫曼码的平均码长最短，必须使最后一个缩减信源有 r 个信源符号。因此对于 r 元霍夫曼编码，信源 S 符号个数 q 必须满足

$$q=(r-1)\theta+r$$

θ 表示信源缩减次数，如果不满足上式，则可以在最后增补一些概率为 0 的信源符号，因此上式又可以写成 $q+i=(r-1)\theta+r$。i 为增加的信源符号个数，是满足上式的最小正整数或 0。对于 $r=2$ 的二元码，信源 S 的符号个数 q 必须满足 $q=\theta+2$。

例 5.5　针对表 5.9 所示信源构造一个三元霍夫曼码。

解　编码结果如表 5.10 所示

表 5.10　三元霍夫曼编码

信源符号 s_i	概率 $p(s_i)$	码字	码长
s_1	0.4	1	1
s_2	0.2	2	1
s_3	0.2	00	2
s_4	0.1	01	2
s_5	0.1	02	2

这里满足 $q+i=(r-1)\theta+r$ 的 i 的最小值为 $i=0$，所以不需要添加概率为 0 的信源符号。

该码的平均码长

$$\bar{L}=\sum_{i=1}^{5}P(s_i)l_i=1.4 \text{ 码元/符号}$$

编码后信息传输率

$$R=\frac{H(S)}{\bar{L}}=\frac{2.122}{1.4}=1.515 \text{ bit/码元}$$

编码效率

$$\eta=\frac{H_3(S)}{\bar{L}}=\frac{2.122}{1.4\times\log 3}=0.956$$

3. 符号序列的霍夫曼编码

以上讨论的是对信源符号进行霍夫曼编码，也可对信源符号序列进行编码。一般来说，对序列编码比对单个符号编码更有效率，这与编码定理的结论是一致的。请看例 5.6。

例 5.6　设一信源有 3 个符号，概率分别为 0.7、0.2 和 0.1。

（1）求二元霍夫曼编码及编码效率；

（2）求二次扩展信源的霍夫曼编码及编码效率。

解　（1）二元霍夫曼编码结果如表 5.11 所示。

表 5.11　二元霍夫曼编码

信源序列	序列概率	编码过程	码字	码长
s_1	0.7	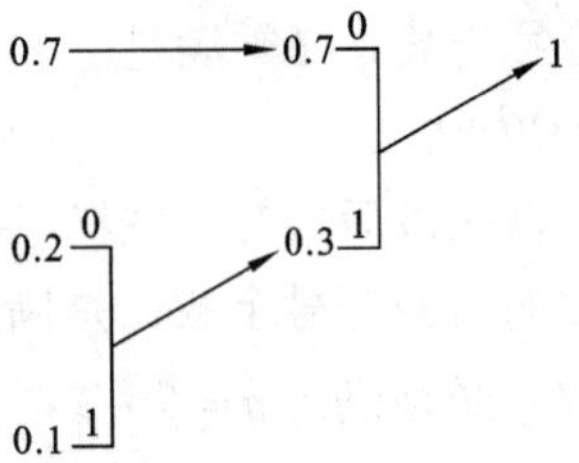	0	1
s_2	0.2		10	2
s_3	0.1		11	2

平均码长

$$\bar{L}=\sum_{i=1}^{q}P(s_i)l_i=0.7\times1+0.2\times2+0.1\times2=1.3 \text{ 码元 / 符号}$$

编码效率

$$\eta=\frac{H(S)}{\bar{L}\log r}=\frac{H(0.7,0.2,0.1)}{1.3\times\log 2}=\frac{1.1568}{1.3}=88.98\%$$

（2）二次扩展信源的霍夫曼编码过程和结果分别如表 5.12 和表 5.13 所示。

表 5.12　二次扩展信源的霍夫曼编码过程

信源序列	序列概率	编码过程

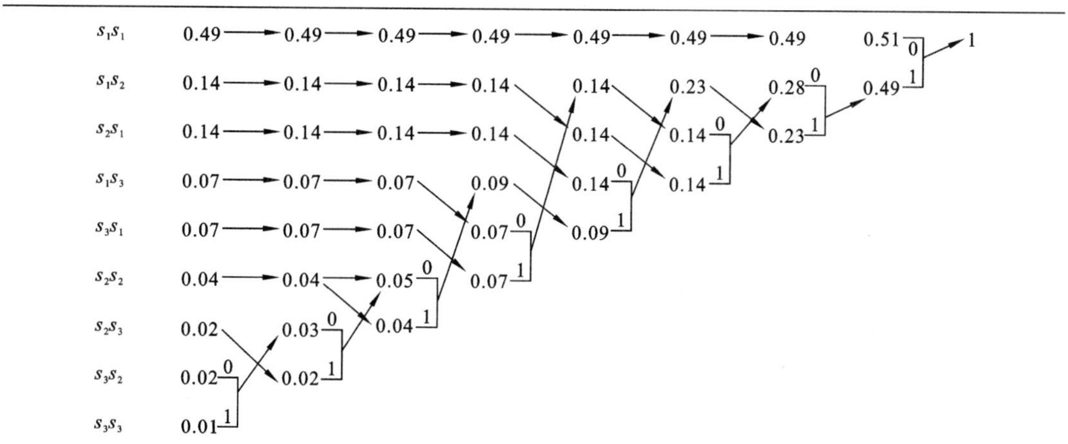

表 5.13　二次扩展信源的霍夫曼编码结果

信源序列	序列概率	码字	码长
s_1s_1	0.49	1	1
s_1s_2	0.14	001	3
s_2s_1	0.14	010	3
s_1s_3	0.07	0000	4
s_3s_1	0.07	0001	4
s_2s_2	0.04	0111	4
s_2s_3	0.02	01101	5
s_3s_2	0.02	011000	6
s_3s_3	0.01	011001	6

平均码长

$$\bar{L}_N=\sum_{i=1}^{q}P(s_i)\lambda_i=2.33\ \text{码元/两个符号}$$

编码效率

$$\eta=\frac{H(S)}{\frac{\bar{L}_N}{2}\log r}=\frac{H(0.5,0.4,0.1)}{\frac{2.33}{2}\times\log 2}=\frac{1.1568\times 2}{2.33}=99.3\%$$

5.5.3 费诺编码

费诺（Fano）编码方法属于概率匹配编码，但它不是最佳的编码方法。不过有时也可得到紧致码的性能。以二进制费诺码为例，编码过程如下：

（1）将信源符号按其出现的概率由大到小依次排列。

（2）将依次排列的信源符号按概率值分为两大组，使两个组的概率之和近于相同，并对各组分别赋予一个二进制码元“0”和“1”。

（3）将每一大组的信源符号进一步再分成两组，使划分后的两个组的概率之和近于相同，并又分别赋予一个二进制码元“0”和“1”。

（4）如此重复，直至每组只剩下一个信源符号为止。

（5）信源符号所对应的码字即为费诺码。

需要指出的是，费诺编码方法同样适合于 r 元编码，只需每次分成 r 组即可。

例 5.7 某离散无记忆信源共有 8 个符号消息，其概率空间为

$$\begin{bmatrix} S \\ P(S) \end{bmatrix} = \begin{bmatrix} s_1 & s_2 & s_3 & s_4 & s_5 & s_6 & s_7 & s_8 \\ 0.40 & 0.18 & 0.10 & 0.10 & 0.07 & 0.06 & 0.05 & 0.04 \end{bmatrix}$$

试进行二进制费诺编码，并计算编码后的信息传输率和编码效率。

解 费诺编码步骤如表 5.14 所示。

表 5.14 二进制费诺编码

信源符号	概率	第一次分组	第二次分组	第三次分组	第四次分组	码字	码长
s_1	0.40	0	0			00	2
s_2	0.18	0	1			01	2
s_3	0.10	1	0	0		100	3
s_4	0.10	1	0	1		101	3
s_5	0.07	1	1	0	0	1100	4
s_6	0.06	1	1	0	1	1101	4
s_7	0.05	1	1	1	0	1110	4
s_8	0.04	1	1	1	1	1111	4

信源熵

$$H(S) = -\sum_{i=1}^{q} P(s_i)\log P(s_i) = 2.552 \text{ bit}$$

平均码长

$$\bar{L} = \sum_{i=1}^{q} P(s_i) l_i = 2.64 \text{ 码元/符号}$$

编码后的信息传输率

$$R = \frac{H(S)}{\bar{L}} = \frac{2.552}{2.64} = 0.967 \text{ bit/码元}$$

编码效率

$$\eta = \frac{H(S)}{\bar{L}} = 0.967$$

从例 5.7 可以看出，费诺码的编码方法实际上是构造码树的一种方法，是一种即时码。费诺码考虑了信源的统计特性，使出现概率大的信源符号对应码长短的码字。费诺码不失为一种好的编码方法，但是它不一定能使短码得到充分利用，不一定是最佳码。

习　题

1. 有一离散无记忆信源

$$\begin{bmatrix} S \\ P(S) \end{bmatrix} = \begin{bmatrix} s_1 & s_2 & s_3 & s_4 & s_5 & s_6 & s_7 \\ 0.20 & 0.19 & 0.18 & 0.17 & 0.15 & 0.10 & 0.01 \end{bmatrix}$$

请编制二进制费诺码，并求编码后的信息传输率。

2. 设 S 为一离散无记忆信源，其符号集合为 $\{0,1\}$，概率分布为 $p(0)=0.995$，$p(1)=0.005$。令信源符号序列的长度为 $n=100$，假定对所有只包含 3 个以下符号“1”的序列编制长度为 k 的非奇异二进制码。求：

（1）信源的熵 $H(S)$ 及其冗余度 ；

（2）k 的最小值应该为多少？试比较 k/n 和 $H(S)$；

（3）信源产生的序列没有码字与其对应的概率。

3. 斐波那契（Fibonacci）数列的前 8 个非零元素的概率分布为

$$\left\{\frac{13}{34},\frac{8}{34},\frac{5}{34},\frac{3}{34},\frac{2}{34},\frac{1}{34},\frac{1}{34},\frac{1}{34}\right\}$$

求霍夫曼编码及平均码长。

4. 设 X_1、X_2、X_3 为独立的二进制随机变量，并且有 $P_r\{X_1=1\}=1/2, P_r\{X_2=1\}=1/3$，$P_r\{X_3=1\}=1/4$，请给出联合随机变量 (X_1,X_2,X_3) 的霍夫曼编码，并求其平均码长。

5. 下面以码字集合的形式给出 5 种不同的编码，第一个码的码符号集合为 $\{x,y,z\}$，其他 4 个码都是二进制码。

$\{xx, xz, y, zz, xxz\}$

$\{000,10,00,11\}$

$\{100,101,0,11\}$

$\{01,100,011,00,111,1010,1011,1101\}$

$\{01,111,011,00,010,110\}$

对于上面列出的 5 种编码，分别回答下述问题：

（1）此码的码长分布是否满足克拉夫特-麦克米伦不等式？

（2）此码是否是即时码？如果不是，请给出反例。

（3）此码是否是唯一可译码？如果不是，请给出反例。

6. 考虑这样一个信源分布$\left\{\frac{1}{3},\frac{1}{3},\frac{1}{4},\frac{1}{12}\right\}$。

（1）为此信源构造一个二进制霍夫曼编码；

（2）为此信源找出两组不同的最佳码长方案；

（3）用实例说明在最佳码中某些码字的码长将会大于相应信源符号对应的香农编码的码字长度$l_i=\left\lceil \log\frac{1}{p_i}\right\rceil$。

7. 一离散信源的符号表为$\{a,b,c,d,e\}$，而$x=daadcadbea$为此信源的观察序列。假设此信源为具体分布未知的独立同分布随机过程。

（1）通过观察序列，可以得到信源概率分布函数的一个估计，根据这个估计求信源的熵。

（2）根据估计出来的信源概率分布函数构造一个霍夫曼编码，计算平均码长并指出对序列x编码所需的比特数与平均码长的关系。

8. （发酸的酒）某人得到了 5 瓶酒，已知其中有且仅有一瓶酒坏了（尝起来发酸）。仅凭肉眼观察，发现坏酒的概率分布p_i为$(p_1,p_2,p_3,p_4,p_5)=\left\{\frac{1}{3},\frac{1}{4},\frac{1}{6},\frac{1}{6},\frac{1}{12}\right\}$。通过品尝则可以正确地找出坏酒。假设此人一瓶一瓶地依次品尝，并且选择一种品尝顺序使得确定出坏酒所必需的品尝次数的期望值最小。请问：

（1）所需的品尝次数的期望值是多少？

（2）首先品尝的应该是哪一瓶？

然后此人改变了策略，每次不再品尝单独的一瓶酒，而是将数瓶酒混合起来一起品尝，直到找到坏酒为止。

（3）在这种方式下所需的品尝次数的期望值是多少？

9. 一个离散无记忆信源，其样本空间为$\{W,B\}$，符号W出现的概率为 0.99，符号B出现的概率为 0.01。

（1）对此信源的二次扩展，求出信源符号序列的概率分布，找出相应的霍夫曼编码并求平均码长；

（2）对此信源的三次扩展重复上一问；

（3）计算信源的单符号熵并与上两问中的单符号平均码长进行比较。

10. 已知离散无记忆信源如下，试求：

$$\begin{bmatrix} S \\ P \end{bmatrix}=\begin{bmatrix} S_1 & S_2 & S_3 & S_4 & S_5 & S_6 & S_7 \\ 0.20 & 0.19 & 0.18 & 0.17 & 0.15 & 0.10 & 0.01 \end{bmatrix}$$

（1）信源符号熵 $H(S)$；

（2）相应的二元霍夫曼编码及其编码效率；

（3）相应的三元霍夫曼编码及其编码效率。

11. 对如下 DMC 进行二进制定长编码，并求编码效率。

$$\begin{bmatrix} U \\ P_U \end{bmatrix} = \begin{bmatrix} u_1 & u_2 & u_3 & u_4 & u_5 & u_6 & u_7 \\ 0.35 & 0.30 & 0.20 & 0.10 & 0.04 & 0.005 & 0.005 \end{bmatrix}$$

12. 对题 11 中所给信源的符号序列进行二进制编码，要求编码效率 $\eta_c = 90\%$，允许的差错率 $\delta < 10^{-6}$，求序列长度 N。

13. 以表 5.1 所示为三元霍夫曼编码示例，求平均码长和编码效率。

14. 设 DMC 如下，求二进制费诺编码。

$$\begin{bmatrix} U \\ P_U \end{bmatrix} = \begin{bmatrix} u_1 & u_2 & u_3 & u_4 & u_5 & u_6 & u_7 \\ 0.35 & 0.3 & 0.2 & 0.1 & 0.04 & 0.005 & 0.005 \end{bmatrix}$$

15. 证明：若存在一个码长为 $l_1, l_2, \cdots, l_q$ 的唯一可译码，则一定存在具有相同码长的即时码。

16. 设信源

$$\begin{bmatrix} S \\ P(s) \end{bmatrix} = \begin{bmatrix} s_1 & s_2 & \cdots & s_6 \\ p_1 & p_2 & \cdots & p_6 \end{bmatrix}$$

将此信源编码为 r 元唯一可译变长码（即码符号集 $X = \{1, 2, \cdots, r\}$），其对应的码长为 $(l_1, l_2, \cdots, l_6) = (1,1,2,3,2,3)$，求 r 值的下限。

17. 若有一信源

$$\begin{bmatrix} S \\ P(s) \end{bmatrix} = \begin{bmatrix} s_1 & s_2 \\ 0.8 & 0.2 \end{bmatrix}$$

每秒钟发出 2.66 个信源符号。将此信源的输出符号送入某一个二元信道中进行传输（假设信道是无噪无损的），而信道每秒钟只传递两个二元符号。试问信源不通过编码能否直接与信道连接？若通过适当编码能否在信道中进行无失真传输？若能连接，试说明如何编码并说明原因。

18. 求概率分布为（1/3,1/5,1/5,2/15,2/15）信源的二元霍夫曼编码。讨论此码对于概率分布为（1/5,1/5,1/5,1/5,1/5）的信源也是最佳二元码。

19. 设一离散无记忆信源，其概率空间为

$$\begin{bmatrix} S \\ P_S \end{bmatrix} = \begin{bmatrix} s_1 & s_2 & s_3 & s_4 & s_5 & s_6 \\ 0.32 & 0.22 & 0.18 & 0.16 & 0.08 & 0.04 \end{bmatrix}$$

对其进行二进制香农编码，并求其信源熵、平均码长和编码效率。

20. 设二元霍夫曼编码为 (00,01,10,11) 和 (0,10,110,111)，求出可以编得这样霍夫曼码的信源的所有概率分布。

第 6 章 限失真信源编码

信源的熵压缩编码是与无失真信源编码并列的两类不同性质的编码，前者是有失真的，而后者是无失真的。从信息论的角度来看，离散信源的冗余度是对信号携带信息能力的一种浪费，解决的办法就是冗余度压缩编码，也即无失真信源编码。通过冗余度压缩编码可以对信源输出的信息进行有效的表示，它既可以保证信源输出信号在编译码前后不会有任何失真，同时从信号携带信息的角度来看也可以保证编译码前后的信号具有相同的熵率。所以，冗余度压缩编码是无失真的保熵编码。从信息传输角度，要保证接收信号可恢复，信道传输速率 R 必然大于信源熵 $H(U)$，同时小于信道容量 C，即 $H(U)\leqslant R\leqslant C$。而对连续信源和波形信源，由于信源的真实熵为无穷大，无法实现无失真传输。在许多实际情况下，无失真的保熵编码并非总是必需的。如人眼对视觉信息的接收、人耳对听觉信息的接收等，信息的接收者不需要或无力接收信源发出的全部信息，只需要在给定失真条件下近似恢复原来的消息即可。那么就存在一个问题，对于给定的信源及信源熵 $H(U)$，在允许一定程度失真的条件下，信源熵所能压缩的极限理论值是多少？这是本章将要讨论的问题。

本章主要介绍信息率失真理论的基本内容，侧重讨论离散无记忆信源。首先给出信源的失真度和信息率失真函数的定义与性质，介绍了两种常用的率失真函数计算方法，在此基础上论述在保真度准则下的信源编码定理。

6.1 信息失真度量

现考察图 6.1 所示的编码信息传输系统。由于本章只涉及信源编码问题，所以将信道编码和信道译码都看成是信道的一部分。又根据信道编码定理，可以把信道编码、信道、信道译码这三部分看成是一个没有任何干扰的广义信道。这样收信者收到消息后所产生的失真（或误差）只是由信源编码带来的。

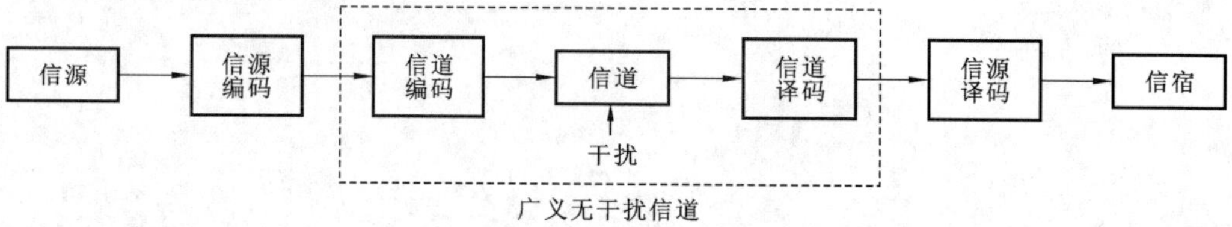

图 6.1 典型的编码信息传输系统

在限失真信源编码情况下，信源的编、译码会引起接收信息的错误，这一点与信道干扰引起的错误可作类比，为便于讨论，将信源的限失真编、译码效果等同于一个“试验信道”。由于是失真编码，所以信道的输入和输出不是一一对应的，用信道转移概率描述编、译码前后关系，这样信息传输系统可简化为如图 6.2 所示。

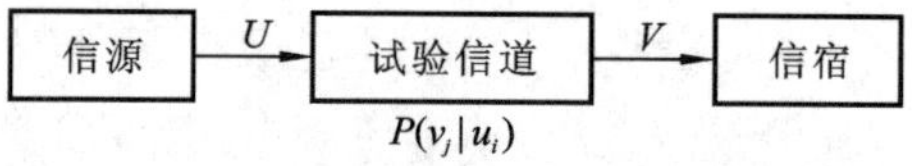

图 6.2 限失真信源编码的等效框图

图 6.2 中，信源发出符号 $U=\{u_1,u_2,\cdots,u_r\}$，经过试验信道后，信宿接收符号 $V=\{v_1,v_2,\cdots,v_s\}$。限失真信源编、译码引起的错误可看作试验信道的转移概率 $P(v_j\,|\,u_i)$ 产生的结果，各种不同信源编码方法的失真效果可通过试验信道的不同信道转移矩阵反映出来，或者说，不同的信道转移概率对应不同的编码方法。

在满足一定失真的情况下，总希望通过信源编码使得信源传输给信宿的信息率 $I(U;V)$ 越小越好，这个下限值与允许失真有关。因此首先来讨论信源的失真测度。

6.1.1 失真函数

设离散无记忆信源 U，信源变量 $U=\{u_1,u_2,\cdots,u_r\}$，其概率分布为

$$P(u)=[P(u_1),P(u_2),\cdots,P(u_r)]$$

信源符号通过信道传输到某接收端，接收端的接收变量 $V=\{v_1,v_2,\cdots,v_s\}$。

对应于每一对 (u,v)，指定一个非负的函数

$$d(u_i,v_j)\geqslant 0\quad (i=1,2,\cdots,r;\ j=1,2,\cdots,s) \tag{6.1}$$

称为单个符号的失真度（或称失真函数）。用它来测度信源发出一个符号 u_i，在接收端再现成接收符号集中一个符号 v_j，所引起的误差或失真。通常较小的 d 值代表较小的失真，而 $d(u_i,v_j)=0$ 代表没有失真。

由于信源变量 U 有 r 个符号，而接收变量 V 有 s 个符号，所以 $d(u_i,v_j)$ 就有 $r\times s$ 个，$r\times s$ 个非负的函数可以排列成矩阵形式，即

$$D=\begin{bmatrix} d(u_1,v_1) & d(u_1,v_2) & \cdots & d(u_1,v_s) \\ d(u_2,v_1) & d(u_2,v_2) & \cdots & d(u_2,v_s) \\ & \vdots & & \vdots \\ d(u_r,v_1) & d(u_r,v_2) & \cdots & d(u_r,v_s) \end{bmatrix} \tag{6.2}$$

称它为失真矩阵 D，它是 $r\times s$ 阶矩阵。

若失真矩阵 D 中每一行都是同一集合 A 中诸元素的不同排列，并且每一列也都是同一集合 B 中诸元素的不同排列，则称 D 具有对称性。以这种具有对称性的失真矩阵来度量失真的信源称为失真对称信源（简称对称信源）。

一般情况下，根据实际信源失真的情况不同，可以定义不同的失真和误差的度量。另外还可以按照其他原因，如引起的损失、风险、主观感觉上的差别大小等来定义失真度 $d(u_i,v_j)$。失真函数 $d(u_i,v_j)$ 的形式可以根据需要任意选取，例如平方代价函数、绝对代价函数、均匀代价函数等。最常用的失真函数如下：

均方失真：$d(u_i,v_j)=(u_i-v_j)^2$；

绝对失真：$d(u_i,v_j)=|u_i-v_j|$；

相对失真：$d(u_i,v_j)=|u_i-v_j|/|u_i|$；

误码失真：$d(u_i,v_j)=\delta(u_i-v_j)=\begin{cases}0, & u_i=v_j \\ 1, & \text{其他}\end{cases}$。

前三种失真函数适用于连续信源，后一种适用于离散信源。均方失真和绝对失真只与 u_i-v_j 有关，而不是分别与 u_i 及 v_j 有关，在数学处理上比较方便；相对失真与主观特性比较匹配，因为主观感觉往往与客观量的对数成正比，但在数学处理中就要困难得多。当然不同的信源应有不同的失真函数，所以在实际问题中还可提出许多其他形式的失真函数。

例 6.1　离散信源 $(r=s)$，信源变量 $U=\{u_1,u_2,\cdots,u_s\}$，接收变量 $V=\{v_1,v_2,\cdots,v_s\}$。定义单个符号失真度

$$d(u_i,v_j)=\begin{cases}0, & \text{当}u_i=v_j \\ 1, & \text{当}u_i\neq v_j\end{cases} \tag{6.3}$$

它表示当再现的接收符号与发送的信源符号相同时，就不存在失真和错误，所以失真度 $d(u_i,v_j)=0$。当再现的接收符号与发送的信源符号不同时，就存在失真。而且认为发送符号为 u_i，而再现的接收符号为 $v_j(i=j)$ 所引起的失真都相同，所以失真度 $d(u_i,v_j)(u_i\neq v_j)$ 为常数。在本例中，该常数取 1。这种失真称为汉明失真。汉明失真矩阵 $\boldsymbol{D}$ 是一方阵，并且

对角线上的元素为零，即

$$\boldsymbol{D}=\begin{bmatrix}0 & 1 & 1 & \cdots & 1\\ 1 & 0 & 1 & \cdots & 1\\ \vdots & \vdots & \vdots & & \vdots\\ 1 & 1 & 1 & \cdots & 0\end{bmatrix} \tag{6.4}$$

汉明失真矩阵 $\boldsymbol{D}$ 具有对称性，所以用汉明失真矩阵来度量的信源 U 称为离散对称信源。

对于二元对称信源 $(s=r=2)$，信源 $U=\{0,1\}$，而接收变量 $V=\{0,1\}$。在汉明失真定义下，失真矩阵为

$$\boldsymbol{D}=\begin{bmatrix}0 & 1\\ 1 & 0\end{bmatrix}$$

即

$$d(0,0)=d(1,1)=0,\quad d(0,1)=d(1,0)=1$$

它表示当发送信源符号 0（或符号 1）而接收后再现的仍是符号 0（或符号 1）时，则认为无失真或无错误存在。反之，若发送信源符号 0（或符号 1）而再现为符号 1（或符号 0）时，则认为有错误，并且这两种错误后果是等同的。

例 6.2 对称信源 $(r=s)$，信源 $U=\{u_1,u_2,\cdots,u_r\}$，接收变量 $V=\{v_1,v_2,\cdots,v_s\}$。失真度定义为

$$d(u_i,v_j)=(v_j-u_i)^2\quad(\forall i,j) \tag{6.5}$$

假如信源符号代表信源输出信号的幅度值，那么，这一种就是以方差表示的失真度。它意味着幅度差值大的要比幅度差值小的所引起的失真更为严重，严重程度用平方来表示。

当 $r=3$ 时，$U=\{0,1,2\},V=\{0,1,2\}$，则失真矩阵为

$$\boldsymbol{D}=\begin{bmatrix}0 & 1 & 4\\ 1 & 0 & 1\\ 4 & 1 & 0\end{bmatrix}$$

以上所举的两个例子具体说明了失真度的定义。

6.1.2 平均失真度

由于信源 U 和信宿 V 都是随机变量，所以单个符号失真度 $d(u_i,v_j)$ 也是随机变量。在规定了单个符号失真度 $d(u_i,v_j)$ 后，传输一个符号引起的平均失真，即信源**平均失真度**，定义为

$$\bar{D}=E[d(u_i,v_j)]=E[d(u,v)]$$

式中：$E[\cdot]$ 是对 U 和 V 的联合概率空间求平均，平均失真即为失真函数的数学期望。

在离散情况下，信源为 $U=\{u_1,u_2,\cdots,u_r\}$，其概率分布为 $P(u)=[P(u_1),P(u_2),\cdots,P(u_r)]$，信宿为 $V=\{v_1,v_2,\cdots,v_s\}$。若已知试验信道的传递概率为 $P(v_j\,|\,u_i)$ 时，则平均失真度为

$$\bar{D}=\sum_{U,V}P(uv)d(u,v)=\sum_{i=1}^{r}\sum_{j=1}^{s}P(u_i)P(v_j\,|\,u_i)d(u_i,v_j) \tag{6.6}$$

可以看出，单个符号的失真度 $d(u_i,v_j)$ 描述了某个信源符号通过传输后失真的大小。对于不同的信源符号和不同的接收符号，$d(u_i,v_j)$ 值是不同的，但平均失真度已对信源和信道进行了统计平均，所以此值是描述某一信源在某一试验信道传输下的失真大小，总体上描述了整个系统的失真情况。

对于连续信源，假设有一个试验信道，信道的传递概率密度为 $p(v|u)$。则得平均失真度

$$\bar{D}=E[d(u,v)]=\iint_{-\infty}^{+\infty}p(u)p(v\,|\,u)d(u,v)\mathrm{d}u\mathrm{d}v \tag{6.7}$$

而通过试验信道，获得的平均互信息

$$I(U;V)=h(V)-h(V\,|\,U)$$

若平均失真度 $\bar{D}$ 不大于所允许的失真 D，即

$$\bar{D}\leqslant D \tag{6.8}$$

称此为保真度准则。

当信源固定（$P(u)$ 给定），单个符号失真度固定（$d(u_i,v_j)$ 给定）时，选择不同试验信道，相当于不同的编码方法，其所得的平均失真度 $\bar{D}$ 不同。有些试验信道满足 $\bar{D}\leqslant D$，而有些试验信道 $\bar{D}>D$。凡满足保真度准则（$\bar{D}\leqslant D$）的这些试验信道称为 D 失真许可的试验信道。把所有 D 失真许可的试验信道组成一个集合，用符号 B_D 表示，即

$$B_D=\{P(v_j\,|\,u_i):\bar{D}\leqslant D;i=1,2,\cdots,r,j=1,2,\cdots,s\} \tag{6.9}$$

或

$$B_D=\{P(\beta_j\,|\,\alpha_i):\bar{D}(N)\leqslant ND;i=1,2,\cdots,r^N,j=1,2,\cdots,s^N\}$$

在这集合中，将任一个试验信道矩阵 $[\boldsymbol{P}(v_j\,|\,u_i)]$ 代入式（6.7）计算，平均失真度 $\bar{D}$ 都不大于 D。

6.2　信息率失真函数

6.2.1　信息率失真函数的定义

在信源和失真函数给定以后，我们总希望在满足一定失真的情况下，使信源必须传输给收信者的信息传输率 R 尽可能地小。也就是说在满足保真度准则下 $(\bar{D}\leqslant D)$，寻找信源必须传输给收信者的信息传输率 R 的下限值。这个下限值与 D 有关，若从接收端来看，就是在满足保真度准则下，寻找再现信源消息所必须获得的最低平均信息量。而接收端获得的平均信息量可用平均互信息 $I(U;V)$ 来表示，这就变成了在满足保真度准则 $(\bar{D}\leqslant D)$ 的条

件下，寻找平均互信息 $I(U;V)$ 的最小值。而 B_D 是所有满足保真度准则的试验信道集合，因而可以在 D 失真许可的试验信道集合 B_D 中寻找某一个信道 $P(v_j|u_i)$，使 $I(U;V)$ 取极小值。由于平均互信息 $I(U;V)$ 是 $P(v_j|u)$ 的 U 形凸函数，所以在 B_D 集合中，极小值存在。这个最小值就是在 $\bar{D} \leqslant D$ 的条件下，信源必须传输的最小平均信息量。即

$$R(D) = \min_{P(v_i|u_j)\in B_D} \{I(U;V)\} \tag{6.10}$$

这就是信息率失真函数或简称率失真函数。它的单位是 bit。

类似地，可以定义连续信源的率失真函数，确定一允许失真度 D，凡满足 $\bar{D} \leqslant D$ 的所有试验信道的集合为 $B_D:\{P(v|u):\bar{D} \leqslant D\}$，则连续信源的信息率失真函数

$$R(D) = \inf_{\{P(v|u):\bar{D}\leqslant D\}} \{I(U;V)\} \tag{6.11}$$

式中：inf 表示下确界，它相当于离散信源中的极小值。严格来讲，连续集合中可能不存在极小值，但下确界肯定存在。

应该强调指出，在研究 $R(D)$ 时，我们引用的条件概率 $P(v|u)$ 并没有实际信道的含义。只是为了求平均互信息的最小值而引用的、假想的可变试验信道。实际上这些信道反映的仅是不同的有失真信源编码或信源压缩的方式。所以改变试验信道求平均互信息的最小值，实质上是选择一种编码方式使信息传输率为最小。

6.2.2 信息率失真函数的性质

式（6.10）中 D 是允许的失真度。$R(D)$ 是对应于 D 的一个确定的信息传输率。当然对于不同的允许失真度 D，$R(D)$ 随之改变，所以式（6.10）是允许失真度 D 的函数。

下面我们来讨论函数 $R(D)$ 的一些基本性质。

1. $R(D)$的定义域$(0, D_{\max})$

由于平均失真度 D 是失真函数 $d(u,v)$ 的数学期望，且 $d(u,v) \geqslant 0$，所以平均失真度 D 是非负的，即 $D \geqslant 0$，其下界 $D_{\min} = 0$，对应于无失真情况。对于无失真信息传输，信息传输率应小于或等于信源的熵，即

$$R(0) \leqslant H(U)$$

由于 $I(U;V) \geqslant 0$，而 $R(D)$ 是在约束条件下的 $I(U;V)$ 的最小值 $R(D) \geqslant 0$，所以，是非负的函数，其最小值应为零，取满足

$$R(D) = 0$$

的所有 D 中最小的，定义为 $R(D)$ 定义域的上限 $D_{\max}$，即 $D_{\max}$ 是满足 $R(D) = 0$ 的所有平均失真度 D 中的最小值。

根据前面分析，可以得到 $R(D)$ 的定义域为 $D \in [0, D_{\max}]$。

$R(D)$ 定义域的上限 $D_{\max}$ 可以这样定义：令 P_D 是使 $I(U;V) = 0$ 的全体转移概率集合，所以

$$D_{\max}=\min_{P(v|u)\in P_D}E[d(u,v)]$$

由于 $I(U;V)=0$ 的充要条件是 U 与 V 统计独立，即对于所有的 $u\in U$ 和 $v\in V$ 满足

$$p(v|u)=p(v)$$

所以有

$$D_{\max}=\min\sum_V p(v)\sum_U p(u)d(u,v)$$

由于信源概率分布 $p(u)$ 和失真函数 $d(u,v)$ 已经给定，所以求 $D_{\max}$ 相当于寻找分布 $p(v)$ 使上式右端最小。如果选取 $\sum_U p(u)d(u,v)$ 最小时 $p(v)=1$，面对其他的 $\sum_U p(u)d(u,v)$ 选取 $p(v)=0$，则有

$$D_{\max}=\min_{v\in V}\sum_U p(u)d(u,v)$$

需要说明一下，$D_{\min}=0$ 只有满足失真函数矩阵的每一行至少存在一个为零的元素时才达到。当不满足时，$D_{\min}>0$，此时 $D_{\min}$ 的求法如下：

$$\begin{aligned}D_{\min}&=\min_{p(v|u)}E[d(u,v)]\\&=\min_{p(v|u)}\sum_U p(u)\sum_V p(v|u)d(u,v)\\&=\sum_U p(u)\left[\min_{p(v|u)}\sum_V p(v|u)d(u,v)\right]\end{aligned}$$

对于给定的 u，选取 $d(u,v)$ 最小时，$p(v|u)=1$，其他 $p(v|u)=0$，则有

$$\min_{p(v|u)}\sum_V p(v|u)d(u,v)=\min_{v\in V}d(u,v)$$

所以

$$D_{\min}=\sum_U p(u)[\min_{v\in V}d(u,v)]$$

例 6.3　设二元对称信源 $U=\{0,1\}$，其概率分布 $P(u)=[\omega,\bar{\omega}],\omega\leqslant\frac{1}{2}$。而接收变量 $V=\{0,1\}$，设汉明失真矩阵为

$$\boldsymbol{D}=\begin{bmatrix}0&1\\1&0\end{bmatrix}$$

计算这个信源的 $D_{\min}$ 和 $R(D_{\min})$。

解　因为最小允许失真度

$$D_{\min}=\sum_{i=1}^{r}P(u_i)\min_j d(u_i,v_j)=0$$

并能找到满足该最小失真度的试验信道，且是一个无噪的试验信道，信道矩阵为

$$\boldsymbol{P}=\begin{bmatrix}1&0\\0&1\end{bmatrix}$$

因此

$$R(0)=\min_{P(v_j|u_i)\in B_D}\{I(U;V)\}=H(U)=H(\omega)$$

例 6.4 设二元对称信源 $U=\{0,1\}$，其概率分布 $P(u)=[\omega,\bar{\omega}],\omega\leqslant\frac{1}{2}$。而接收变量 $V=\{0,1\}$，采用汉明失真测度，计算 $D_{\max}$ 和 $R(D_{\max})$。

解 可计算出最大允许失真度为

$$\begin{aligned}D_{\max} &= \min_V \sum_U P(u)d(u,v) \\ &= \min[P(0)d(0,0)+P(1)d(1,0);P(0)d(0,1)+P(1)d(1,1)] \\ &= \min[(1-\omega);\omega]=\omega\end{aligned}$$

要达到最大允许失真度的试验信道，唯一确定为

$$\boldsymbol{P}=\begin{bmatrix}0 & 1\\ 0 & 1\end{bmatrix}$$

即这个试验信道能正确传送信源符号 $u=1$，而传送 $u=0$ 时，接收符号一定为 $v=1$。那么，凡发送符号 $u=0$ 时，一定都错了。而 $u=0$ 出现的概率为 ω，所以信道平均失真度为 ω。在这种试验信道条件下，可计算得

$$R(D_{\max})=R(\omega)=I(U;V)=0$$

2. 允许失真度 D 的 U 形凸函数

在允许失真度 D 的定义域内，$R(D)$ 是 D 的 U 形凸函数。即对于任意 $\theta,\theta\geqslant 0,\theta+\bar{\theta}=1$，且任意失真度 $D_{\min}<D',D''\leqslant D_{\max}$，有

$$R(\theta D'+\bar{\theta}D'')\leqslant\theta R(D')+\bar{\theta}R(D'') \tag{6.12}$$

3. $R(D)$函数的单调递减性和连续性

由于 $R(D)$ 具有凸状性，这就意味着它在定义域内是连续的。$R(D)$ 的连续性可由平均互信息 $I(U;V)$ 是信道传递概率 $P(v_j\,|\,u_i)$ 的连续函数来证得。

$R(D)$ 的严格单调递减是指：对任意失真度 D'、D''，在 $D_{\min}\leqslant D'<D''\leqslant D_{\max}$ 条件下，$R(D')>R(D'')$，即 $R(D)$ 在 $[D_{\min},D_{\max}]$ 区间上不可能是常数。因此在 B_D 中平均信息量 $I(U;V)$ 为最小的试验信道 $P(v_j\,|\,u_i)$ 必须在 B_D 的边界上，即必须有

$$\bar{D}=\sum_U\sum_V P(u_i d(v_j\,|\,u_i)d(u_i,v_j))=D \tag{6.13}$$

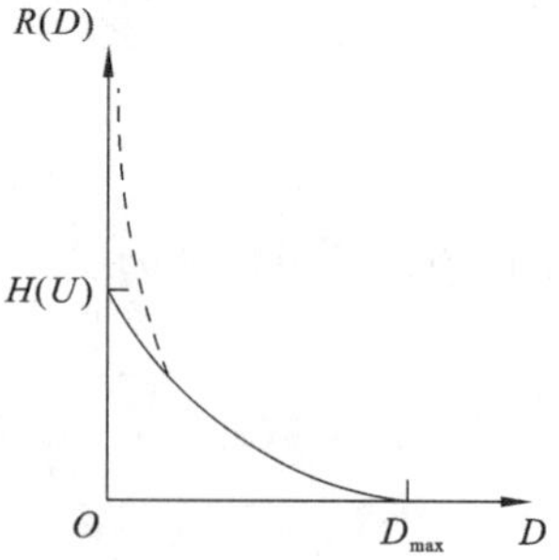

图 6.3 $R(D)$函数曲线

故选择在 $\bar{D}=D$ 的条件下来计算信息率失真函数 $R(D)$。

这里未具体证明 $R(D)$ 函数的严格单调递减性。它可以这样理解：允许的失真越大，所要求的信息率可以越小。根据 $R(D)$ 函数的定义可以证明 $R(D)$ 是非增的，而利用它的下凸性可以证明它是严格递减的。

根据以上性质，画出 $R(D)$ 函数曲线如图 6.3 所示。对于离散信源，$R(D_{\min})=H(U)$ 和 $R(D_{\max})=0$ 决定了曲线边缘处的两个点，如图 6.3 实线所示。而对于连续信源，当

$R(0)\to\infty$ 时，曲线将不与纵轴相交，如图 6.3 虚线所示。

根据 $R(D)$ 的三个性质，可以归纳三点结论：

（1） $R(D)$ 是非负函数，其定义域为 0～$D_{\max}$，其值为 0～$H(X)$；当 $D>D_{\max}$ 时，$R(D)=0$；

（2） $R(D)$ 是关于失真度 D 的下凸函数；

（3） $R(D)$ 是关于失真度 D 的严格递减函数。

6.2.3　信息率失真函数的计算

对于给定的信源和允许的失真度 D 以及相应的失真测度，率失真函数 $R(D)$ 总是存在的。根据 $R(D)$ 函数的定义：

$$R(D)=\min_{\{P(v_j|u_i):\bar{D}\leqslant D\}}\{I(U;V)\}$$

可见，与计算信道容量一样，求解 $R(D)$ 函数实质上就是求解互信息的极限问题。由于互信息是条件转移概率的下凸函数，所以互信息的极小值肯定存在，即 $R(D)$ 可解。给定信源先验概率 $P(u_i)$ 和失真函数 $d(u_i,v_j)$，具体求解 $R(D)$ 函数可以采用求条件极值的拉格朗日乘子法，即在约束条件

$$\begin{cases}\sum\limits_{i=1}\sum\limits_{j=1}P(u_i)P(v_j\,|\,u_i)d(u_i,v_j)=D\\ \sum\limits_{j=1}^{s}P(v_j\,|\,u_i)=1\quad(i=1,2,\cdots,r)\\ P(v_j\,|\,u_i)\geqslant 0\end{cases}\tag{6.14}$$

下，求

$$I(U;V)=\sum_{i=1}^{r}\sum_{j=1}^{s}P(u_i)P(v_j\,|\,u_i)\log\frac{P(v_j\,|\,u_i)}{P(v_j)}\tag{6.15}$$

极小值的问题。引入乘子 λ 和 $\mu_i(i=1,2,\cdots,r)$ 来构造辅助函数，将上述条件极值问题化成无条件极值问题

$$\frac{\partial}{\partial P(v_j\,|\,u_i)}\left[I(U;V)-\lambda D-\mu_i\sum_{j=1}^{s}P(v_j\,|\,u_i)\right]=0\tag{6.16}$$

由式（6.16）解出 $P(v_j\,|\,u_i)$，代入式（6.15），就可求出在约束条件下的 $I(U;V)$ 极小值，即 $R(D)$。

1. 二元对称信源的 $R(D)$ 函数

二元对称信源 $\begin{bmatrix}U\\P(u)\end{bmatrix}=\begin{bmatrix}0 & 1\\ \omega & 1-\omega\end{bmatrix}$。接收变量 $V=\{0,1\}$，设汉明失真矩阵为

$$\boldsymbol{D}=\begin{bmatrix}0 & 1\\1 & 0\end{bmatrix}\tag{6.17}$$

因而最小允许失真度 $D_{\min}=0$。并能找到满足该最小失真的试验信道，且是一个无噪无损信道，其信道矩阵为

$$P=\begin{bmatrix}1&0\\0&1\end{bmatrix}$$

计算得 $R(0)=I(U;V)=H(\omega)$

在式（6.17）失真函数定义下，又计算出最大允许失真度为

$$\begin{aligned}D_{\max}&=\min_V\sum_U P(u)d(u,v)\\&=\min[P(0)d(0,0)+P(1)d(1,0);P(0)d(0,1)+P(1)d(1,1)]\\&=\min[(1-\omega);\omega]=\omega\end{aligned}$$

要达到最大允许失真度的试验信道，唯一确定为

$$P=\begin{bmatrix}0&1\\0&1\end{bmatrix}$$

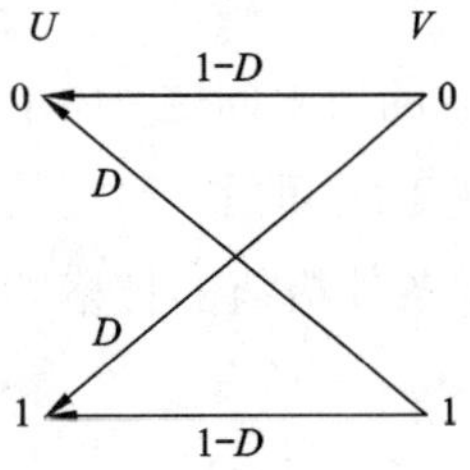

图 6.4　反向试验信道

即这个试验信道能正确传送信源符号 $u=1$，而传送信源符号 $u=0$ 时，接收符号一定为 $v=1$，反向试验信道如图 6.4 所示。那么，凡发送符号 $u=0$ 时，一定都错了。而 $u=0$ 出现的概率为 ω，所以信道的平均失真度为 ω。在这种试验信道条件下，可计算得

$$R(D_{\max})=R(\omega)=I(U;V)=0$$

综上所述，可得在汉明失真测度下，二元对称信源的信息率失真函数

$$R(D)=\begin{cases}H(\omega)-H(D) & (0\leqslant D\leqslant\omega)\\0 & (D>\omega)\end{cases}\tag{6.18}$$

式中：$H(D)$ 是熵函数。

图 6.5 描述在 ω 取值不同时的 $R(D)$ 曲线。由此可见，对于同一 D 值，信源分布越均匀，$R(D)$ 就越大，信源压缩的可能性越小。反之若信源分布越不均匀，即信源冗余度越大，$R(D)$ 就越小，压缩的可能性越大。

由图 6.6 可见，对于给定的允许失真度 D，信源分布越均匀，即 ω 值接近 $\frac{1}{2}$，$R(D)$ 越大，可压缩性越小。反之，信源分布越不均匀，可压缩性越大。

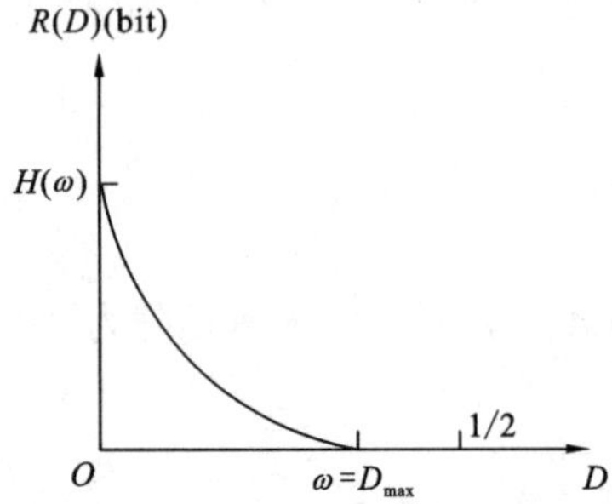

图 6.5　二元对称信源的 $R(D)$ 函数

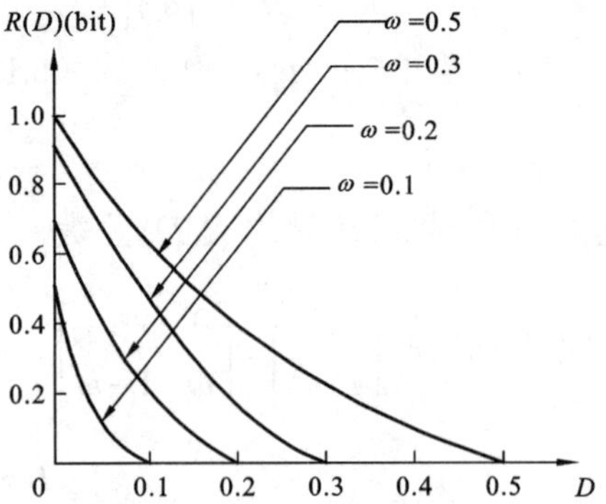

图 6.6　ω 取值不同时的 $R(D)$ 函数

2. 高斯信源的 $R(D)$

连续信源的信息率失真函数 $R(D)$ 仍满足 6.2 节中所讨论的性质。同样有

$$D_{\min} = \int_{-\infty}^{\infty} p(u) \operatorname*{Inf}_{v} d(u,v)\mathrm{d}u \tag{6.19}$$

和

$$D_{\max} = \operatorname*{Inf}_{v} \int_{-\infty}^{\infty} p(u)d(u,v)\mathrm{d}u \tag{6.20}$$

连续信源的 $R(D)$ 也是在 $D_{\min} \leqslant D \leqslant D_{\max}$ 内严格递减的，它的一般典型曲线如图 6.2 所示。在连续信源中，$R(D)$ 函数的计算仍是求极值的问题，下面计算高斯信源的 $R(D)$ 函数。

设某高斯信源 U，其均值为 m，方差为 σ^2，它的概率密度为

$$p(u) = \frac{1}{\sqrt{2\pi\sigma}} \mathrm{e}^{-(u-m)^2/\sigma^2}$$

定义其失真函数为“平方误差”失真，即接收符号 v 和发送符号 u 之间的失真为

$$d(u,v) = (u-v)^2 \tag{6.21}$$

因而，平均失真度为

$$\bar{D} = E[d(u,v)] = \iint_{\mathbf{R}} p(u,v)(u-v)^2 \mathrm{d}u\mathrm{d}v \tag{6.22}$$

如果 v 和 u 表示信号的幅度时，平均失真度 $\bar{D}$ 就是均方误差。这是较常用的均方误差准则。

令

$$D(v) = \int_{\mathbf{R}} p(u\,|\,v)(u-v)^2 \mathrm{d}u \tag{6.23}$$

代入式（6.22）得

$$\bar{D} = \int_{v} p(v)D(v)\mathrm{d}v \tag{6.24}$$

对所有 v、$D(v)$ 都是有限的。$D(v)$ 表示已知接收符号为 v 的条件下，变量 u 的方差。

根据连续信源最大熵原理，在已知 v 的条件下，得条件熵

$$h(U\,|\,V=v) = -\int_{-\infty}^{\infty} p(u\,|\,v)\log p(u\,|\,v)\mathrm{d}u \leqslant \frac{1}{2}\log 2\pi\mathrm{e}D(v)$$

因此

$$\begin{aligned} h(U\,|\,V) &= \int_{-\infty}^{\infty} p(v)h(U\,|\,V=u)\mathrm{d}v \leqslant \frac{1}{2}\log 2\pi\mathrm{e} + \frac{1}{2}\int_{-\infty}^{\infty} p(v)\log D(v)\mathrm{d}v \\ &\leqslant \frac{1}{2}\log 2\pi\mathrm{e} + \frac{1}{2}\log \int_{-\infty}^{\infty} p(v)D(v)\mathrm{d}v = \frac{1}{2}\log 2\pi\mathrm{e}\bar{D} \end{aligned} \tag{6.25}$$

其中最后一个不等式是运用詹森不等式求得的。

当允许失真度为 D，而 $\bar{D} \leqslant D$ 时，得

$$h(U\,|\,V) \leqslant \frac{1}{2}\log 2\pi\mathrm{e}D \tag{6.26}$$

又因

$$I(U;V)=h(U)-h(U|V)$$

而信源U是高斯信源，所以

$$h(U)=\frac{1}{2}\log 2\pi e\sigma^2$$

由此得，在任何情况下

$$I(U;V)\geqslant\frac{1}{2}\log\frac{\sigma^2}{D}$$

根据$R(D)$的定义，得

$$R(D)\geqslant\frac{1}{2}\log\frac{\sigma^2}{D} \tag{6.27}$$

又因任何情况下，有$R(D)\geqslant 0$，所以得

$$R(D)\geqslant\max\left(\frac{1}{2}\log\frac{\sigma^2}{D},0\right) \tag{6.28}$$

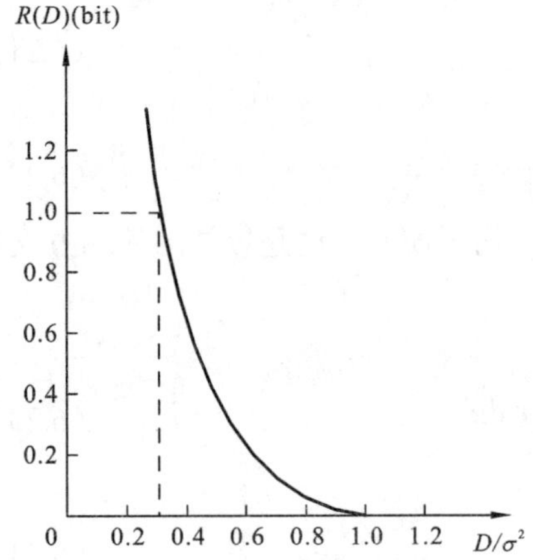

图 6.7　高斯信源在均方误差准则下的$R(D)$函数

高斯信源在均方失真度下的$R(D)$函数如图 6.7 所示。

由图 6.7 可见，当允许失真度$D=\sigma^2$时，$R(D)=0$，它表明如果允许失真度等于信源方差，则只需用确知的均值来表示信源的输出，而不需要传送信源的任何实际输出。而当$D=0$时，$R(D)\to\infty$，它表明在连续信源情况下，无失真传送信源输出不可能实现。

例 6.5　某二元对称信源为

$$\begin{bmatrix} U \\ P(u) \end{bmatrix}=\begin{bmatrix} 0 & 1 \\ 0.25 & 0.75 \end{bmatrix}$$

采用汉明失真编码。假设允许失真度为$D=0.1$，试求信源所能压缩的理论极限值是多少？

解　在保真度准则下信源所能压缩的理论极限值就是$R(D)$函数。可得该二元对称信源的率失真函数为

$$R(D)=H(0.25)-H(0.1)=0.811-0.469=0.342(\text{bit})$$

6.3　限失真信源编码定理

5.2 节讨论了信源编码要求无失真的条件。而在许多实际问题中，译码输出与信源输出之间有一定的失真是可以容忍的。6.2 节讨论了信息率失真函数$R(D)$，给出了失真小于D时所必须具有的最小信息率$R(D)$。本节将证明：只要信息率大于$R(D)$，一定存在一种编码方法，使得译码后的失真小于D。

定理 6.1（离散无记忆信源的限失真信源编码定理） 若一个离散无记忆平稳信源的率失真函数是 $R(D)$，则当编码后每个信源符号的信息率 $R' > R(D)$ 时，只要信源序列长度 N 足够长，对于任意 $D \geqslant 0, \varepsilon > 0$，一定存在一种编码方式，使编码后码的平均失真 D 小于或等于 $D+\varepsilon$。

定理 6.1 的含义是：只要信源序列长度 N 足够长，总可以找到一种信源编码，使编码后的信息率略大于（直至无限逼近）率失真函数 $R(D)$，而平均失真不大于给定的允许失真度，即 $\bar{D} \leqslant D$。由于 $R(D)$ 为给定允许失真度 D 前提下信源编码可能达到的下限，所以定理 6.1 说明了达到此下限的最佳信源编码是存在的。

定理 6.1 又称为香农第三定理。可以这样来理解：N 维扩展信源 $U = [U_1 U_2 \cdots U_N]$ 发送序列 α_i 和信宿接收序列 β_j 均为 N 长序列，即 $\alpha_i \in U^N, \beta_j \in V^N$，并在 V^N 空间中按照一定原则选取 $M = 2^{N[R(D)+\varepsilon]}$ 个码字。信源编码时，就从 M 个码字中选取一个码字 β_j 来表示信源序列 α_i，满足一定条件时，可以使编码后码的平均失真 $\bar{D} \leqslant D$。此时，编码后每个信源符号的信息率为

$$R' = \frac{\log M}{N} = R(D) + \varepsilon \tag{6.29}$$

即 R' 不小于信息率失真函数 $R(D)$。定理说明，在允许失真度 D 的条件下，信源最小的、可达的信息传输率是信源的 $R(D)$。

定理 6.2（离散无记忆信源的限失真信源编码逆定理） 若一个离散无记忆平稳信源的率失真函数为 $R(D)$，且编码后信息率 $R' < R(D)$，则保真度准则 $\bar{D} \leqslant D$ 不再满足。

逆定理告诉我们：如果编码后平均每个信源符号的信息传输率 R' 小于信息率失真函数 $R(D)$，就不能在保真度准则 $\bar{D} \leqslant D$ 下再现信源的消息。

由香农第二定理可知，只要信道的信道容量大于信源的极限熵，$C > H_\infty$，就能在信道中做到有效地、无错误地传输信息。反之，若 $H_\infty > C$，则不可能在信道中以任意小的错误概率传输信息。而由香农第三定理，可得到信息传输的另一个重要的结论。若当 $H_\infty > C$ 时，只要在允许一定的失真度 D 的条件下，仍能做到有效地、可靠地传输信息。若通过某信道来传送某信源输出的消息。如果信道的信道容量 $C > R(D)$，则在信源和信道处用足够复杂的处理后，总能以保真度 $D+\varepsilon$ 再现信源的消息。如果 $C < R(D)$，则不管如何处理，在信道的接收端总不能以保真度 D 的条件下再现信源的消息。

在给定信源 S 和允许失真度 D 后，可以求得信源的信息率失真函数 $R(D)$。若设此信源通过某信道传输，而信道的信道容量满足 $C > R(D)$。那么，根据香农第三定理，我们可以对给定的信源 S 先进行信源压缩编码，使编码后信源的信息传输率满足

$$R' \geqslant R(D)$$

并且编码的平均失真度 $d(C) \leqslant D$。这时 R' 必满足

$$C > R' \geqslant R(D) \tag{6.30}$$

然后，把压缩后的信源通过信道传输，由于式（6.30）左半边不等式存在，根据香农第二定理，则存在一种信道编码，使压缩后的信源通过信道传输后，错误概率趋于零。所

以在接收端再现信源的消息时，总的失真或错误不会超过允许失真度D。这意味着引起的失真是由信源压缩造成的，而信道传输不会造成新的失真或错误。反之，若$C<R(D)$，即不能保证信源压缩后的信息率$R'<C$，所以第二定理不能成立。故信道中引起的失真或错误无法避免，必使在接收端再现信源的消息时，总的失真或错误大于允许失真度D。

习　题

1. 设有输出信源符号集$U=\{u_1,u_2,\cdots,u_r\}$，接收符号集$V=\{v_1,v_2,\cdots,v_s\}$ $(s=r+1)$。定义它的单个符号失真度为

$$d(u_i,v_j)=\begin{cases}0 & (i=j)\\ 1 & (i\neq j, j\neq s)\\ 1/2 & (i\neq j, j=s)\end{cases}$$

其中，接收信号v_s作为一个删除符号，计算$r=3$时的失真矩阵。

2. 设有对称信源$(r=s=4)$，其失真函数$d(u_i,v_j)=(u_i-v_j)^2$，求失真矩阵。

3. 有一个二元等概率信源$X=\{0,1\}$，通过一个二元对称信道，其失真函数

$$d(u_i,v_j)=\begin{cases}1 & (i\neq j)\\ 0 & (i=j)\end{cases}$$

信道转移概率

$$P(v_j\,|\,u_i)=\begin{cases}\varepsilon & (i\neq j)\\ 1-\varepsilon & (i=j)\end{cases}$$

试计算失真矩阵和平均失真。

4. 已知无记忆信源

$$\begin{bmatrix}U\\ P(u)\end{bmatrix}=\begin{bmatrix}0 & 1 & 2\\ 0.2 & 0.3 & 0.5\end{bmatrix}$$

失真矩阵为

$$\boldsymbol{D}=\begin{bmatrix}4 & 2 & 1\\ 0 & 3 & 2\\ 2 & 0 & 1\end{bmatrix}$$

计算$D_{\min}$和$D_{\max}$。

5. 已知无记忆信源$\begin{bmatrix}U\\ P(u)\end{bmatrix}=\begin{bmatrix}0 & 1 & 2\\ \frac{1}{3} & \frac{1}{3} & \frac{1}{3}\end{bmatrix}$，信宿$V$取值于$\{0,1\}$，失真矩阵为$\boldsymbol{D}=\begin{bmatrix}0 & 1\\ 0 & 0\\ 1 & 0\end{bmatrix}$，试检验$R(D_{\min})$小于信源熵$H(U)$。

6. 若有一信源$\begin{bmatrix}S\\ P(s)\end{bmatrix}=\begin{bmatrix}s_1 & s_2\\ 0.5 & 0.5\end{bmatrix}$每秒钟发出 2.66 个信源符号。将此信源的输出符号

送入某二元无噪无损信道中进行传输，而信道每秒钟只传递两个二元符号。

（1）试问信源能否在此信道中进行无失真的传输？

（2）若此信源失真度测量定义为汉明失真，问允许信源平均失真多大时，此信源就可以在此信道中传输？

7. 若无记忆信源 U 为 $\begin{bmatrix} U \\ P(u) \end{bmatrix}=\begin{bmatrix} -1 & 0 & +1 \\ \frac{1}{3} & \frac{1}{3} & \frac{1}{3} \end{bmatrix}$，接收符号 $V=\left\{-\frac{1}{2},+\frac{1}{2}\right\}$，其失真矩阵为 $\boldsymbol{D}=\begin{bmatrix} 1 & 2 \\ 1 & 1 \\ 2 & 1 \end{bmatrix}$，求信源的最大平均失真度和最小平均失真度，并求如何选择信道可达到该 $D_{\max}$ 和 $D_{\min}$ 的失真？

8. 令 X 为等概率分布的伯努利随机变量，相应的失真度定义为

$$x=\{0,1\},\ d(x,\hat{x})=\begin{bmatrix} 0 & 1 & \infty \\ \infty & 1 & 0 \end{bmatrix},\ \hat{x}=\{0,\mathrm{e},1\}$$

（1）请找出使得 $R(D)$ 非平凡的 $(D_{\min},D_{\max})$；

（2）计算 $R(D)$。

9. 一个离散 n 进制等概率无记忆信源，且具有对称失真函数 $d_{ij}=\begin{cases} 0 & (i=j) \\ \alpha & (i\neq j) \end{cases}$。试证明：

$$R(D)=\frac{D}{\alpha}\log\frac{\frac{D}{\alpha}}{1-\frac{1}{n}}+\left(1-\frac{D}{\alpha}\right)\log\frac{1-\frac{D}{\alpha}}{\frac{1}{n}}$$

10. 某二元信源 $\begin{bmatrix} U \\ P(u) \end{bmatrix}=\begin{bmatrix} 0 & 1 \\ \frac{1}{2} & \frac{1}{2} \end{bmatrix}$，其失真矩阵为 $\boldsymbol{D}=\begin{bmatrix} 0 & \alpha \\ \alpha & 0 \end{bmatrix}$，求信源的 $D_{\min}$、$D_{\max}$ 和 $R(D)$ 函数。

11. 一个四元对称信源 $\begin{bmatrix} X \\ P(X) \end{bmatrix}=\begin{bmatrix} 0 & 1 & 2 & 3 \\ 1/4 & 1/4 & 1/4 & 1/4 \end{bmatrix}$，接收符号 $Y=\{0, 1, 2, 3\}$，其失真矩阵为 $\boldsymbol{D}=\begin{bmatrix} 0 & 1 & 1 & 1 \\ 1 & 0 & 1 & 1 \\ 1 & 1 & 0 & 1 \\ 1 & 1 & 1 & 0 \end{bmatrix}$，求 $D_{\max}$ 和 $D_{\min}$ 及信源的 $R(D)$函数，并画出其曲线（取 4 至 5 个点）。

12. 某二元信源 $\begin{bmatrix} X \\ P(X) \end{bmatrix}=\begin{bmatrix} 0 & 1 \\ 1/2 & 1/2 \end{bmatrix}$，其失真矩阵为 $\boldsymbol{D}=\begin{bmatrix} a & 0 \\ 0 & a \end{bmatrix}$，求信源的 $D_{\max}$ 和 $D_{\min}$ 和 $R(D)$ 函数。

13. 已知信源 $X=\{0, 1\}$，信宿 $Y=\{0, 1, 2\}$。设信源输入符号为等概率分布，而且失真

矩阵为 $\boldsymbol{D}=\begin{bmatrix}0 & \infty & 1\\ \infty & 0 & 1\end{bmatrix}$，求信源的率失真函数 $R(D)$。

14. 设信源 $X=\{0, 1, 2, 3\}$，信宿 $Y=\{0, 1, 2, 3, 4, 5, 6\}$。且信源为无记忆、等概率分布。失真函数定义为

$$d(x_i,y_j)=\begin{cases}0 & (i=j)\\ 1 & (i=0,1\text{ 且 } j=4)\\ 1 & (i=2,3\text{ 且 } j=5)\\ \infty & (\text{其他})\end{cases}$$

证明率失真函数 $R(D)$如题图 6.1 所示。

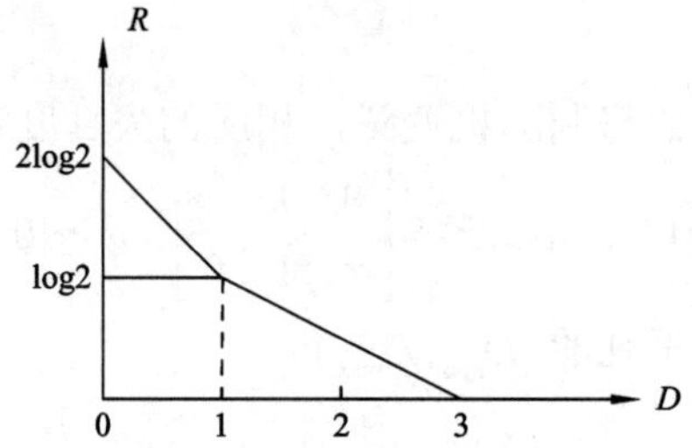

题图 6.1　率失真函数 $R(D)$

15. 设信源 $X=\{0, 1, 2\}$，相应的概率分布 $p(0)=p(1)=0.4$，$p(2)=0.2$。且失真函数为

$$d(x_i,y_j)=\begin{cases}0 & i=j\\ 1 & i\neq j\end{cases}\quad (i,j=0,1,2)$$

（1）求此信源的 $R(D)$；

（2）若此信源用容量为 C 的信道传递，请画出信道容量 C 和其最小误码率 P_k 之间的曲线关系。

16. 设离散无记忆信源 $\begin{bmatrix}X\\ P(X)\end{bmatrix}=\begin{bmatrix}x_1 & x_2 & x_3\\ 1/3 & 1/3 & 1/3\end{bmatrix}$，其失真度为汉明失真度。

（1）求 $D_{\min}$ 和 $R(D_{\min})$，并写出相应试验信道的信道矩阵；

（2）求 $D_{\max}$ 和 $R(D_{\max})$，并写出相应试验信道的信道矩阵；

（3）若允许平均失真度 $D = 1/3$，试问信源的每一个信源符号平均最少有几个二进制符号表示？

17. 设信源 $\begin{bmatrix}X\\ P(X)\end{bmatrix}=\begin{bmatrix}x_1 & x_2\\ p & 1-p\end{bmatrix}$（$p<0.5$），其失真度为汉明失真度，试问当允许平均失真度 $D=0.5p$ 时，每一信源符号平均最少需要几个二进制符号表示？

第 7 章 信道编码概述

在有噪信道中传输信息，人们总是希望信息传输能够快捷可靠，但由于信息传输速率受到信道容量的限制，不可能无穷大，同时受到各种噪声干扰，信息在信道中传输错误不可能为零。所以需要利用各种差错控制编码方法，尽可能地提高信息传输速率，并将传输错误控制在可接受范围内。

差错控制编码的目的是尽可能降低信息在信道中的传输误码率。它可以看作是信息论的一个分支，起源可追溯到 20 世纪 40 年代后期香农的理论工作。香农早期的理论工作指明了后来的发展方向，也为差错控制编码的基本原理提供了一些启示。香农的理论工作表明，任意信道都可以用传输无误的信息容量来表征。在传输速率小于信道容量的情况下，总可以找到一种编码方法，使传输误码率降低到想要达到的任意水平。信道编码是提高信息传输可靠性的一种重要手段。

本章主要介绍信道编码的基本原理、信道编码定理及数字通信系统中常用的差错控制方法。

7.1 数字通信系统模型

数字通信系统是以数字形式传输信息的系统。数字通信系统模型如图 7.1 所示。其中，发端部分包括信源编码器、信道编码器和调制器。接收部分包括解调器、信道译码器和信源译码器。

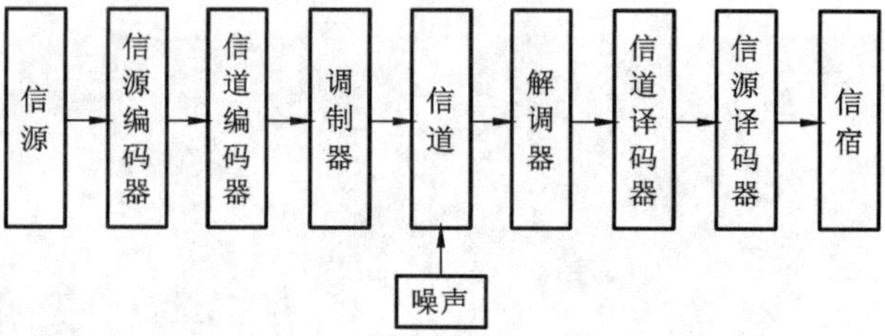

图 7.1 数字通信系统模型

信源编码器主要用于消息编码，经信源编码后对数据进行压缩，消除信源信息中的冗余，并根据香农第一定理中关于信源编码后码字平均长度 L 与信源每个符号的平均信息量 $H(s)$ 间的内在规律：二元编码时，$L \geqslant H(s)$，将码长缩短（即去除多余码元），故信源编码的目的是提高信息传输的有效性。

信道编码器通过向信息比特流中添加额外的冗余比特来实现。这些额外的数字没有任何新的信息，但它们使接收器能够检测和纠正错误，从而降低了总的错误概率。因此，信道编码器主要用来检测和纠正信道传输中出现的误码，提高数字通信的抗干扰能力，即在香农第二定理中信息传输率 (R) < 信道容量 (C) 的条件下将码长增长（增加冗余码元），提高信息传输的可靠性。

调制器主要作用是将编码比特转换成适合信道传输的波形信号。在研究信道编码时有时也将调制器和解调器与信道看作一个整体，称为广义信道或编码信道。

信道是传输信号的媒介或途径。除各种通信信道（例如，电缆、波导、空间等）之外，还包括例如具有磁头（有写入和读出功能）的磁带或磁盘这一类存贮媒介。信道中最主要的影响因素就是噪声干扰。从噪声的发生规律来分，有加性噪声和乘性噪声两种。加性噪声主要包括热噪声，以及无线电、工频、雷电、火花、电脉冲干扰等。乘性噪声包括电路线性失真、交调干扰、码间干扰以及衰落信号的多径干扰等。由于噪声的不确定，只能利用随机信号或随机过程理论来研究它们的统计特性。不同类型的信道和相应不同类型的噪声构成了不同类型的信道模型。就噪声引发差错的统计规律划分，可分为随机差错信道和突发差错信道两类。

解调器对每个接收信号进行判断，以恢复发送的“1”“0”序列。解调器输出称为接收序列，由于信道噪声的干扰，接收序列中的码元就可能出现错误。信道译码器编码规则和信道统计特性，完成以下任务：①纠正传输错误，产生发送码字的估值；②将码字估值变换成信源编码器输出序列的估值。

信源译码器根据信源编码规则，将信源编码器输出序列的估值逆变成信源输出（即消息）的估值，并送至信宿（即用户）。

纠错编码的主要目标之一，就是寻找在给定冗余比特数的情况下纠正尽可能多的错误的好码，这些好码还应该具有可实现的编、译码复杂度。

7.2　信道编码的概念

在一般广义的通信系统中，信道是很重要的一部分。信道的任务是以信号方式传输信息。不失一般性，将图 7.1 模型进一步简化为图 7.2 所示的信道编码系统模型。信道的输入端和输出端连接着信道编码器和信道译码器，它形成了一个新的信道，将这种变换后具有新特性的信道称作**编码信道**。对于信道而言，其特性可以用信道转移概率来描述，由此可求得其信道容量。由香农编码定理可知，只要在信道中实际传送的信息率小于其信道容量 C，就可在接收端无差错地译出发送端所传输的信息。

图 7.2 中的信源包含了信源与信源编码器，它的输出是二（多）进制信源符号序列。信道编码器可以看作是一个映射 f，它把信源符号序列 $\boldsymbol{m}$ 变换成信道符号序列 $\boldsymbol{x}=f(\boldsymbol{m})$，$f$ 称为信道编码函数。信道编码也称为**纠错编码**。

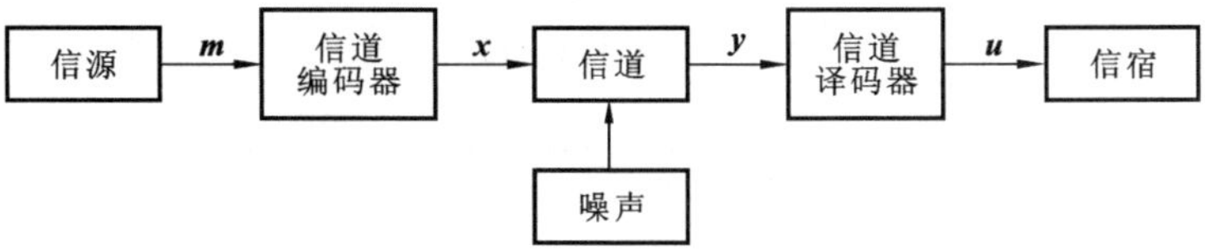

图 7.2　信道编码系统模型

假设信源符号集与信道符号集相同，记为 $A=\{a_1,a_2,\cdots,a_q\}$，称 A 为 q 元符号集，或 q 元字母集。设信源符号序列

$$\boldsymbol{m}=m_1,m_2,\cdots,m_k \quad (m_i\in A)$$

则信道编码函数 f 将 $\boldsymbol{m}$ 变换成

$$\boldsymbol{x}=f(\boldsymbol{m})=x_1x_2,\cdots,x_n \quad (x_j\in A) \tag{7.1}$$

式中：$n\geqslant k$；把 $m_1,m_2,\cdots,m_k$ 称为**信息元**；$\boldsymbol{x}$ 称为**码字**；k 称为**信息长度**；n 称为**码字长度**。将全体码字构成的集合称为**码集**。

码字在有噪声信道中传输时会发生错误，其错误概率与信道统计特性、译码过程以及译码规则有关。

下面分别讨论在有噪声信道中信息传输发生错误的概率与哪些因素有关，它们是怎样影响译码错误概率的。

7.2.1 错误概率与译码准则

已经知道错误概率与信道的统计特性有关。而信道的统计特性可由信道矩阵来表示，由信道矩阵就可以求出错误概率。

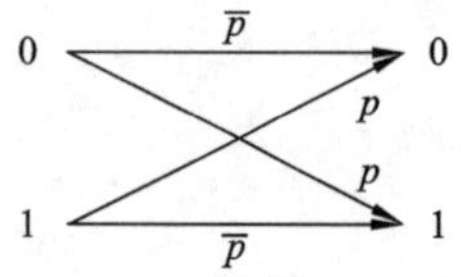

图 7.3 二元对称信道

例 7.1 在图 7.3 的二元对称信道（BSC）中，单个符号的错误传递概率是 p，单个符号的正确传递概率为 $\overline{p}=1-p$，信道输入的概率分布 $\begin{bmatrix} X \\ P \end{bmatrix} = \begin{bmatrix} 0 & 1 \\ \omega & \overline{\omega} \end{bmatrix}$，可以求出信道输出的概率分布：

$$\begin{cases} P(Y=0)=\omega\overline{p}+\overline{\omega}p \\ P(Y=1)=\omega p+\overline{\omega}\overline{p} \end{cases}$$

一般收到 0 后译成 0，收到 1 后译成 1。如果收到 0 实际的信道输入是 1，或者收到 1 后实际的信道输入是 0，则发生了译码错误。因此错误概率为

$$\begin{cases} P(X=1|Y=0)=\dfrac{P(X=1,Y=0)}{P(Y=0)}=\dfrac{\overline{\omega}p}{\omega\overline{p}+\overline{\omega}p} \\ P(X=0|Y=1)=\dfrac{P(X=0,Y=1)}{P(Y=1)}=\dfrac{\omega p}{\omega p+\overline{\omega}\overline{p}} \end{cases}$$

平均错误概率为

$$\begin{aligned} P_E &= P(Y=0)P(X=1|Y=0)+P(Y=1)P(X=0|Y=1) \\ &= (\omega\overline{p}+\overline{\omega}p)\frac{\overline{\omega}p}{\omega\overline{p}+\overline{\omega}p}+(\omega p+\overline{\omega}\overline{p})\frac{\omega p}{\omega p+\overline{\omega}\overline{p}} \\ &= \overline{\omega}p+\omega p \\ &= p \end{aligned}$$

由此可知，错误概率与信道的统计特性有关。但是通信的过程并不是信息传输到信道输出端就结束了，还要经过译码过程才能到达信宿，译码过程和译码规则对系统的错误概率影响很大。

例如，假定图 7.3 中二元对称信道 $p=0.9$，其输入符号为等概率分布。如果在信道输出端接收到符号 0 时，译码器把它译成 0，接收到符号 1 时，译码器把它译成 1，那么译码的平均错误概率 $P_E=0.9$。反之，如果规定在信道输出端接收到符号 0 时，译码器把它译成 1，接收到符号 1 时，译码器把它译成 0，则译码的平均错误概率 $P_E=0.1$。可见，译码的平均错误概率与信道统计特性有关，也与译码规则有关。

定义 7.1 设信道的输入符号集 $X=\{x_i\ ,\ i=1,2,\cdots,r\}$，输出符号集 $Y=\{y_j\ ,\ j=1,2,\cdots,s\}$，若对每一个输出符号 y_j，都有一个确定的函数 $F(y_j)$，使 y_j 对应于唯一的一个输入符号 x_i，则称这样的函数为**译码规则**（或**译码函数**），记为

$$F(y_j)=x_i \quad (i=1,2,\cdots,r;j=1,2,\cdots,s)$$

对于有 r 个输入，s 个输出的信道而言，输出 y_j 可以对应 r 个输入中的任何一个，所

以译码规则共有 r^s 种。

例 7.2 设有一信道，信道矩阵为

$$\boldsymbol{P}=\begin{pmatrix}0.5 & 0.3 & 0.2\\ 0.2 & 0.3 & 0.5\\ 0.3 & 0.3 & 0.4\end{pmatrix}$$

根据此信道矩阵，可以设计一个译码规则如下：

$$A:\begin{cases}F(y_1)=x_1\\ F(y_2)=x_2\\ F(y_3)=x_3\end{cases}$$

也可以设计另一个译码规则：

$$B:\begin{cases}F(y_1)=x_1\\ F(y_2)=x_3\\ F(y_3)=x_2\end{cases}$$

由于 $r=3,s=3$，总共可以设计出 $r^s=27$ 种译码规则，应该怎样选择译码规则呢？一个很自然的准则就是使平均错误概率为最小。

在确定译码规则 $F(y_j)=x_i$ 后，若信道输出端接收到符号 y_j，则一定译成 x_i，如果发送端发送的确实就是 x_i，就是正确译码；反之，如果发送端发送的不是 x_i，就认为是错误译码。于是收到符号 y_j 条件下，译码的正确概率为

$$p[F(y_j)\,|\,y_j]=p(x_i\,|\,y_j)$$

而错误概率为

$$p(e\,|\,y_j)=1-p[F(y_j)\,|\,y_j]=1-p(x_i\,|\,y_j)$$

式中：e 表示除了 $F(y_j)=x_i$ 以外的所有符号的集合。

译码后的平均错误概率 P_E 是条件错误译码概率 $p(e\,|\,y_j)$ 对 Y 空间取平均值，即

$$P_E=E[p(e\,|\,y_j)]=\sum_{j=1}^{s}p(y_j)p(e\,|\,y_j) \tag{7.2}$$

它表示经过译码后接收到一个符号平均产生的错误大小。

如何设计译码规则 $F(y_j)=x_i$ 使 P_E 最小呢？由于式（7.2）右边是非负项之和，所以选择译码规则使每一项为最小，则所得 P_E 为最小。因为 $p(y_j)$ 与译码规则无关，所以只要设计译码规则 $F(y_j)=x_i$ 使条件错误译码概率 $p(e\,|\,y_j)$ 最小，也就是要使 $p[F(y_j)\,|\,y_j]$ 最大。这就是最大后验概率译码准则。

定义 7.2 选择译码函数 $F(y_j)=x^*$，使之满足条件

$$p(x^*\,|\,y_j)\geqslant p(x_i\,|\,y_j)\quad(\forall i\,,\,x^*\in X) \tag{7.3}$$

称为**最大后验概率译码准则**，又称为**最小错误概率准则**、**最优译码或最佳译码**。

它是对于每一个输出符号 $y_j(j=1,2,\cdots,s)$ 均译成具有最大后验概率的那个输入符号 x^*，这样译码平均错误概率 P_E 最小。

因为我们一般已知信道的前向概率 $p(y_j|x_i)$ 和输入符号的先验概率 $p(x_i)$，而后验概率一般不知，所以最大后验概率译码准则使用起来不是很方便。

根据贝叶斯定理，式（7.3）又可写成

$$\frac{p(y_j|x^*)p(x^*)}{p(y_j)} \geqslant \frac{p(y_j|x_i)p(x_i)}{p(y_j)} \quad (\forall i)$$

一般 $p(y_j)\neq 0$。这样，最大后验概率译码准则就可以表示为：选择译码函数 $F(y_j)=x^*$，使满足 $p(y_j|x^*)p(x^*)\geqslant p(y_j|x_i)p(x_i)$，$x_i\in X$，也即

$$p(x^*y_j)\geqslant p(x_iy_j) \tag{7.4}$$

当输入符号的先验概率 $p(x_i)$ 相等时，式（7.4）又可写成

$$p(y_j|x^*)\geqslant p(y_j|x_i)$$

因此我们又定义了一个最大似然译码准则。

定义 7.3 选择译码函数 $F(y_j)=x^*$，使之满足条件

$$p(y_j|x^*)\geqslant p(y_j|x_i) \quad (\forall i,\ x^*\in X) \tag{7.5}$$

称为**最大似然译码准则**。

根据最大似然译码准则，可以直接从信道矩阵的转移概率中去选定译码函数。当收到 y_j 后，译成信道矩阵 $\boldsymbol{P}$ 第 j 列中最大的转移概率所对应的 x_i。

当输入符号等概率时，最大后验和最大似然译码准则是等价的，均可以使平均错误概率 P_E 最小。如果先验概率不相等或不知道时，采用最大似然译码准则不一定能使 P_E 最小。

根据上述译码准则，我们来推导计算平均错误概率的多种表达式：

$$\begin{aligned} P_E &= \sum_j p(e|y_j)p(y_j) \\ &= \sum_j \{1-p[F(y_j)|y_j]\}p(y_j) \\ &= \sum_j \sum_{i\neq *} p(y_j|x_i)p(x_i) \\ &= \sum_{Y,X-x^*} p(x_iy_j) \end{aligned} \tag{7.6}$$

共 $(r-1)s$ 项求和（其中，r 是输入符号集的个数，s 是输出符号集的个数）。求和号下面的 $X-x^*$ 表示在输入符号集 X 中对 x^* 以外的所有元素求和。式（7.6）表示对联合概率矩阵中除 $p(x^*y_j)$ $(j=1,2,\cdots,s)$ 以外的所有元素求和。

平均正确概率为

$$\overline{P}_E = 1-P_E = \sum_j p[F(y_j)y_j] = \sum_j p(x^*y_j) \tag{7.7}$$

式（7.6）又可写成

$$P_E = \sum_{Y,X-x^*} p(y_j|x_i)p(x_i) \tag{7.8}$$

如果输入等概率，即 $p(x_i)=\dfrac{1}{r}$，则

$$P_E = \frac{1}{r} \sum_{Y, X - x^*} p(y_j \mid x_i) \tag{7.9}$$

式（7.9）表明，在输入等概率的情况下，译码错误概率可用信道矩阵中的元素 $p(y_j \mid x_i)$ 求和来表示，在除去每列中对应于 $F(y_j) = x^*$ 那一项后，求矩阵中其余元素之和。

例 7.3　讨论当输入为等概率分布和不等概率分布两种情况下例 7.2 中两种译码规则对应的平均错误概率。

解　由上述分析可知，例 7.2 中的译码规则 B 就是最大似然译码规则。在输入为等概率分布时，最大似然译码规则可使平均错误概率最小。

当输入为等概率分布时，两种译码规则所对应的平均错误概率分别为

$$P_E(A) = \frac{1}{3} \sum_{Y, X - x^*} p(y_j \mid x_i) = \frac{1}{3}[(0.2 + 0.3) + (0.3 + 0.3) + (0.2 + 0.5)] = 0.6$$

$$P_E(B) = \frac{1}{3} \sum_{Y, X - x^*} p(y_j \mid x_i) = \frac{1}{3}[(0.2 + 0.3) + (0.3 + 0.3) + (0.2 + 0.4)] = 0.567$$

当输入为不等概率分布时，假设某个输入概率分布 $p(x_1) = \frac{1}{4}, p(x_2) = \frac{1}{4}, p(x_3) = \frac{1}{2}$，则

$$P_E'(A) = \frac{1}{4}(0.3 + 0.2) + \frac{1}{4}(0.2 + 0.5) + \frac{1}{2}(0.3 + 0.3) = 0.6$$

而

$$P_E'(B) = \frac{1}{4}(0.3 + 0.2) + \frac{1}{4}(0.2 + 0.3) + \frac{1}{2}(0.3 + 0.4) = 0.6$$

当输入为不等概率分布时，最大似然译码准则的平均错误概率不是最小。最小错误概率译码准则可以得到最小的平均译码错误概率。

联合概率矩阵

$$\boldsymbol{P} = \begin{pmatrix} 0.125 & 0.075 & 0.05 \\ 0.05 & 0.075 & 0.125 \\ 0.15 & 0.15 & 0.2 \end{pmatrix}$$

可得译码函数

$$C: \begin{cases} F(y_1) = x_3 \\ F(y_2) = x_3 \\ F(y_3) = x_3 \end{cases}$$

此时的平均错误概率为

$$P_E(C) = (0.125 + 0.05) + (0.075 + 0.075) + (0.05 + 0.125) = 0.5$$

发生译码错误是由于信道中的噪声，信道噪声的影响使得在接收端收到输出符号 Y 后对发送端发送的符号 X 仍然存在不确定性，所以，平均错误概率与信道疑义度存在着一定的关系，这个关系可以用下面的费诺不等式表示。

定理 7.1　平均错误概率 P_E 与信道疑义度 $H(X \mid Y)$ 满足以下关系

$$H(X \mid Y) \leqslant H(P_E) + P_E \log(r - 1) \tag{7.10}$$

证　定义随机变量

$$Z=\begin{cases}0, & y=x, p(z=0)=1-P_E\\1, & y\neq x, p(z=1)=P_E\end{cases}$$

因

$$\begin{aligned}H(XZ|Y)&=H(Z|Y)+H(X|ZY)\\&\leqslant H(Z)+H(X|ZY)\\&=H(P_E)+H(X|ZY)\\H(X|ZY)&=(1-P_E)H(X|Z=0,Y)+P_EH(X|Z=1,Y)\\&\leqslant 0+P_E\log(r-1)=P_E\log(r-1)\\H(XZ|Y)&\leqslant H(P_E)+P_E\log(r-1)\\H(XZ|Y)&=H(X|Y)+H(Z|XY)\\&=H(X|Y)\end{aligned}$$

故

$$H(X|Y)\leqslant H(P_E)+P_E\log(r-1)$$

虽然 P_E 与译码规则有关，但是不管采用什么译码规则该不等式都是成立的。费诺不等式表明，接收到 Y 后关于 X 的平均不确定性可以分为两部分：第一部分 $H(P_E)$ 是指接收到 Y 后是否产生错误的不确定性；第二部分 $P_E\log(r-1)$ 是指当错误 P_E 发生后，判断是哪个输入符号造成错误的最大不确定性，是 $(r-1)$ 个符号不确定性的最大值与 P_E 的乘积。若以 P_E 为横坐标，$H(P_E)+P_E\log(r-1)$ 是随 P_E 变化的曲线，如图 7.4 所示。$H(X|Y)$ 的值在曲线下方。P_E 的最大值为 1，这时 $H(X|Y)\leqslant\log(r-1)$，当 $P_E=\dfrac{r-1}{r}$ 时，曲线取到最大值，$H(X|Y)\leqslant\log r$。

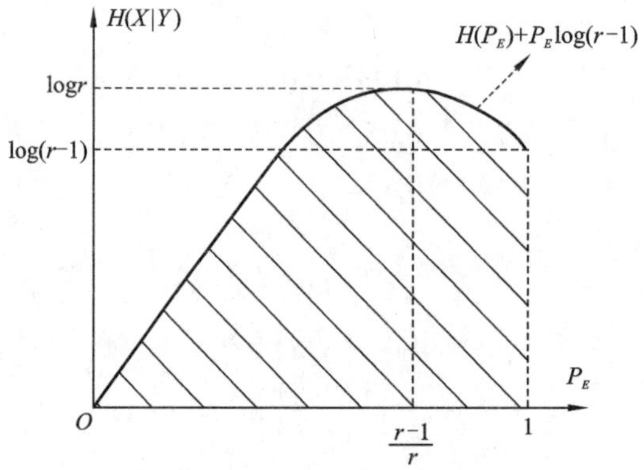

图 7.4　费诺不等式曲线图

7.2.2　错误概率与编码方法

前面讨论了平均错误概率与译码规则的关系，选择最佳译码可以降低平均错误概率 P_E。下面将讨论通过选择恰当的编码方法可以进一步降低平均错误概率 P_E。

1. 简单重复编码

设有二元对称信道如图 7.3 所示，相应的信道矩阵为

$$\boldsymbol{P}=\begin{pmatrix}0.99 & 0.01\\ 0.01 & 0.99\end{pmatrix}$$

选择最佳译码，则译码函数为

$$\begin{cases}F(y_1)=x_1\\ F(y_2)=x_2\end{cases}$$

总的平均错误概率在输入分布为等概率的条件下为

$$P_E=\frac{1}{r}\sum_{Y,X-x^*}p(y_j\mid x_i)=\frac{1}{2}(0.01+0.01)=10^{-2}$$

对于一般数字通信系统，这个错误概率是非常大的，一般数字通信要求错误概率在10^{-6}到10^{-9}的范围内，有的甚至要求更低的错误概率。

那么，在上述统计特性的二元信道中，是否有办法使错误概率降低呢？实践经验告诉我们：只要在发送端把消息重复发几遍，就可使接收端接收消息时错误减小，从而提高通信的可靠性。

例如，发送信源符号 0 时，可以重复发送 3 个 0，发送信源符号 1 时，重复发送 3 个 1，这可以看成离散无记忆信道的三次扩展信道。这样在信道输入端有两个码字 000 和 111，在输出端由于信道干扰，各个码元都可能发生错误，则有 8 个可能的输出序列。

这时信道矩阵为

$$\begin{array}{c} \qquad\quad 000 \quad\ 001 \quad\ 010 \quad\ 011 \quad\ 100 \quad\ 101 \quad\ 110 \quad\ 111 \\ \boldsymbol{P}=\begin{pmatrix}\bar{p}^3 & \bar{p}^2p & \bar{p}^2p & \bar{p}p^2 & \bar{p}^2p & \bar{p}p^2 & \bar{p}p^2 & p^3\\ p^3 & \bar{p}p^2 & \bar{p}p^2 & \bar{p}^2p & \bar{p}p^2 & \bar{p}^2p & \bar{p}^2p & \bar{p}^3\end{pmatrix}\begin{matrix}000\\111\end{matrix}\end{array}$$

假设输入符号为等概率分布，采用最大似然译码准则。假定 p 远小于 1，则接收序列与译成的发送码字的对应关系如表 7.1 所示。

表 7.1　接收序列与译成的发送码字的对应关系

接收序列	译码输出	接收序列	译码输出
000	000	011	111
001		101	
010		110	
100		111	

译码后的平均错误概率（当 $p=0.01$）：

$$\begin{aligned}P_E&=\frac{1}{2}(p^3+\bar{p}p^2+\bar{p}p^2+\bar{p}p^2+\bar{p}p^2+\bar{p}p^2+\bar{p}p^2+p^3)\\&=p^3+3\bar{p}p^2\\&\approx 3\times10^{-4}\end{aligned}$$

与原来的二元对称信道的平均错误概率10^{-2}相比，这种简单重复编码（重复三次）的平均错误概率降低了近两个数量级。这是因为若接收码字中有一位码元发生错误，译码器仍能正确译出所发送的码字，只有传输中两位或三位码元发生错误，译码器才会译错。所以这种简单重复编码能纠正一位码元的错误，使得错误概率降低。

显然，如果进一步增大重复次数n，则会继续降低平均错误概率。可得

$$n=5,\quad P_E \approx 10^{-5}$$
$$n=7,\quad P_E \approx 4\times 10^{-7}$$
$$n=9,\quad P_E \approx 10^{-8}$$
$$n=11,\quad P_E \approx 5\times 10^{-10}$$

可见，当n很大时，使P_E很小是可能的。但这时带来了一个新问题，当n很大时，信息传输率会降低很多。将经过信道编码后的**信息传输率**表示为

$$R=\frac{\log M}{n}\ \text{bit / 码元} \tag{7.11}$$

这是因为一般假定M个信源符号(序列)已接近等概率分布，则平均每个信源符号(序列）所携带的信息量为$\log M$，用n个码元的信道编码码字来传输，平均每个码元所携带的信息量即为信息传输率R。

由此可见，利用简单重复编码减小平均错误概率P_E是以降低信息传输率R为代价的，那么怎样编码可以使平均错误概率P_E充分小而信息传输率又不至于太小呢？

2. 符号串编码

简单重复编码为什么使信息传输率降低？在未重复以前，输入端有两个消息，$M=2$。假设为等概率分布，则每个消息携带的信息量是$\log M=1\ \text{bit}$。

$n=3$的简单重复编码后，可以把信道看成是无记忆信道的三次扩展信道，这时输入端有8个二元序列可以作为消息，但是我们只选择了两个二元序列作为消息，$M=2$，每个消息携带的平均信息量仍为1 bit，而传送一个消息需要三个二元码符号，所以R就降低到$\frac{1}{3}$ bit/码元。

如果在扩展信道的输入端把8个二元序列都用上，则$M=8$，每个消息平均携带的信息量就是$\log M=\log 8=3\ \text{bit}$，而传递一个消息仍需3个二元码符号，这样$R$就提高到1bit/码元。译码时接收端8个接收序列译成与它对应的发送序列，只要接收序列中有一个码元发生错误就会变成其他的码字序列，使译码造成错误。只有接收序列中每个码元都不发生错误才能正确传递，所以得到正确传递的概率为$\bar{p}^3$。于是平均错误概率为

$$P_E=1-\bar{p}^3\approx 3\times 10^{-2}\quad (p=0.01)$$

这时的P_E反而比单符号信道传输的P_E大3倍。

若在三次无记忆扩展信道中，取$M=4$。用如下4个符号序列作为消息：

000　　010　　100　　110

信息传输率为

$$R=\frac{\log 4}{3}=\frac{2}{3}\text{bit}/\text{码元}$$

按照最大似然译码准则，可计算出平均错误概率为

$$P_E \approx 2\times 10^{-2}$$

与 $M=8$ 的情况相比，平均错误概率降低了，而信息传输率也降低了。

因此我们看到这样一个现象：在一个二元信道的 n 次无记忆扩展信道中，输入端有 2^n 个符号序列可以作为消息。如果选出其中的 M 个作为消息传递，则当 M 大一些，R 就大一些，P_E 也大一些；M 取小一些，R 就降低，P_E 也降低，这似乎是个不可调和的矛盾。

3. (n, k)分组码

考察这样一个例子：信道输入端所选的消息数不变，即取 $M=4$，增加码字的长度，取 $n=5$。这时信道为二元对称信道的五次扩展信道，在信道输入端 $2^5=32$ 个二元序列中选取其中 4 个作为发送码字。这时信息传输率为

$$R=\frac{\log 4}{5}=\frac{2}{5}\text{bit}/\text{码元}$$

设输入序列 $\boldsymbol{x}_i=x_{i_1}x_{i_2}x_{i_3}x_{i_4}x_{i_5}$，$x_{i_k}\in\{0,1\}$，$i=1,2,3,4$，其中 x_{i_k} 为 $\boldsymbol{x}_i$ 序列中第 k 个分量，若 $\boldsymbol{x}_i$ 中各分量满足方程

$$f:\begin{cases} x_{i_1}=x_{i_1} \\ x_{i_2}=x_{i_2} \\ x_{i_3}=x_{i_1}\oplus x_{i_2} \\ x_{i_4}=x_{i_1} \\ x_{i_5}=x_{i_1}\oplus x_{i_2} \end{cases}$$

式中：$\oplus$ 为模二加运算，也叫异或。

写成矩阵形式

$$\begin{bmatrix} x_{i_1} \\ x_{i_2} \\ x_{i_3} \\ x_{i_4} \\ x_{i_5} \end{bmatrix}=\begin{bmatrix} 1 & 0 & 0 & 0 & 0 \\ 0 & 1 & 0 & 0 & 0 \\ 1 & 1 & 0 & 0 & 0 \\ 1 & 0 & 0 & 0 & 0 \\ 1 & 1 & 0 & 0 & 0 \end{bmatrix}\begin{bmatrix} x_{i_1} \\ x_{i_2} \\ x_{i_3} \\ x_{i_4} \\ x_{i_5} \end{bmatrix}$$

由上述编码方法得到一种（5,2）线性码：00000，01101，10111，11010。如果译码采用最大似然译码准则，它的译码规则如表 7.2 所示。

表 7.2 （5,2）线性码译码规则

<table>
<tr><th>接收序列</th><th>译码输出</th><th>接收序列</th><th>译码输出</th></tr>
<tr><td>00000</td><td rowspan="8">00000</td><td>10111</td><td rowspan="8">10111</td></tr>
<tr><td>00001</td><td>10110</td></tr>
<tr><td>00010</td><td>10101</td></tr>
<tr><td>00100</td><td>10011</td></tr>
<tr><td>01000</td><td>11111</td></tr>
<tr><td>10000</td><td>00111</td></tr>
<tr><td>10001</td><td>00110</td></tr>
<tr><td>00011</td><td>10100</td></tr>
<tr><td>01101</td><td rowspan="8">01101</td><td>11010</td><td rowspan="8">11010</td></tr>
<tr><td>01100</td><td>11011</td></tr>
<tr><td>01111</td><td>11000</td></tr>
<tr><td>01001</td><td>11110</td></tr>
<tr><td>00101</td><td>10010</td></tr>
<tr><td>11101</td><td>01010</td></tr>
<tr><td>11100</td><td>01011</td></tr>
<tr><td>01110</td><td>11001</td></tr>
</table>

这种编码方法，接收端译码时既能纠正码中一位码元所发生的错误，也能纠正其中两位码元的错误，所以可计算得

正确译码概率

$$\overline{P}_E = \overline{p}^5 + 5\overline{p}^4 p + 2\overline{p}^3 p^2$$

错误译码概率

$$\begin{aligned} P_E &= 1 - \overline{P}_E \\ &= 1 - \overline{p}^5 - 5\overline{p}^4 p - 2\overline{p}^3 p^2 \\ &\approx 7.8 \times 10^{-4} \quad (p = 0.01) \end{aligned}$$

将这两种编码方法与前述 $M=4,\ n=3$ 的两种编码方法相比较，虽然信息传输率略低了些，但平均错误概率减少很多。再与 $M=2,\ n=3$ 的简单重复编码相比较，它们的平均错误概率接近于同一个数量级，但（5,2）分组码的信息传输率却比 $n=3$ 的简单重复编码的信息传输率高。因此增大 n，并且适当增大 M 并采用恰当的编码方法，既能使 P_E 降低，又能使信息传输率不至于太低。

下面先引入码字距离的概念，然后再解释（5,2）分组码能获得较低 P_E 的原因。

7.2.3　汉明距离与码的纠检错能力

1. 汉明距离

定义 7.4　长度为 n 的两个符号序列（码字）$\boldsymbol{x}_i$ 与 $\boldsymbol{y}_j$ 之间的距离是指序列 $\boldsymbol{x}_i$ 和 $\boldsymbol{y}_j$ 对应位置上码符号不同的个数，通常又称为汉明距离，用 $d(\boldsymbol{x}_i,\boldsymbol{y}_j)$ 表示。

例如，二元序列 $\boldsymbol{x}_i=101111$，$\boldsymbol{y}_j=111100$，则 $d(\boldsymbol{x}_i,\boldsymbol{y}_j)=3$；四元序列 $\boldsymbol{x}_i=1320120$，$\boldsymbol{y}_j=1220310$，则 $d(\boldsymbol{x}_i,\boldsymbol{y}_j)=3$。

若二元码序列

$$\boldsymbol{x}_i=x_{i_1}x_{i_2}\cdots x_{i_n},\qquad x_{i_k}\in\{0,1\}$$
$$\boldsymbol{y}_j=y_{j_1}y_{j_2}\cdots y_{j_n},\qquad y_{j_k}\in\{0,1\}$$

则 $\boldsymbol{x}_i$ 和 $\boldsymbol{y}_j$ 的汉明距离可以表示成：

$$d(\boldsymbol{x}_i,\boldsymbol{y}_j)=\sum_{k=1}^{n}x_{i_k}\oplus y_{j_k}$$

码字之间的距离越大，则由一个码字变成另一个码字的可能性越小。当码间距离为 1 时，表示它们在逻辑空间中是相邻的。对于一个码长为 n 的码字，它有 n 个相邻的码字。

这样定义的码字距离满足距离公式，即汉明距离满足以下性质：

（1）**非负性**　$d(\boldsymbol{x}_i,\boldsymbol{y}_j)\geqslant 0$，当且仅当 $\boldsymbol{x}_i=\boldsymbol{y}_j$ 时等号成立；

（2）**对称性**　$d(\boldsymbol{x}_i,\boldsymbol{y}_j)=d(\boldsymbol{y}_j,\boldsymbol{x}_i)$；

（3）**三角不等式**　$d(\boldsymbol{x}_i,\boldsymbol{z}_k)+d(\boldsymbol{z}_k,\boldsymbol{y}_j)\geqslant d(\boldsymbol{x}_i,\boldsymbol{y}_j)$。

定义 7.5　码 C 中，任意两个码字的汉明距离的最小值称为该码的最小距离，即

$$d_{\min}=\min\{d(\omega_i,\omega_j)\}\quad(\omega_i\neq\omega_j,\ \ \omega_i,\omega_j\in C)\tag{7.12}$$

码的最小距离 $d_{\min}$ 与译码错误概率有关。我们用距离概念来考察以下 5 个码，如表 7.3 所示。

表 7.3　码的最小距离与平均错误概率

类别	码 1	码 2	码 3	码 4	码 5
码字	000 111	000 011 101 110	000 001 010 100	00000 01101 10111 11010	000 001 010 011 100 101 110 111
消息数 M	2	4	4	4	8

续表

类别	码 1	码 2	码 3	码 4	码 5
信息传输率 R	1/3	2/3	2/3	2/5	1
码的最小距离 $d_{\min}$	3	2	1	3	1
平均错误概率 P_E（最大似然译码）	3×10^{-4}	2×10^{-2}	2.28×10^{-2}	7.8×10^{-4}	3×10^{-2}

显然，$d_{\min}$ 越大，P_E 越小。码的最小距离 $d_{\min}$ 越大，受干扰后，越不容易把一个码字错成另一个码字，因而平均错误概率小；反之，若 $d_{\min}$ 越小，受干扰后越容易把一个码字错成另一个码字，因而平均错误概率大。这就告诉我们：在编码选择码字时，要使码字之间的距离越大越好。

现在还可以把汉明距离与最大似然译码准则联系起来，用汉明距离来表述最大似然译码准则。

最大似然译码准则是对于任意 i，选择译码函数 $F(\boldsymbol{y}_j)=\boldsymbol{x}^*$，使 $p(\boldsymbol{y}_j\,|\,\boldsymbol{x}^*)\geqslant p(\boldsymbol{y}_j\,|\,\boldsymbol{x}_i)$。设码字 $\boldsymbol{x}_i=x_{i_1}x_{i_2}\cdots x_{i_n}$，$\boldsymbol{y}_j=y_{j_1}y_{j_2}\cdots y_{j_n}$，在传输过程中发送码字 $\boldsymbol{x}_i$ 中有 d_{ij} 个位置发生错误，接收端接收序列为 $\boldsymbol{y}_j$，即 $d(\boldsymbol{x}_i,\boldsymbol{y}_j)=d_{ij}$，没有发生错误的位置有 $n-d_{ij}$ 个。

当二元对称信道是无记忆时，有

$$p(\boldsymbol{y}_j\,|\,\boldsymbol{x}_i)=p(y_{j_1}\,|\,x_{i_1})p(y_{j_2}\,|\,x_{i_2})\cdots p(y_{j_n}\,|\,x_{i_n})=p^{d_{ij}}\cdot\overline{p}^{(n-d_{ij})}$$

只要 $p<\dfrac{1}{2}$（这是正常情况，例如 $p=10^{-2}$），则 d_{ij} 越大，$p(\boldsymbol{y}_j\,|\,\boldsymbol{x}_i)$ 越小；d_{ij} 越小，$p(\boldsymbol{y}_j\,|\,\boldsymbol{x}_i)$ 越大。

所以二元对称信道中最大似然译码准则可用汉明距离表示为：选择译码函数 $F(\boldsymbol{y}_j)=\boldsymbol{x}^*$ 使 $d(\boldsymbol{x}^*,\boldsymbol{y}_j)\leqslant d(\boldsymbol{x}_i,\boldsymbol{y}_j)$，即

$$d(\boldsymbol{x}^*,\boldsymbol{y}_j)=d_{\min}(\boldsymbol{x}_i,\boldsymbol{y}_j)$$

也就是在接收到码字 $\boldsymbol{y}_j$ 后，在输入码字集 $\{\boldsymbol{x}_i,\ i=1,2,\cdots,r\}$ 中寻找一个与 $\boldsymbol{y}_j$ 的汉明距离最小的码字 $\boldsymbol{x}^*$，这又称为最小距离译码准则。

这时平均错误概率也可用汉明距离来表示。设输入码字数为 M，并假设输入码字等概率分布，则有

$$P_E=\frac{1}{M}\sum_{Y,X-x^*}p(\boldsymbol{y}\,|\,\boldsymbol{x})=\frac{1}{M}\sum_{j}\sum_{i\neq *}p^{d_{ij}}(1-p)^{n-d_{ij}}$$

或者

$$P_E=1-\frac{1}{M}\sum_{Y}p(\boldsymbol{y}\,|\,\boldsymbol{x}^*)=1-\frac{1}{M}\sum_{j}p^{d_{*j}}(1-p)^{n-d_{*j}}$$

式中：$d_{*j}=d(\boldsymbol{x}^*,\boldsymbol{y}_j)$。

在非二元对称信道中也可采用最小距离译码准则，但它不一定等价于最大似然译码准则。

当输入码字为等概率分布时，由于最大似然译码准则与最大后验概率译码准则是等价的，所以这时最小距离译码准则与最大后验概率译码准则也是等价的。

从上面的论证可知，在 M 和 n 相同的情况下，即保持一定的信息传输率 R 时，选择不同的编码方法得到的码字的最小距离也不同，我们选择码字最小距离最大的那一个码。在译码时，将接收序列译成与其距离最小的码字，这样得到的 P_E 最小。那么只要码长 n 足够长，总可以通过恰当选择 M 个码字使 P_E 很小，而 R 保持一定的水平。

2. 码的纠检错能力

定义 7.6 当码集中任一码字在传输中出现 l 位或 l 位以下的错误，均能自动发现，则称该码的检错能力为 l。

定义 7.7 当码集中任一码字在传输中出现 u 位或 u 位以下的错误，均能自动纠正，则称该码的纠错能力为 u。

定义 7.8 当码集中任一码字在传输中出现 u 位或 u 位以下的错误，均能纠正，当出现多于 u 位而少于 $l+1$ 个错误（$l>u$）时，此码能检出而不造成译码错误，则称该码能纠正 u 个错误同时检出 l 个错误。

(n,k)分组码的纠检错能力与其最小汉明距离 d_0 有着密切的关系，一般有以下结论：

定理 7.2 若码的最小汉明距离满足 $d_0 \geqslant l+1$，则码的检错能力为 l。

定理 7.3 若码的最小汉明距离满足 $d_0 \geqslant 2u+1$，则码的纠错能力为 u。

定理 7.4 若码的最小汉明距离满足 $d_0 \geqslant u+l+1$ $(l>u)$，则该码能纠正 u 个错误同时检出 l 个错误。

以上结论可以用图 7.5 所示的几何图加以说明。

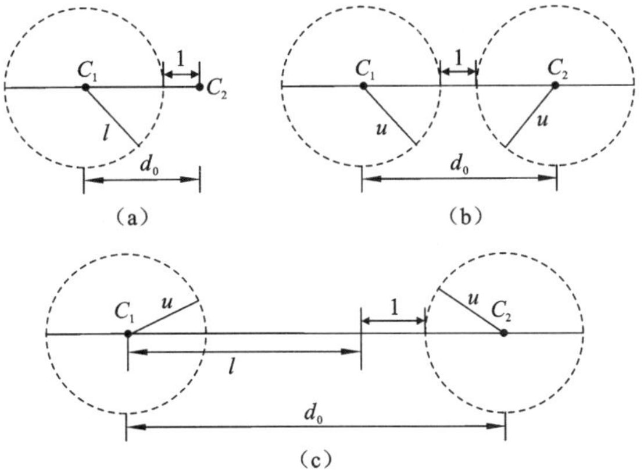

图 7.5 码距与检错和纠错能力的关系

图 7.5（a）中 C_1 表示某一码字，当误码不超过 l 个时，该码字的位置移动将不超过以它为圆心、以 l 为半径的圆（实际上是一个多维球），即该圆代表着码字在传输中出现 l 个以内误码的所有码组的集合，若码的最小汉明距离满足 $d_0 \geqslant l+1$，则（n,k）分组码中除 C_1 这个码字外，其余码字均不在该圆中。这样，当码字 C_1 在传输中出现 l 个以内误码时，接收码组必落在图 7.5（a）的圆内，而该圆内除了 C_1 外均为禁用码组，从而可确定该接收码

组有错。考虑到码字 C_1 的任意性，图 7.5（a）说明，当 $d_0 \geqslant l+1$ 时任意码字传输误码在 l 个以内的接收码组均在以其发送码字为圆心、以 l 为半径的圆中，而不会和其他许用码组混淆，使接收端检出有错，即码的检错能力为 l。

图 7.5（b）中 C_1、C_2 分别表示任意两个码字，当各自误码不超过 u 个时，发生误码后两码字的位置移动将各自不超过以 C_1、C_2 为圆心、以 u 为半径的圆。若码的最小汉明距离满足 $d_0 \geqslant 2u+1$，则两圆不会相交（由图中可看出两圆至少有 1 位的差距），设 C_1 传输出错在 u 位以内变成 C_1'，其距离为

$$d(C_1,C_1') \leqslant u$$

根据距离的三角不等式可得

$$d(C_1',C_2) \geqslant u$$

即

$$d(C_1',C_2) \geqslant d(C_1,C_1')$$

根据最大似然译码准则，将 C_1' 译为 C_1，从而纠正了 u 位以内的错误。

定理 7.4 中“能纠正 u 个错误，同时检出 l 个错误”是指当误码不超过 u 个时能自动予以纠正；而当误码大于 u 个而小于 l 个时，则不能纠正但能检测出来。该定理的关系由图 7.5（c）表述，其结论请同学们自行证明。

以上三个定理是纠错编码理论中最重要的基本理论之一，它说明了码的最小距离 d_0 与其纠检错能力的关系，从 d_0 中可反映码的性能强弱；反过来，我们也可以根据以上定理的逆定理设计满足纠检错能力要求的(n,k)分组码。

定理 7.5 对于任一(n,k)分组码，若要求：

（1）码的检错能力为 l，则最小汉明距离 $d_0 \geqslant l+1$；

（2）码的纠错能力为 u，则最小汉明距离 $d_0 \geqslant 2u+1$；

（3）能纠正 u 个错误同时检出 l $(l>u)$ 个错误，则最小汉明距离 $d_0 \geqslant u+l+1$。

7.3 信道编码的基本原理

7.3.1 有噪信道编码定理

有噪信道可靠传输信息的能力已经由香农在其独创性的论文中给出，这个结论称作有噪信道编码定理。该定理证明：每个信道都有一个最大信息传输速率 C，称为信道容量，对任何小于 C 的信息传输率 R，存在一种编码方案，若用最大似然译码，则随着码长的增加其译码错误概率可任意小。由香农编码定理可知，在信道上以接近信道容量的速率进行可靠通信是可行的，并指出提高通信系统传输信息可靠性的主要方法是信道编码。

下面给出信道编码定理的定义。

定理 7.6 设离散无记忆平稳信道的信道容量为 C，当信息传输率 $R<C$ 时，只要码长

n足够长，则总存在一种编码，可以使平均错误概率P_E任意小。反之，如果$R>C$，则无论n取多大，也找不到一种编码，使平均错误概率P_E任意小。

该定理就是著名的**香农第二定理**，称为**有噪信道编码定理**，是信息论的基本定理之一。该定理表明，对于给定的信道，只要信息传输速率R小于信道容量C，总存在一种信道编码（以及译码），可以以给定的任意小的差错概率实现可靠的通信。后来费诺推导出了信道编码逆定理，指出信道容量是可靠通信系统传信率R的上边界，如果$R>C$，就不可能有任何一种编码能使差错概率任意小。这两个定理常被写在一起，统称为有扰或噪声信道的信道编码定理。

有噪信道编码定理告诉我们，如果编码码长为n，选用的码字个数满足$M\leqslant 2^{n(C-\varepsilon)}$，其中$\varepsilon$为任意小的正数，则编码后，信道的信息传输率为

$$R=\frac{\log M}{n}\ \text{bit / 码元}$$

当$R<C$，可以在有噪声干扰的信道中以任意小的平均错误概率传输信息，而且当n足够大时，可以以任意接近信道容量C的信息传输速率传输信息。反之，当选用码字总数$M>2^{n(C+\varepsilon)}$，则无论n取多大，也找不到一种编码，使平均错误概率P_E任意小。

有噪信道编码定理是建立在对随机编码的讨论基础上的。所得到的平均错误概率P_E实际上是全体码集合上的平均误码率。由于某些码的性能一定优于这个平均值，所以有噪信道编码定理保证了满足给定错误下好码的存在性，但并未指出如何去构造它们。事实上，香农编码第二定理的证明是借助于随机编码的概念来完成的。这种理论上存在的随机码，在实际上至少存在以下三方面问题：第一是难找，理论存在的随机性“好码”似乎可随机选取，但到底怎样选，至今未找到有效的方法；第二是难分析，即对具体给定的某一个码是好还是坏，由于是随机选取的，其错误概率很难计算，所以难以判断；第三是难实现，即使选择随机好码，由于码长很长，编码和译码都很困难。所以，在设计一个要实现低误码率的编码系统时会碰到下面两个主要问题。

（1）如何构造好的长码，在用最大似然译码时，使得译码时误码概率小于给定值，即$P_E<\varepsilon$。

（2）寻求易于实现的编译码方法，使其实际性能接近最大似然译码所达到的性能。

香农第二定理只是一个存在性定理，它说明错误概率趋于零的好码是存在的。但香农并没有给出这种好码具体的构造方法。尽管如此，有噪信道编码定理仍然具有根本性的重要意义。它有助于评价各种通信系统编码和传输效率，从而指导各种通信系统的设计。

自1948年香农的开创性工作以来，直到20世纪90年代初期，人们普遍认为能够逼近信道容量的好码是随机的、不实用的长码，也就是说在实际应用中很难进行编译码。然而，20世纪90年代发明的Turbo码和LDPC码却证明了在实践上接近信道容量的好码是可能的。正是由于这些逼近容量极限的码的提出，高效信道编码理论与技术成为了信息论研究者和工程师的研究热点之一。

7.3.2 有限块长编码界

评估一个编码方式好坏的重要指标就是看它能否精准地恢复原始信息，在短数据块中通常用 FER 作为评判性能好坏的标准，符号用 P_e 表示。一个好的编码器和译码器应该使得 P_e 尽可能小，并且码率 ρ（$\rho=k/n$）尽可能大。香农信息论中给出了信道容量 C 的度量标准，它要求块长在无限长的情况下，可靠通信的信道容量才能达到最大。考虑到实际应用中块长不可能无限长，为了方便描述，用 $R^*(n,\varepsilon)$ 表示块长为 n，误帧率 P_e 不超过 $\varepsilon(P_e\leqslant\varepsilon)$ 能够达到的最大编码速率。可靠通信所能达到的最大数据速率称为信道的容量 C。不难看出，信道容量与最大编码速率在意义是等价的，都表示在单位时间内能够传输原始信息的最大比特数。

从香农信息论中可以看出，对通信系统的可靠传输研究提供理论指导，实际应用中不可能做到码长无限长，特别是在物联网时代，短数据块大量交互，经典香农论无法作为短包传输系统性能评估标准。2010 年，波利扬斯基（Polyanskiy）等对最大编码速率 $R^*(n,\varepsilon)$ 进行了更深入和细致的研究，得到了有限块长内编码性能的非渐近的上下界。如随机编码联合边界（random coding union boundary，RCU），正态近似（normal approximation，NA）界等。这些都被称为 $R^*(n,\varepsilon)$ 的紧边界，它可以有效评估在给定块长下维持期望的 FER 可达的最大编码速率。经证明，误差概率 ε 可达到的最大编码速率近似为

$$R^*(n,\varepsilon)=C-\sqrt{\frac{V}{n}}Q^{-1}(\varepsilon) \tag{7.13}$$

式中：R 表示最大编码速率；ε 表示误帧率；C 是信道容量；n 是块长；Q 为互补高斯累积分布函数；V 是信道色散，它表示的是衡量信道随机变化相对于确定信道相同的能力。信道色散的计算公式为

$$V=Var[i(X;Y)\,|\,X] \tag{7.14}$$

式中：$i(X;Y)$ 表示输入 X 和输出 Y 的信息密度：$V[\cdot|\cdot]$ 表示条件方差。式（7.13）也称为 AWGN 的 NA 界，可以看出，为了使误帧率 P_e 不超过 ε，如果缩短块长 n，那么最大编码速率将以 $1/\sqrt{n}$ 的速率降低。同样意味着不同长度的码字都有着对应编码性能的上限。

因此，给定速率 R 和块长 n，可得最小 FER 为

$$P_e\approx Q\left(\sqrt{n}\frac{C-R}{\sqrt{V}}\right) \tag{7.15}$$

式（7.15）可以体现出通信系统中可靠性、延迟和传输效率之间的权衡。

下文将介绍典型 DMC 的 NA 界。

NA 界是一个简单、更容易计算和便于理解的通用边界，它代表着特定块长下强信道编码容量的基本极限。与其他边界不同，它不包含额外需要优化的参数，也不需要对信道进行假设，如无记忆性、平稳性和遍历性。仅仅只与块长 n、信道色散 V、块长不受限制的情况下的信道容量 C 和误帧率 ε 有关。因此，利用该边界能很好地指导短块编码设计。

当 $0<\varepsilon\leqslant 1/2$ 时，块长为 n 的 DMC 信道容量的 NA 界为

$$\log M^*(n,\varepsilon) = nC - \sqrt{nV}Q^{-1}(\varepsilon) + O(\log n) \tag{7.16}$$

式中：Q 为互补高斯累积分布函数；

$$V = \min_{X:\, C=I(X;Y)} Var\left[\log \frac{P_{Y|X}(Y|X)}{P_Y(Y)}\right] \tag{7.17}$$

X 和 Y 分别为独立的输入和输出。对于无记忆信道，信息密度是独立随机变量的和，其微小偏差受到中心极限定理控制。

以下是对于 DMC 的具体应用。

1. BSC

这是一种只由 0 和 1 构成的最简单的信道模型。具体信道模型如图 7.6 所示。

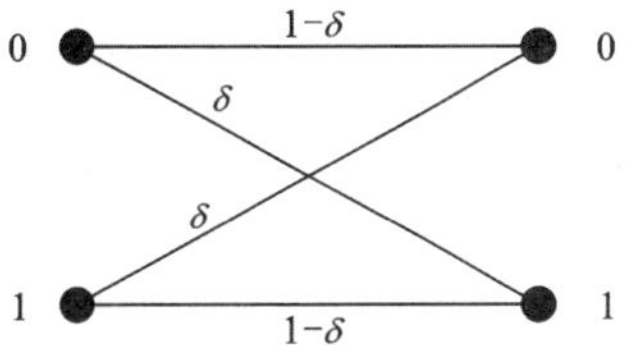

图 7.6　二元对称信道模型

对于概率 $\delta < 1/2$ 的 BSC，其输入和输出都是二进制符号，其信道可以定义为

$$P_{Y^n|X^n}(y^n | x^n) = \delta^{|y^n - x^n|}(1-\delta)^{n-|y^n-x^n|} \tag{7.18}$$

式中：$|z^n|$ 表示二进制矢量 z^n 的汉明权值。

BSC 的 NA 界可以表示为

$$\log M^*(n,\varepsilon) = n - nh(\delta) - \sqrt{nV}Q^{-1}(\varepsilon) \tag{7.19}$$

其中

$$V = \delta(1-\delta)\log_2^2 \frac{\delta}{1-\delta}$$

2. BEC

BEC 也是实际中广泛应用的模型，当对接收的二元信号无把握做肯定和否定判决时，常引入符号 E 作为删除符号，它表示这个字符的判决有问题，即作为存疑处理。基本信道模型如图 7.7 所示。

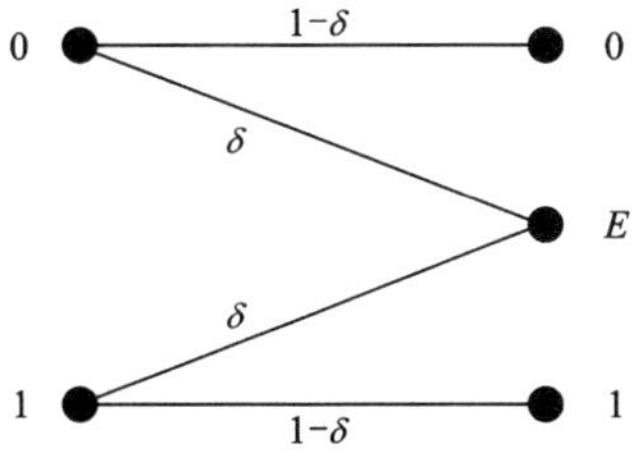

图 7.7　BEC 信道模型

对于删除概率为 δ 的 BEC，其 NA 界可以表示为

$$\log M^*(n,\varepsilon) = n - n\delta - \sqrt{n\delta(1-\delta)}Q^{-1}(\varepsilon) \tag{7.20}$$

有限块长的上下界是用来验证边界的合理性，它是对特定块长下有限块长边界的一种渐进性约束行为。

给出了两个定义：

逆界　给定任意块长和误帧率的码字的信道容量上限。

可达界　给定任意块长和误帧率的条件下，保证存在码字的信道容量的下限。

下面是对不同信道模型的 NA 界的仿真。

图 7.8 给出了 BSC 在 $\delta = 0.11$，$\varepsilon = 10^{-6}$ 情况下，不同块长所能达到的最大编码速率界。可以看出，逆界和可达界紧密逼近 NA 界，而香农界明显高估了所能传输的最大信息量。

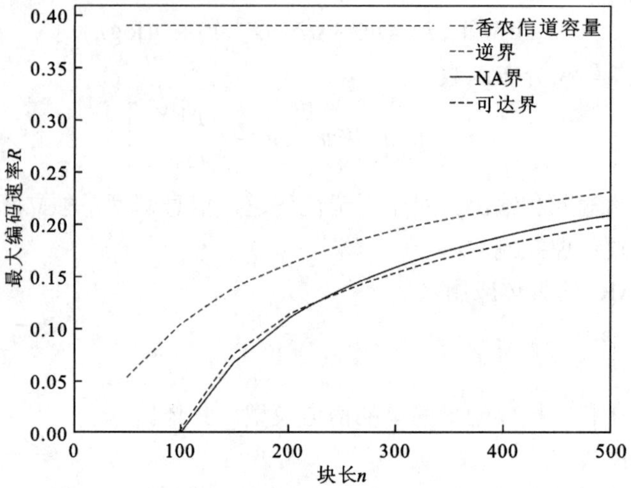

图 7.8　BSC 信道 $\delta = 0.15$ ，$\varepsilon = 10^{-6}$ 最大编码速率界

BEC 不同块长所能达到的最大编码速率界如图 7.9 所示。可以看出，逆界和可达界紧密逼近 NA 界。

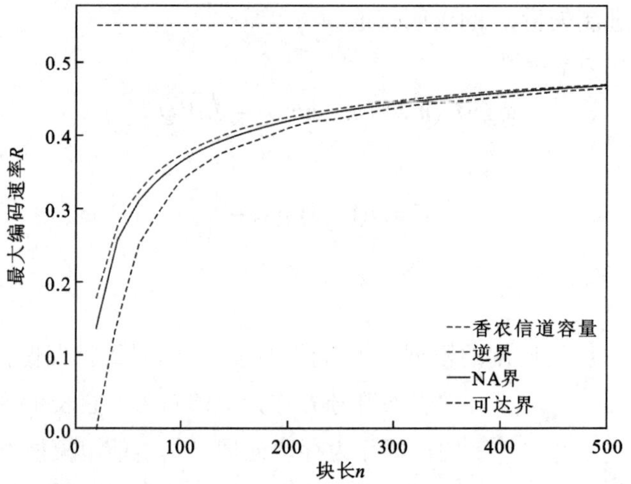

图 7.9　BEC 信道 $\delta = 0.45$ ，$\varepsilon = 10^{-4}$ 最大编码速率界

7.3.3　差错控制的途径

根据信道编码定理及信道容量表达式，要减小差错概率、提高传输可靠性，可以从下面几个方面着手。

1. 增大信道容量

由香农第二定理可知，在其他条件相同时，增大信道容量 C 可以降低信道译码平均错误概率，提高信道可靠性。对于高斯白噪声信道，单位时间的信道容量 C_t 为

$$C_t = W\log\left(1+\frac{P_s}{WN_0}\right)\text{bit/s} \tag{7.21}$$

式中：信道容量 C_t 与带宽 W 、信号平均功率 P_s 和噪声谱密度 N_0 有关。所以，增大信道容量可以采用以下方法。

（1）扩展带宽 W 。可以增大信号传输的信道带宽，对于有线通信从明线（150 kHz）—对称电缆（600 kHz）—同轴电缆（1 GHz）—光纤（25 THz）来扩展带宽；对于无线通信可以提高信道频率，如由中波—短波—超短波再到毫米波—微米波等。

（2）加大功率 P_s 。通过提高发送功率、提高天线增益、采用定向天线将无方向的漫射改为方向性强的波束或点波束以及采用分集接收等技术。

（3）降低噪声 N_0 。如采用低噪声器件、滤波、屏蔽、接地、低温运行等。

在纠错编码技术发展之前，通信系统设计者主要靠增大信道容量来提高通信的可靠性。

2. 减小码率

(n,k) 分组码，信息元位数 k 在码字长度 n 中所占的比重，称为码率。对于二进制编码，码率 $R=k/n$ （bit/符号）；对于 r 进制编码，码率 $R=k\log r/n$ 。所以，降低码率的方法有：

（1） r ， n 不变而减小 k ，这意味着降低信息源速率，每秒少传一些信息；

（2） r ， k 不变而增大 n ，这意味着提高符号速率（波特率），占用更大带宽；

（3） n ， k 不变而减小 r ，这意味着减小信道的输入、输出符号集，在发送功率固定时提高信号间的区分度，从而提高可靠性。

在一定的通信容量 C 下减小 R ，等效于增大 $C-R$ 之差，因此这等效于通过增大信道容量的冗余度来换取可靠性。

3. 增加码长

如果要保持码率 R 不变，增加码长 n 的同时应增大信息位 k ，以保持 k/n 不变。在 C 、R 固定的情况下加大 n 并没有增加信道容量的冗余度，它是利用了随机编码的特点，这与香农随机编码思想一致。随着 n 增大，码空间矢量 X^n 以指数量级增大，从统计角度而言，不同码字间的距离也将增大。香农在证明第二编码定理时要求码长要尽可能长。因此，早期限制译码性能的主要因素是码长增大造成的译码复杂度。随着 Turbo 码及低复杂度迭代译码技术的发展，通过增加码长 n 来提高可靠性已成为纠错编码的主要途径之一，它实际上是以设备的复杂度换取可靠性。从这个意义上说，妨碍数字通信系统性能提高的真正因素是设备的复杂度。

7.4　编码性能和编码增益

纠错码的性能不但与编码方法有关，而且与译码方法有关。通常以最大似然译码作为比较的标准。由于编码引入了额外的比特，所以必须增加发送每条给定信息的时间或者必须增加带宽来实现可靠信息传输。二者都会增加消息所承载的总噪声：前者是因为传输时间加长而使噪声增加，后者是因为更多的噪声落在频带内。

纠错编码主要应用在数字通信中，其根本目的在于提高通信的可靠性。但根据香农第二定理，只要信道的信息传输速率小于信道容量，接近无差错传输的编码就一定存在，而且信道容量 C 、信号带宽 B 和到达接收端的信噪比 S/N 满足香农公式。因此，可以把纠错编码看成这 3 个参量相互影响彼此权衡的结果。

为了研究纠错编码本身的特性，通常摒弃一切可能影响分析的其他因素，比如信道带宽、功率及调制解调方式等。解决这一问题的答案就是根据单位比特信息的能量与噪声能谱密度的比值来估算链路的误码状况。因此，在编码数字通信中，信噪比通常用 E_b/N_0 来表示，其中 E_b 和 N_0 分别为信号的比特能量和噪声的功率谱密度，它们在数值上和 S/N 相等。这样，当改变编码方案、编码参数时，就可以得到仅与编码方案、编码参数有关的 $P_b(e) \sim E_b/N_0$ 曲线。

在引入编码之后，编码比特通常大于信息比特。举例来说，如果要传送 100 bit 的信息，采用 1/2 码率进行编码，则编码比特为 200 bit。假设保持传输的比特速率和功率不变，那么消息中的能量会加倍，而信息量则保持不变。因此，单位信息比特的能量会加倍，即增加 3 dB。如果要通过编码获取真正的增益，则必须克服这 3 dB 的能量增加。为了衡量不同编码方案的性能及编码前后性能的改善情况，引入编码增益的概念。编码增益是在一定误比特率条件下编码与不编码相比所要求的信噪比之差。

定义 7.9 *对于给定的误比特率，编码增益 G 是指通过编码所能实现的 E_b/N_0 的减少量，即*

$$G = \left(\frac{E_b}{N_0}\right)_u - \left(\frac{E_b}{N_0}\right)_c \tag{7.22}$$

式中：$(E_b/N_0)_u$ 和 $(E_b/N_0)_c$ 分别表示未编码及编码后所需要的 E_b/N_0 。

图 7.10 中所示为常用的 1/2 码率的卷积码的 BPSK（binary phase-shift keying）调制系统编码前后的误码性能曲线。可以看出，如果没有编码，若要达到 10^{-5} 的误比特率，E_b/N_0 的值需要在 9.6 dB 左右。经过编码，在硬判决下达到相同误码率时需要 7.1 dB 左右。在不同的误比特率 $P_b(e)$ 条件下，编码增益也不同。比如，$P_b(e)=10^{-3}$ 时，上述编码增益减小到约 1 dB；当 $P_b(e)=10^{-1}$ 时，编码反而比不编码差，这是因为信噪比很小时，信道容量很小，如编码会造成超容量使用信道，反而比不编码更差。

一般，所说的编码增益必须和所需的误比特率结合起来考虑，而误比特率则取决于实际的应用。注意，好的编码增益只有在所需的误比特率相对较低的情况下才可获得，在误比特率相对较高的情况下，编码增益可能为负。

如果知道分组码的最小距离，或是知道用于卷积码的自由距离参数，就可以找到码的渐进编码增益。这个增益可以在非常小的误码率下得到。如果采用非量化软判决，当码率为 R ，码字最小距离是 d ，则渐进编码增益为

$$G_{渐进} = 10\lg(Rd) \tag{7.23}$$

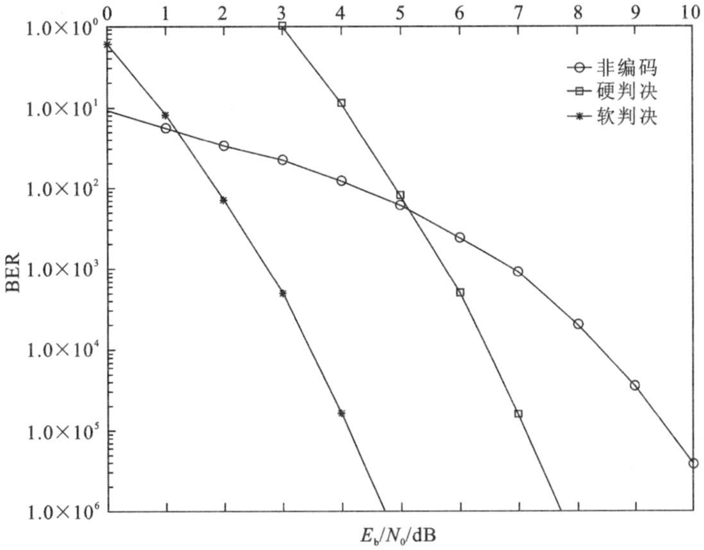

图 7.10　码率为 1/2 的卷积码性能

如果采用硬判决译码，且最多可以纠正 u 个错误，那么

$$G_{渐进}=10\lg[R(u+1)] \tag{7.24}$$

由码的距离与纠错能力可知，u 的最大值将小于 $d/2$。这样式（7.23）中的 d 值刚好是式（7.24）中 $u+1$ 值的 $\frac{1}{2}$。因此，渐进编码增益在使用软判决译码时会比硬判决高约 3 dB。

7.5　差错控制方式

从纠错译码角度，编码信道上的错误可以分为四类：第一类是译码器可以纠正的错误；第二类是译码器可以检测到误码但不能纠正的错误；第三类是无法被译码器检测到的错误；第四类是译码器检测到错误，但是纠错时给出了错误的结果。

在实际通信系统中，利用检错和纠错的编码技术进行差错控制的基本形式主要分为三类：前向纠错（forward error correction，FEC）方式、反馈重发（automatic repeat request，ARQ）方式和混合纠错系统（hybrid error correction，HEC）。

1. 前向纠错（FEC）方式

所谓前向纠错，就是接收端不仅能在收到的消息序列中发现错误，还能够将其纠正。FEC 系统的优点是：接收端可自动发现错误、纠正错误；不需要反向信道；能进行一点对多点的通播，可以是双向通信，也可以是单向通信（如数字式语音或电视广播）。它的缺点主要有：译码比较复杂；所选用的纠错码要和信道的干扰情况相匹配，对信道的适应性较差，一般以最坏的信道条件来设计纠错码；通常是以注入冗余度为代价来换取编码增益的，往往是加入的冗余度越大编码增益越高，一般情况下编码效率较低。

由于 FEC 的上述特点，寻求兼具好的纠错性能和高的编码增益的纠错编码方法，就是信道编码研究的重要课题。

2. 反馈重发（ARQ）方式

当通信系统要求差错控制仅具有错误检测功能时，通常的方法是在接收端检测到传输错误并自动告知发送方，请求发送方重发。这样的差错控制过程称为自动请求重发（ARQ），也简称为反馈重传。

系统采用反馈重发方式工作时，发送端采用检测编码，接收端译码器依据编码规则，判决接收码字是否有错，并通过反馈信道把判决结果反馈至发送端。发送端依据这种判决结果，把接收端认为有错的码重新发出，直到接收端认为正确而接收为止。因此 ARQ 系统必须设置双向信道，特别适用于点对点的通信。还要求系统的收、发两端互相配合，协调一致，这样，会导致系统的控制设备和存储设备比较复杂。

ARQ 系统的优点是：纠错能力强；检错能力与信道干扰变化无关，适应性强；由于只要检测错误就可以了，所以编译码器比较简单。但它也有如下缺点：必须有反向信道，否则只能检错；收、发两端必须互相配合，信源能够被控制，实时性较差。

3. 混合纠错系统（HEC）

混合纠错系统将反馈重传技术与前向纠错技术相结合。当出现少量错码并且译码器能够纠正时，采用前向纠错方法进行纠正；当错码较多超过其纠正能力但尚能检测时，就进行自动反馈重传。HEC 系统的性能及复杂度介于前两者中间，误码率低，设备不太复杂，实时和连续性好，应用范围广，特别是在卫星通信中广泛应用。

习　题

1. 在通信系统中，采用差错控制的目的是什么？

2. 简述有噪信道编码定理。

3. 发送端发送 4 条可能的消息之一。最有可能出现的消息所占的概率为 0.5，用值“0”代表。第二有可能出现的消息所占的概率是 0.25，用“10”表示。另外两个消息出现的概率各为 0.125，分别用“110”和“111”来表示。请给出 4 条消息的平均信息量和传送的平均比特数，并与使用固定长度表示的情况作比较。

4. 设 $C=\{111000,010010,100100,001110\}$ 是一个二元码，求码 C 的最小距离。

5. 已知一纠错码的三个码组为 $\{001010\}$，$\{101101\}$，$\{010001\}$。若用于检错，能检出几位错码？若用于纠错，能纠正几位错码？若纠检错结合，能纠正几位错码同时检出几位错码？

6. 设有一个随机产生二进制序列的信源和一个转移概率为 0.1 的 BSC 信道。如果不编码，则传送消息的误码率仍为 0.1。现以 $R=1/2$ 的码率进行编码，考察一下编码效果。

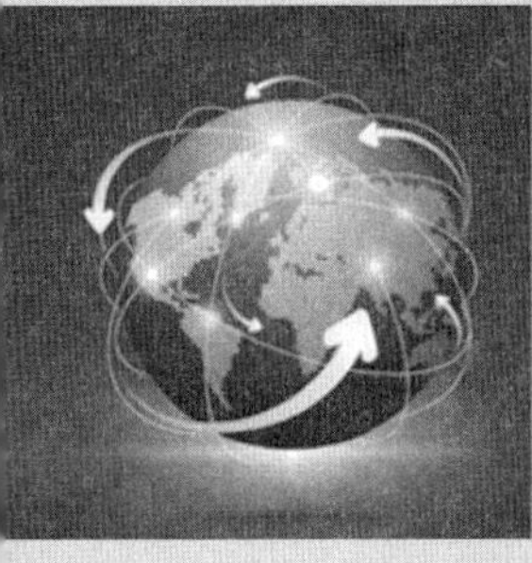

第8章 近世代数基础

线性分组码是分组码中最重要的分支，其数学基础是近世代数。近世代数是研究线性分组码的生成、编译码方法及其性能分析的基础，也是设计、寻找“好码”的必要工具。

近世代数是纠错码理论的数学基础，所以，本章首先介绍近世代数的基本概念，包括群、环、域的基本概念，重点是有限域的构造和特点，给出能满足某些法则和定律的代数系统，然后介绍与码空间有关的矢量空间及子空间概念。

关于近世代数中的几个名词概念如下。

（1）元素——近世代数的运算对象。如二进制运算代数系统有“0”及“1”两个元素。

（2）集合——一组元素或若干个（有限多个或无限多个）固定元素的全体。

（3）代数系统——包含集合和一种或几种代数运算（用*表示）的系统。

近世代数主要关心代数运算本身的性质和规律，被作为运算对象的元素，可以是整数、多项式、矩阵等形式。它们对乘法、加法等运算具有共同的性质。

8.1 群、环、域

8.1.1 群

定义 8.1 对于一个非空元素集合 G 以及定义在 G 上的一种运算“$*$”（这里的$*$泛指任一种代数运算，如+、−、×、÷、模 m 加⊕、模 m 乘⊗等），若满足以下条件：

（1）对任意 $a,b\in G$，$(a*b)$ 仍是 G 中的一个元素，即运算满足封闭性。

（2）对任意 $a,b,c\in G$，$a*(b*c)=(a*b)*c$，即运算满足结合律。

（3）对任意 $a\in G$，存在唯一的一个单位元 e，使 $e*a=a*e=a$。在加法中，$e=0$（即零元素）；在乘法中，$e=1$（即单位元素）。

（4）对任意 $a\in G$，有 $a^{-1}\in G$ 能使 $a*a^{-1}=a^{-1}*a=e$（a^{-1} 为 a 的逆元）。在加法中，逆元应为 $(-a)$；在乘法中，逆元才为 a^{-1}。

则称这样的代数系统为群（Group），记为 $(G,*)$。

交换群（或称阿贝尔群），指群 $(G,*)$ 中运算$*$还能满足交换律，即

（5）对任意 $a,b\in G$，有 $a*b=b*a$。

第（4）中，“a^{-1}”泛指逆元，不能狭义地理解为就是 $1/a$。

需要说明的是，群是包含集合 G 和一种代数运算“$*$”，且满足相关条件的代数系统。如果群 $(G,*)$ 中的运算是加法，则称群 $(G,+)$ 为加群（additive group）。加群一定是交换群。加群中一定包含零元素，且零元素是该加群的单位元 e。加群元素 a 的逆元是代数中的 $-a$。

如果群 $(G,*)$ 中的运算是乘法，则称群 $(G,\cdot)$ 为乘群（multiplicative group）。乘群中一定不包含零元素，因为零元素不存在乘运算下的逆元。乘群不一定是交换群。乘群的单位元是 1，乘群元素 a 的逆元是代数中的 $1/a$。

如果群 $(G,*)$ 中包含无数个元素，则称该群为无限群。如果群 $(G,*)$ 中包含有限个元素，则称该群为有限群。构成有限群的元素的个数称为该群的阶。

如果在群 $(G,*)$ 中，集合 G 的非空子集 S 在同样的运算下可构成群 $(S,*)$，则称群 $(S,*)$ 为群 $(G,*)$ 的子群（subgroup）。

群 $(S,*)$ 为群 $(G,*)$ 的子群的充要条件是：对于任何 $a,b\in S$ 必有 $a*b^{-1}\in S$。充要条件的这种表述形式，强调了子群元素逆元的存在性以及子群的封闭性。

循环群——如交换群 G 中存在一个生成元 a，即生成元 a 能使 G 中每个元素都表示成 a 的非负数次幂，亦即

$$G=\{a^0=e,a^1=a,a^2,\cdots,a^{n-1}\} \tag{8.1}$$

就称为循环群。其中 $a^0=e$ 是单位元。

循环群也叫幂群，具有以下性质：循环群是交换群，循环群的子群仍是循环群，n 阶有限循环群的子群的阶数一定是 n 的因子。

例 8.1　集合 G 在模 q 乘（q 是素数）运算下构成一个乘群 $(G,\otimes)$。这里符号 $\otimes$ 表示模 q 乘。该乘群是 $q-1$ 阶有限群，又是交换群，单位元是 1。乘群的每一个元素 a 都存在一个逆元 $b\in G$ 满足 $[a\otimes b]\bmod q=1$。

8.1.2　环

定义 8.2　对于非空元素集合 R 及定义在 R 上的两种代数运算（$+$和$\times$），如果能满足下列条件：

（1）在加法运算下，是一个交换（阿贝尔）群；

（2）在乘法运算下，能满足封闭性、结合律、单位元存在性三个条件；

（3）对于任意 $a,b,c\in R$，有 $a(b+c)=ab+ac$ 及 $(b+c)a=ba+ca$（分配律）。

则称该代数系统为环，记做 $(R;+,\cdot)$。

这里由于少了逆元存在性所以不构成乘群。因为是加群，R 中必然含有零元素 0，而 0 不存在乘运算下的逆元。

对于任意 $a,b\in R$，如其乘法也能满足 $ab=ba$（交换律），则称 R 为交换环。

子环——如 R 的子集 S 对 R 中代数运算来说，也构成环；则称 S 为 R 的子环，而 R 为 S 的扩环。

理想子环——特别重要的一个子环。如交换环 R 的一个非空子集合 I 是 R 的一个子环，且能满足下列条件：

（1）对任意 $a\in I$ 和 $r\in R$，有 $ar=ra\in I$（封闭性）；

（2）对任意 $a,b\in I$，有 $a+(-b)\in I$（逆元存在性）。

就称 I 为 R 的一个理想子环，简称理想。

与一般子环相比，理想子环要求满足更多的条件：R 必须是交换环且具有凝聚力，即任意一个子环元素与任意一个非子环的元素在乘法运算后所得的元素一定位于子环内。由此定义可知，理想子环其实就是可交换环中的一个子环，理想子环中的某些元素都由某一元素 a 的倍数生成。所以，若理想子环中包含了元素 a，则它就包含了 a 的一切倍元。

主理想子环——若理想子环的所有元素可由一个元素 a 的各次幂或各次幂的线性组合生成，则称该理想子环为主理想子环，简称主理想，元素 a 称为生成元。由此可以看出，主理想的所有元素可由一个元素 a 的各次幂或各次幂的线性组合生成，或理想中的元素由一个元素的所有倍数及其线性组合生成。

例 8.2　有限整数的集合在乘、加运算下可以构成有限环。比如，集合 $Z=\{0,1,2,\cdots,m-1\}$,在模 m 加、模 m 乘运算下可构成有限环，也称剩余类环。这里的 m 是整数，不要求一定是素数。但不是素数时，环内会存在零因子，称之为零因子环。

零因子的定义为：任意$a,b\in R$，且 $a\neq 0$，$b\neq 0$，若 $a\cdot b=0\in R$，则称 a,b 为零因子。有零因子时，乘法消除律不能成立，即从 $a\cdot b=a\cdot c$ 不能得出 $b=c$。因为当 $c=0$ 时，前式成立而后式并不成立。举例来看，$\{0,1,2,3,4,5\}$ 在模 6 加、模 6 乘运算下可以构成一个 $m=6$ 的剩余类环，其中 2，3，4 都是零因子 $(2\cdot 3=3\cdot 4=0\bmod 6)$，于是从 $2\cdot 3=2\cdot 0\bmod 6$ 不能

推得$3=0$。

例 8.3 有限整数集合$Z=\{0,1,2,\cdots,m-1\}$在模 m 加、模 m 乘运算下构成交换环$(Z,\oplus,\otimes)$。模m加、模m乘的定义分别为

$$a\oplus b=(a+b)\bmod m,\quad a\otimes b=(a\cdot b)\bmod m \tag{8.2}$$

且服从运算规律：

$$(a+b)\bmod m=[a\bmod m+b\bmod m]\bmod m \tag{8.3}$$

$$(a\cdot b)\bmod m=[a\bmod m\cdot b\bmod m]\bmod m \tag{8.4}$$

8.1.3 域

定义 8.3 对于至少含有一个非零元素的交换环F，若每个非零元素都存在乘运算下的逆元，则称该交换环为域（Field），记作$(F,+,\cdot)$，简称域F。

从定义上看，群是一个集合一种运算，环和域都是一个集合两种运算。域比环严格之处在于：域必须是交换环，而且扣除零元素后要求其余所有元素存在逆元。相比之下，环对所有元素都无逆元方面的要求。由此可见，域是一个可交换的、有单位元的、非零元素有逆元的环，且域中一定无零因子。

1. 有限域

域的元素可以是数，也可以是多项式。对于数域，有理数、实数、复数全体在乘、加运算下分别构成有理数域、实数域和复数域，它们都包含无限个域元素，因此称之为无限域。元素个数有限的域称为有限域，用$GF(q)$表示，域中元素个数为域的阶，$GF(q)$称为q阶有限域。有限域也称为伽罗瓦域，名称来源于法国数学家埃瓦里斯特·伽罗瓦（Evariste Galois），有限域在编码理论中起着非常重要的作用。

有限域$GF(q)$具有如下特点：

（1）有两种运算，即加法和乘法；

（2）域中两个元素相加或相乘的结果也是域中的元素；

（3）域中的一个元素是元素 0，对域中的任意元素a，都有$a+0=a$；

（4）域中的一个元素是单位 1，对域中的任意元素a，都有$a\cdot 1=a$；

（5）对域中的每个元素a，都有一个对应的加法逆元素a，使$a+(-a)=0$。可以将减法运算定义成对逆元素的加法运算；

（6）对域中的每个非零元素b，都有一个对应的乘法逆元素b^{-1}，使$b\cdot b^{-1}=1$。可以将除法运算定义成对逆元素的乘法运算；

（7）适用结合律$[a+(b+c)=(a+b)+c]$、交换律$[a+b=b+a,a\cdot b=b\cdot a]$及分配律$[a\cdot(b+c)=a\cdot b+a\cdot c]$。

并非所有q阶的域都能满足这些性质。只有q为素数或者某个素数的整数次幂时，上述性质才满足。

2. 素数大小的有限域

有限整数集合 $F=\{0,1,2,\cdots,q-1\}$（q 是素数）在模 q 加、模 q 乘运算下构成一个 q 阶有限域，记作 $GF(q)$。当 $q=2$ 时，就是二元域 $GF(2)$。对于二进制算术，采用模 2 运算可以满足 $GF(2)$ 的运算法则。同样，对于 $GF(q)$ 内取任意两个元素的相加或相乘结果进行模 q 运算，也可以满足 $GF(q)$ 的运算法则。表 8.1 和表 8.2 给出 $GF(3)$ 在加法和乘法运算下的结果。

表 8.1 $GF(3)$中的加法

+	0	1	2
0	0	1	2
1	1	2	0
2	2	0	1

表 8.2 $GF(3)$中的乘法

×	0	1	2
0	0	0	0
1	0	1	2
2	0	2	1

由表 8.1 可知，$GF(3)$ 中任意元素的加法逆元可以通过从 q 中减去该元素得到。例如，$GF(3)$ 中，0 的加法逆元是 0，1 的加法逆元是 2，反之亦然。乘法逆元原则上可以从表 8.2 中乘积为 1 的一对元素中得到。对于 $GF(3)$ 来说，1 的乘法逆元素就是 1，2 的乘法逆元素就是 2。

另外一种寻找域元素乘法逆元的方法是采用元素的幂运算，它给出构造更大的域的方法。对于任意大小的素数 q，可以证明，至少存在一个元素 a，它的各次幂 $a^0,a^1,a^2,\cdots,a^{q-2}$ 可以构造出域中所有的非零元素，该元素称作生成元或本原元。此时 $GF(q)$ 的 $q-1$ 个非零元素在模 q 乘运算下构成一个循环群（幂群）。

例 8.4 在域 $GF(7)$ 中，域元素 3 的各次幂可以生成全部非零域元素，即

$$3^0=1，\ 3^1=3，\ 3^2=2，\ 3^3=6，\ 3^4=4，\ 3^5=5$$

由此可见，3 是 $GF(7)$ 的本原元。有限域运算可以通过元素对应幂次运算实现。对于 $GF(q)$ 域上元素的逆元求解，可以通过域元素对应幂次的模 q 加运算得到，如在 $GF(7)$ 中域元素 4 对应幂次 3^4，对应的乘法逆元为 $3^{6-4}=3^2=2$，所以，$4(3^4)$ 的乘法逆元素是 $2(3^2)$。同理，$5(3^5)$ 的乘法逆元素是 $3(3^1)$。此外，通过域元素对应幂次的模 q 加运算可以完成域元素的乘法运算，如 $6\times2=3^3\times3^2=3^5=5$。

8.2 有限域与扩域构造

8.2.1 多项式域

多项式是码字与代数之间的桥梁。例如，对于码字（1101），可写成代数式 x^3+x^2+1，其系数代表码元取值，x 的幂次代表码元位置，系数属于某数域上的多项式。比如，二进制系数的多项式称为二元域 $GF(2)$ 上的多项式；q 进制系数的多项式称为二元域 $GF(q)$ 上的多项式。

以数为元素可以构成群、环、域，以多项式为元素同样可以构成群、环、域。多项式环是构造有限域的基础。

某数域上多项式的集合在乘、加运算下可以构成一个多项式环，它是一个以多项式为环元素的交换环。

多项式环，如 x 的多项式

$$a_n x^n + a_{n-1}x^{n-1} + \cdots + a_1 x + a_0 \tag{8.5}$$

的系数属于交换环 R，即 $a_i \in R(i=0,1,\cdots,n)$，且由多项式构成的集合 $R(x)$ 对加法和乘法都满足封闭性，并对加法有逆元，则 $R(x)$ 是多项式环。

多项式的两个要素是系数和幂次，只要其中一个有无限取值，比如系数所在数域是无限域（实数、整数等）或多项式的幂次无限，则多项式环元素的数目也就无限，称之为无限环。然而在纠错码的实际使用中，码集总是有限的，对应的多项式环也应是有限环，因此必须在系数和幂次两个方面对构成环的多项式进行限制。最常用的方法就是利用模运算产生数量有限的剩余类。

编码中使用的多项式剩余类环的定义：$GF(q)$ 上的多项式在模 q 加、模 $f(x)$ 乘运算下，多项式剩余类的全体所构成的交换环称为多项式剩余类环，记做 $R_q(x)_{f(x)}$。显然，多项式剩余类环通过 $GF(q)$ 域保证系数有限，通过模 $f(x)$ 乘运算保证幂次有限。多项式运算中包含了系数间模 q 乘、加的数域运算。

如果 $f(x)$ 的最高次幂是 m，称 $f(x)$ 是 m 次多项式，写为 $\deg[f(x)]=m$，这里 $\deg[\cdot]$ 表示阶次 degree。显然，多项式剩余类环中所有环元素的次数不高于 $m-1$ 次，通式形式为

$$a_{m-1}x^{m-1} + a_{m-2}x^{m-2} + \cdots + a_1 x + a_0, a_i \in GF(q) \quad (i=0,1,\cdots,m-1) \tag{8.6}$$

如果多项式最高次项的系数为 1，则称该多项式是首一多项式。仅包含最高次项和常数项 1，且形式为 x^n+1 的首一多项式称为 m 次最简首一多项式。

与整数环存在子环一样，多项式环也存在多项式子环。假设 $GF(q)$ 上无限次幂的多项式构成一个无限环，则 m 次多项式 $f(x)$ 的一切倍式是该无限环的一个理想子环。

以 $f(x)$ 为模的多项式剩余类的全体构成一个有限元素的多项式剩余类环 $R_q(x)_{f(x)}$，这个环也可以有子环。可以证明 $R_q(x)_{f(x)}$ 中的每一理想子环皆为主理想，且该主理想的生成元（多项式）$g(x)$ 必定能整除 $f(x)$。如循环码中所有码字 $C(X)$ 都是生成多项式 $g(x)$ 的线

性组合，循环码可以看作一个主理想子环。

剩余类环 $R_q(x)_{f(x)}$ 拥有环的一切性质，包括单位元的存在性。剩余类环 $R_q(x)_{f(x)}$ 中的模多项式 $f(x)$ 对环元素运算具有重要影响，与整数环上通过素数 q 来构造 $GF(q)$ 域相似，通过限制 $f(x)$，可以构造以多项式为元素的有限域（扩域）。

在讨论多项式扩域构造之前，先给出不可约多项式（irreducible polynomial）和本原多项式（primitive polynomial）的定义。

1. 不可约多项式

对于某数域上 m 次（$m>0$）多项式 $f(x)$，若除了常数 C 和 $C\cdot f(x)$ 的乘积以外，不能被该域上的任何其他多项式整除，则称 $f(x)$ 为该数域上的不可约多项式。

$f(x)$ 为不可约多项式的充要条件是不能进一步分解成两个次数低于 $f(x)$ 的多项式的乘积。这里需要强调的是，多项式能否分解与所在的域有很大关系。比如，多项式 $f(x)=x^2+1$ 在实数域是不可分解的，但在复数域可分解为 $(x+i)$ 和 $(x-i)$ 两项的乘积，在二元域也可分解为 $(x+1)$ 和 $(x-1)$ 两项的乘积。

定理 8.1　若 $m(>0)$ 次首一多项式 $f(x)$ 在域 $GF(q)$ 上是不可约的，则由 $f(x)$ 为模所组成的多项式剩余类环是一个有 q^m 个元素的有限域，该多项式域称为域 $GF(q)$ 的扩域（extension field），写作 $GF(q^m)$。称 $GF(q)$ 是扩域 $GF(q^m)$ 的基域。

由此可见，以 m 次多项式 $f(x)$ 为模的剩余类，均可由次数小于 m 的多项式作代表元。此代表元的一般表示式可写为

$$a_{m-1}x^{m-1}+a_{m-2}x^{m-2}+\cdots+a_1x+a_0 \quad (a_i\in GF(q), i=0,1,\cdots,m-1) \tag{8.7}$$

式中：$a_i\in GF(q)$，有 q 种不同的取值，共有 q^m 个次数小于 m 次的多项式，构成一个有 q^m 个元素的有限域 $GF(q^m)$。比如，二元域上的多项式在模 2 加、模 x^2+x+1 乘运算下构成一个多项式扩域 $GF(2^2)=\{0,1,x,x+1\}$，该扩域的基域是 $GF(2)=\{0,1\}$。

根据以上构造过程，对于不同的 m 次不可约多项式 $f(x)$，就可以构造出元素个数相同的不同扩域 $GF(q^m)$，扩域区别于多项式环的不同之处是强调非零域元素逆元的存在。如果赋予 $f(x)$ 更多限定条件，它还可以具有更多特性。

2. 本原多项式

对于 $GF(q)$ 上的 m 次不可约多项式 $f(x)$，若能被它整除的最简首一多项式 (x^n-1) 的次数满足 $n\geqslant q^m-1$，则称该多项式为本原多项式。

本原多项式一定是不可约的；反之，不可约多项式未必是本原的。

定理 8.2　若 $f(x)$ 是 $GF(q)$ 上的 m 次本原多项式，则扩域 $GF(q)$ 中至少存在一个本原元 α（α 代表一个次数小于 m 的多项式），它的各次幂 $\alpha^0,\alpha^1,\alpha^2,\cdots,\alpha^{q^m-2}$ 构成了扩域 $GF(q)$ 的所有 q^m-1 个非零域元素。

由上述定理可知，$GF(q)$ 域上所有非零元素全体可由本原元各次幂得到。该本原元也

称扩域的生成元。

从纠错编码构造角度，我们重点关注q为 2 的整数次幂的有限域，即$q=2^m$（m是整数）。由定理 8.2 可以得到，由本原多项式构造的$GF(q)$中存在一个本原元α，它是本原多项式$f(x)$的根，即$f(\alpha)=0$。由本原元α的各次幂可以产生扩域$GF(q)$全部2^m-1个非零元素$\alpha^0,\alpha^1,\alpha^2,\cdots,\alpha^{q^m-2}$。

定理 8.3 说明了如何找到构成扩域的本原元。

定理 8.3 *$GF(q)$上的本原多项式$f(x)$在扩域$GF(q^m)$上的根α一定是本原元。*

证 由本原多项式的定义知，$f(x)$能整除x^n-1，即

$$f(x)|(x^n-1) \tag{8.8}$$

式中：$n=q^m-1$，上式可改写成

$$x^n-1=f(x)q(x) \tag{8.9}$$

设α是本原多项式$f(x)$的根，即α代入$f(x)$后满足$f(\alpha)=0$，则α代入上式后可得

$$\alpha^{q^m-1}-1=f(\alpha)q(\alpha)=0 \tag{8.10}$$

所以$\alpha^{q^m-1}=1$。

因为$\alpha^0=1,\alpha^1\neq\alpha^2\neq\cdots\neq\alpha^{q^m-2}\neq1$，而$\alpha^{q^m-1}=\alpha^0=1$，$\alpha$的$q^m-1$个幂次$\alpha^0$～$\alpha^{q^m-2}$构成了全部$q^m-1$个非零扩域元素，所以$\alpha$是本原元。

综合上述三个定理，可知生成元构造扩域的步骤如下：

（1）找一个$GF(q)$上的m次本原多项式$f(x)$；

（2）取其根α及根的各次幂α^0～α^{q^m-2}；

（3）构成扩域元素。

上述过程找到的本原元的各次幂可以产生全部q^m-1个非零扩域元素。但事实上，扩域中任一元素的各次幂都可以产生一个域，只不过有的域元素产生整个q^m-1阶扩域，这样的元素称为本原元，本书中用α来表示。有的元素只能产生q^m-1阶扩域的部分元素，这样的元素称为非本原元，本书中用β来表示。究竟什么样的域元素是本原的？什么样的域元素是非本原的？它们的阶又是多少？定理 8.4 对此做了判定。

定理 8.4 *$GF(q^m)$扩域上非零元素$\{a^k\}(k=0,1,\cdots,q^m-2)$的阶一定是$q^m-1$的因子，其值为*

$$n=(q^m-1)/\text{GCD}(k,q^m-1) \tag{8.11}$$

式中：GCD 表示最大公约数。

由式（8.11）算出的非零元素α^k的阶n，或者说该元素的各次幂所能产生的域元素的个数。如果元素的阶$n=q^m-1$，它可以产生全部非零域元素，该域元素是本原元；如果元素的阶$n<q^m-1$，则n一定是q^m-1的因子，必能整除q^m-1，该域元素是非本原元。

编码理论中最基本、最重要的域是二元域 $GF(2)$ 及二元扩域 $GF(2^m)$ 及其运算法则。

8.2.2　有限域的运算法则

基域 $GF(q)$ 是数域，由 q 个元素组成，扩域 $GF(q^m)$ 是多项式域，由 q^m 个元素组成。由扩域的构造方法可知，扩域 $GF(q^m)$ 每一个元素与系数与数域 $GF(q)$ 上的一个 m 次多项式对应，例如 $q=2$ 且 $m=2$ 时，有

扩域 $GF(2^2)$ 的元素：0　1　α　α^2

对应二次多项式：0　1　x　$x+1$

由扩域的构造方法可知，扩域 $GF(2^m)$ 里至少存在一个本原元 α（α 代表一个次数小于 m 的多项式），它的各次幂构成了扩域的全部非零域元素。扩域上的幂次元素 α^i 与 $GF(2)$ 上的一个 m 次多项式对应。所以，m 维矢量空间 V_m 中的矢量与扩域中元素的映射关系意味着域元素之间的算术运算可以通过 $GF(2)$ 上对应的多项式的模操作来实现。下面给出 $GF(q^m)$ 域上元素的多项式表示及运算法则。

1. 有限域元素的多项式表示

$GF(q)$ 上的 m 维矢量空间 V_m 是 m 重 $\boldsymbol{\alpha}=(\alpha_0,\alpha_1,\cdots,\alpha_{m-1})$ 的集合，元素之间定义了加法运算。按照下列方式定义乘法运算，可以将 V_m 转化为一个有限域。

设 $f(x)=f_m x^m+f_{m-1}x^{m-1}+\cdots+f_1 x+f_0$ 是系数取自 $GF(q)$ 上的一个 m 次不可约多项式。定义 V_m 上 $a=(a_0,a_1,\cdots,a_{m-1})$ 和 $b=(b_0,b_1,\cdots,b_{m-1})$ 的乘积 $c=(c_0,c_1,\cdots,c_{m-1})$，且 c 由下列等式唯一确定：

$$\begin{aligned}&(a_{m-1}x^{m-1}+a_{m-2}x^{m-2}+\cdots+a_1x+a_0)(b_{m-1}x^{m-1}+b_{m-2}x^{m-2}+\cdots+b_1x+b_0)\\&\equiv(c_{2m-1}x^{2m-1}+c_{2m-2}x^{2m-2}+\cdots+c_1x+c_0)\qquad(\bmod f(x))\end{aligned}\tag{8.12}$$

按照这种方式定义的乘法运算与元素之间的加法运算相结合，使 V_m 转化为一个含 2^m 个元素的域。

如表 8.3 利用多项式 $f(x)=x^4+x+1$ 生成的扩域 $GF(2^4)$ 元素幂次表示、多项式表示、矢量空间 V_4 中矢量表示及十进制表示的对应关系。其中，α 的各次幂 $\{\alpha^0,\alpha^1,\alpha^2,\cdots,\alpha^{2^m-2}=\alpha^{14}\}$ 可生成 $GF(2^4)$ 的全部域元素，且这些域元素构成一个循环群。将 α 的各次幂列出，作为表 8.3 中的第一列的值，这是一个乘运算下的 15 阶循环群。

利用关系式 $\alpha^4=\alpha+1$，可将 α 的各次幂化作次数低于 4 次的多项式。例如，$\alpha^8=\alpha^4\cdot\alpha^4=(\alpha+1)(\alpha+1)=\alpha^2+\alpha+\alpha+1=\alpha^2+1$，与幂次对应的 α 多项式在表 8.3 的第二列。将 α 多项式的 4 个系数抽出后顺序排列，形成一个“4 重”矢量。与 α 各次幂对应的“4 重”矢量在表 8.3 的第三列。

表 8.3 扩域 $GF(2^4)$元素表示

幂次	多项式	4 重矢量	十进制
0	0	0000	0
α^0	1	0001	1
α^1	α	0010	2
α^2	α^2	0100	4
α^3	α^3	1000	8
α^4	$\alpha+1$	0011	3
α^5	$\alpha^2+\alpha$	0110	6
α^6	$\alpha^3+\alpha^2$	1100	12
α^7	$\alpha^3+\alpha+1$	1011	11
α^8	α^2+1	0101	5
α^9	$\alpha^3+\alpha$	1010	10
α^{10}	$\alpha^2+\alpha+1$	0111	7
α^{11}	$\alpha^3+\alpha^2+\alpha$	1110	14
α^{12}	$\alpha^3+\alpha^2+\alpha+1$	1111	15
α^{13}	$\alpha^3+\alpha^2+1$	1101	13
α^{14}	α^3+1	1001	9

2. 有限域元素的运算法则

有限域是一个集合和一些定义好的算术运算，算术运算遵循特定的法则，从而保证对域中的元素执行算术运算后所得的结果仍是该域中的元素。与传统的数域及运算法则不同，有限域集合中元素的值被定义为一种相当抽象的形式，有限域算术的问题归结起来是如何定义可用的运算问题。

由多项式剩余类环元素运算可知，环元素的运算可以通过多项式的模操作完成。有限域中的两个元素的乘法或加法运算可以通过对域元素对应的多项式的模操作来实现。

例如，表 8.3 中本原多项式 $f(x)=x^4+x+1$ 构造的扩域 $GF(2^4)$ 元素表示。以元素 α^4 和 α^7 乘法运算为例，两个元素的多项式可表示为

$$\alpha^4 \equiv \alpha+1$$

$$\alpha^7 \equiv \alpha^3+\alpha+1$$

直接利用模多项式操作有

$$\begin{aligned}\alpha^4 \cdot \alpha^7 &= (\alpha+1)(\alpha^3+\alpha+1)_{\bmod(\alpha^4+\alpha+1)} \\ &= (\alpha^4+\alpha^3+\alpha^2+1)_{\bmod(\alpha^4+\alpha+1)} \\ &= \alpha^3+\alpha^2+\alpha\end{aligned}$$

余数为 $\alpha^3+\alpha^2+\alpha$ ，因此，查表 8.3 可得

$$\alpha^4 \cdot \alpha^7 = \alpha^3 + \alpha^2 + \alpha \equiv \alpha^{11}$$

同样地，两个元素的加法也可以通过多项式对应相加的方法计算，例如

$$\alpha^{11} + \alpha^7 \equiv (\alpha^3 + \alpha^2 + \alpha + 0) + (\alpha^3 + 0 + \alpha + 1) = \alpha^2 + 1 \equiv \alpha^8$$

多项式加法同样等价于二进制表示的模 2 加法

$$\alpha^{11} + \alpha^7 \equiv 1110 + 1011 = 0101 \equiv \alpha^2 + 1 \equiv \alpha^8$$

由扩域元素与多项式的对应关系可知，要想将两个元素相加，我们需要将其映射到有限域元素上，然后将这些元素表示成二进制多项式。我们可以将这种表示方法与映射过程结合起来，从而简化域元素运算。

从表 8.3 中可以很容易得到，元素 α 的幂次可以直接进行模 $(q-1)$ 运算，无须转换为多项式。例如

$$\alpha^{12} \cdot \alpha^6 = \alpha^{18} = \alpha^{15} \cdot \alpha^3 = 1 \cdot \alpha^3 = \alpha^3$$

再如表 8.4 中 $GF(2^3)$ 中 3 的二进制为 011，映射域元素 α^3，对应的多项式为 $\alpha+1$，6 的二进制为 110，映射域元素 α^4，对应的多项式为 $\alpha^2+\alpha$，则

$$3 + 6 = \alpha^3 + \alpha^4 = (\alpha+1) + (\alpha^2+\alpha) = \alpha^2 + 1 = \alpha^6$$

由此可得，两个域元素 α^3 和 α^4 相加，可以用两个对应的二进制多项式相加得到。使用这种映射方法，加法将变得很容易。而对于扩域的乘法运算，$GF(2^m)$ 的非零次幂的乘法运算可以通过域元素幂次项相加后进行模 2^m-1 运算来实现。例如表 8.4 中 $GF(2^3)$ 中域元素 $6 \times 7 = \alpha^4 \cdot \alpha^5 = \alpha^{(4+5)\bmod 7} = \alpha^2$，然后将结果转化为矢量形式，即 100。

表 8.4　$GF(2^3)$域元素表示

$GF(2^3)$	多项式	3 重矢量	十进制
0	0	000	0
1	1	001	1
α	α	010	2
α^2	α^2	100	4
α^3	$\alpha+1$	011	3
α^4	$\alpha^2+\alpha$	110	6
α^5	$\alpha^2+\alpha+1$	111	7
α^6	α^2+1	101	5

如上所示，有限域的运算过程可由图 8.1 表述。

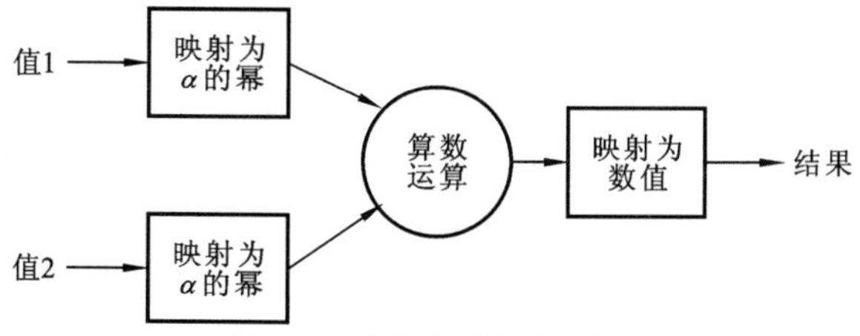

图 8.1　有限域的运算过程

8.2.3 多项域分解

下面给出扩域上多项式分解与根的求解，主要集中在二进制域和它的扩域上。

1. 多项式的根与因式分解

8.2.1 节在给出不可约多项式时强调，多项式是否可约（分解）与其所在的域有很大关系，实数域上的不可约多项式在复数域或二元域上可以分解。例如，在复数域中，$x^2+6x+10$ 可以被分解成 $(x+3+\mathrm{j})(x+3-\mathrm{j})$，且两个根是 $3+\mathrm{j}$ 和 $3-\mathrm{j}$。再如二元域上，x^2+1 可以分解为 $(x+1)(x+1)$。分解得到的这些根是共轭的，如果原多项式是实数的，那么一个根的存在便意味着另一个根的存在。

正如任何实系数多项式都可以通过复数来分解一样，任何一个不可约的二进制多项式在更大的域中都可以进行因式分解。例如，$GF(2)$ 上的多项式 x^3+x+1 在 $GF(2^3)$ 中可以被分解成 $(x+\alpha)(x+\alpha^2)(x+\alpha^4)$。值 α、α^2 和 α^4 可以说是 x^3+x+1 的根。下面给出多项式分解相关定理。

定理 8.5 扩域 $GF(2^m)$ 上所有非零元素 $\alpha^0,\alpha^1,\alpha^2\cdots,\alpha^{q^m-2}$ 都是 $GF(2)$ 上多项式 $x^{2^m-1}+1$ 的根，即 $x^{2^m-1}+1$ 可完全分解为一次项乘积，即

$$x^{2^m-1}+1=(x+\alpha^0)(x+\alpha^1)(x+\alpha^2)\cdots(x+\alpha^{2^m-2}) \tag{8.13}$$

同样的概念也适用于在较大的有限域中对多项式进行分解。如果 $f(x)$ 是一个 $GF(q)$ 上的不可约多项式，那么在某个扩域 $GF(q^m)$ 中也会有一些根，也就是说，多项式可以表示成若干项 $x+\alpha^i$ 的乘积。这里 α^i 项是有限域 $GF(q^m)$ 中的元素。

2. 共轭和最小多项式

如果将 $GF(q^m)$ 看作 $GF(q)$ 一个 m 阶扩展，则映射 $\alpha\to\alpha^q$ 称为共轭。共轭是线性的，即

$$(\alpha+\beta)^q=\alpha^q+\beta^q \tag{8.14}$$

由此可得，α 的共轭根是 $\alpha^q,\alpha^{q^2},\cdots$ 中取值不同的元素，因此，如果 k 是满足 $\alpha^{q^k}=\alpha$ 的最小整数，则 α 的共轭类包括 $\{\alpha,\alpha^q,\alpha^{q^2},\cdots,\alpha^{q^{k-1}}\}$，这里 k 称为 α 的阶数，k 是 m 的因子。

对于任意二进制多项式 $f(x)$，都有 $[f(x)]^2=f(x^2)$。因为将左式展开，x 的所有奇数次幂都会出现偶数次，从而产生系数 0。这样，如果 β 是多项式 $f(x)$ 的根，那么 β^2 也是它的一个根。因此，共轭的概念也适用于二进制多项式的根。

α 的最小多项式 $f(x)$ 定义为系数属于 $GF(q)$、首项系数为 1 且满足 $f(\alpha)=0$ 的 k 次不可约多项式。在 $GF(q^m)$ 域中，$f(x)$ 可以因式分解为

$$f(x)=(x-\alpha)(x-\alpha^q)\cdots(x-\alpha^{q^{k-1}}) \tag{8.15}$$

因此 $f(x)$ 的次数与 α 的阶数相同。

如果β是不可约多项式$f(x)$的一个根，那么$f(x)$就叫作β（或β的其他任意共轭根）的最小多项式。如果β是一个本原元，那么$f(x)$就是本原多项式。我们已经知道有限域的生成可以通过本原元来完成，且这个元素也是本原多项式的一个根。

例如，由本原多项式$f(x)=x^3+x+1$生成的有限域$GF(8)$。由前面分析可得，$x=\alpha$、$x=\alpha^2$和$x=\alpha^4$是$f(x)$的根，则多项式$f(x)=x^3+x+1$就叫作α、α^2及α^4的最小多项式。同样地，用α^3、α^5或$\alpha^{12}(\equiv\alpha^5)$代入$x^3+x^2+1$也可以验证它们是根。$\alpha^0$的最小多项式就是$x+1$。

根据定理 8.5，$GF(q^m)$上的任意域元素β一定是$x^{q^m-1}-1$的根，即$\beta^{q^m-1}-1=0$，移项并整理后可得：

$$\beta^{q^m}=\beta \tag{8.16}$$

这就是著名的费马大定理（Fermat last theorem）。

由于共轭是线性的，$\beta,\beta^{q^1},\beta^{q^2},\beta^{q^3},\cdots$都是多项式$x^{q^m-1}-1$的根，称为共轭元，这些共轭元有相同的基底，构成一个共轭根系。由于受费马大定理$\beta^{q^m}=\beta$的限制，$\beta,\beta^{q^1},\cdots,\beta^{q^{m-1}},\beta^{q^m}=\beta$又循环到$\beta$，可见在扩域$GF(q^m)$中，共轭根系至多包含$m$个共轭元，以共轭根系为根的多项式的最高次数不会超过m。

一个多项式的根可以来自多个根系，如果一个多项式的所有根来自同一个β根系，称这样的多项式为最小多项式，最小多项式在$GF(q)$中一定是不可约的。

定理 8.6　$GF(q)$上的多项式$x^{q^m-1}-1$一定可以分解成若干最小多项式之积，即

$$x^{2^m-1}-1=\varphi_1(x)\varphi_2(x)\cdots\varphi_k(x)=\prod_{i=1}^{k}\varphi_i(x) \tag{8.17}$$

联系到费马大定理，各最小多项式的次数不会超过m次。l_i次最小多项式$\varphi_i(x)$必然有同一根系的l_i个共轭元作为基根。换言之，若$\deg(\varphi_i(x))=l_i$，必有

$$\varphi_i(x)=(x-\beta^{2^0})(x-\beta^{2^1})(x-\beta^{2^2})\cdots(x-\beta^{2^{l_i-1}}) \tag{8.18}$$

式中：$\deg(\varphi_i(x))=l_i\leqslant m$，本原元的共轭根系对应的最小多项式的次数等于$m$。

由此得到关系式

$$x^{q^m-1}-1=(x-\alpha^0)(x-\alpha^1)(x-\alpha^2)\cdots(x-\alpha^{q^m-2})=\varphi_1(x)\cdot\varphi_2(x)\cdots\varphi_k(x)=\prod_{i=1}^{k}\varphi_i(x) \tag{8.19}$$

以$GF(2^3)$为例，已知x^7+1的因子是x^3+x+1，x^3+x^2+1和$x+1$，即

$$x^7+1=(x^3+x+1)(x^3+x^2+1)(x+1) \tag{8.20}$$

已知α是x^3+x+1的一个根，由费马大定理可得，α、α^2和α^4是同一共轭根系，都是x^3+x+1的根，α^3是x^3+x^2+1的一个根，因此α^5和α^6也是其根。$x+1$的根是 1，所以，域中每一个非零元素都是x^7+1的一个因子的根，因而也是x^7+1本身的根。

以下举例说明域元素、共轭根、最小多项式的性质及其相互关系。

例 8.5　找出由本原多项式$P(x)=x^4+x+1$生成的二元扩域$GF(2^4)$上各非零元素的共轭元，并计算与这些共轭元对应的最小多项式。

解 本题$q=2, m=4, x^{q^m-1}=x^{15}-1$。

由于是二元域，“-”就是“+”，所以下面式中“-”全部换成“+”。

$GF(2^4)$上非零元素的循环群已在表 8.4 列出。依次寻找各元素的共轭元和它们所对应的最小多项式。

（1）域元素α^0。因为$(\alpha^0)^2=\alpha^0$，所以无另外的共轭元。对应的最小多项式为$\varphi_1(x)=x+\alpha^0=x+1$。

（2）域元素$\alpha^1=\alpha$。共轭元为$\alpha^{2^1}=\alpha^2$，$\alpha^{2^2}=\alpha^4$，$\alpha^{2^3}=\alpha^8$。因为$\alpha^{2^4}=\alpha^{16}=\alpha^{15}\alpha=\alpha$，所以 4 个共轭元$\alpha$、$\alpha^2$、$\alpha^4$和$\alpha^8$组成共轭根系。对应的最小多项式为

$$\begin{aligned}\varphi_2(x)&=(x+\alpha^1)(x+\alpha^2)(x+\alpha^4)(x+\alpha^8)\\&=[x^2+(\alpha^2+\alpha)x+\alpha^3][x^2+(\alpha^4+\alpha^8)x+\alpha^{12}]\\&=(x^2+\alpha^5x+\alpha^3)(x^2+\alpha^5x+\alpha^{12})\\&=x^4+(\alpha^5+\alpha^5)x^3+(\alpha^{12}+\alpha^{10}+\alpha^3)x^2+(\alpha^{17}+\alpha^8)x+\alpha^{15}\\&=x^4+x+1\end{aligned}$$

以上运算中用到了二元域的性质以及表 8.4 中α次幂与α多项式的关系，比如$\alpha^5+\alpha^5=0$，$\alpha^4+\alpha^8=(\alpha+1)+(\alpha^2+1)=\alpha^2+\alpha=\alpha^5$以及$\alpha^{15}=1$。

（3）域元素α^3。共轭元为$(\alpha^3)^2=\alpha^6$、$(\alpha^3)^4=\alpha^{12}$、$(\alpha^3)^8=\alpha^{24}=\alpha^9$。因为$(\alpha^3)^{16}=\alpha^{48}=\alpha^3$，所以$\alpha^3$、$\alpha^6$、$\alpha^9$和$\alpha^{12}$互为共轭元。对应的最小多项式为

$$\varphi_3(x)=(x+\alpha^3)(x+\alpha^6)(x+\alpha^9)(x+\alpha^{12})=x^4+x^3+x^2+x+1$$

（4）域元素α^5。共轭元为$(\alpha^5)^2=\alpha^{10}$。因为$(\alpha^5)^4=\alpha^{20}=\alpha^5$，所以$\alpha^5$和$\alpha^{10}$互为共轭元。对应的最小多项式为

$$\begin{aligned}\varphi_4(x)&=(x+\alpha^5)(x+\alpha^{10})=x^2+\alpha^5x+\alpha^{10}x+\alpha^{15}\\&=x^2+(\alpha^2+\alpha)x+(\alpha^2+\alpha+1)x+1=x^2+x+1\end{aligned}$$

（5）域元素α^7。共轭元为$(\alpha^7)^2=\alpha^{14}$，$(\alpha^7)^4=\alpha^{28}=\alpha^{13}$，$(\alpha^7)^8=\alpha^{56}=\alpha^{11}$。因为$(\alpha^7)^{16}=\alpha^{112}=\alpha^7$，所以$\alpha^7$、$\alpha^{11}$、$\alpha^{13}$和$\alpha^{14}$互为共轭元。对应的最小多项式为

$$\varphi_5(x)=(x+\alpha^7)(x+\alpha^{11})(x+\alpha^{13})(x+\alpha^{14})=x^4+x^3+1$$

将上述结果列成表 8.5。

表 8.5 共轭元及相应的最小多项式

共轭元	最小多项式	元素阶
α^0	$\Phi_1(x)=x+1$	1
$\alpha^1,\alpha^2,\alpha^4,\alpha^8$	$\Phi_2(x)=x^4+x+1$	15
$\alpha^3,\alpha^6,\alpha^9,\alpha^{12}$	$\Phi_3(x)=x^4+x^3+x^2+x+1$	5
α^5,α^{10}	$\Phi_4(x)=x^2+x+1$	3
$\alpha^7,\alpha^{11},\alpha^{13},\alpha^{14}$	$\Phi_5(x)=x^4+x^3+1$	15

由于构成$\varphi_2(x)$和$\varphi_5(x)$的共轭根系的元素都是 15 阶，所以可断言$\varphi_2(x)$和$\varphi_5(x)$都是本原多项式。式（8.19）在本题表现为

$$x^{15}+1=(x+\alpha^0)(x+\alpha^1)\cdots(x+\alpha^{14})=\varphi_1(x)\varphi_2(x)\varphi_3(x)\varphi_4(x)\varphi_5(x)$$
$$=(x+1)(x^4+x+1)(x^4+x^3+x^2+x+1)(x^2+x+1)(x^4+x^3+1)$$

进一步分析定理 8.3～定理 8.6 并对照上例结果发现：对于任何一个n阶域元素α^i必定存在如下整除关系

$$(x-\alpha^i)\,|\,\varphi_j(x)\,|\,(x^n-1)\,|\,(x^{q^m-1}-1)$$

式中：“|”表示整除；$x-\alpha^i$是扩域$GF(q^m)$上的多项式；$\varphi_j(x)$、(x^n-1)和$x^{q^m-1}-1$是$GF(q)$上的多项式。

具体到例 8.5，3 阶$(n=3)$域元素α^5满足关系$(x+\alpha^5)\,|\,(x^2+x+1)\,|\,(x^3+1)\,|\,(x^{15}+1)$。可用除法来检验，有$(x^3+1)\div(x^2+x+1)=x+1$及$(x^{15}+1)\div(x^3+1)=x^{12}+x^9+x^6+x^3+1$，确能整除。事实上，$(x^3+1)=(x+1)(x^2+x+1)$等式右边两项均是$(x^{15}+1)$的因式。

8.3 向量空间

设V是一个定义了二元运算加法“+”的集合，F是一个域。在F中的元素和V中的元素之间定义一个乘法运算，记为•。若满足下列条件，则称集合V为域F上的一个向量空间：

（1）V对于加法是一个交换群；

（2）对F中的任意元素a和V中的任意元素v，$a\cdot v$是V中的元素；

（3）（分配律）对V中的任意元素u和v及F中的任意元素a和b，有

$$a\cdot(u+v)=a\cdot u+a\cdot v,\quad (a+b)\cdot v=a\cdot v+b\cdot v$$

（4）（结合律）对任意$v\in V$和任意$a,b\in F$，有

$$(a\cdot b)\cdot v=a\cdot(b\cdot v)$$

（5）设 1 为F的单位元，则对任意$v\in V$，$1\cdot v=v$。

V中的元素称为向量，F中的元素称为标量。V上的加法称为向量的加法，V中的加法单位元记为 0。

下面，给出$GF(2)$上一个非常有用的向量空间，它在编码理论中起着核心的作用。考虑一个包含n个元素的有序序列$(a_0,a_1,\cdots,a_{n-1})$，其中每一个元素a_i，是二元域$GF(2)$上的元素（即$a=0$或 1）。这个序列通常被称为$GF(2)$上的n维向量。因为对每一个a_i，有两种取值，我们可以构造出2^n种不同的n维向量。用$\boldsymbol{V}_n$表示$GF(2)$上这个2^n个不同n维向量的集合。现在，定义$\boldsymbol{V}_n$上的加法“+”如下：对$\boldsymbol{V}_n$中任意的$\boldsymbol{u}=(u_0,u_1,\cdots,u_{n-1})$和$\boldsymbol{v}=(v_0,v_1,\cdots,v_{n-1})$，有

$$\boldsymbol{u}+\boldsymbol{v}=(u_0+v_0,u_1+v_1,\cdots,u_{n-1}+v_{n-1})\tag{8.21}$$

式中u_i+v_i使用的是模 2 加法。显然，$\boldsymbol{u}+\boldsymbol{v}$也是$GF(2)$上的一个$n$维向量。因此，$\boldsymbol{V}_n$在式（8.21）定义的加法下是封闭的。

任意域 F 上的所有 n 维向量构成的向量空间都能用类似的方式构造，本书中主要讨论 $GF(2)$ 上或扩域 $GF(2^m)$ 上的所有 m 维向量构成的向量空间。

因为 V 是域 F 上的向量空间，V 的子集 S 也是域 F 上的向量空间。这样的子集称为 V 的子空间。

定理 8.7 设 S 为域 F 上向量空间 V 的一个非空子集。若满足下列条件，则 S 是 V 的一个子空间：

（1）对 S 中的任意两个向量 $\boldsymbol{u}$ 和 $\boldsymbol{v}$，$\boldsymbol{u}+\boldsymbol{v}$ 也是 S 中的一个向量；

（2）对 F 中的任意元素 a 和 S 中的任意向量 $\boldsymbol{u}$，$a\cdot\boldsymbol{u}$ 也在 S 中。

证 条件（1）和（2）说明 S 在 V 的向量加法和标乘下是封闭的。条件（2）保证了 S 中任意向量 $\boldsymbol{v}$ 的加法逆元 $(-1)\cdot\boldsymbol{v}$ 也在 S 中，所以 $\boldsymbol{v}+(-1)\cdot\boldsymbol{v}=0$ 也在 S 中。因此，S 是 V 的一个子群。由于 S 中的向量也是 V 中的向量，交换律和分配律在 S 中仍然成立，所以 S 是 F 上的一个向量空间，且是 V 的一个子空间。

例 8.6 考虑 $GF(2)$ 上所有 5 维向量构成的向量空间 V_5，共 32 个向量构成，则集合

$$\{(00000),(00111),(11010),(11101)\}$$

满足定理 8.7 的两个条件，所以它是 V_5 的一个子空间。

设 $\boldsymbol{v}_1,\boldsymbol{v}_2,\cdots,\boldsymbol{v}_k$ 为域 F 上向量空间 V 中的 k 个向量，$a_1,a_2,\cdots,a_k$ 是 F 上的 k 个标量。下面的和式

$$a_1\boldsymbol{v}_1+a_2\boldsymbol{v}_2+\cdots+a_k\boldsymbol{v}_k \tag{8.22}$$

称为 $\boldsymbol{v}_1,\boldsymbol{v}_2,\cdots,\boldsymbol{v}_k$ 的线性组合。显然，标量 $b_1,b_2,\cdots,b_k$ 与 $\boldsymbol{v}_1,\boldsymbol{v}_2,\cdots,\boldsymbol{v}_k$ 的线性组合的和

$$\begin{aligned}&(a_1\boldsymbol{v}_1+a_2\boldsymbol{v}_2+\cdots+a_k\boldsymbol{v}_k)+(b_1\boldsymbol{v}_1+b_2\boldsymbol{v}_2+\cdots+b_k\boldsymbol{v}_k)\\&=(a_1+b_1)\boldsymbol{v}_1+(a_2+b_2)\boldsymbol{v}_2+\cdots+(a_k+b_k)\boldsymbol{v}_k\end{aligned} \tag{8.23}$$

也是 $\boldsymbol{v}_1,\boldsymbol{v}_2,\cdots,\boldsymbol{v}_k$ 的一个线性组合，且 F 中的标量 c 与 $\boldsymbol{v}_1,\boldsymbol{v}_2,\cdots,\boldsymbol{v}_k$ 的线性组合的积

$$c\cdot(a_1\boldsymbol{v}_1+a_2\boldsymbol{v}_2+\cdots+a_k\boldsymbol{v}_k)=(c\cdot a_1)\boldsymbol{v}_1+(c\cdot a_2)\boldsymbol{v}_2+\cdots+(c\cdot a_k)\boldsymbol{v}_k \tag{8.24}$$

也是 $\boldsymbol{v}_1,\boldsymbol{v}_2,\cdots,\boldsymbol{v}_k$ 的一个线性组合。由定理 8.7 可以得到下面的结论。

定理 8.8 设 $\boldsymbol{v}_1,\boldsymbol{v}_2,\cdots,\boldsymbol{v}_k$ 为域 F 上向量空间 V 中的 k 个向量，则所有 $\boldsymbol{v}_1,\boldsymbol{v}_2,\cdots,\boldsymbol{v}_k$ 的线性组合的集合构成 V 的一个子空间。

域 F 上向量空间 V 的一组向量 $\boldsymbol{v}_1,\boldsymbol{v}_2,\cdots,\boldsymbol{v}_k$ 是线性相关的，当且仅当 F 中存在 k 个不全为 0 的标量 $a_1,a_2,\cdots,a_k$ 使得

$$a_1\boldsymbol{v}_1+a_2\boldsymbol{v}_2+\cdots+a_k\boldsymbol{v}_k=\boldsymbol{0} \tag{8.25}$$

一组向量 $\boldsymbol{v}_1,\boldsymbol{v}_2,\cdots,\boldsymbol{v}_k$ 如果不是线性相关的，则称它是线性独立的。也就是说，如果 $\boldsymbol{v}_1,\boldsymbol{v}_2,\cdots,\boldsymbol{v}_k$ 是线性独立的，则除非 $a_1=a_2=\cdots=a_k=0$，否则

$$a_1\boldsymbol{v}_1+a_2\boldsymbol{v}_2+\cdots+a_k\boldsymbol{v}_k\neq\boldsymbol{0} \tag{8.26}$$

若 V 中的每个向量都是某个集合中向量的线性组合，则称该向量集合张成向量空间 V。对任意向量空间或子空间，至少存在一个线性独立的向量集合 B 张成这个空间，这个向量集合 B 称为向量空间的基。向量空间的基中的向量的个数称为向量空间的维数，注意任意两个基中的向量的个数相同。

考虑 $GF(2)$ 上所有 n 维向量的向量空间 V_n。构造下列 n 维向量

$$e_0 = (1,0,0,0,\cdots,0,0)$$
$$e_1 = (0,1,0,0,\cdots,0,0)$$
$$\cdots\cdots$$
$$e_{n-1} = (0,0,0,0,\cdots,0,1)$$

式中：n 维向量 $\boldsymbol{e}_i$ 仅在第 i 列上有一个非零元素。则 V_n 中每一个 n 维向量 $(\boldsymbol{a}_0,\boldsymbol{a}_1,\boldsymbol{a}_2,\cdots,\boldsymbol{a}_{n-1})$ 可以表示为如下 $\boldsymbol{e}_0,\boldsymbol{e}_1,\cdots,\boldsymbol{e}_{n-1}$ 的线性组合

$$(\boldsymbol{a}_0,\boldsymbol{a}_1,\boldsymbol{a}_2,\cdots,\boldsymbol{a}_{n-1}) = a_0\boldsymbol{e}_0 + a_1\boldsymbol{e}_1 + a_2\boldsymbol{e}_2 + \cdots + a_{n-1}\boldsymbol{e}_{n-1} \tag{8.27}$$

因此，$\boldsymbol{e}_0,\boldsymbol{e}_1,\cdots,\boldsymbol{e}_{n-1}$ 张成 $GF(2)$ 上所有 n 维向量的向量空间 V_n。由前面的方程也可以看出 $\boldsymbol{e}_0,\boldsymbol{e}_1,\cdots,\boldsymbol{e}_{n-1}$ 是线性独立的。所以，它们构成 V_n 的一个基，V_n 的维数为 n。若 $k<n$，且 $\boldsymbol{v}_1,\boldsymbol{v}_2,\cdots,\boldsymbol{v}_k$ 是 V_n 的 k 个线性独立的向量，则所有如下形式的 $\boldsymbol{v}_1,\boldsymbol{v}_2,\cdots,\boldsymbol{v}_k$ 的线性组合

$$\boldsymbol{u} = c_1\boldsymbol{v}_1 + c_2\boldsymbol{v}_2 + \cdots + c_k\boldsymbol{v}_k \tag{8.28}$$

构成 V_n 的一个 k 维子空间 S。因为每个 c_i 有 0 或 1 两种可能的取值，$\boldsymbol{v}_1,\boldsymbol{v}_2,\cdots,\boldsymbol{v}_k$ 有 2^k 种可能的不同的线性组合。所以，S 由 2^k 个向量构成，是 V_n 的一个 k 维子空间。

设 $\boldsymbol{u}=(u_0,u_1,\cdots,u_{n-1})$ 和 $\boldsymbol{v}=(v_0,v_1,\cdots,v_{n-1})$ 是 V_n 中的两个 n 维向量。定义 $\boldsymbol{u}$ 和 $\boldsymbol{v}$ 的内积或点积为

$$\boldsymbol{u}\cdot\boldsymbol{v} = u_0\cdot v_0 + u_1\cdot v_1 + \cdots + u_{n-1}\cdot v_{n-1} \tag{8.29}$$

式中：$u_i\cdot v_i$ 和 $u_i\cdot v_i+u_{i+1}\cdot v_{i+1}$ 使用的是模 2 乘法和加法。因此，内积 $\boldsymbol{u}\cdot\boldsymbol{v}$ 是 $GF(2)$ 中的一个标量。若 $\boldsymbol{u}\cdot\boldsymbol{v}=\boldsymbol{0}$，则称 $\boldsymbol{u}$ 和 $\boldsymbol{v}$ 彼此正交。内积有以下性质：

（1）$\boldsymbol{u}\cdot\boldsymbol{v}=\boldsymbol{v}\cdot\boldsymbol{u}$；

（2）$\boldsymbol{u}\cdot(\boldsymbol{v}+\boldsymbol{w})=\boldsymbol{u}\cdot\boldsymbol{v}+\boldsymbol{u}\cdot\boldsymbol{w}$；

（3）$(a\boldsymbol{u})\cdot\boldsymbol{v}=a(\boldsymbol{u}\cdot\boldsymbol{v})$。

内积的概念可以推广到任意伽罗瓦域。

设 S 为 V_n 的一个 k 维子空间，S_d 为 V_n 中满足任意 $\boldsymbol{u}\in S$，$\boldsymbol{v}\in S_d$，有 $\boldsymbol{u}\cdot\boldsymbol{v}=\boldsymbol{0}$ 的向量的集合。由于对任意 $\boldsymbol{u}\in S$ 有 $0\cdot\boldsymbol{u}=0$，集合 S_d 至少包含全零 n 维向量 $\boldsymbol{0}=(0,0,\cdots,0)$，所以 S_d 非空。对 $GF(2)$ 中的任意元素 a 和 S_d 中的任意 $\boldsymbol{v}$，有

$$a\cdot\boldsymbol{v} = \begin{cases} 0 & (a=0) \\ \boldsymbol{v} & (a=1) \end{cases} \tag{8.30}$$

所以，$a\cdot\boldsymbol{v}$ 也在 S_d 中。设 $\boldsymbol{v}$ 和 $\boldsymbol{w}$ 为 S_d 中任意两个向量，对任意向量 $\boldsymbol{u}\in S$，$\boldsymbol{u}\cdot(\boldsymbol{v}+\boldsymbol{w})=\boldsymbol{u}\cdot\boldsymbol{v}+\boldsymbol{u}\cdot\boldsymbol{w}=0+0=0$。这说明若 $\boldsymbol{v}$ 和 $\boldsymbol{w}$ 与 $\boldsymbol{u}$ 正交，则向量和 $\boldsymbol{v}+\boldsymbol{w}$ 也和 $\boldsymbol{u}$ 正交，也就是说 $\boldsymbol{v}+\boldsymbol{w}$ 也是 S_d 中的向量。由定理 8.7，S_d 也是 V_n 的一个子空间。子空间 S_d 称为 S 的零空间或对偶空间。反过来，S 也是 S_d 的零空间。

习　题

1. 全体非负整数集合能否构成加群和乘群？

2. 集合 $\{0,1,2,3,4,5\}$ 在模 6 运算下能否构成乘群或加群？

3. 构造 $GF(5)$ 的乘法表和加法表。

4. 求 $GF(17)$ 上 15 元素的逆元。

5. 基于 $GF(2)$ 上的多项式 $p(x)=x^5+x^2+1$，构造 $GF(2^5)$ 的加法表和乘法表，找出本原多项式。

6. 根据本原多项式 $p(x)=x^5+x^2+1$，在 $GF(2)$ 上对 x^8-x 做因式分解。

7. 证明 x^5+x^3+1 在 $GF(2)$ 上是不可约的。

8. 找出 $GF(2)$ 上所有 5 次不可约多项式。

9. 在模 8 的剩余类环中找出所有子环、理想和主理想。

10. 设 α 是 $GF(2)$ 上 4 次不可约多项式 $p(x)=x^4+x^3+x^2+x+1$ 在扩域 $GF(2^4)$ 上的根，试求 $\alpha+1$ 对应的最小多项式，并判断这一最小多项式是否为本原多项式。

11. 试找出能张成 $GF(3)$ 上的三维空间的两组基底。

12. 设 $GF(2)$ 上以下两个矩阵：

$$\boldsymbol{G}=\begin{bmatrix}1&1&0&1&1&0&0\\1&1&1&0&0&1&0\\0&1&1&1&0&0&1\end{bmatrix},\quad \boldsymbol{H}=\begin{bmatrix}1&0&0&0&1&1&0\\0&1&0&0&1&1&1\\0&0&1&0&0&1&1\\0&0&0&1&1&0&1\end{bmatrix}$$

证明 $\boldsymbol{G}$ 的行空间是 $\boldsymbol{H}$ 的零空间，反之亦然。

13. 设 S_1 和 S_2 是 V 的子空间，证明与 S_1 和 S_2 正交的空间也是 V 的子空间。

第9章 线性分组码

信道编码的基础思路是根据一定的编码规则在待发送的信息码元中加入一些冗余码元，这些码元称为监督码元，也叫校验码元。这样接收端就可以利用监督码元与信息码元的关系来发现或纠正错误。一般来说，增加的监督码元越多，检错或纠错的能力就越强。所以，信道编码的作用就是通过牺牲通信有效性来提高通信可靠性。研究信道编码的主要目的是从纠错能力和码率角度发现和构造实用化的好码。

9.1 线性分组码的基本概念

线性分组码是把信息流的每k个码元分成一组，通过线性变换，映射成由n个码元组成的码字。线性分组码是指码字中的监督码元与信息码元之间满足线性约束关系，它们的关系可用一组线性代数方程表示。从矢量空间的角度，将一个码长为n的码字$\boldsymbol{c}=(c_0,c_1,\cdots,c_{n-1})$看作是$GF(q)$上的一个$n$维矢量，则$GF(q)$上的一个$(n,k)$线性分组码，是$n$维矢量空间$V_n=\{(x_1,\cdots,x_n):x_i\in GF(q)\}$的一个$k$维子空间，$n$为码的长度，$k$为维数。码的速率是比值$k/n$。线性分组码的码元的数域是$GF(q)$，当$q=2$时是二进制码，$q>2$时是$q$进制（$q$元）码。

由矢量空间的定义可得，k位二进制信息组有q^k种组合，构成$GF(q)$上的k维k重矢量空间；而n位二进制数共有q^n种组合，构成$GF(q)$上的n维n重矢量空间。纠错编码的任务是在n维n重矢量空间的q^n种可能组合中选择q^k个构成一个子空间，称为许用码码集C，然后设法将k比特信息组一一对应地映射到许用码码集C。不同的编码算法对应不同的码集C以及不同的映射算法，把这样得到的码称为(n,k)线性分组码。

对于常用的二进制编码，长度为k的二进制信息组有2^k种组合，由图 9.1 信息组与码空间映射图可知，编码的任务就是在n维n重空间的2^n个矢量中选择2^k个构成一个子空间或码集C，使之与2^k个信息组一一对应。

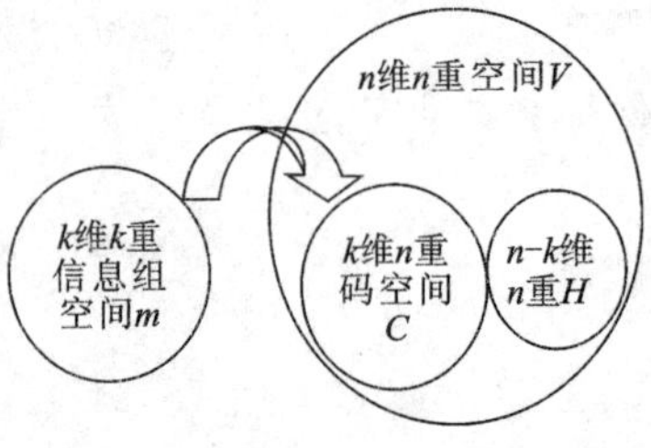

图 9.1　信息组与码空间映射图

综上所述，编码算法的核心问题是：

（1）寻找最佳的码空间，或者说寻找最佳的一组（k个）基底，以张成一个码空间，码空间选择决定了码的纠错能力。

（2）k维k重信息组空间的2^k个矢量以何种算法一一对应地映射到k维n重码空间C。映射算法决定了信息位与码字的映射关系，也即编码规则。

9.2 生成矩阵

线性码对比非线性码的一个主要优点是更容易定义。一个(n,k)的线性码C可以完全由

任意一组 k 个线性无关的码字来描述，如果将这一组 k 个码字排列成一个 $k\times n$ 维的矩阵 $\boldsymbol{G}$，则称 $\boldsymbol{G}$ 为码的生成矩阵。

从矢量空间角度，不同的编码方法采用不同的基底和映射规则。由于一个 (n,k) 线性码 C 是所有二进制 n 维向量组成的向量空间 V_n 的一个 k 维子空间，所以可以找到 k 个线性独立的码字，使得 C 中的每个码字 $\boldsymbol{c}$ 都是这 k 个码字的一种线性组合，即

$$\boldsymbol{c}=m_{k-1}\boldsymbol{g}_{k-1}+\cdots+m_1\boldsymbol{g}_1+m_0\boldsymbol{g}_0$$

式中：$m_i=0$ 或 1，$0\leqslant i\leqslant k-1$。以这 k 个线性独立的码字为行向量，得到 $k\times n$ 矩阵为

$$\boldsymbol{G}=\begin{bmatrix}\boldsymbol{g}_0\\ \boldsymbol{g}_1\\ \vdots\\ \boldsymbol{g}_{k-1}\end{bmatrix}=\begin{bmatrix}g_{0,n-1} & \cdots & g_{02} & g_{01} & g_{00}\\ g_{1,n-1} & \cdots & g_{12} & g_{11} & g_{10}\\ \vdots & & \vdots & \vdots & \vdots\\ g_{k-1,n-1} & \cdots & g_{k-1,2} & g_{k-1,1} & g_{k-1,0}\end{bmatrix} \tag{9.1}$$

式中：$\boldsymbol{g}_i=(g_{in-1},\cdots,g_{i1},g_{i0}),0\leqslant i<k-1$。如果 $\boldsymbol{m}=(m_{k-1},\cdots m_1,m_0)$ 是待编码的消息序列，则相应的码字为

$$\boldsymbol{c}=\boldsymbol{m}\cdot\boldsymbol{G}=[m_{k-1}\cdots m_1m_0]\cdot\begin{bmatrix}\boldsymbol{g}_{k-1}\\ \vdots\\ \boldsymbol{g}_1\\ \boldsymbol{g}_0\end{bmatrix}=m_{k-1}\boldsymbol{g}_{k-1}+\cdots+m_1\boldsymbol{g}_1+m_0\boldsymbol{g}_0 \tag{9.2}$$

显然，$\boldsymbol{G}$ 中各行张成 (n,k) 线性码的码空间。矩阵 $\boldsymbol{G}$ 称为码的生成矩阵。注意到，一个 (n,k) 线性码的任何 k 个线性独立的码字都可以用来构成该码的一个生成矩阵。一个 (n,k) 线性码完全由式（9.2）中的生成矩阵 $\boldsymbol{G}$ 的 k 个行向量确定，因此编码器只需要存储 $\boldsymbol{G}$ 的 k 个行向量，并根据输入信息 $\boldsymbol{m}=(m_{k-1},\cdots m_1,m_0)$ 构成 k 个行向量的一个线性组合。

可见，任何码字都是生成矩阵 $\boldsymbol{G}$ 的 k 个行向量的线性组合。只要这 k 个行向量线性无关，就可以作为 k 个基底张成一个 k 维 n 重空间，它是 n 维 n 重空间的一个子空间，子空间的所有 q^k 个矢量组成码集 C。由于子空间是 k 维的，所以生成矩阵 $\boldsymbol{G}$ 的秩是 k。生成矩阵 $\boldsymbol{G}$ 是由 k 个行矢量组成的，只要它们满足线性无关的条件，就可以作为基底张成一个同样的码空间。k 基底的不同排列反映到生成矩阵，等效于允许通过行运算（行交换、行的线性组合）改变生成矩阵的形式而不改变码集。所以，任何生成矩阵可通过行运算转化成如下的系统形式矩阵，从而保证矩阵的秩是 k。

$$\boldsymbol{G}=[\boldsymbol{I}_k:\boldsymbol{P}]=\begin{bmatrix}1 & 0 & \cdots & 0 & p_{(k-1)(n-k-1)} & \cdots & p_{(k-1)1} & p_{(k-1)0}\\ 0 & 1 & \vdots & 0 & \vdots & & \vdots & \vdots\\ \vdots & \vdots & & \vdots & p_{1(n-k-1)} & \cdots & p_{11} & p_{10}\\ 0 & 0 & 0 & 1 & p_{0(n-k-1)} & \cdots & p_{01} & p_{00}\end{bmatrix} \tag{9.3}$$

9.3 系 统 码

对于线性分组码，一般具有图 9.2 所示的系统结构，其码字可分为消息部分和冗余校验部分。消息部分由 k 个原始消息位构成，冗余校验部分则是 $n-k$ 个奇偶校验位，这些位是信息位的线性和。具有这种结构的线性分组码被称为系统码。

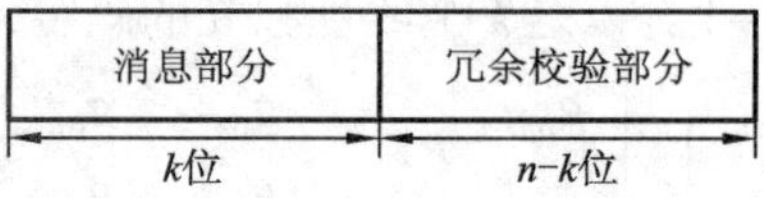

图 9.2　系统码组成

系统码是由信息组 m 乘以式（9.3）的系统形式的生成矩阵 $\boldsymbol{G}$ 所得的码字，其前 k 位由单位矩阵 $\boldsymbol{I}_k$ 决定，与信息组各比特相同，而其余的 $n-k$ 位叫作冗余比特或一致校验位，是 k 个信息位的线性组合。系统码的码字具有如下形式：

$$\boldsymbol{c}=(c_{n-1},\cdots,c_{n-k},c_{n-k-1},\cdots,c_0)=(m_{k-1},\cdots,m_1,m_0,c_{n-k-1},\cdots,c_0) \tag{9.4}$$

反之，非系统形式生成矩阵所产生的码叫作非系统码。非系统码的生成矩阵可以通过行运算转变为系统码的生成矩阵，这两个生成矩阵是等效的。两个等效生成矩阵所生成的两个码也是等效的（码集相同，映射不同）。从这个意义上说，每个 (n,k) 线性码都可找到一个系统线性码与之等效。

综上，可以从另一个角度描述由 $\boldsymbol{G}$ 生成的 (n,k) 线性码 $\boldsymbol{c}$：一个 n 维向量 $\boldsymbol{c}$ 是 $\boldsymbol{G}$ 生成的码 C 中的一个码字，当且仅当 $\boldsymbol{c}\cdot\boldsymbol{H}^{\mathrm{T}}=0$，$\boldsymbol{H}$ 为该码的零空间，也称为该码的校验矩阵。所以，任何一个 (n,k) 线性码的码空间 C，一定存在一个对偶空间 $\boldsymbol{H}$ 与之相对应。从空间正交性角度，对任何一个由 k 个线性独立的行向量组成的 $k\times n$ 矩阵 $\boldsymbol{G}$，均存在一个由 $n-k$ 个线性独立的行向量组成的 $(n-k)\times n$ 矩阵 $\boldsymbol{H}$，使得 $\boldsymbol{G}$ 的行空间的任意向量与 $\boldsymbol{H}$ 的行向量正交，并且任何与 $\boldsymbol{H}$ 的行正交的向量都在 G 的行空间中，如图 9.1 所示。事实上，码空间基底数 k 只是 n 维 n 重空间的全部 n 个基底的一部分，若能找出另外 $n-k$ 个基底，也就找到了对偶空间 $\boldsymbol{H}$。既然用 k 个基底能产生一个 (n,k) 线性码，那么也能用 $n-k$ 个基底产生一个有 2^{n-k} 码字的 $(n,n-k)$ 线性码 C_d，C_d 的生成矩阵为 $\boldsymbol{H}$，校验矩阵为 $\boldsymbol{G}$，称之为 (n,k) 线性码 C 的对偶码。将 $\boldsymbol{H}$ 空间的 $n-k$ 个基底排列起来，可构成一个 $(n,k)\times n$ 矩阵，称为码空间 C 的一致校验矩阵 $\boldsymbol{H}$，简称为校验矩阵，或称为码的零空间。

由于生成矩阵的每个行矢量都是一个码字，所以必有

$$\boldsymbol{G}\boldsymbol{H}^{\mathrm{T}}=\boldsymbol{0} \tag{9.5}$$

式中：$\boldsymbol{0}$ 代表一个大小为 $k\times(n-k)$ 的零矩阵。

对于生成矩阵符合式（9.3）的系统码，其校验矩阵也是规则的，可以表示为

$$\boldsymbol{H}=[-\boldsymbol{P}^{\mathrm{T}}\vdots\boldsymbol{I}_{n-k}] \tag{9.6}$$

式中的负号在二进制码情况下可省略，因为模 2 减法和模 2 加法是等同的。

验证 $\boldsymbol{H}$ 的方法是看它的行矢量是否与 $\boldsymbol{G}$ 的行矢量正交，即式（9.5）是否成立。此处

$$\boldsymbol{G}\boldsymbol{H}^{\mathrm{T}}=[\boldsymbol{I}_k\mid\boldsymbol{P}][-\boldsymbol{P}^{\mathrm{T}}\mid\boldsymbol{I}_{n-k}]^{\mathrm{T}}=\boldsymbol{0} \tag{9.7}$$

式中：两个相同的矩阵模 2 加后为全零矩阵。这就证明了 $\boldsymbol{H}$ 确是校验矩阵。

9.4 伴随式与错误图样

对于一个 (n,k) 线性码，其生成矩阵为 $\boldsymbol{G}$，校验矩阵为 $\boldsymbol{H}$。令 $\boldsymbol{c}=(c_{n-1},\cdots,c_1,c_0)$ 表示发送码字，$\boldsymbol{r}=(r_{n-1},\cdots,r_1,r_0)$ 为信道输出端接收到的码字。由于信道中的噪声，$\boldsymbol{r}$ 可能与 $\boldsymbol{c}$ 不同。向量和表示为

$$\boldsymbol{e}=\boldsymbol{r}+\boldsymbol{c}=(e_{n-1},\cdots,e_1,e_0) \tag{9.8}$$

式中：$\boldsymbol{e}$ 是一个 n 维向量，其中 $r_i\neq c_i$ 时，$e_i=1$，而 $r_i=c_i$ 时，$e_i=0$。该 n 维向量称为错误图样或差错图样，它直接对应接收向量 $\boldsymbol{r}$ 不同于传输码字 $\boldsymbol{c}$ 的位。$\boldsymbol{e}$ 中的 1 表示由于信道噪声引起的传输差错。由式（9.8）可知，接收向量 $\boldsymbol{e}$ 是传输码字和差错向量的向量和，即

$$\boldsymbol{r}=\boldsymbol{c}+\boldsymbol{e}$$

当然，接收端既不知道 $\boldsymbol{c}$，也不知道 $\boldsymbol{e}$。一旦接收端接收到 $\boldsymbol{r}$，译码器必须首先确定 $\boldsymbol{r}$ 是否含有传输差错。

当接收到 $\boldsymbol{r}$，译码器便计算如下 $(n-k)$ 维向量

$$\boldsymbol{s}=\boldsymbol{r}\cdot\boldsymbol{H}^{\mathrm{T}}=(\boldsymbol{c}+\boldsymbol{e})\boldsymbol{H}^{\mathrm{T}}=\boldsymbol{e}\cdot\boldsymbol{H}^{\mathrm{T}} \tag{9.9}$$

称 $\boldsymbol{s}$ 为 $\boldsymbol{r}$ 的伴随式或者校正子。于是，当且仅当 $\boldsymbol{r}$ 是码字时，$\boldsymbol{s}=0$；而当且仅当 $\boldsymbol{r}$ 不是码字时，$\boldsymbol{s}\neq0$。因此，当 $\boldsymbol{s}\neq0$ 时，可知 $\boldsymbol{r}$ 不是码字，检测出存在差错。当 $\boldsymbol{s}=0$ 时，$\boldsymbol{r}$ 是码字，接收端视 $\boldsymbol{r}$ 为传输码字。在某些差错向量中的差错也可能是无法检测的（即 $\boldsymbol{r}$ 有差错，但 $\boldsymbol{s}=\boldsymbol{r}\cdot\boldsymbol{H}^{\mathrm{T}}=0$）。由接收向量 $\boldsymbol{r}$ 计算出的伴随式仅由错误图样 $\boldsymbol{e}$ 决定，而与传输码字 $\boldsymbol{c}$ 无关。上述情况在错误图样 $\boldsymbol{e}$ 和某个非零码字相同时才会发生。此时，$\boldsymbol{r}$ 是两个码字的和，所以也是一个码字，相应有 $\boldsymbol{r}\cdot\boldsymbol{H}^{\mathrm{T}}=0$。如果仔细观察上面的方程，就可以发现伴随式 $\boldsymbol{s}$ 就是接收到的校验位 $(r_{n-k-1},\cdots,r_1,r_0)$ 与由接收到的消息位 $(r_{n-1},\cdots,r_{n-k+1},r_{n-k})$ 重新计算出的校验位的向量和。

从物理意义看，伴随式 $\boldsymbol{s}$ 并不反映发送的码字是什么，而只反映信道对码字造成怎样的干扰。伴随式位仅是差错位的线性组合。显然，伴随式位提供了有关差错位的信息，因此可用于纠正错误。

纠错方案可以认为是求解式（9.9）中关于差错位的 $n-k$ 个线性方程的方法。一旦找到错误图样 $\boldsymbol{e}$，就可将 $\boldsymbol{r}+\boldsymbol{e}$ 视为实际传输的码字。不过，确定真正的差错向量 $\boldsymbol{e}$ 不是一件简单的事。这是因为式（9.9）中伴随式 $\boldsymbol{s}$ 是一个 $n-k$ 重矢量，只有 2^{n-k} 种可能的组合；而错误图样 $\boldsymbol{e}$ 是 n 重矢量，共有 2^n 种可能的组合，式（9.9）中 $n-k$ 个线性方程的解并不唯一，而是有 2^k 个。因此，同一伴随式可能对应若干个不同的有差错图样。换句话说，有 2^k 种错误模式可以形成同样的伴随式，而真正的差错向量 $\boldsymbol{e}$ 只是其中之一。因此，译码器必须从这 2^k 个候选项中确定真正的差错向量。

为使译码差错概率最小，选择满足式（9.9）中概率最大的错误图样作为真正的差错向量。当信道是 BSC 信道时，概率最大的错误图样就是含非零元素最少者。

在接收端，并不知道发送码 $\boldsymbol{c}$ 究竟是什么，但可以知道 $\boldsymbol{H}^{\mathrm{T}}$ 和接收码 $\boldsymbol{r}$，从而算出 $\boldsymbol{s}$。译码最重要的任务是从伴随式 $\boldsymbol{s}$ 找出 $\boldsymbol{c}$ 的估值 $\hat{\boldsymbol{c}}$，具体方法是：先算出 $\boldsymbol{s}$，再由 $\boldsymbol{s}$ 算出 $\boldsymbol{e}$，最后令 $\boldsymbol{c}=\boldsymbol{r}+\boldsymbol{e}$ 求出 $\hat{\boldsymbol{c}}$：

$$\boldsymbol{r}\boldsymbol{H}^{\mathrm{T}}=\boldsymbol{s}\Rightarrow\boldsymbol{e}\Rightarrow\hat{\boldsymbol{c}}=\boldsymbol{r}+\boldsymbol{e} \tag{9.10}$$

式中最关键的是从 $\boldsymbol{s}$ 找出 $\boldsymbol{e}$，只要 $\boldsymbol{e}$ 正确，译出的码也就是正确的。可以通过解线性方程来求解 $\boldsymbol{e}$。由式（9.9）可得

$$\boldsymbol{s}=(s_{n-k-1},\cdots,s_1,s_0)=\boldsymbol{e}\boldsymbol{H}^{\mathrm{T}}=(e_{n-1},\cdots,e_1,e_0)\begin{bmatrix} h_{(n-k-1)(n-1)} & \cdots & h_{(n-k-1)1} & h_{(n-k-1)0} \\ \vdots & & \vdots & \vdots \\ h_{1(n-1)} & \cdots & h_{11} & h_{10} \\ h_{0(n-1)} & \cdots & h_{01} & h_{00} \end{bmatrix}^{\mathrm{T}} \tag{9.11}$$

展开成线性方程组形式为

$$\begin{cases} s_{n-k-1}=e_{n-1}h_{(n-k-1)(n-1)}+\cdots+e_1h_{(n-k-1)1}+e_0h_{(n-k-1)0} \\ \qquad\qquad\cdots\cdots \\ s_1=e_{n-1}h_{1(n-1)}+\cdots+e_1h_{11}+e_0h_{10} \\ s_0=e_{n-1}h_{0(n-1)}+\cdots+e_1h_{01}+e_0h_{00} \end{cases} \tag{9.12}$$

方程组（9.12）中有 n 个未知数 $e_{n-1},\cdots,e_1,e_0$，却只有 $n-k$ 个方程，可知方程组有多解。在二元域中，少一个方程导致两个解，少两个方程导致四个解，以此类推，少 $n-(n-k)=k$ 个方程导致每个未知数有 2^k 个解。因此，由 $\boldsymbol{r}\boldsymbol{H}^{\mathrm{T}}$ 确定 $\boldsymbol{s}$ 后，对应的差错图样 $\boldsymbol{e}$ 可以有 2^k 个解。究竟取哪一个作为差错图样 $\boldsymbol{e}$ 的解呢？最简单明了的处理方法叫作概率译码，它把所有 2^k 个解的重量（差错图样 $\boldsymbol{e}$ 中 1 个数）做比较，选择最轻者作为 $\boldsymbol{e}$ 的估值。

9.5 标准阵列译码

基于码空间构造方法可知，线性分组码 C 的 2^k 个码字必定属于 n 维矢量子空间的 2^k 个点，可以将 n 维矢量空间所有 2^n 矢量按照子空间分割。接收端的任何一种译码方法都是一种划分规则，通过该规则将 2^n 个可能的接收向量划分为 2^k 个互不相交的子集合 $D_1,D_2,\cdots,D_{2^k}$ 使得码字 $\boldsymbol{c}_i$ 包含在其中一个子集 D_i 中，$1\leqslant i\leqslant 2^k$。这样，每个子集 D_i 和码字 $\boldsymbol{c}_i$ 一一对应。如果接收向量 $\boldsymbol{r}$ 在 D_i 中，则将 $\boldsymbol{r}$ 译码成 $\boldsymbol{c}_i$。当且仅当接收向量 $\boldsymbol{r}$ 位于与传送码字相对应的子集 D_i 中，译码才是正确的。这样，将 n 维矢量空间的 2^n 个可能的接收矢量划分为 2^k 个不相交的子集，使每个子集只含有一个码矢量，这个阵列称为标准阵列。接收到的码矢量 $\boldsymbol{r}$ 必定落在互不相交的子集对应的某一子空间 D_i，并在子空间中寻找与其汉明距离最近的码字作为译码输出。这种算法的理论根据是：若 BSC 信道的差错概率是 p，则长度为 n 的

码字中错一位（对应于 $\boldsymbol{e}$ 中有一个 1 或 $\boldsymbol{e}$ 的重量为 1）的概率是 $p(1-p)^{n-1}$，错两位的概率是 $p^2(1-p)^{n-2}$，…，以此类推。由于 $p \ll 1$，必有 $p(1-p)^{n-1} \gg p^2(1-p)^{n-2} \gg \cdots \gg p^{n-1}(1-p) \gg p^n$，所以在 $\boldsymbol{e}$ 的 2^k 个解中取重量最小的 $\boldsymbol{e}$ 时，译码正确的概率最大。由于 $\boldsymbol{e}=\boldsymbol{r}+\boldsymbol{c}$ 即收、发码之间的汉明距离，$\boldsymbol{e}$ 重量最小，就是 $\boldsymbol{r}$ 和 $\boldsymbol{c}$ 的距离最小，所以概率译码实际上体现了最小距离译码法则，满足一定条件时就是最大似然译码。

上述概率译码中，每接收一个码字就要解一次线性方程，太麻烦。好在伴随式的数目是有限的，即 2^{n-k} 个，如果 $n-k$ 不太大，可以预先把不同 $\boldsymbol{s}$ 下的方程组解出来，把各种情况下的最大概率译码输出列成一个码表。这样，在实时译码时不必解方程，只要像查字典那样查码表就可以了。下面讨论在一般情况下构造标准阵列译码表的方法。

首先，将 C 中的 2^k 个码字排成一行，将全零码字 $\boldsymbol{c}_1=(0,0,\cdots,0)$ 作为第一个（最左边的）元素。从剩下的 2^n-2^k 个 n 维向量中，选择一个 n 维向量 $\boldsymbol{e}_2$，将其放在全零向量 $\boldsymbol{c}_1$ 下方。然后用第一行每个码字 $\boldsymbol{c}_i$ 加上 $\boldsymbol{e}_2$，并将其和 $\boldsymbol{e}_2+\boldsymbol{c}_i$ 放在 $\boldsymbol{c}_i$ 下方，由此构成第二行。完成了第二行以后，从剩下的 n 维向量中选择未使用的 n 维向量 $\boldsymbol{e}_3$ 放在 $\mathbf{c}_i$ 下方。接着，将第一行每个码字 $\boldsymbol{c}_i$ 上加上 $\boldsymbol{e}_3$，并将和 $\boldsymbol{e}_3+\boldsymbol{c}_i$ 放在 $\boldsymbol{c}_i$ 下面来构成第三行。继续该过程直至用完所有的 n 维向量。最后，得到标准阵结构如下：

$\boldsymbol{c}_1=(0,\cdots,0)$	c_2	$\cdots$	c_i	$\cdots$	c_{2^k}
$\boldsymbol{e}_2$	e_2+c_2	$\cdots$	e_2+c_i	$\cdots$	$e_2+c_{2^k}$
e_3	e_3+c_2	$\cdots$	e_3+c_i	$\cdots$	$e_3+c_{2^k}$
$\vdots$	$\vdots$		$\vdots$		$\vdots$
	e_l+c_2	$\cdots$	e_l+c_i	$\cdots$	$e_l+c_{2^k}$
$\vdots$	$\vdots$		$\vdots$		$\vdots$
$e_{2^{n-k}}$	$e_{2^{n-k}}+c_2$	$\cdots$	$e_{2^{n-k}}+c_i$	$\cdots$	$e_{2^{n-k}}+c_{2^k}$

（9.13）

由式（9.13）可见，标准阵是一个 $2^{n-k}\times 2^k$ 阶的矩阵，它具有如下的性质：

（1）在标准阵的同一行中，没有两个 n 重向量是相同的，每 n 项在且仅在一行中出现；

（2）每个 (n,k) 线性分组码都能纠正 2^{n-k} 种错误图样，它们就是标准阵的陪集首。根据最大似然准则，重量较小的错误图样比重量较大的错误图样更可能出现，所以应当选择重量最小的那些矢量作为陪集首；

（3）一个陪集的所有 2^k 个 n 重向量有同样的伴随式，不同陪集的伴随式不相同。

可以证明：两个陪集要么相等，要么不相交。如果 2^{n-k} 个陪集首选得不同，则 2^{n-k} 个陪集不相交。换言之，一共有 2^{n-k} 个陪集，每个陪集有 2^k 个元素。如果不存在重复元素（不相交），总数必为 $2^{n-k}\times 2^k=2^n$ 个元素，正是接收码所在 n 维 n 重空间 $\boldsymbol{r}$ 的全部元素数。

例 9.1 (6,3) 线性分组码的生成矩阵为

$$\boldsymbol{G}=\begin{bmatrix}0&1&1&1&0&0\\1&0&1&0&1&0\\1&1&0&0&0&1\end{bmatrix} \tag{9.14}$$

利用上述方法构造的标准阵如表 9.1 所示。

表 9.1 （6,3）线性分组码的标准阵

陪集首							
000000	011100	101010	110001	110110	101101	011011	000111
100000	111100	001010	010001	010110	001101	111011	100111
010000	001100	111010	100001	100110	111101	001011	010111
001000	010100	100010	111001	111110	100101	010011	001111
000100	010100	101110	110101	110010	101001	011111	000011
000010	011110	101000	110011	110100	101111	011001	000101
000001	011101	101011	110000	110111	101100	011010	000110
100100	111000	001110	010101	010010	001001	111111	100011

n 维向量的伴随式是一个 $(n-k)$ 维向量，且存在 2^{n-k} 个不同的 $(n-k)$ 维向量，在陪集和 $(n-k)$ 维向量的伴随式之间存在一一对应关系；或者说，在陪集首（可纠正错误模式）和伴随式之间存在一一对应关系。利用这种一一对应关系，我们可以构成一个比标准阵简单得多的译码表。该译码表由 2^{n-k} 个陪集首（可纠正错误图样）及其对应的伴随式所组成。

接收向量的译码包括如下三个步骤：

（1）计算 $\boldsymbol{r}$ 的伴随式 $\boldsymbol{r}\cdot\boldsymbol{H}^{\mathrm{T}}$；

（2）确定伴随式等于 $\boldsymbol{r}\cdot\boldsymbol{H}^{\mathrm{T}}$ 的陪集首 $\boldsymbol{e}_l$，于是 $\boldsymbol{e}_l$ 被假定为由信道引起的错误图样；

（3）将接收向量 $\boldsymbol{r}$ 译为码字 $\boldsymbol{c}^{*}=\boldsymbol{r}+\boldsymbol{e}_l$。

上述译码方案被称为伴随式译码或查表译码。

定理 9.1 对于最小距离为 $d_{\min}$ 的 (n,k) 线性码 C，所有重量不超过 $t=\lfloor (d_{\min}-1)/2 \rfloor$ 的 n 维向量可用作码 C 标准阵的陪集首。如果所有重量不超过 $t=\lfloor (d_{\min}-1)/2 \rfloor$ 的 n 维向量都被用作码 C 标准阵的陪集首，则至少存在一个重量为 $t+1$ 的 n 维向量无法用于陪集首。

例 9.2 一个 (5,2) 系统线性码的生成矩阵是 $\boldsymbol{G}=\begin{bmatrix}10111\\01101\end{bmatrix}$，设接收码 $R=(10101)$，构造标准阵列译码表，译出发送码的估值 $\hat{\boldsymbol{c}}_i$。

解 （1）构造标准阵列译码。分别以信息组 $m=(00)$、(01)、(10)、(11) 及已知的 $\boldsymbol{G}$ 求得 4 个许用码字为

$$C_1=(00000)、C_2=(10111)、C_3=(01101)、C_4=(11010)$$

求出校验矩阵

$$\boldsymbol{H}=[P^{\mathrm{T}}\vdots I_3]=\begin{bmatrix}11100\\10010\\11001\end{bmatrix}=\begin{bmatrix}h_{24}\,h_{23}\,h_{22}\,h_{21}\,h_{20}\\h_{14}\,h_{13}\,h_{12}\,h_{11}\,h_{10}\\h_{04}\,h_{03}\,h_{02}\,h_{01}\,h_{00}\end{bmatrix}$$

列出方程组

$$\begin{cases}s_2=e_4h_{24}+e_3h_{23}+e_2h_{22}+e_1h_{21}+e_0h_{20}=e_4+e_3+e_2\\s_1=e_4h_{14}+e_3h_{13}+e_2h_{12}+e_1h_{11}+e_0h_{10}=e_4+e_1\\s_0=e_4h_{04}+e_3h_{03}+e_2h_{02}+e_1h_{01}+e_0h_{00}=e_4+e_3+e_0\end{cases}$$

伴随式有 $2^{n-k}=2^3=8$ 种组合，差错图样中代表无差错的有一种，代表一个差错的图样有 C_5^1 种，已有 5 种。

代表两个差错的图样有 C_5^2 种。只需挑选其中的两个，挑选方法可有若干种，不是唯一的。先将 E_j=(00000)、(10000)、(01000)、(00100)、(00010)、(00001)代入上面的线性方程组，解得对应的 S_j 分别是(000)、(111)、(101)、(100)、(010)、(001)。剩下的伴随式中，(011)所对应的差错图样是 2^k 个，即(00011)、(10100)、(01110)、(11001)，其中(00011)和(10100)并列重量最轻，任选其中一个如(00011)。同样可得伴随式(110)所对应的最轻差错图样之一是(00110)。由此得标准阵列译码表表 9.2。

表 9.2　标准阵列译码表

$S_0=000$	$E_0+C_0=00000$	$C_1=10111$	$C_2=01101$	$C_3=11010$
$S_1=111$	$E_1=10000$	00111	11101	01010
$S_2=101$	$E_2=01000$	11111	00101	10010
$S_3=100$	$E_3=00100$	10011	01001	11110
$S_4=010$	$E_4=00010$	10101	01111	11000
$S_5=001$	$E_5=00001$	10110	01100	11011
$S_6=011$	$E_6=00011$	10100	01110	11001
$S_7=110$	$E_7=00110$	10001	01011	11100

（2）若将接收码 $R=10101$ 译码，可选以下三种方法之一译码。

①直接搜索码表，查得 (10101) 所在列的子集头是 (10111)，因此译码输出取 (10111)。

②先求伴随式 $RH^{\mathrm{T}}=(10101)\cdot H^{\mathrm{T}}=(010)=S_4$，确定 S_4 所在行，再沿着行对码表作一维搜索找到(10101), 最后顺着所在列向上找出码字(10111)。

③先求出伴随式 $RH^{\mathrm{T}}=(010)=S_4$，并确定 S_4 所对应的陪集首（差错图样）$E_4=(00010)$，再将陪集首与收码相加得到码字 $C=R+E_4=(10101)+(00010)=(10111)$。

上述三种方法由上而下，查表的时间减少而所需计算量增大，实践使用时可针对不同情况选用。

9.6 码的纠、检错能力与 MDC 码

任何一种信道编码的纠、检错能力都有一定的限度，这种限度与码距有关。为此，有必要引入相关的定义和定理。

（1）汉明重量：n 重矢量 $\boldsymbol{r}$ 中，非零元素的个数称为该 n 重的汉明重量，简称重量，用 $w(\boldsymbol{r})$ 表示。

（2）汉明距离：$GF(q)$ 上两个 n 重矢量 $\boldsymbol{a}$ 和 $\boldsymbol{b}$ 对应分量不相同的个数，称为它们之间的汉明距离，简称**距离**，记为 $d(\boldsymbol{a},\boldsymbol{b})$。逐位比较两个 n 重矢量 $\boldsymbol{r}_1$ 和 $\boldsymbol{r}_2$ 的对应各位，其中取值不同的元素的个数称为 $\boldsymbol{r}_1$ 和 $\boldsymbol{r}_2$ 的汉明距离，用 $d(\boldsymbol{r}_1,\boldsymbol{r}_2)$ 表示。

显然，$\boldsymbol{r}_1$ 和 $\boldsymbol{r}_2$ 的汉明距离等于这两个矢量模 2 加所得和矢量 $\boldsymbol{r}$ 的重量，即

$$d(\boldsymbol{r}_1,\boldsymbol{r}_2)=w(\boldsymbol{r}_1\oplus\boldsymbol{r}_2) \tag{9.15}$$

（3）最小距离：分组码码集中，每两两码字之间都存在一定距离，其中最小者称为该分组码的最小距离，用符号 $d_{\min}$ 表示。

最小汉明距离是衡量一个分组码的纠错或检错能力的一个极为重要的参数。因此有时为了表述问题方便常将最小汉明距离为 d 的分组码 (n,k) 记为 (n,k,d)，如直接计算最小距离，含 2^k 个码字的码集需计算 $2^k(2^k-1)/2$ 个距离后才能找出 $d_{\min}$。由于分组码是群码，利用群的封闭性，即两个码字之和仍是码字 $\boldsymbol{c}_1\oplus\boldsymbol{c}_2=\boldsymbol{c}_3\in C$，可得

$$d(\boldsymbol{c}_1,\boldsymbol{c}_2)=w(\boldsymbol{c}_1\oplus\boldsymbol{c}_2)=w(\boldsymbol{c}_3)$$

于是得以下定理。

定理 9.2 线性分组码的最小距离等于非零码字的最小重量，反之亦然。

证 设线性分组码 C 的最小距离为 $d_{\min}$，最小重量为 $w_{\min}$，根据定义有

$$\begin{aligned}d_{\min}&=\min_{\substack{\boldsymbol{r}_i,\boldsymbol{r}_j\in C\\ i\neq j}}d(\boldsymbol{r}_i,\boldsymbol{r}_j)=\min_{\substack{\boldsymbol{r}_i,\boldsymbol{r}_j\in C\\ i\neq j}}d(0,\boldsymbol{r}_i+\boldsymbol{r}_j)\\&=\min_{r\in C}(\boldsymbol{r})=w_{\min}\end{aligned} \tag{9.16}$$

于是求最小距离的问题转化为寻找最轻码字，含 2^k 码字的码集仅需计算 2^k 次。

码的最小距离 $d_{\min}$ 表明码集中各码字差异的程度。显然，差异越大，越容易区分，越能容忍差错，抗干扰能力自然越强。用以下两个定理来说明最小距离 $d_{\min}$ 与纠、检错能力间的关系。

定理 9.3 对于任何最小距离为 $d_{\min}$ 的线性分组码，其检测随机差错的能力为 $d_{\min}-1$。

也就是说，只要发送的码字在接收端不误为另一个码字，正确设计的译码器就能觉察差错的发生。

定理 9.4 对于任何最小距离等于 $d_{\min}$ 的线性分组码，其纠正随机差错的能力 t 为

$$t=\left\lfloor\frac{d_{\min}-1}{2}\right\rfloor \tag{9.17}$$

式中，$\lfloor\ \rfloor$ 表示向下取整。由该式可知，码的纠错能力同样取决于最小距离。对于 (n,k) 分

组码，2^k 个码字对应 n 维空间的 2^k 个点，如果以每个对应点为球心，以 t 为半径作 2^k 个球体，那么使它们之中任意一对球体两两不相交（包括不相切）的 t 的最大取值是 $t=\lfloor(d_{\min}-1)/2\rfloor$。在每一个球内，含有与该码字距离小于等于 t 的所有矢量。译码时，所有落在球内的接收矢量都被译成位于球心的那个码字，这意味着最小距离为 $d_{\min}$ 的 (n,k) 分组码有能力纠正 $t=\lfloor(d_{\min}-1)/2\rfloor$ 个差错。码字和球的二维示意图如图 9.3 所示。

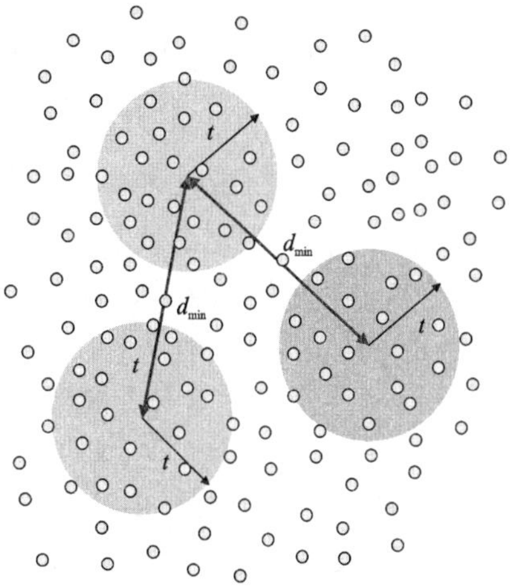

图 9.3　以码字为球心，半径 $t=\text{int}[(d_{\min}-1)/2]$ 的差错控制球体的示意图

总而言之，一个最小距离为 $d_{\min}$ 的分组码可确保纠正所有含不多于 $t=\lfloor(d_{\min}-1)/2\rfloor$ 个差错的错误图样，其中 $\lfloor(d_{\min}-1)/2\rfloor$ 表示不大于 $(d_{\min}-1)/2$ 的最大整数，参数 $t=\lfloor(d_{\min}-1)/2\rfloor$ 称为码的随机差错纠正能力。

上述可检 $d_{\min}-1$ 或纠 $t=\lfloor(d_{\min}-1)/2\rfloor$ 个差错的结论，是在单独考虑检错或单独考虑纠错的情况下得出的。若将两者放在一起统一考虑，情况将有所变化。

一般的结论是：若最小距离为 $d_{\min}$ 的码同时能检 e_d 个差错纠 e_c 个差错，必有

$$e_d+e_c\leqslant d_{\min}-1 \tag{9.18}$$

及

$$e_c\leqslant e_d \tag{9.19}$$

可以发现，要想提高码的检错能力，必须牺牲码的纠错能力。

对于线性码来说，最小距离就是最轻码的码重，即最轻码与全零码的距离。但必须强调，纠错能力 t 只是说明距离 t 的差错一定能纠，并非说距离大于 t 的差错一定不能纠。

可见，总体的、平均的纠错能力不但与最小距离有关，而且与码距，或等效地说与码字的重量分布特性有关。码重的分布特性称为重量谱，其中的最小重量就是 $d_{\min}$。正如信息论中所述“各符号等概率时熵最大”一样，从概念上可以推演到：当所有码距相等时（重量谱为线谱），码的性能应该最好。当各码距相差不大时（重量谱为窄谱），性能应该较好。

对于线性分组码的最小距离 $d_{\min}$ 的计算，如果按定义，需找出 $2^k(2^k-1)/2$ 个距离中的最小者，如果按重量，需找出 2^k 个码字中的最轻者，k 很大时，运算量也不小。下面的定

理能帮助很快地找到最小距离 $d_{\min}$。

定理 9.5 (n,k) 线性分组码的最小距离等于 $d_{\min}$ 的充要条件是：校验矩阵 $\boldsymbol{H}$ 中有 $d_{\min}-1$ 列线性无关。

定理 9.5 的简要说明如下：因为 $\boldsymbol{H}$ 是 $(n-k)\times n$ 矩阵，其 n 列可写成 $\boldsymbol{H}=[\boldsymbol{h}_{n-1},\cdots,\boldsymbol{h}_1,\boldsymbol{h}_0]$，其中 $\boldsymbol{h}_{n-1},\cdots,\boldsymbol{h}_1,\boldsymbol{h}_0$ 是列矢量。由式(9.19)可知，对于任何码字 $\boldsymbol{c}=[c_{n-1},\cdots,c_1,c_0]$，都有 $\boldsymbol{cH}^{\mathrm{T}}=0$，即

$$[c_{n-1},\cdots,c_1,c_0][\boldsymbol{h}_{n-1},\cdots,\boldsymbol{h}_1,\boldsymbol{h}_0]^{\mathrm{T}}=c_{n-1}\boldsymbol{h}_{n-1}^{\mathrm{T}}+\cdots+c_1\boldsymbol{h}_1^{\mathrm{T}}+c_0\boldsymbol{h}_0^{\mathrm{T}}=\boldsymbol{0} \tag{9.20}$$

如果想要码的最小距离为 $d_{\min}$，则式（9.20）作为系数的码元 $c_{n-1},\cdots,c_1,c_0$ 中至少有 $d_{\min}$ 个为非零元素。换言之，式（9.20）中最少要有 $d_{\min}$ 项即 $d_{\min}$ 个列矢量之和，才能线性组合出零，少一列即 $d_{\min}-1$ 列就不能线性组合出零。这就是说，$d_{\min}-1$ 列必定是线性无关的。

定理 9.6 (n,k) 线性分组码的最小距离必定小于等于 $n-k+1$，即

$$d_{\min}\leqslant n-k+1 \tag{9.21}$$

这是因为 $\boldsymbol{H}$ 是 $(n-k)\times n$ 矩阵，该矩阵的秩最大不会超过 $n-k$，即线性无关的列不会超过 $n-k$。

对于一个 (n,k) 线性码，最小距离 $d_{\min}$ 不能大于 $n-k+1$，如果 $d_{\min}=n-k+1$，则它具有最大可能最小距离，则称该 (n,k) 线性分组码为极大最小距离码，缩写为 MDC 码（maximized distance code）。此时，最小距离靠 $d_{\min}$ 等于校验矩阵 $\boldsymbol{H}$ 中线性无关的列数加 1，或者等于矩阵 $\boldsymbol{H}$ 的秩加 1。这就大大简化了 $d_{\min}$ 的运算量。显然，当 n，k 确定之后，MDC 码达到了纠错能力的极限，是给定 n，k 条件下纠错能力最强的码。

9.7 完备码与汉明码

9.7.1 完备码

由标准阵列译码表可知，二元 (n,k) 线性分组码的伴随式是一个 $n-k$ 重矢量，有 2^{n-k} 个可能的组合。假如该码的纠错能为 t，则对于任何一个重量小于等于 t 的差错图样，都应有唯一的伴随式组合与之对应，才有可能实现纠错译码。也就是说，伴随式组合的数目必须满足条件

$$2^{n-k}\geqslant\binom{n}{0}+\binom{n}{1}+\binom{n}{2}+\cdots+\binom{n}{t}=\sum_{i=0}^{t}\binom{n}{i} \tag{9.22}$$

这个条件称为汉明限。任何一个纠正 t 个错误的线性分组码都应满足汉明限。

如果二元 (n,k) 线性分组码能使式（9.22）的等号成立，即

$$2^{n-k}=\sum_{i=0}^{t}\binom{n}{i} \tag{9.23}$$

此二元 (n,k) 线性分组码称为完备码。从译码角度，该码的伴随式组合数目恰好和不大于 t

个差错图样的数目相等，相当于在标准阵列中将所有重量不大于 t 的差错图样选做陪集首，而没有一个陪集首的重量大于 t，这时的伴随式就能和可纠差错图样实现一一对应，校验位得到最充分的利用。

从 n 维矢量空间的角度来看 (n,k) 完备码（见图 9.3），假定以每个码字为中心放置一个半径为 t 的球，与该码汉明距离小于或等于 t 的所有接收矢量均应包含在此球内。这样，半径 $t=\lfloor (d_{\min}-1)/2 \rfloor$ 的球内的矢量点数是 $\sum_{i=0}^{t}\binom{n}{i}$。由于码集共有 2^k 个码字，可以有 2^k 个不相重叠且半径等于 t 的球，所以共可包含 $2^k\sum_{i=0}^{t}\binom{n}{i}$ 个点。由于 n 重矢量的总数是 2^n 个，包含在 2^k 个球中的点数不可能多于总点数，所以下列不等式必定成立

$$2^k\sum_{i=0}^{t}\binom{n}{i}\leqslant 2^n \quad 即 \quad 2^{n-k}\geqslant\sum_{i=0}^{t}\binom{n}{i} \tag{9.24}$$

如果式（9.24）中的等号成立，表示全部 2^n 个接收矢量等分地落在 2^k 个半径为 t 的球内，而没有一个矢量落在球外，这就是完备码。围绕完备码的 2^k 个码字、汉明距离为 t 的所有球都是不相交的、不相切的，每一个接收矢量不是落在这个球就是落在那个球内，没有一点是在球外。这样，接收矢量与码字的距离至多为 t，所有重量小于等于 t 的差错图样都能通过最佳（最小距离）译码得到纠正，所有重量大于等于 $t+1$ 的差错图样都不能纠正。

能满足式（9.23）的 $(n,k,d_{\min})$ 完备码并不多见，迄今发现的二进制完备码有 $t=1$ 的汉明码、$t=3$ 的（23，12，7）戈莱（Golay）码，以及长度 n 为奇数、由两个码字组成且满足 $d_{\min}=n$ 的任何二进制 $(n,1)$ 码。已发现的三进制完备码有 $t=2$ 的（11，6，5）戈莱码。除此之外，已证明不存在其他的完备码。

9.7.2　汉明码

纠错能力 $t=1$ 的完备码称为汉明码。汉明码不是仅指某一个码，而是指一类码。汉明码既可以是二进制的，也可以是非二进制的。

对任意正整数 $m\geqslant 3$，汉明码具有如下参数：

码长 $n=2^m-1$；

信息符号数 $k=2^m-m-1$；

校验符号数 $n-k=m$；

纠错能力 $t=1(d_{\min}=3)$。

可知，二进制汉明码应满足条件 $2^{n-k}=n+1$，最小距离 $d_{\min}=3$，够纠正一个错误，码率为 $R=(2^m-1-m)/(2^m-1)$。

汉明码的校验矩阵 $\boldsymbol{H}$ 具有特殊的性质，能以相对简单的方法来构造码。由于 (n,k) 分组码的校验矩阵 $\boldsymbol{H}$ 是 $(n-k)\times n$ 矩阵，可看成是由 n 个 $(n-k)\times 1$ 列矢量组成的。二进制 $n-k$ 重列矢量的全部组合（全零矢量除外）是 $2^{n-k}-1$ 个，恰好与列矢量数目 $n=2^{m-1}=2^{n-k}-1$ 相等。该码的奇偶校验矩阵 $\boldsymbol{H}$ 由所有的非零 $m=n-k$ 维向量作为列矢量所构成。只要排列所

有列，通过列置换将奇偶校验矩阵 $\boldsymbol{H}$ 转换成系统形式，就可得到相应的生成矩阵 $\boldsymbol{G}$ 。

例 9.3 构造一个 $m=3$ 的二元（7,4）汉明码。

解 所谓构造一个（7,4）汉明码，就是求出它的生成矩阵，或等效地，求出它的校验矩阵。由于（7,4）汉明码的校验矩阵是 3×7 矩阵，而校验矩阵的列矢量不能为全零（零与任何码元的乘积为零，失去校验功能），所以 $\boldsymbol{H}$ 的 7 个列矢量正好是除全零矢量外 3 重矢量的全部可能组合。将 $[001]^{\mathrm{T}},[010]^{\mathrm{T}},\cdots,[111]^{\mathrm{T}}$ 排列起来就是校验矩阵，排列顺序不同，所得矩阵也就不同，说明 $\boldsymbol{H}$ 不是惟一的。由于交换列不会影响最小距离，所以可通过列置换将最初的 $\boldsymbol{H}$ 变为系统形式的 $\boldsymbol{H}$ ，称为系统汉明码

$$\boldsymbol{H}=\begin{bmatrix}0&0&0&1&1&1&1\\0&1&1&0&0&1&1\\1&0&1&0&1&0&1\end{bmatrix}\rightarrow\left[\begin{array}{cccc|ccc}1&1&1&0&1&0&0\\0&1&1&1&0&1&0\\1&1&0&1&0&0&1\end{array}\right]$$

系统汉明码的生成矩阵 $\boldsymbol{G}$ 为

$$\boldsymbol{G}=[\boldsymbol{I}_4\,|\,\boldsymbol{P}]=\left[\begin{array}{cccc|ccc}1&0&0&0&1&0&1\\0&1&0&0&1&1&1\\0&0&1&0&1&1&0\\0&0&0&1&0&1&1\end{array}\right]$$

定义 9.1 令 $\boldsymbol{H}$ 是一个 $m\times(2^m-1)$ 阶二进制矩阵，$\boldsymbol{H}$ 的列是 V_m 中以某种顺序排列的 2^m-1 个非零矢量。则在 $GF(2)$ 上，校验矩阵为 $\boldsymbol{H}$ 对应的 $(n=2^m-1,k=2^m-1-m)$ 线性码称为码长为 2^m-1 的（二进制）汉明码。

对应于 $m=2\sim 8$ 的汉明码为

$$(3,1);(7,4);(15,11);(31,26);(63,57);(127,120);(255,247)$$

容易看出，汉明码的编码效率随 m 的增大而提高，当 m 很大时，码率 R 将接近 1，但由于它只能纠正 1 个错误，故实际应用中只选用适当的 m 值。

可以对汉明码作如下几何解释：因为汉明码只纠正一个错误，所以它的陪集首是重量为 0 和 1 的所有矢量，在按陪集展开的标准阵中，每一列都相当于以其顶上的码矢量（即标准阵第 1 行）为中心，以 1 为半径所作的一个球，而且这 2^{2^m-m-1} 个球又恰好能把标准阵所表示的矢量空间全部填满。

汉明码的陪集首是其纠错能力范围内的全部错误图样（其中 0 表示没有错误），但并不是所有线性分组码都有这一特性的。由标准阵列码表可知，每个 (n,k) 线性分组码都能纠正 2^{n-k} 种错误图样，它们是标准阵的陪集首。可是，能纠正 2^{n-k} 种错误图样并没有说明能纠正几个比特的错误。下面给出汉明码是完备码的证明。

定理 9.7 *二元汉明码 $(n=2^m-1,k=2^m-1-m)$ 是完备码。*

证 由于汉明码能纠正所有一位错误，所以若以各码字为中心，作半径为 1 的小球，这些小球彼此不会相交。在每个半径为 1 的小球中正好包含有 $n+1=2^m$ 个 n 维矢量，而小球数目有 $n+1=2^m$，所以这些小球中所包含的矢量总数为

$$2^k\cdot(n+1)=2^{2^m-1}=2^n \tag{9.25}$$

正好是整个空间的全部矢量，所以每个 n 维二元矢量正好落入其中一个小球中，因而汉明限的等号成立，也就是说汉明码是完备的。

如果我们列出码长为 2^m-1 的汉明码的标准阵，则所有的重量为 1 的 (2^m-1) 维向量均可用来作为陪集首。重量为 1 的 (2^m-1) 维向量共有 2^m-1 个。由于 $n-k=m$，则该码有 2^m 个陪集。因此，零向量 **0** 和重量为 1 的 (2^m-1) 维向量构成了标准阵的所有陪集首。所以，一个汉明码只能纠正含单个差错的错误图样而无法纠正其他的错误图样。

9.7.3　戈莱码

戈莱码是戈莱于 1949 年构造的二进制（23,12）完备码，该码的最小距离为 7，能够纠正码字中任何三个或更少的随机差错的组合。

在寻求完备码时，戈莱注意到 (23,12,7) 码满足完备码的条件

$$\sum_{i=0}^{t}\binom{n}{i}=\binom{n}{0}+\binom{n}{1}+\cdots+\binom{n}{t}=2^{n-k} \tag{9.26}$$

即

$$\binom{23}{0}+\binom{23}{1}+\binom{23}{2}+\binom{23}{3}=2^{11} \tag{9.27}$$

(23,12,7) 戈莱码的生成多项式有两个，分别为

$$\begin{aligned} g_1(x)&=x^{11}+x^9+x^7+x^6+x^5+x+1\\ g_2(x)&=x^{11}+x^{10}+x^6+x^5+x^4+x^2+1 \end{aligned} \tag{9.28}$$

上列两式均为 $(x^{23}+1)$ 的因式，即在 $GF(2)$ 上，有

$$x^{23}+1=(1+x)g_1(x)g_2(x) \tag{9.29}$$

(23,12) 戈莱码可以通过对每个码字增加一位奇偶校验位来进行扩展。这种扩展生成了 (24,12) 扩展戈莱码，其最小距离为 8。该码能够纠正所有含三个或者更少差错的错误图样，并能够检测到所有含 4 个差错的错误图样，然而该码并不是一个完备码。尽管如此，该码具有许多引人注目的结构特性，并被广泛应用于通信系统的差错控制中。

9.8　扩展码与缩短码

9.8.1　扩展码

对码进行扩展意味着对它加入额外的奇偶校验位，即增加 n 而保持 k 不变。具体来说，如果给最小距离为奇数的码加入一位校验位，那么最小距离增加 1。

对于 (n,k) 分组码，添加一个奇偶校验位，可得一个 $(n+1,k)$ 扩展码。由于信息位 k 没变，码集包含的码字总数也不会变，只不过每个码字的长度增加 1。对于码字 $[c_{n-1},\cdots,c_1,c_0]$，

加入校验位 c_0'，扩展后变为 $[c_{n-1},\cdots,c_1,c_0,c_0']$。若采用偶校验，校验位 c_0' 的选择应满足校验方程。

设 $\boldsymbol{c}$ 是一个 (n,k,d) 线性分组码，其中某些码字重量为奇数。若对每个码字 $\boldsymbol{c}=(c_0,c_1,\cdots,c_{n-1})$ 增加一个全校验位 c_0' 使得满足

$$c_0'+c_0+c_1+\cdots+c_{n-1}=0 \tag{9.30}$$

这样的码 $\boldsymbol{c}$ 经全校验位扩展后得到一个 $(n+1,k)$ 线性码。

从校验矩阵的角度看，扩展前校验矩阵是 $(n-k)\times n$ 矩阵 $\boldsymbol{H}$，扩展后校验矩阵为 $(n-k+1)\times(n+1)$ 矩阵 $\boldsymbol{H}'$。矩阵 $\boldsymbol{H}$ 与 $\boldsymbol{H}'$ 的关系如下：

$$\boldsymbol{H}'=\left[\begin{array}{cccc:c} 1 & 1 & 1 & \cdots & 1 \\ \hdashline & & & & 0 \\ & & \boldsymbol{H} & & 0 \\ & & & & \vdots \\ & & & & 0 \end{array}\right] \tag{9.31}$$

在二进制偶校验时，原来码字中 1 的个数为偶数，则添加校验位 0；原来码字中 1 的个数为奇数，则添加校验位 1。从最小距离角度看，若扩展前原码的最小距离 $d_{\min}$ 是奇数，即最轻码字中包含奇数个 1，则扩展后最轻码字的码重加 1，扩展码的最小距离因此比原来增加 1，变成 $d_{\min}+1$：若原码的最小距离是偶数，则偶校验不改变其最小距离。

以 (7,4) 汉明码为例，它有 1 个零码重的码字（线性码中经常出现），7 个码重为 3 的码字，7 个码重为 4 的码字，1 个码重为 7 的码字。如果加入一个总体奇偶校验位，就生成了 (8,4) 码，那么所有的码字都必然变成偶数码重的序列。这 16 个码字就成了 1 个零码重的码字、14 个码重为 4 的码字，以及 1 个码重为 8 的码字。因此，扩展码的最小距离为 4。考虑这个过程便会发现，当 $d_{\min}$ 为奇数时，最小距离一定会增大。

9.8.2 缩短码

对于线性分组码，码字中的每个码元都是信息元 $m_{k-1},\cdots,m_0$ 的线性组合。对于系统生成矩阵，信息码组中 0 与 1 结构对称、奇偶性对称，因此在二进制 $(n,k,d_{\min})$ 分组码的 2^k 个码字中总有一半码字（2^{k-1} 个）的第一位为 0，而另一半码字的第一位为 1。在第一位为 0 的码字中，第二位为 0 的码字占一半（2^{k-2} 个），而另一半为 1，依次类推。于是，若把第一位为 0 的 2^{k-1} 个码字拿出来，去掉第一位的 0，就缩短为长度是 $n-1$ 的缩短码。若这 2^{k-1} 个缩短矢量构成一个码集，与长度是 $k-1$ 的信息组一一对应，就构成一个新的 $(n-1,k-1)$ 缩短码。由于缩短时去掉的是码字第一位的 0，对码重没有影响，所以这个 $(n-1,k-1)$ 缩短码的最小距离仍然是 $d_{\min}$，称为 $(n-1,k-1,d_{\min})$ 缩短码。按同样的思路，可得 $(n-2,k-2,d_{\min}),\cdots,(n-i,k-i,d_{\min})$ 缩短码。

将码缩短意味着减小信息位的数目而保持奇偶校验位的数目不变。长度 n 和维数 k 都减小相同的数目。

从生成矩阵的角度看，去掉信息组和码组的第一位，相当于去掉生成矩阵的第 1 行和第 1 列。一般地，若缩短前的生成矩阵是 $k\times n$ 矩阵，则去掉最上边 i 行和最左边 i 行后剩下的 $(k-i)\times(n-i)$ 矩阵就是 $(n-i,k-i,d_{\min})$ 缩短码的生成矩阵 $\boldsymbol{G}_s$。至于校验矩阵，由于 $(n-i)-(k-i)=n-k$，所以缩短码校验矩阵 $\boldsymbol{H}_s$ 与原校验矩阵 $\boldsymbol{H}$ 相比，行数不变，只是去掉了 $\boldsymbol{H}$ 矩阵左边 i 列，由 $(n-k)\times n$ 矩阵变为 $(n-k)\times(n-i)$ 矩阵。

由于 $(k-i)/(n-i)<k/n$，缩短码的码率总是比原码小。缩短码可灵活匹配分组数据传输长度，但在最小距离不变的情况下，缩短码的实现是以牺牲码率为代价的。

例 9.4　已知（7,4）码的生成矩阵为

$$\boldsymbol{G}=\begin{bmatrix}1&0&0&0&1&0&1\\0&1&0&0&1&1&1\\0&0&1&0&1&1&0\\0&0&0&1&0&1&1\end{bmatrix}_{4\times7}$$

求对应（6,3）缩短码的生成矩阵和校验矩阵。

解　由生成矩阵与码字的关系

$$\boldsymbol{c}=\boldsymbol{mG}=[m_3m_2m_1m_0]\begin{bmatrix}1&0&0&0&1&0&1\\0&1&0&0&1&1&1\\0&0&1&0&1&1&0\\0&0&0&1&0&1&1\end{bmatrix}$$

得编码输出全部码字为

c_6	c_5	c_4	c_3	c_2	c_1	c_0
0	0	0	0	0	0	0
0	0	0	1	0	1	1
0	0	1	0	1	1	0
0	0	1	1	1	0	1
0	1	0	0	1	1	1
0	1	0	1	1	0	0
0	1	1	0	0	0	1
0	1	1	1	0	1	0
1	0	0	0	1	0	1
1	0	0	1	1	1	0

……

码字中的 c_6 去掉，c_6 是信息位 m_3 与 $\boldsymbol{G}$ 的第一列相乘结果，所以 $\boldsymbol{G}$ 的第一列应去掉；信息位 m_3 去掉，m_3 是与 $\boldsymbol{G}$ 的第一列相乘，所以 $\boldsymbol{G}$ 的第一行也去掉。

$$\boldsymbol{G}=\begin{bmatrix}1&0&0&0&1&0&1\\0&1&0&0&1&1&1\\0&0&0&1&0&1&1\end{bmatrix},\quad \boldsymbol{G}'=\begin{bmatrix}1&0&0&1&1&1\\0&1&0&1&1&0\\0&0&1&0&1&1\end{bmatrix}_{3\times6}$$

原来的校验矩阵 $\boldsymbol{H}$ 为

$$H=\begin{bmatrix}1&1&1&0&1&0&1\\0&1&1&1&0&1&0\\1&1&0&1&0&0&1\end{bmatrix}_{3\times 7}$$

校验时，计算 $\boldsymbol{rH}^{\mathrm{T}}$，因 r 的第一位已没有，故 $\boldsymbol{H}^{\mathrm{T}}$ 的第一行应去掉，即 $\boldsymbol{H}$ 的第一列去掉，得到新的校验矩阵 $\boldsymbol{H}'$ 为

$$H'=\begin{bmatrix}1&1&0&1&0&0\\1&1&1&0&1&0\\1&0&1&0&0&1\end{bmatrix}_{3\times 6}$$

习　题

1. 证明 (n,k) 线性分组码的最大距离为 $n-k+1$。

2. 将 7 个信息位加上 1 个奇偶校验位，使字节中有奇数个 1（奇校验），从而构成 1 个 8 bit 的字节。这是线性码吗？n，k 的值和最小码距分别是多少？

3. 分别列出由生成矩阵

$$G_1=\begin{bmatrix}1&0&1&1&0&0&0\\0&1&0&1&1&0&0\\0&0&1&0&1&1&0\\0&0&0&1&0&1&1\end{bmatrix} \quad 和 \quad G_2=\begin{bmatrix}1&0&0&0&1&0&1\\0&1&0&0&1&1&1\\0&0&1&0&1&1&0\\0&0&0&1&0&1&1\end{bmatrix}$$

生成的码字，证明这些矩阵产生的是同一码字集。

4. 某二元 (n,k) 系统线性分组码的全部码字为：00000, 01011, 10110, 11101。求：

（1）$n=$？ $k=$？

（2）码的生成矩阵 $\boldsymbol{G}$ 和校验矩阵 $\boldsymbol{H}$。

5. 一个二元 $(8,4)$ 系统码，它的一致校验方程为

$$\begin{aligned}c_0&=m_1+m_2+m_3\\c_1&=m_0+m_1+m_2\\c_2&=m_0+m_1+m_3\\c_3&=m_0+m_2+m_3\end{aligned}$$

式中：m_0、m_1、m_2、m_3 是信息位，c_0、c_1、c_2、c_3 是校验位。求：

（1）该码的生成矩阵 $\boldsymbol{G}$ 和校验矩阵 $\boldsymbol{H}$；

（2）证明该码的最小距离为 4。

6. 某 $(5,2)$ 线性分组码的校验矩阵 $\boldsymbol{H}=\begin{bmatrix}1&1&1&0&0\\1&0&0&1&0\\1&1&0&0&1\end{bmatrix}$，求：

（1）该码的生成矩阵 $\boldsymbol{G}$；

（2）该码的标准阵列；

（3）该码的简化译码表；

（4）该码是否为完备码？

7. 构造习题第 5 题中的对偶码。

8. 信源的 4 个消息 $\{a_0,a_1,a_2,a_3\}$ 被编成 4 个码长为 5 的二元码字 00000, 01101, 10111, 11010 发送。

（1）试给出码的生成矩阵 $\boldsymbol{G}$ 和校验矩阵 $\boldsymbol{H}$ 。

（2）若上述码字通过误码率为 $p<0.5$ 的 BSC 信道传输，请列出其标准阵列矩阵，并计算错误概率。

9. 某 (7,3) 线性分组码的生成矩阵

$$\boldsymbol{G}=\begin{bmatrix}1&0&0&1&0&1&1\\0&1&0&1&1&1&0\\0&0&1&0&1&1&1\end{bmatrix}$$

求其差错图样和伴随式。

10. 证明：如果两个差错图样 $\boldsymbol{e}_1$ 及 $\boldsymbol{e}_2$ 的和是有效码字 C_j，那么它们具有相同的伴随式。

11. 设有一个长度为 $n=15$ 的汉明码，试问其监督位 r 应该等于多少？码率等于多少？最小码距等于多少？试写出监督位和信息位之间的关系。

12. 设 $\boldsymbol{H}_1$ 是 (n,k) 系统线性分组码 c_1 的校验矩阵，且有奇数最小距离 d 。做一个新的码 c_2，其校验矩阵为

$$\boldsymbol{H}_2=\left[\begin{array}{cccc|c} & & & & 0\\ & & & & 0\\ & \boldsymbol{H}_1 & & & \vdots\\ & & & & 0\\ \hline 1&1&\cdots&1&1\end{array}\right]$$

（1）证明 c_2 是一个 $(n+1,k)$ 分组码；

（2）证明 c_2 中每一个码字的重量为偶数；

（3）证明 c_2 码的最小重量为 $d+1$。

13. 证明二进制 (23,12,7) 戈莱码和三进制 (11,6,5) 戈莱码是完备码。

14. 通过修正生成矩阵和校验矩阵，构造 (7,4) 汉明码的 (8,4) 扩展码。

第10章 循环码

在线性分组码中，有一种重要的码称为循环码，它除了具有线性分组码的一般特点，还具有循环特性，其编、译码的电路可以通过反馈移位寄存器完成，在中、短码中具有较好的纠、检错能力。正是由于这个原因，几乎所有实用化的线性分组码都是循环码。循环码作为线性分组码中高度结构化的子集，建立在严格的代数理论基础之上，可以设计出给定纠、检错能力的码。循环码是目前研究最深入、理论最成熟、应用最广泛的一类线性分组码。

10.1 循环码的描述

循环码是线性分组码的一个子集，也就是说，我们所要处理的还是分组码，线性分组码的所有特征以及相关的技术也同样适用于循环码。循环码的循环特征体现为：如果码集中的任一码字循环移位，那么得到的结果仍然是码集中的码字，码字对循环操作满足封闭性。这说明循环码的码字可以由某个码字经过移位（来自循环性）和相加（来自线性）的处理而得到，所以循环码可用简单的反馈移位寄存器实现编码和伴随式计算，特别是编码电路简单易于实现，并可使用多种简单而有效的译码方法。

10.1.1 循环码的多项式描述

对于一个(n,k)线性分组码，若将其任意一个码字$(c_{n-1},\cdots,c_1,c_0)$的码的i次循环移位，所得码字$(c_{n-1-i},\cdots,c_1,c_0,c_{n-1},\cdots,c_{n-i})$仍然是码字，则称该码为循环码。

循环码对循环操作满足封闭性，不过，循环码的循环特性是指它的任一码字循环移位后仍然是码字，而不是所有码字都由一个码字循环而得到。由于循环码是建立在严格的代数基础之上，由此可推断，循环码中，n和k的取值必然受有限域构造参数的制约，研究循环码首先要研究其构码规律。

循环码可用多种方式进行表示。在代数编码理论中，通常用多项式来描述循环码，它把码字中各码元当做是一个多项式的系数，即把一个n长的码字$\boldsymbol{c}=(c_{n-1},c_{n-2},c_{n-3},\cdots,c_1,c_0)$用一个次数不超过$(n-1)$的多项式表示为

$$\boldsymbol{c}=(c_{n-1},\cdots,c_1,c_0)\Leftrightarrow C(x)=c_{n-1}x^{n-1}+\cdots+c_1x+c_0 \tag{10.1}$$

由循环码的特性可知，如果$\boldsymbol{c}_0=(c_{n-1},\cdots,c_1,c_0)$是码字，则右循环一位后$\boldsymbol{c}_1=(c_{n-2},\cdots,c_1,c_0,c_{n-1})$也是码字。它们各自对应的码多项式是

$$\begin{aligned}C_0(x)&=c_{n-1}x^{n-1}+c_{n-2}x^{n-2}+\cdots+c_1x+c_0\\C_1(x)&=c_{n-2}x^{n-1}+c_{n-3}x^{n-2}+\cdots+c_0x+c_{n-1}\end{aligned} \tag{10.2}$$

比较两者可知 $$C_1(x)=xC_0(x),\quad \bmod(x^n+1)$$

依次类推，可得

$$C_i(x)=x^iC_0(x)\quad \bmod(x^n+1)$$

式中：$\bmod(x^n+1)$运算仅适用于$GF(2)$，对于多进制$GF(q)$，应是$\bmod(x^n-1)$运算。又由码空间的封闭性，可知码多项式$C_0(x)$，…，$C_{n-1}(x)$的线性组合仍应是码多项式

$$\begin{aligned}C(x)&=a_{n-1}x^{n-1}C_0(x)+a_{n-2}x^{n-2}C_0(x)+\cdots+a_1xC_0(x)+a_0C_0(x)\\&=(a_{n-1}x^{n-1}+a_{n-2}x^{n-2}+\cdots+a_1x+a_0)C_0(x)=A(x)C_0(x)\qquad \bmod(x^n+1)\end{aligned} \tag{10.3}$$

式中：$A(x)=a_{n-1}x^{n-1}+a_{n-2}x^{n-2}+\cdots+a_1x+a_0$。

$C_0(x)$是属于码空间的码多项式，而$A(x)$属于n维矢量空间V_n，不一定是码多项式。

因此式（10.3）体现的一般性结论是：码空间（矢量空间V_n的子空间）与n维矢量空间V_n的任意点做乘运算后，结果一定回到码空间。

由近世代数中环的定义可知，$GF(q)$域上，次数小于n的多项式在模q加法和模x^n-1乘法运算构成一个交换环；码多项式集合不仅是该交换环的一个理想子环，而且是个主理想。

由于主理想的所有元素（码多项式）都可以由一个元素的幂次，或等于一个元素的倍式[式（10.3）]组成，这个元素（码多项式）称为该主理想的生成元，或叫作该(n,k)循环码的生成多项式。生成多项式不是唯一的，但一定存在唯一的次数最低的$n-k$次首一码多项式

$$g(x)=x^{n-k}+g_{n-k-1}x^{n-k-1}+\cdots+g_1x+1 \tag{10.4}$$

使所有码多项式都是$g(x)$的倍式，且所有小于n次的$g(x)$的倍式都是码多项式。

定理 10.1 (n,k)循环码的生成多项式$g(x)$是x^n+1的因式。

证 已知$g(x)$为一个$n-k$次多项式，则$x^kg(x)$为一个n次多项式，则必有

$$\frac{x^kg(x)}{x^n+1}=1+\frac{g^{(k)}(x)}{x^n+1} \tag{10.5}$$

因为$x^kg(x)$是$g(x)$的循环移位，它也是一个码多项式，所以一定为$g(x)$的倍式，即有$g^{(k)}(x)$为$g(x)$的循环移位在模x^n+1下的结果，因此$g^{(k)}(x)=q(x)g(x)$，由上面的关系式可知

$$\begin{gathered}x^kg(x)=(x^n+1)+g^{(k)}(x)\\x^n+1=x^kg(x)+q(x)g(x)=(x^k+q(x))g(x)\end{gathered} \tag{10.6}$$

所以，$g(x)$为x^n+1的因式。

定理 10.2 *若$g(x)$是一个$n-k$次多项式且为x^n+1的因式，则$g(x)$生成一个(n,k)循环码。*

由上述定理可知，循环码的生成多项式$g(x)$一定能整除x^n+1，即$g(x)|(x^n+1)$，或一定存在一个多项式$h(x)$，满足$x^n+1=g(x)h(x)$。若$g(x)$是循环码的生成多项式，则$h(x)$就是循环码的校验多项式。

利用生成多项式可以构造(n,k)循环码，其步骤如下：

（1）对x^n+1作因式分解，找出其全部$n-k$次因式。

（2）以$n-k$次因式为生成多项式$g(x)$，与信息多项式$m(x)$相乘，可得码多项式

$$C(x)=m(x)g(x) \tag{10.7}$$

所以，x^n+1的若干个因子组合成的每个$(n-k)$次因式都可以生成一个(n,k)循环码。

例 10.1 $GF(2)$上多项式x^7+1可分解成因式的形式

$$x^7+1=(x+1)(x^3+x+1)(x^3+x^2+1) \tag{10.8}$$

故x^7+1的全部因式组合为一个1次因式$x+1$，两个3次因式x^3+x+1和x^3+x^2+1，两个4次因式$(x+1)(x^3+x+1)=x^4+x^3+x^2+1$和$(x+1)(x^3+x^2+1)=x^4+x^2+x+1$，一个6次因式$(x^3+x^2+1)(x^3+x+1)=x^6+x^5+x^4+x^3+x^2+x+1$，一个7次因式$x^7+1$。由定理10.2知，$GF(2)$上的码长为7的循环码与$n-k$有关，$n-k$可以取1、3、4、6之一。由$g(x)=x+1$生

成的(7,6)循环码（$n-k=1$，也是偶校验码）；由 $g(x)=x^3+x^2+1$ 和 $g(x)=x^3+x+1$ 生成的两种(7,4)循环码（也是汉明码）；由 $g(x)=x^4+x^3+x^2+1$ 和 $g(x)=x^4+x^2+x+1$ 生成的两种(7,3)循环码；由 $g(x)=x^6+x^5+x^4+x^3+x^2+x+1$ 生成的(7,1,7)循环码（也是重复码）。而不存在(7,2)和(7,5)循环码。

例如，选取 $g(x)=(x+1)(x^3+x+1)=x^4+x^3+x^2+1$ 为生成多项式，当输入信息 $\boldsymbol{m}=(011)$ 时

$$m(x)=x+1,\quad C(x)=m(x)g(x)=(x+1)(x+1)(x^3+x+1)=x^5+x^2+x+1 \tag{10.9}$$

此时，对应码字 $\boldsymbol{c}=(0100111)$。依次将输入信息 $\boldsymbol{m}=(000),\cdots,(111)$ 代入，可得到(7,3)循环码的全部码字。

10.1.2 循环码的矩阵描述

一般 (n,k) 线性分组码的 k 个基底之间不存在规则的联系，因此需用 k 个基底组成生成矩阵来表示一个码的特征。循环码的 k 个基底可以是同一个基底循环 k 次得到，因此用一个基底就足以表示一个码的特征。

由式（10.7）循环码的编码结构可得

$$\begin{aligned}C(x)&=m(x)g(x)\\&=(m_{k-1}x^{k-1}+\cdots+m_1x+m_0)g(x)\\&=m_{k-1}x^{k-1}g(x)+\cdots+m_1xg(x)+m_0g(x)\end{aligned} \tag{10.10}$$

式中：$g(x)=g_{n-k}x^{n-k}+\cdots+g_1x+g_0$。

式（10.10）可以写成矩阵运算形式

$$C(x)=[m_{k-1},\cdots,m_1,m_0]\begin{bmatrix}x^{k-1}g(x)\\ \vdots\\ xg(x)\\ g(x)\end{bmatrix}=[m_{k-1},\cdots,m_1,m_0]\begin{bmatrix}g_{n-k}x^{n-1}+\cdots+g_1x^k+g_0x^{k-1}\\ \vdots\\ g_{n-k}x^{n-k+1}+\cdots+g_1x^2+g_0x\\ g_{n-k}x^{n-k}+\cdots+g_1x+g_0\end{bmatrix} \tag{10.11}$$

将矩阵的多项式改写成对应的 n 重矢量形式，得矢量的矩阵表达式为

$$\boldsymbol{C}=(c_{n-1},\cdots,c_0)=[m_{k-1},\cdots,m_1,m_0]\begin{bmatrix}g_{n-k} & & g_0 & & \\ & g_{n-k} & \cdots & g_0 & 0\\ 0 & & \ddots & & \\ & & g_{n-k} & \cdots & g_0\end{bmatrix}=\boldsymbol{mG} \tag{10.12}$$

这里，定义 $k\times n$ 矩阵 $\boldsymbol{G}$ 为循环码的生成矩阵，即

$$\boldsymbol{G}=\begin{bmatrix}g_{n-k} & \cdots & g_1\ g_0 0 & \cdots & 0\\ 0 & g_{n-k} & \cdots & g_1\ g_0\ 0 & 0\\ \vdots & \vdots & & \vdots & \vdots\\ 0 & \cdots 0 & g_{n-k} & \cdots & g_1\ g_0\ 0\\ 0 & \cdots & 0\ g_{n-k} & \cdots & g_1\ g_0\end{bmatrix} \tag{10.13}$$

生成矩阵 $\boldsymbol{G}$ 的每一行可以看作是 n 重矢量空间的一个基底，由式（10.13）可以看到，循环码生成矩阵的 k 个基底是一个基底 $(g_{n-k}\cdots g_1 g_0 0\cdots 0)$ 的循环移位得出的，只要知道一个基底，其他 $k-1$ 个基底可通过循环移位得到。而在一般线性分组码的生成矩阵中，k 行对应的 k 个基底除线性无关外没有其他特殊关系。

由 $g(x)h(x)=x^n+1$ 可得循环码对应的 $(n-k)\times n$ 阶的校验矩阵 $\boldsymbol{H}$ 为

$$\boldsymbol{H}=\begin{bmatrix} h_0 & h_1 & \cdots & h_k & 0 \\ h_1 & h_2 & \cdots & 0 & h_0 \\ \vdots & \vdots & & \vdots & \vdots \\ 0 & h_0 & \cdots & h_{k-1} & h_k \end{bmatrix} \tag{10.14}$$

与一般线性分组码类似，通过对式（10.13）循环码生成矩阵进行初等行变换，可以得到循环码系统形式对应的生成矩阵，即

$$\boldsymbol{G}=[\boldsymbol{I}_k \mid \boldsymbol{P}] \tag{10.15}$$

式中：$\boldsymbol{I}_k$ 是 k 阶单位矩阵；$\boldsymbol{P}$ 是 $k\times(n-k)$ 矩阵，它的校验矩阵是 $\boldsymbol{H}=[\boldsymbol{P}^{\mathrm{T}} \mid \boldsymbol{I}_{n-k}]$。

例 10.2 如 $(7,3)$ 循环码的生成多项式为 $g(x)=x^4+x^3+x^2+1$，则

$$h(x)=\frac{x^7+1}{g(x)}=x^3+x^2+1$$

得校验矩阵为

$$\boldsymbol{H}=\begin{bmatrix} 1 & 1 & 0 & 1 & 0 & 0 & 0 \\ 0 & 1 & 1 & 0 & 1 & 0 & 0 \\ 0 & 0 & 1 & 1 & 0 & 0 & 0 \\ 0 & 0 & 0 & 1 & 1 & 0 & 1 \end{bmatrix} \tag{10.16}$$

由式（10.15）及 $\boldsymbol{C}=\boldsymbol{mG}$ 可得，系统循环码的前 k 位原封不动地照搬信息位，而后面 $n-k$ 位为校验位，系统循环码多项式具有如下形式

$$C(x)=x^{n-k}m(x)+r(x) \tag{10.17}$$

式中：前一部分 $x^{n-k}m(x)$ 代表信息组；后一部分是 $x^{n-k}m(x)$ 被 $g(x)$ 除得的余式，代表校验位，其计算方法是，将 $x^{n-k}m(x)$ 除以 $g(x)$，得商式 $q(x)$ 和余式 $r(x)$，即

$$x^{n-k}m(x)/g(x)=q(x)+r(x)/g(x)$$

亦即

$$x^{n-k}m(x)=g(x)q(x)+r(x) \tag{10.18}$$

于是获得一个产生系统循环码的方法，具体步骤如下：

（1）将信息多项式 $m(x)$ 预乘 x^{n-k}，即左移 $n-k$ 位；

（2）将 $x^{n-k}m(x)$ 除以 $g(x)$，得余式 $r(x)$；

（3）系统循环码的码多项式写成 $C(x)=x^{n-k}m(x)+r(x)$ 的形式。

例 10.3 将例 10.2 中用 $g(x)=x^4+x^3+x^2+1$ 生成多项式产生的 $(7,3)$ 循环码系统化。

解 先以输入信息 $m=(011)$ 为例，设 $m(x)=x+1$。

（1）$x^{n-k}m(x)=x^4(x+1)=x^5+x^4$；

（2） $r(x)=(x^{n-k}m(x))\bmod g(x)=(x^5+x^4)\bmod(x^4+x^3+x^2+1)=x^3+x$；

（3） $C(x)=x^{n-k}m(x)+r(x)=(x^5+x^4)+(x^3+x)$ 对应码字 (0111010)。

10.2 循环冗余校验码

循环冗余校验（cyclic redundancy check，CRC）码是一种系统的缩短循环码，广泛应用于帧校验。CRC 码的结构如图 10.1 所示。图中，$m(x)$ 的 k 个系数对应 k 位信息，$r(x)$ 的 $n-k$ 个系数对应 $n-k$ 个校验位。从信道编码角度来看，整个 n 位帧就是一个码字，习惯上仅把 $n-k$ 校验位部分称为 CRC 码。

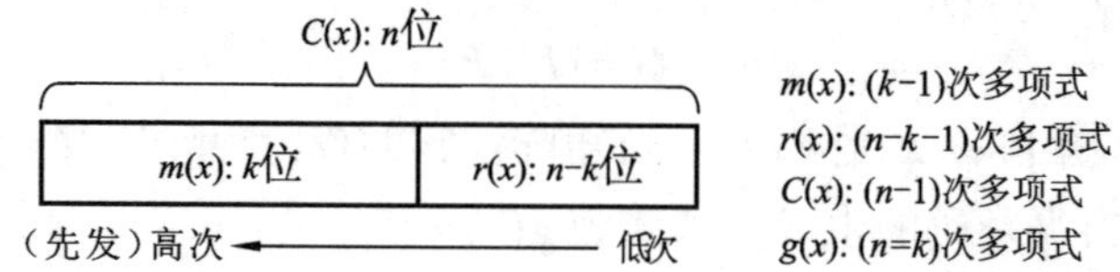

图 10.1 循环冗余校验码（CRC）结构

对于系统循环码，发送码字为

$$C(x)=x^{n-k}m(x)+r(x) \tag{10.19}$$

式中：$r(x)$ 等于 $x^{n-k}m(x)$ 除以 $g(x)$ 后的余式。

接收码流如果无误码，应有接收码 $R(x)$ 等于发送码 $C(x)$。此时，由式（10.19）可得

$$R(x)=C(x)=x^{n-k}m(x)+r(x)=q(x)g(x) \tag{10.20}$$

这时，接收码 $R(x)$ 应能被生成多项式 $g(x)$ 整除，反之，如果不能被整除，必是传输中出现误码。

例 10.4 某 CRC 码的生成多项式 $g(x)=x^4+x+1$。如果想发送一串信息 110001⋯的前 6 位并加上 CRC 校验，发送码应如何安排？接收码如何校验？

解 本题 $\deg[g(x)]=4=n-k$，信息多项式 $m(x)=x^5+x^4+1$，即 $k=6$，因此，当 $n=10$，有

$$x^{n-k}m(x)=x^4(x^5+x^4+1)=x^9+x^8+x^4 \tag{10.21}$$

该码多项式对应的码字是（1100010000）。

将 $x^{n-k}m(x)$ 除以 $g(x)$，得余式 $r(x)=x^3+x^2$，于是发送码为

$$C(x)=x^{n-k}m(x)+r(x)=x^9+x^8+x^4+x^3+x^2 \tag{10.22}$$

对应的码字是（1100011100）。

接收端的 CRC 校验实际上就是做除法。如果接收码无误，$R(x)$ 除以 $g(x)$ 应得余式 0；反之，如果余式不等于零，说明一定有差错。

循环冗余校验码的“循环”表现在 $g(x)$ 是循环码的生成多项式，“冗余”表现为长度固定的校验位。既然是循环码，应有 $g(x)h(x)=x^n+1$，即 $n-k$ 是 n 的因子，一旦 $n-k$ 固定，

则n也固定，或只有很少几种取值。但在帧校验的实际应用中，帧长n是不固定的，而且可以连续变化。所以工程应用的 CRC 码是通过对原始(n,k)循环码进行缩短任意i位而得到$(n-i,k-i)=(n,k)$CRC 码。由于缩短，CRC 码失去了循环码外部的循环特性，但循环码的内在特性依然存在，其纠错能力可以通过循环码来分析，编解码电路也可利用循环码来实现。

10.3 根定义循环码

由循环码的封闭性和循环性可知，码空间C与n维矢量空间V_n的任意点做运算后，结果一定回到码空间。码空间C是矢量空间V_n的子空间。由第八章近世代数来分析可知，$GF(q)$域上次数小于n的多项式在模q加法和模x^n-1乘法运算构成一个交换环；循环码的码多项式集合不仅是该交换环的一个理想子环，而且是个主理想。

由于主理想的所有元素（码多项式）都可以由一个元素的幂次，或等于一个元素幂次的线性组合得到，这个元素（多项式）称为该主理想的生成元，或叫作该(n,k)循环码的生成多项式$g(x)$。循环码是模(x^n-1)多项式剩余交换环中的一个以$g(x)$作生成元的理想，每一个码多项式都是$g(x)$的倍式，满足$C(x)=m(x)g(x)$。所以，生成多项式$g(x)$的根必然是所有码多项式的根，基于这点，我们可以利用生成多项式的根来定义循环码。

从扩域构造理论及多项式分解可知，定义在数域$GF(q)$上的多项式$g(x)$在扩域$GF(q^m)$可以完全分解。

设码的生成多项式为

$$g(x)=x^r+g_{r-1}x^{r-1}+\cdots+g_1(x)+g_0 \quad [g_i\in GF(q)] \tag{10.23}$$

它必在某一个扩域$GF(q^m)$上完全分解，即它的全部根必在此扩域上。

研究表明，有重根的$g(x)$不能产生好码。下面讨论无重根时，用$g(x)$的根定义循环码。设$g(x)$有根$\alpha_1,\alpha_2,\cdots,\alpha_r$，其中$\alpha_i\in GF(q^m)$。$g(x)$在扩域$GF(q^m)$上完全分解为一次项之积，即

$$g(x)=(x-\alpha_1)(x-\alpha_2)\cdots(x-\alpha_r) \quad (\alpha_i\neq\alpha_j;\quad i,j=1,2,\cdots,r) \tag{10.24}$$

由于$g(x)$产生的循环码的每一码多项式$C(x)$必是$g(x)$的倍式，所以每一码多项式$C(x)$也必以$\alpha_1,\alpha_2,\cdots,\alpha_r$为根。

设码多项式

$$C(x)=c_{n-1}x^{n-1}+c_{n-2}x^{n-2}+\cdots+c_1x+c_0 \tag{10.25}$$

则

$$C(\alpha_i)=c_{n-1}\alpha_i^{n-1}+c_{n-2}\alpha_i^{n-2}+\cdots+c_1\alpha_i+c_0=0 \quad (i=1,2,\cdots,r) \tag{10.26}$$

写成矩阵形式

$$\begin{bmatrix} \alpha_1^{n-1} & \alpha_1^{n-2} & \cdots & \alpha_1 & 1 \\ \alpha_2^{n-1} & \alpha_2^{n-2} & \cdots & \alpha_2 & 1 \\ \vdots & \vdots & & \vdots & \vdots \\ \alpha_r^{n-1} & \alpha_r^{n-2} & \cdots & \alpha_2 & 1 \end{bmatrix} \begin{bmatrix} c_{n-1} \\ c_{n-2} \\ \vdots \\ c_1 \\ c_0 \end{bmatrix} = \boldsymbol{H} \cdot \boldsymbol{C}^{\mathrm{T}} = 0 \tag{10.27}$$

则 $\boldsymbol{H}$ 为

$$\boldsymbol{H} = \begin{bmatrix} \alpha_1^{n-1} & \alpha_1^{n-2} & \cdots & \alpha_1 & 1 \\ \alpha_2^{n-1} & \alpha_2^{n-2} & \cdots & \alpha_2 & 1 \\ \vdots & \vdots & & \vdots & \vdots \\ \alpha_r^{n-1} & \alpha_r^{n-2} & \cdots & \alpha_2 & 1 \end{bmatrix} \tag{10.28}$$

若码字的二进制多项式在扩域 $GF(2^m)$ 中有确定的根，就可以确定二进制循环码。这些根对于每个码字都是公共的，它们都是生成多项式 $g(x)$ 的根。同时，由费马大定理可知，$g(x)$ 多项式的根可能来自多个根系，属于同一共轭根系的根同时出现，对应同一最小多项式。如果一个首一多项式的所有根来自同一个 β 根系，称这样的多项式为 β 的最小多项式。这样，以共轭根系将生成多项式的根进行划分，则生成多项式便可通过这些根系对应的最小多项式构造出来。

若 α_i 的最小多项式为 $m_i(\boldsymbol{x}), i=1,2,\cdots,r$，则只有 $g(x)$ 和 $C(x)$ 能同时被 $m_1(x), m_2(x), \cdots, m_r(x)$ 除尽时，$g(x)$ 和 $C(x)$ 才能以 $\alpha_1, \alpha_2, \cdots, \alpha_r$ 为根。由于 $g(x)$ 是码多项式中唯一的次数最低的首一多项式，所以

$$g(x) = \mathrm{LCM}(m_1(\boldsymbol{x}), m_2(\boldsymbol{x}), \cdots, m_r(\boldsymbol{x})) \tag{10.29}$$

这里，LCM（least common multiple）是最小公倍数的缩写。由 $g(x)|(x^n-1)$ 可得，$\alpha_1, \alpha_2, \cdots, \alpha_r$ 也必是 (x^n-1) 的根，可得

$$m_j(x) \mid g(x) \mid (x^n-1) \tag{10.30}$$

所以，求 $g(x)$ 的关键是找出每个根的最小多项式。

由上述循环码生成多项式构造过程可知，循环码的纠错能力与生成多项式的根密切相关。从扩域构造理论及多项式分解可知，定义在数域 $GF(q)$ 上的多项式 $m_j(x)$、$g(x)$ 在扩域 $GF(q^m)$ 都可以完全分解为一次项之积。因此，$m_j(x)$ 作为 $g(x)$ 的因式，其扩域上的根必定是 $g(x)$ 的根。又因为最小多项式 $m_j(x)$ 都由其共轭根构成，所以 $m_j(x)$ 对应共轭根也是 $g(x)$ 的根。

下面以扩域 $GF(2^4)$ 为例，给出特定纠错能力的循环码生成多项式构造方法。扩域 $GF(2^4)$ 上本原多项式为 $p(x)=x^4+x+1$ 各元素多项式如表 10.1 所示。

表 10.1 本原多项式为 $p(x)=x^4+x+1$ 各元素多项式

幂次	α 多项式	多项式系数 4 重矢量	元素的阶 15 / GCD(k,15)
α^0	1	(0001)	1
α^1	α	(0010)	15
α^2	α^2	(0100)	15
α^3	α^3	(1000)	5
α^4	$\alpha+1$	(0011)	15
α^5	$\alpha^2+\alpha$	(0110)	3
α^6	$\alpha^3+\alpha^2$	(1100)	5
α^7	$\alpha^3+\alpha+1$	(1011)	15
α^8	α^2+1	(0101)	15
α^9	$\alpha^3+\alpha$	(1010)	5
α^{10}	$\alpha^2+\alpha+1$	(0111)	3
α^{11}	$\alpha^3+\alpha^2+\alpha$	(1110)	15
α^{12}	$\alpha^3+\alpha^2+\alpha+1$	(1111)	5
α^{13}	$\alpha^3+\alpha^2+1$	(1101)	15
α^{14}	α^3+1	(1001)	15

1. 纠正一个错误的码

选择 α^1 和 α^2 作为这个码的两个连续的根。由费马大定理可知，与 α^1 和 α^2 属于同一共轭根系的还有 α^4 和 α^8 。因此完整的共轭根系为

$$\alpha^1\alpha^2\alpha^4\alpha^8 \tag{10.31}$$

对应的最小多项式为

$$\begin{aligned} g(x) &= (x+\alpha^1)(x+\alpha^2)(x+\alpha^4)(x+\alpha^8) \\ &= x^4+x^3(\alpha^1+\alpha^2+\alpha^4+\alpha^8)+x^2(\alpha^3+\alpha^5+a^9+\alpha^6+\alpha^{10}+\alpha^{12}) \\ &\quad +x(\alpha^7+\alpha^{11}+\alpha^{13}+a^0)+a^0 \\ &= x^4+x+1 \end{aligned} \tag{10.32}$$

生成子多项式 $g(x)$ 就是 α^1 和 α^2 的最小多项式的最小公倍数。对于这两个元素来说，x^4+x+1 就是它们的最小多项式，也是这个循环码的生成多项式。此码为纠正一个错误的 (15,11) 循环汉明码。

2. 纠正两个错误的码

为了纠正两个错误，我们选择 α^1、α^2、α^3 和 α^4 作为生成多项式的根。可知，4 个根属于两个不同的共轭根系，与 α^1 属于同一共轭根系集的有 α^2、α^4、α^8，对应的最小多项式

为

$$m_1(x)=(x+\alpha^1)(x+\alpha^2)(x+\alpha^4)(x+\alpha^8)\\=(x^4+x+1) \tag{10.33}$$

α^3 属于另一共轭根系，包括共轭根为 α^3、α^6、α^9、α^{12}。对应的最小多项式为

$$m_2(x)=(x+\alpha^3)(x+\alpha^6)(x+\alpha^9)(x+\alpha^{12})\\=x^4+x^3+x^2+x+1 \tag{10.34}$$

生成多项式为两个最小多项式的最小公倍数，即

$$g(x)=\mathrm{LCM}[m_1(x),m_2(x)]\\=(x^4+x+1)(x^4+x^3+x^2+x+1)\\=x^8+x^7+x^6+x^4+1 \tag{10.35}$$

此生成多项式的阶数是 8，对应于纠正两个错误的(15,7)循环码。

3. 纠正三个错误的码

为了生成一个可以纠正三个错误的码，我们选择 α^1、α^2、α^3、α^4、α^5 和 α^6 作为生成多项式的根。与纠正两个错误的根不同之处是根 α^5 属于另一个共轭根系集合，即：α^5、α^{10}。对应的最小多项式为 x^2+x+1。则生成多项式为

$$g(x)=(x^8+x^7+x^6+x^4+1)(x^2+x+1)\\=x^{10}+x^8+x^5+x^4+x^2+x+1 \tag{10.36}$$

因为 $g(x)$ 的阶数是 10，所以有 10 个校验位，这是纠正三个错误的 (15,5) 循环码。

至此，已经找到利用域 $GF(2^m)$ 上的根来构造循环码的方法，即

（1）在域 $GF(2^m)$ 上选取 $n-k$ 个根 $r_1,r_2,\cdots,r_{n-k}$，$r_j\in\{a^i\}$，$i=0,1,\cdots,n-1$，$j=1,\cdots,n-k$；

（2）找出各根对应的最小多项式 $r_1\to m_1(x)$，$r_2\to m_2(x)$，$\cdots$，$r_{n-k}\to m_{n-k}(x)$；

（3）求出这些最小多项式的最小公倍数 $g(x)=\mathrm{LCM}[m_1(x),m_2(x),\cdots,m_{n-k}(x)]$。

若选取的根是连续幂次的根，则所得的 $g(x)$ 可以产生一个 BCH 码，否则就是一般的循环码。

10.4 BCH 码和 RS 码的构造

BCH 码是可纠正多个错误的循环码，具有严格的代数结构。促使循环码向 BCH 码进化的根本原因是码生成多项式产生方式的改变——循环码是用域 $GF(2)$ 上最小多项式定义的分组码，而 BCH 码是用扩域 $GF(2^m)$ 上的根定义的分组码。BCH 码的生成多项式 $g(x)$ 与最小距离 $d_{\min}$ 有密切关系，设计者可以构造出具有预定纠错能力的码。BCH 编、译码电路比较简单，易于工程实现，在中、短码长情况下的性能接近理论最佳值。因此，BCH 码不仅在编码理论上占有重要地位，也是实践应用非常广泛的码之一。

10.4.1 BCH 码的构造

BCH 码是纠错能力可控的纠随机差错码，是循环码的子类。其生成多项式 $g(x)$ 是利用扩域中的根来构造。对于任何具有 $m \geqslant 3$ 和 $t < 2^{m-1}$ 的正整数 m 和 t，存在一个长度为 $n = 2^m - 1$ 的二进制 BCH 码，其最小距离至少为 $2t+1$ 且最多有 mt 个奇偶校验位。该 BCH 码能够纠正 t 个或更少的随机错误。

长度为 $n = 2^m - 1$ 且能纠正 t 个错误二进制 BCH 码的生成多项式 $g(x)$ 以扩域 $GF(2^m)$ 上 $2t$ 个连续幂次项 $\alpha, \alpha^2, \alpha^3, \cdots, \alpha^{2t}$ 为根。由根定义循环码的推导可知，选取扩域 $GF(2^m)$ 上连续幂次的根，所求得的 $g(x)$ 可以产生一个 BCH 码。因此，BCH 码的核心是其 $2t$ 个连续幂次的根。由此构造出的 BCH 码的纠错能力正好能纠正 t 个差错。以下定理可以说明连续幂次的根数与纠错能力之间的关系。

定理 10.3（BCH 码限定理） *若 BCH 码的生成多项式 $g(x)$ 中含有 $2t$ 个连续幂次的根，则该码的最小距离 $d_{\min} \geqslant 2t+1$。*

证 因为 BCH 码的多项式 $C(x) = m(x)g(x)$，所以 $g(x) \mid C(x)$，且 $g(x)$ 的 $2t$ 个连续幂次根 $\alpha, \alpha^2, \cdots, \alpha^{2t}$ 也是码多项式 $C(x)$ 的根。将 $2t$ 个根代入码多项式

$$C(x) = c_0 + c_1 x + c_2 x^2 + \cdots + c_{n-1} x^{n-1}$$

并将 $2t$ 个方程写成矩阵形式，得

$$\boldsymbol{c}\boldsymbol{H}^{\mathrm{T}} = (c_0 c_1 c_2 \cdots c_{n-1}) \begin{pmatrix} 1 & \alpha & \alpha^2 & \cdots & \alpha^{n-1} \\ 1 & \alpha^2 & (\alpha^2)^2 & \cdots & (\alpha^{n-1})^2 \\ \vdots & \vdots & \vdots & & \vdots \\ 1 & \alpha^{2t} & (\alpha^{2t})^2 & \cdots & (\alpha^{n-1})^{2t} \end{pmatrix} = \mathbf{0} \tag{10.37}$$

式中：$\boldsymbol{H}$ 是由 $2t$ 个根的幂次构成的 $2t \times n$ 矩阵。且 $\boldsymbol{H}$ 是范德蒙德（Van der Monde）矩阵。对于 $d \leqslant 2t$，校验矩阵 $\boldsymbol{H}$ 的任何 $d \times d$ 子矩阵都是范德蒙德矩阵，并且其行列式是非零的。这意味着 $\boldsymbol{H}$ 的任何 d 列都是线性独立的。因此，由 $\boldsymbol{H}$ 的零空间给出的 BCH 码最小距离至少 $2t+1$。根据定理 9.5，码的最小距离 $d_{\min}$ 等于校验矩阵中线性无关的列数加 1，因此 BCH 码的最小距离为

$$d_{\min} = 2t+1 \tag{10.38}$$

所以，在 BSC 信道上传输码字时，BCH 码可以纠正任何具有 t 个或更少随机错误的错误图样。

参数 $2t+1$ 称为 BCH 码设计的最小距离。这里需要强调的是，BCH 码设计的最小距离是 $2t+1$，并不是说码的最小距离一定是 $2t+1$。$2t+1$ 称为码的设计距离，设计后所得码的 $d_{\min}$ 称为码的实际距离，实际距离大于等于设计距离。因此，$2t+1$ 是 BCH 码最小距离的下界。这个界限被称为 BCH 码限。

码限定理是设计 BCH 码纠错能力的最重要的定理。如果想设计一个能纠正 t 个差错的 BCH 码，只要取 $2t$ 个连续幂次的根，以此构造出相应的 BCH 码。

根据上述介绍及 10.3 节关于用根定义循环码的方法，当码长 n 及纠错能力 t 给定后，可以通过如下步骤构造出符合要求的本原 BCH 码。

（1）由关系式 $n=2^m-1$ 算出 m，找到一个 m 次本原多项式 $P(x)$，产生一个扩域 $GF(2^m)$；

（2）分别计算 $2t$ 个连续幂次根 $\alpha,\alpha^2,\cdots,\alpha^{2t}$ 所对应的最小多项式 $m_1(x),m_2(x),\cdots,m_{2t}(x)$；

（3）计算这些最小多项式的最小公倍式，得到生成多项式 $g(x)$，即

$$g(x)=\mathrm{LCM}[m_1(x),m_2(x),\cdots,m_{2t}(x)] \tag{10.39}$$

（4）由关系式 $C(x)=m(x)g(x)$，完成 BCH 编码。

对于二元 BCH 码，由于 α^i 是 $(\alpha^i)^2$ 的共轭元，它们对应同一个最小多项式。上述第二步可以简化为分别计算 t 个连续奇次幂根 $\alpha,\alpha^3,\cdots,\alpha^{2t-1}$ 所对应的最小多项式 $m_1(x),m_3(x),\cdots,m_{2t-1}(x)$。

10.4.2 RS 码的构造

RS 码是 BCH 码最重要的一个子类，以它的发现者里德-所罗门的姓氏开头字母命名。RS 码是定义在域 $GF(q)$上的 q 元 BCH 码，码符号取自域 $GF(q)$。从根定义循环码角度，RS 码的生成多项式 $g(x)$ 的根取自扩域 $GF(q^1)$。由于 $m=1$，域 $GF(q^m)$ 等于域 $GF(q^1)$，扩域上的根都不存在共轭根。生成多项式在扩域上 i 次幂根 α^i 的一次根式 $x-\alpha^i$ 就是最小多项式，从而省去由多个共轭根求解最小多项式的步骤，这种性质给多元 BCH 码的设计带来了很多的方便。

当设计的纠错能力为 t 时，$2t$ 个连续幂次的根的一次多项式相乘就得到生成多项式，即

$$g(x)=(x-\alpha)(x-\alpha^2)\cdots(x-\alpha^{2t})=\prod_{j=1}^{2t}(x-\alpha^j)=\sum_{j=0}^{2t}g_jx^j \tag{10.40}$$

所以，RS 码的生成多项式 $g(x)$ 满足 $n-k=2t$，可以纠正 t 个错误。一般 (n,k) 循环码满足 $d_{\min}\leqslant(n-k)+1$，发现 RS 码的最小距离正好是 $d_{\min}=2t+1$，满足 MDC 码的距离要求。RS 码是极少数能达到极大最小距离的 MDC 码之一。

本原 RS 码的码长 $n=q-1$，校验位为 $n-k=2t$，最小距离为 $d_{\min}=2t+1$。生成多项式为

$$\begin{aligned} g(x)&=(x-\alpha)(x-\alpha^2)\cdots(x-\alpha^{2t}) \\ &=a_{n-k}x^{n-k}+a_{n-k-1}x^{n-k-1}+\cdots+a_1x+a_0 \end{aligned} \tag{10.41}$$

式中，对于 $g(x)$ 各次系数

$$a_i(i=0,\cdots,n-k)\in GF(q) \tag{10.42}$$

组成 RS 码字的 $q-1$ 个码元均取值于 q 阶有限域，q 是素数或素数的幂次。实用中，一般取 q 为 2 的幂次，如 4，8，16，…。这是因为信道上的多进制往往是由信息源的二进制变换来的，比如两个二进制比特变为一个四进制码元符号、三个二进制比特变为一个八进制码元符号等。特别地，1 字节（8 bit）变成的 $2^8=256$ 进制的码元是 RS 码的典型参数。

例 10.5 试设计一个(7,3,5)本原 RS 码。

解 由于码长 $n=q-1=7$，可断定码元是八进制的。八进制域元素可以用根的幂次、多项式或 3 重矢量表示。若令 α 是本原多项式 $p(x)=x^3+x+1$ 的根，即 $\alpha^3=\alpha+1$，可以列出表 10.2 给出八进制域元素的不同表示。

表 10.2 八进制域元素表示

$GF(8)$	多项式	3 重矢量
0	0	000
1	1	001
α	α	010
α^2	α^2	100
α^3	$\alpha+1$	011
α^4	$\alpha^2+\alpha$	110
α^5	$\alpha^2+\alpha+1$	111
α^6	α^2+1	101

因题中要求 $d_{\min}=5$，所以 $t=\lfloor (d_{\min}-1)/2 \rfloor=2$。这说明生成多项式 $g(x)$ 有 4 个连续根 α、α^2、α^3、α^4。由式（10.41）得

$$g(x)=(x-\alpha)(x-\alpha^2)(x-\alpha^3)(x-\alpha^4)=x^4+\alpha^3x^3+x^2+\alpha x+\alpha^3$$

在上式的运算中用到了关系式 $\alpha^3=\alpha+1$ 以及二元扩域的一些运算规则，比如 $\alpha^i+\alpha^i=0$，$\alpha^7=1$ 等。由式（10.13）可知，此八进制(7,3,5) RS 码生成矩阵为

$$\boldsymbol{G}=\begin{bmatrix} 1 & \alpha^3 & 1 & \alpha & \alpha^3 & 0 & 0 \\ 0 & 1 & \alpha^3 & 1 & \alpha & \alpha^3 & 0 \\ 0 & 0 & 1 & \alpha^3 & 1 & \alpha & \alpha^3 \end{bmatrix} \tag{10.43}$$

该矩阵显然是非系统的。通过矩阵初等行变换可以将它系统形式，得

$$\boldsymbol{G}=\left[\begin{array}{ccc|cccc} 1 & 0 & 0 & \alpha^4 & 1 & \alpha^4 & \alpha^5 \\ 0 & 1 & 0 & \alpha^2 & 1 & \alpha^6 & \alpha^6 \\ 0 & 0 & 1 & \alpha^3 & 1 & \alpha & \alpha^3 \end{array}\right]=[\boldsymbol{I}_3 \mid \boldsymbol{P}] \tag{10.44}$$

相应的校验矩阵为

$$\boldsymbol{H}=[\boldsymbol{P}^{\mathrm{T}} \mid \boldsymbol{I}_4]=\begin{bmatrix} \alpha^4 & \alpha^2 & \alpha^3 & 1 & 0 & 0 & 0 \\ 1 & 1 & 1 & 0 & 1 & 0 & 0 \\ \alpha^4 & \alpha^6 & \alpha & 0 & 0 & 1 & 0 \\ \alpha^5 & \alpha^6 & \alpha^3 & 0 & 0 & 0 & 1 \end{bmatrix} \tag{10.45}$$

对于非系统化的 RS 码，其校验矩阵可利用连续根形式的范德蒙矩阵[式（10.37）所示]来充当。

当$q=2^m$时，可以将q进制(n,k)RS码变换成二进制RS衍生(mn,mk)码。一般来说，一个随机差错能力为t的RS码，其二进制衍生码可以纠正小于等于t个随机差错，或者纠正单个长度为b的突发差错，即

$$b \leqslant (t-1)m+1 \tag{10.46}$$

10.5 BCH码和RS码的译码

BCH 码的译码问题，一直是编码理论研究的热点。BCH 码在短码长和中等码长下，具有很好的纠错性能，构造容易，故在实际中得到广泛应用。此外，BCH码与其他各类码有极其密切的关系。1960年，彼得森（Peterson）首先从理论上解决了二进制BCH码的译码问题，稍后就有人把它推广到多进制BCH码。1966年，伯利坎普（Berlekamp）提出了迭代译码算法，该算法后来被公认是经典的BCH实用译码算法。由于BCH码性能优良，结构简单，编、译码设备也不太复杂，所以它在实践应用中受到工程技术人员的欢迎，是目前在中、短码长使用非常广泛的码类之一。

10.5.1 BCH码的译码

假设本原BCH码的码多项式$C(x)$在BSC信道上传输，$R(x)$和$E(x)$分别对应码多项式和差错多项式，则有

$$R(x)=C(x)+E(x) \tag{10.47}$$

式中

$$R(x)=r_0+r_1x+\cdots+r_{n-1}x^{n-1}$$
$$C(x)=c_0+c_1x+\cdots+c_{n-1}x^{n-1}$$
$$E(x)=e_0+e_1x+\cdots+e_{n-1}x^{n-1}$$

可得$R(x)$伴随式为

$$\boldsymbol{S}=(S_1,S_2,\cdots,S_{2t})=\boldsymbol{r}\cdot\boldsymbol{H}^{\mathrm{T}} \tag{10.48}$$

对于$1\leqslant i\leqslant 2t$，有

$$S_i=R(\alpha^i)=r_0+r_1\alpha^i+\cdots+r_{n-1}(\alpha^i)^{n-1} \tag{10.49}$$

由$C(\alpha^i)=0$得

$$S_i=R(\alpha^i)=E(\alpha^i) \tag{10.50}$$

对于$1\leqslant i\leqslant 2t$，假设$E(x)$在$j_1,j_2,\cdots,j_v$位置包含v个误差，其中$0\leqslant j_1<j_2<\cdots<j_v<n$。所以

$$E(x)=x^{j_1}+x^{j_2}+\cdots+x^{j_v} \tag{10.51}$$

从式（10.48）和式（10.49）中，可以得到以下$2t$个等式，这些等式将$E(x)$的错误位置$j_1,j_2,\cdots,j_v$和$2t$伴随式$S_1,S_2,\cdots,S_{2t}$构成方程组

$$\begin{cases} S_1 = \alpha^{j_1} + \alpha^{j_2} + \cdots + \alpha^{j_v} \\ S_2 = (\alpha^{j_1})^2 + (\alpha^{j_2})^2 + \cdots + (\alpha^{j_v})^2 \\ \cdots\cdots \\ S_{2t} = (\alpha^{j_1})^{2t} + (\alpha^{j_2})^{2t} + \cdots + (\alpha^{j_v})^{2t} \end{cases} \tag{10.52}$$

式中：$\alpha^{j_1},\alpha^{j_2},\cdots,\alpha^{j_v}$ 未知。通过求解上述 $2t$ 个方程，我们可以确定 $\alpha^{j_1},\alpha^{j_2},\cdots,\alpha^{j_v}$，对应解的幂次确定了错误多项式 $E(x)$ 中的错误位置。

对于 $1\leqslant l\leqslant v$，令

$$\beta_l = \alpha^{j_l} \tag{10.53}$$

那么式（10.52）中给出的 $2t$ 个方程可以简化为

$$\begin{cases} S_1 = \beta_1 + \beta_2 + \cdots + \beta_v \\ S_2 = \beta_1^2 + \beta_2^2 + \cdots + \beta_v^2 \\ \cdots\cdots \\ S_{2t} = \beta_1^{2t} + \beta_2^{2t} + \cdots + \beta_v^{2t} \end{cases} \tag{10.54}$$

式中给出的 $2t$ 个方程称为幂和对称函数。由于它们是非线性方程，直接求解它们将非常困难。下面引入一个新的变量 $\sigma(x)$，给出这些方程的间接求解方法。

在 $GF(2^m)$ 上定义以下 v 次多项式

$$\begin{aligned} \sigma(x) &= (1+\beta_1 x)(1+\beta_2 x)\cdots(1+\beta_v x) \\ &= \sigma_0 + \sigma_1 x + \cdots + \sigma_v x^v \end{aligned} \tag{10.55}$$

展开后对应系数相等得

$$\begin{aligned} &\sigma_0 = 1 \\ &\sigma_1 = \beta_1 + \beta_2 + \cdots + \beta_v \\ &\sigma_2 = \beta_1\beta_2 + \beta_2\beta_3 + \cdots + \beta_{v-1}\beta_v \\ &\sigma_3 = \beta_1\beta_2\beta_3 + \beta_2\beta_3\beta_4 + \cdots + \beta_{v-1}\beta_{v-2}\beta_{v-3} \\ &\cdots\cdots \\ &\sigma_v = \beta_1\beta_2\cdots\beta_v \end{aligned} \tag{10.56}$$

多项式 $\sigma(x)$ 以 $\beta_1^{-1},\beta_2^{-1},\cdots,\beta_v^{-1}$（位置数的倒数 $\beta_1,\beta_2,\cdots,\beta_v$）为根。该多项式称为错误位置多项式。如果可以找到该多项式，则其根的倒数给出错误位置数。使用式（10.51），我们可以确定错误图样 $E(x)$ 的错误位置。

从式（10.54）和式（10.56）可以看出，伴随式 $S_1,S_2,\cdots,S_{2t}$ 与错误位置多项式 $\sigma(x)$ 的系数通过错误位置数 $\beta_1,\beta_2,\cdots,\beta_v$ 相关联。从这两组方程中，可以推导出以下方程

$$\begin{aligned} &S_1 + \sigma_1 = 0 \\ &S_2 + \sigma_1 S_1 + 2\sigma_2 = 0 \\ &S_3 + \sigma_1 S_2 + \sigma_2 S_1 + 3\sigma_3 = 0 \\ &\cdots\cdots \\ &S_v + \sigma_1 S_{v-1} + \sigma_2 S_{v-2} + \cdots + \sigma_{v-1} S_1 + v\sigma_v = 0 \\ &S_{v+1} + \sigma_1 S_v + \sigma_2 S_{v-1} + \cdots + \sigma_{v-1} S_2 + \sigma_v S_1 = 0 \end{aligned} \tag{10.57}$$

方程组（10.57）称为牛顿恒等式。由于S_i已知，可以根据牛顿恒等式确定错误位置多项式$\sigma(x)$的系数$\sigma_1,\sigma_2,\cdots,\sigma_v$。一旦确定了$\sigma(x)$，通过取$\sigma(x)$的根的倒数，得到错误图样$E(x)$的错误位置数$\beta_1,\beta_2,\cdots,\beta_v$，进而可以确定$E(x)$。从接收的多项式$R(x)$中去除$E(x)$即可得到译码码字$C(x)$。

根据上面给出的描述，用于解码 BCH 码的过程总结如下：

（1）计算接收到的多项式$R(x)$的伴随式$\boldsymbol{S}=(S_1,S_2,\cdots,S_{2t})$；

（2）根据牛顿恒等式确定错误位置多项式$\sigma(x)$；

（3）确定$\sigma(x)$的根$\beta_1^{-1},\beta_2^{-1},\cdots,\beta_v^{-1}$。取这些根的倒数以获得错误位置数，$\beta_1=\alpha^{j_1}$，$\beta_2=\alpha^{j_2},\cdots,\ \beta_v=\alpha^{j_v}$，形成错误多项式

$$E(x)=x^{j_1}+x^{j_2}+\cdots+x^{j_v} \tag{10.58}$$

（4）由$C(x)=R(x)+E(x)$完成纠错。

步骤 1、3 和 4 相对简单。而第 2 步涉及求解牛顿恒等式。通常会有不止一种错误位置多项式的系数满足牛顿恒等式。为了最小化解码错误的概率，需要找到最可能的错误图样来进行纠错。对于 BSC，找到最可能的错误图样意味着确定其系数满足由式（10.57）给出的牛顿恒等式的最小次数的错误位置多项式。这一步骤可以通过经典的 Berlekamp-Massey（伯利坎普-梅西，BM）算法实现。详见相关编码参考文献。

10.5.2 RS 码的译码

RS 码是 BCH 码的子类，必然存在某些构码特点和能最大程度发挥其纠错潜力的专用译码方法。RS 码是 MDC 码，码的最小距离$d=n-k+1=2t+1$，所以$g(x)$有$2t$个即$d-1$个连续幂次的根。RS 码可以用类似于 BCH 码的迭代方式来译码，但必须增加一个步骤：确定了错误码元位置后还要确定错误幅度。

考虑连续$2t$个幂次的根，RS 码的生成多项式为

$$g(x)=\prod_{j=1}^{2t}(x+\alpha^j) \tag{10.59}$$

假设有v个错误分布在$j_1,j_2,\cdots,j_v$位上，而错误幅度分别是$e_{j_1},e_{j_2},\cdots,e_{j_v}$，则

$$E(x)=e_{j_1}x^{j_1}+e_{j_2}x^{j_2}+\cdots+e_{j_v}x^{j_v} \tag{10.60}$$

式中：
$$0<j_1<j_2<\cdots<j_v<n-1$$

令$x^{j_l}=\beta_l$（$l=1,2,\cdots,v$是错误位置序号）

$$E(x)=e_{j_1}\beta_1+e_{j_2}\beta_2+\cdots+e_{j_v}\beta_v \tag{10.61}$$

由于$C(\alpha)=C(\alpha^2)=\cdots=C(\alpha^{2t})=0$，可得$2t$个伴随式元素

$$\begin{aligned}
S_1&=R(\alpha)=E(\alpha)=e_{j_1}\beta_1+e_{j_2}\beta_2+\cdots+e_{j_v}\beta_v\\
S_2&=R(\alpha^2)=E(\alpha^2)=e_{j_1}\beta_1^2+e_{j_2}\beta_2^2+\cdots+e_{j_v}\beta_v^2\\
&\cdots\cdots\\
S_{2t}&=R(\alpha^{2t})=E(\alpha^{2t})=e_{j_1}\beta_1^{2t}+e_{j_2}\beta_2^{2t}+\cdots+e_{j_v}\beta_v^{2t}
\end{aligned} \tag{10.62}$$

式中含 $\beta_1,\beta_2,\ldots,\beta_v$ 和 $e_{j_1},e_{j_2},\cdots,e_{j_v}$ 共 $2v$ 个未知数，而方程有 $2t$ 个。只要 $v \leqslant t$，方程就可解。所以译码方法就是先求出 $2t$ 个伴随式元素 $S_1,S_2,\cdots,S_{2t}$，然后解方程算出所有未知数。

假设实际发生了 $v \leqslant t$ 个错误并且错误位置是 $P_1\cdots P_v$，对应错误幅度为 $M_1\cdots M_v$，那么错误多项式 $E(x)$ 的每个非零分量由一对 $GF(2^m)$ 域上的参数 (P_j,M_j) 表示。所有位置 $P_1\cdots P_v$ 和幅度 $M_1\cdots M_v$ 都是 $GF(2^m)$ 个元素，这两个元素都可以表示为本原元素 α 的幂。

式（10.62）的 $2t$ 个方程可以表示如下

$$\begin{cases} S_1 = M_1\cdot P_1 + M_2\cdot P_2 + \cdots + M_v\cdot P_v = \sum_{i=1}^{v} M_i\cdot P_i \\ S_2 = M_1\cdot P_1^2 + M_2\cdot P_2^2 + \cdots + M_v\cdot P_v^2 = \sum_{i=1}^{v} M_i\cdot P_i^2 \\ \cdots\cdots \\ S_{2t} = M_1\cdot P_1^{2t} + M_2\cdot P_2^{2t} + \cdots + M_v\cdot P_v^{2t} = \sum_{i=1}^{v} M_i\cdot P_i^{2t} \end{cases} \tag{10.63}$$

方程（10.63）也可以方便地表示为矩阵形式

$$\begin{bmatrix} S_1 \\ S_2 \\ \vdots \\ S_{2t} \end{bmatrix} = \begin{bmatrix} P_1 & P_2 & P_3 & \ldots & P_v \\ P_1^2 & P_2^2 & P_3^2 & \ldots & P_v^2 \\ \vdots & \vdots & \vdots & & \vdots \\ P_1^{2t} & P_2^{2t} & P_3^{2t} & \ldots & P_v^{2t} \end{bmatrix} \begin{bmatrix} M_1 \\ M_2 \\ \vdots \\ M_v \end{bmatrix} \tag{10.64}$$

或简写为

$$\boldsymbol{S} = \boldsymbol{P}\cdot\boldsymbol{M}$$

然而，这组方程是非线性的，通常有很多解，直接求解过于复杂。

彼得森提出了一种用于二进制 BCH 码的简单方法，该方法已被戈伦斯坦（Gorenstein）和齐尔勒（Zierler）推广用于非二进制 RS 码。因此，相应的算法被称为 Peterson-Gorenstein-Zierler（PGZ）译码器。PGZ 算法是引入错误位置多项式 $\sigma(x)$，$\sigma(x)$ 可以从伴随式计算出来，然后使用错误位置多项式来计算线性方程组。

错误位置多项式 $\sigma(x)$ 定义为

$$\sigma(x) = \prod_{j=1}^{v}(1 - x\cdot P_j) = \sum_{j=0}^{v}\sigma_j\cdot x^j \tag{10.65}$$

显然，对于 $x = P_1^{-1},P_2^{-1},\cdots,P_v^{-1}$，$\sigma(x)=0$。通过 $S_1\cdots S_{2t}$ 可以确定 $\sigma(x)$。将上式两边同时乘以 $M_i\cdot P_i^{(j+v)}$，得

$$\sigma(x)\cdot M_i\cdot P_i^{j+v} = M_i\cdot P_i^{j+v}(\sigma_v\cdot x^v + \sigma_{v-1}\cdot x^{v-1} + \cdots + \sigma_1\cdot x + 1) \tag{10.66}$$

将 $x = P_i^{-1}$ 代入方程，得

$$M_i(\sigma_v\cdot P_i^j + \sigma_{v-1}\cdot P_i^{j-1} + \cdots + \sigma_1\cdot P_i^{j+v-1} + P_i^{j+v}) = 0,\quad i = 1\cdots v \tag{10.67}$$

对 v 个方程求和，得

$$\sum_{i=1}^{v} M_i(\sigma_v\cdot P_i^j + \sigma_{v-1}\cdot P_i^{j-1} + \cdots + \sigma_i\cdot P_i^{j+v-1} + P_i^{j+v}) = 0 \tag{10.68}$$

等价于

$$\sum_{i=1}^{v} M_i \cdot \sigma_v \cdot P_i^j + \sum_{i=1}^{v} M_i \cdot \sigma_{v-1} \cdot P_i^{j-1} + \cdots + \sum_{i=1}^{v} M_i \cdot P_i^{j+v} = 0 \tag{10.69}$$

对比式（10.63）与式（10.69）可得

$$\sigma_v \cdot S_j + \sigma_{v-1} \cdot S_{j+1} + \cdots + \sigma_1 \cdot S_{j+v-1} + S_{j+v} = 0 \tag{10.70}$$

伴随式项最高次为 $j+v$，共有 $2t$ 个伴随式 $S_1 \cdots S_{2t}$ 且 $v \leqslant t$，因此必须满足条件 $1 \leqslant j \leqslant t$。重新排列式（10.70），得到一组关于未知系数 $\sigma_1, \cdots, \sigma_v$ 的线性方程。通过求解错误位置多项式系数，可以确定 RS 码的错误位置。将式（10.70）写成矩阵形式

$$\begin{bmatrix} S_1 & S_2 & S_3 & \cdots & S_{v-1} & S_v \\ S_2 & S_3 & S_4 & \cdots & S_v & S_{v-1} \\ \vdots & \vdots & \vdots & & \vdots & \vdots \\ S_v & S_{v+1} & S_{v+2} & \cdots & S_{2v-2} & S_{2v-1} \end{bmatrix} \begin{bmatrix} \sigma_v \\ \sigma_{v-1} \\ \vdots \\ \sigma_1 \end{bmatrix} = \begin{bmatrix} -S_{v+1} \\ -S_{v+2} \\ \vdots \\ -S_{2v} \end{bmatrix} \tag{10.71}$$

或简写为

$$\boldsymbol{S\sigma} = \boldsymbol{s} \tag{10.72}$$

如果伴随式矩阵是非奇异的，则式（10.72）可以求解错误位置多项式 $\sigma(x)$ 的未知系数（即错误位置 $P_1 \cdots P_v$）。如果伴随式矩阵 $\boldsymbol{S}$ 的维数为 $v \times v$，此时从方程（10.72）导出错误位置多项式 $\sigma(x)$ 的解为

$$\boldsymbol{\sigma} = \boldsymbol{S}^{-1}\boldsymbol{s} \tag{10.73}$$

式中 v 是实际发生的错误数。如果 $\boldsymbol{S}$ 维数大于 v，则它是奇异的，不能求逆。

为了求解方程（10.72），我们必须首先确定 v。其基本思路为：首先，令 $v=t$，计算 $\boldsymbol{S}$ 的行列式。如果 $\det(\boldsymbol{S})=0$，则 $v=t$，我们可以进行矩阵求逆。否则，我们将 v 减 1 并尝试 $v=t-1$，依此类推，直到 $v=0$，或找到 $\det(\boldsymbol{S}) \neq 0$。所以，错误位置多项式的零点是通过反复试验确定的。这是通过将所有非零元素代入 $\sigma(x)$ 并找到 $\sigma(x)=0$ 对应的根。这种方法称为 Chien（或 Chien 氏）搜索。然后通过确定 $\sigma(x)$ 的根的乘法逆元来找到错误位置 $P_1 \cdots P_v$。对于二进制 BCH 码的解决方案就完成了。

对于 RS 码，错误幅度 $M_1 \cdots M_v$ 必须在进一步的步骤中确定。现在从式（10.64）来看，只需将已知的错误位置矩阵 $\boldsymbol{P}$ 求逆来计算错误幅度的向量 $\boldsymbol{M}$

$$\boldsymbol{M} = \boldsymbol{P}^{-1} \cdot \boldsymbol{S} \tag{10.74}$$

与伴随式矩阵 $\boldsymbol{S}$ 类似，$\boldsymbol{P}$ 也具有范德蒙德结构，因此是非奇异的，通过矩阵求逆得 v 个未知错误幅度 $M_1 \cdots M_v$。因此，RS 码的纠错问题转化为两个矩阵求逆的问题。

例 10.6 考虑 $GF(2^4)$ 上的双纠错 RS(12,8,2) 码，并使用 PGZ 解码器通过矩阵求逆进行纠错。

假设“全 1”信息序列以系统码的形式发送

$$U(x) = \alpha^{12} \cdot x^{11} + \alpha^{12} \cdot x^{10} + \alpha^{12} \cdot x^9 + \alpha^{12} \cdot x^8 + \alpha^{12} \cdot x^7 + \alpha^{12} \cdot x^6 + \alpha^{12} \cdot x^5 + \alpha^{12} \cdot x^4$$

$$P(x) = \alpha^{14} \cdot x^3 + \alpha^2 \cdot x^2 + \alpha^0 \cdot x + \alpha^6$$

假设 $C(x)$ 在位置 11 和 3 中发生了两个错误，导致以下接收多项式

$$
\begin{aligned}
R(x)=\ &\underline{\alpha^4}\cdot x^{11}+\alpha^{12}\cdot x^{10}+\alpha^{12}\cdot x^9+\alpha^{12}\cdot x^8+\alpha^{12}\cdot x^7+\alpha^{12}\cdot x^6\\
&+\alpha^{12}\cdot x^5+\alpha^{12}\cdot x^4+\underline{\alpha^5}\cdot x^3+\alpha^2\cdot x^2+\alpha^0\cdot x+\alpha^6
\end{aligned}
$$

由于 $R(x)=C(x)+E(x)$，推断 $E(x)$ 在位置 11 包含两个非零项，其中系统数据符号为 α^{12}，错误符号为

$$e_{11}=r_{11}-c_{11}=\alpha^4+\alpha^{12}=\alpha^6$$

因此

$$E(x)=\alpha^6\cdot x^{11}+0+0+0+0+0+0+0+\alpha^{12}\cdot x^3+0+0+0$$

通过参考表 10.1，这种指数表示很容易转换为位模式，表 10.1 包含 $GF(2^4)$ 元素的各种表示。

由于伴随式是由连续 $2t$ 个元素 $\alpha^1\cdots\alpha^{2t}=\alpha^1\cdots\alpha^4$ 代入接收多项式求得，所以

$$
\begin{aligned}
S_1&=r(\alpha^1)\\
&=\alpha^4\alpha^{11}+\alpha^{12}\alpha^{10}+\alpha^{12}\alpha^9+\alpha^{12}\alpha^8+\alpha^{12}\alpha^7+\alpha^{12}\alpha^6\\
&\quad+\alpha^{12}\alpha^5+\alpha^{12}\alpha^4+\alpha^5\alpha^3+\alpha^2\alpha^2+\alpha^0\alpha^1+\alpha^6\\
&=\underbrace{\alpha^0+\alpha^7}_{\alpha^9}+\alpha^6+\alpha^5+\alpha^4+\alpha^3+\alpha^2+\alpha^1+\alpha^8+\alpha^4+\alpha^1+\alpha^6\\
&=\underbrace{\alpha^9+\alpha^{11}}_{\alpha^2}+\alpha^0\\
&=\alpha^2+\alpha^0\\
S_1&=\alpha^8\\
S_2&=r(\alpha^2)\\
&=\alpha^4\alpha^{22}+\alpha^{12}\alpha^{20}+\alpha^{12}\alpha^{18}+\alpha^{12}\alpha^{16}+\alpha^{12}\alpha^{14}\\
&\quad+\alpha^{12}\alpha^{12}+\alpha^{12}\alpha^{10}+\alpha^{12}\alpha^8+\alpha^5\alpha^6+\alpha^2\alpha^4+\alpha^0\alpha^2+\alpha^6\\
&=\alpha^{11}+\alpha^2+\underbrace{\alpha^0+\alpha^{13}}_{\alpha^6}+\alpha^{11}+\underbrace{\alpha^9+\alpha^7}_{\alpha^0}+\underbrace{\alpha^5+\alpha^{11}}_{\alpha^3}+\alpha^6+\alpha^2+\alpha^6\\
&=\underbrace{\alpha^6+\alpha^0}_{\alpha^{13}}+\alpha^3\\
&=\alpha^{13}+\alpha^3\\
S_2&=\alpha^8\\
S_3&=r(\alpha^3)\\
&=\alpha^4\alpha^{33}+\alpha^{12}\alpha^{30}+\alpha^{12}\alpha^{27}+\alpha^{12}\alpha^{24}+\alpha^{12}\alpha^{21}\\
&\quad+\alpha^{12}\alpha^{18}+\alpha^{12}\alpha^{15}+\alpha^{12}\alpha^{12}+\alpha^5\alpha^9+\alpha^2\alpha^6+\alpha^0\alpha^3+\alpha^6\\
&=\alpha^7+\alpha^{12}+\alpha^9+\alpha^6+\alpha^3+\alpha^0+\alpha^{12}+\alpha^9+\underbrace{\alpha^{14}+\alpha^8}_{\alpha^6}+\alpha^3+\alpha^6\\
&=\alpha^9+\alpha^6\\
S_3&=\alpha^5
\end{aligned}
$$

$$
\begin{aligned}
S_4 &= r(\alpha^4) \\
&= \alpha^4\alpha^{44} + \alpha^{12}\alpha^{40} + \alpha^{12}\alpha^{36} + \alpha^{12}\alpha^{32} + \alpha^{12}\alpha^{28} + \alpha^{12}\alpha^{24} \\
&\quad + \alpha^{12}\alpha^{20} + \alpha^{12}\alpha^{16} + \alpha^{5}\alpha^{12} + \alpha^{2}\alpha^{8} + \alpha^{0}\alpha^{4} + \alpha^{6} \\
&= \alpha^3 + \underbrace{\alpha^7 + \alpha^3 + \alpha^{14}}_{\alpha^1} + \alpha^{10} + \alpha^6 + \alpha^2 + \alpha^{13} + \alpha^2 + \alpha^{10} + \alpha^4 + \alpha^6 \\
&= \alpha^1 + \alpha^{11} \\
S_4 &= \alpha^6
\end{aligned}
$$

首先确定实际错误数 v 。假设 $v=t=2$ 。根据式（10.71）求解关键方程

$$
\begin{bmatrix} S_1S_2 \\ S_2S_3 \end{bmatrix}\begin{bmatrix} \sigma_2 \\ \sigma_1 \end{bmatrix} = -\begin{bmatrix} S_3 \\ S_4 \end{bmatrix}
$$

计算矩阵行列式得

$$
\det(\boldsymbol{S}) = \det\begin{vmatrix} S_1 & S_2 \\ S_2 & S_3 \end{vmatrix} = (S_1S_3 - S_2^2)
$$

将 4 个伴随式代入可得

$$
S_1 = \alpha^8, S_2 = \alpha^8, S_3 = \alpha^5, S_4 = \alpha^6
$$

$$
\det(\boldsymbol{S}) = (\alpha^8 \cdot \alpha^5 - (\alpha^8)^2) = \alpha^{13} - \alpha^1 = \alpha^{12} \neq 0
$$

由于 $v=2$ 时， $\det(\boldsymbol{S}) \neq 0$ ，所以 RS 码接收多项式存在两个错误，对伴随式矩阵求逆得

$$
\boldsymbol{S}^{-1} = \begin{bmatrix} \alpha^8 & \alpha^{11} \\ \alpha^{11} & \alpha^{11} \end{bmatrix}
$$

进而

$$
\begin{bmatrix} \sigma_2 \\ \sigma_1 \end{bmatrix} = \begin{bmatrix} \alpha^8 & \alpha^{11} \\ \alpha^{11} & \alpha^{11} \end{bmatrix} \cdot \begin{bmatrix} \alpha^5 \\ \alpha^6 \end{bmatrix} = \begin{bmatrix} \alpha^{13} + \alpha^2 \\ \alpha^1 + \alpha^2 \end{bmatrix} = \begin{bmatrix} \alpha^{14} \\ \alpha^5 \end{bmatrix}
$$

得到错误位置多项式 $\sigma(x)$ 为

$$
\sigma(x) = \alpha^{14} \cdot x^2 + \alpha^5 \cdot x + 1
$$

根据 Chien 搜索算法尝试 $GF(2^4)$ 域所有元素

$$
\begin{aligned}
\sigma(\alpha^0) &= \alpha^{14}\alpha^0 + \alpha^5\alpha^0 + 1 = \alpha^{14} + \alpha^5 + \alpha^0 = \alpha^{11} \\
\sigma(\alpha^1) &= \alpha^{14}\alpha^2 + \alpha^5\alpha^1 + 1 = \alpha^1 + \alpha^6 + \alpha^0 = \alpha^{11} + \alpha^0 = \alpha^{12} \\
\sigma(\alpha^2) &= \alpha^{14}\alpha^4 + \alpha^5\alpha^2 + 1 = \alpha^3 + \alpha^7 + \alpha^0 = \alpha^4 + \alpha^0 = \alpha^1 \\
\sigma(\alpha^3) &= \alpha^{14}\alpha^6 + \alpha^5\alpha^3 + 1 = \alpha^5 + \alpha^8 + \alpha^9 = \alpha^4 + \alpha^0 = \alpha^1 \\
\sigma(\alpha^4) &= \alpha^{14}\alpha^8 + \alpha^5\alpha^4 + 1 = \alpha^7 + \alpha^9 + \alpha^0 = \alpha^0 + \alpha^0 = 0 \\
\sigma(\alpha^5) &= \alpha^{14}\alpha^{10} + \alpha^5\alpha^5 + 1 = \alpha^9 + \alpha^{10} + \alpha^0 = \alpha^{13} + \alpha^0 = \alpha^6 \\
\sigma(\alpha^6) &= \alpha^{14}\alpha^{12} + \alpha^5\alpha^6 + 1 = \alpha^{11} + \alpha^{11} + \alpha^0 = 0 + \alpha^0 = \alpha^0 \\
\sigma(\alpha^7) &= \alpha^{14}\alpha^{14} + \alpha^5\alpha^7 + 1 = \alpha^{13} + \alpha^{12} + \alpha^0 = \alpha^1 + \alpha^0 = \alpha^4 \\
\sigma(\alpha^8) &= \alpha^{14}\alpha^{16} + \alpha^5\alpha^8 + 1 = \alpha^0 + \alpha^{13} + \alpha^0 = 0 + \alpha^{13} = \alpha^{13} \\
\sigma(\alpha^9) &= \alpha^{14}\alpha^{18} + \alpha^5\alpha^9 + 1 = \alpha^2 + \alpha^{14} + \alpha^0 = \alpha^{13} + \alpha^0 = \alpha^6 \\
\sigma(\alpha^{10}) &= \alpha^{14}\alpha^{20} + \alpha^5\alpha^{10} + 1 = \alpha^4 + \alpha^0 + \alpha^0 = \alpha^4 + 0 = \alpha^4
\end{aligned}
$$

$$\sigma(\alpha^{11})=\alpha^{14}\alpha^{22}+\alpha^{5}\alpha^{11}+1=\alpha^{6}+\alpha^{1}+\alpha^{0}=\alpha^{11}+\alpha^{0}=\alpha^{12}$$
$$\sigma(\alpha^{12})=\alpha^{14}\alpha^{24}+\alpha^{5}\alpha^{12}+1=\alpha^{8}+\alpha^{2}+\alpha^{0}=\alpha^{0}+\alpha^{0}=0$$
$$\sigma(\alpha^{13})=\alpha^{14}\alpha^{26}+\alpha^{5}\alpha^{13}+1=\alpha^{10}+\alpha^{3}+\alpha^{0}=\alpha^{12}+\alpha^{0}=\alpha^{11}$$
$$\sigma(\alpha^{14})=\alpha^{14}\alpha^{28}+\alpha^{5}\alpha^{14}+1=\alpha^{12}+\alpha^{4}+\alpha^{0}=\alpha^{6}+\alpha^{0}=\alpha^{13}$$

由于错误位置多项式在逆错误位置处为零，所以实际错误位置对应它们的乘法逆元，即

$$(\alpha^{4})^{-1}=\alpha^{11}=P_1$$
$$(\alpha^{12})^{-1}=\alpha^{3}=P_2$$

对于二进制 BCH 码，通过对位置 $P_1=\alpha^{11}$ 和 $P_2=\alpha^{3}$ 中的位的反转完成纠错。对于 $GF(2^4)$ 上的非二进制 RS(12,8,2) 码，还需确定错误幅度。将 P_1 和 P_2 代入式（10.74）得

$$S_1=M_1P_1+M_2P_2$$
$$S_2=M_1P_1^2+M_2P_2^2$$
$$\alpha^{8}=M_1\alpha^{11}+M_2\alpha^{3}$$
$$\alpha^{8}=M_1\alpha^{7}+M_2\alpha^{6}$$

求解二元一次方程得

$$M_1=\alpha^{6}$$
$$M_2=\alpha^{12}$$

由上述示例可以看出，PGZ 方法涉及两个矩阵求逆，一个用于计算错误位置，一个用于确定错误幅度。

习 题

1. 利用接收序列的伴随式进行检错的原理是什么？

2. $x^{15}+1$ 在 $GF(2)$ 上可分解为以下不可约多项式的乘积：

$$x^{15}+1=(x+1)(x^2+x+1)(x^4+x+1)(x^4+x^3+1)(x^4+x^3+x^2+x+1)$$

当构成 (15,9) 码时，有多少种不同的选择？分别写出对应的生成多项式及校验多项式。

3. 已知 (15,7) 循环码的生成多项式 $g(x)=x^8+x^7+x^6+x^4+1$。

（1）求出该循环码的生成矩阵和校验矩阵，并变换为标准模式；

（2）$y(x)=x^7+x^5+x^3+x+1$ 是码多项式吗？

（3）求出 $y(x)$ 的伴随式。

4. 已知 (15,5) 循环码的生成多项式 $g(x)=x^{10}+x^8+x^5+x^4+x^2+x+1$。

（1）求出该码的校验多项式；

（2）写出该码的系统码形式的 $\boldsymbol{G}$ 和 $\boldsymbol{H}$ 矩阵。

5. 由 $g(x)=x^4+x+1$ 生成的 (15,11) 循环码明码删除 7 位得到 (8,4) 缩短循环码，列出该缩短码的全部码字。

6. 由生成多项式为 $g(x)=x^3+x^2+1$ 的 (7,4) 循环汉明码构造一个 (8,4) 扩展汉明码并

列出所有码字。

7. 令 (n,k) 循环码的校验多项式为

$$h(x)=x^k+h_{k-1}x^{k-1}+h_{k-2}x^{k-1}+\cdots+h_1x+1$$

它的生成矩阵 $\boldsymbol{G}=[\boldsymbol{I}\ \boldsymbol{P}]$，证明矩阵 $\boldsymbol{P}$ 的第一列是 $(1,h_1,\cdots,h_{k-1})^{\mathrm{T}}$ 。

8. 求 $GF(2^5)$ 上以 α、α^3 为根的二进制循环码。

（1）求出生成多项式 $g(x)$，确定码长 n 和信息位个数 k；

（2）写出该码系统码形式的 $\boldsymbol{G}$ 和 $\boldsymbol{H}$ 矩阵；

（3）求出该码的最小距离。

9. 确定 $n=15$ 的所有本原二进制 BCH 码的生成多项式 $g(x)$ 。

10. $GF(2^4)$ 域是由本原多项式 $p(x)=x^4+x+1$ 生成的，元素 $\beta=\alpha^7$ 也是本原元。令 $g_0(x)$ 是 $GF(2)$ 上的最低次多项式，它的 4 个根分别是 β、β^2、β^3、β^4 。

（1）求 $g_0(x)$ [$g_0(x)$ 也能生成码长为 15、纠正两个错误的本原 BCH 码]；

（2）求该码的校验矩阵 $\boldsymbol{H}$ 。

11. 构造一个 $n=12,d\geqslant 7$ 的码率最大的 BCH 码，确定它的生成多项式 $g(x)$ 。

12. 设 (n,k) 二进制本原 BCH 码，能纠正 t 个错误，若 $2t+1$ 是 n 的因子，证明码的最小距离恰好为 $2t+1$。

13. 构造一个 $GF(2^4)$ 上的长为 $n=15$ 的纠正两个错误的 RS 码，找出它的生成多项式 $g(x)$ 和 k 。

14. 证明：由 $g(x)=(x+\alpha)(x+\alpha^2)\cdots(x+\alpha^{2t})$ 生成的纠正 t 个错误的 RS 码，其最小距离恰好是 $2t+1$。这里，$\alpha\in GF(2^m)$ 是一个本原元。

15. α 是基于 $GF(2^4)$ 上的本原元，当输入的信息多项式为 $\alpha^5x+\alpha^3$ 时，求码长为 15、能纠单个错误的 RS 码的相应码字。

16. 考虑 $GF(2^m)$ 上具有如下奇偶校验矩阵

$$\boldsymbol{H}=\begin{bmatrix}1 & \alpha & \alpha^2 & \cdots & \alpha^{n-1}\\ 1 & \alpha^2 & (\alpha^2)^2 & \cdots & (\alpha^2)^{n-1}\\ \vdots & \vdots & \vdots & & \vdots\\ 1 & \alpha^{2t} & (\alpha^{2t})^2 & \cdots & (\alpha^{2t})^{n-1}\end{bmatrix}$$

的纠正 t 个错误的 RS 码，其中 $n=2^m-1$，α 是基于 $GF(2^m)$ 上的本原元。考虑如下奇偶校验矩阵

$$\boldsymbol{H}_1=\begin{bmatrix}0 & 1 & \\ 0 & 0 & \\ \vdots & \vdots & \boldsymbol{H}\\ 0 & 0 & \\ 1 & 0 & \end{bmatrix}$$

的扩展 RS 码。证明：扩展码同样具有最小距离 $2t+1$。

第 11 章

卷积码

11.1 卷积码的基本概念

分组码将发送信息序列分组后独立地进行编码，组与组之间没有联系。从香农编码定理来看，码长较短的码字纠错性能受限，通过增长码长可以提高码的纠错能力。但分组码的译码复杂度将随着码长呈指数上升。如果保持码长不变，将若干个分组码关联起来，等效地增加码长，译码时利用前后分组码字之间的相关性，将前面的译码信息反馈到后面供译码参考，从而改善译码性能，这就是卷积码的思想。

自 1955 年伊莱亚斯第一个提出卷积码的概念以来，对卷积码的研究取得了很大进展。但是，卷积码与分组码发展走了两条不同的路。分组码发展是由理论推动的，在构造“好码”与译码算法方面，代数理论起着主导作用。而对于卷积码来说，目前大多数好的卷积码都是通过计算机搜索得到的。由于卷积码的实际性能不但与编码方法有关，还与译码方法有关，所以卷积码的研究一直围绕着寻找好的编码、译码方法进行的。

卷积码在编码过程中充分利用了各组之间的相关性，在与分组码码率和设备复杂性相同的条件下，在理论和实践方面均已证明了卷积码的性能优于分组码，且更容易实现最佳和准最佳译码。但由于卷积码各组之间相互关联，所以仍未找到类似分组码的有效数学分析工具，以致性能分析比较困难，往往需要借助计算机搜索以寻找好码。

11.2 卷积码的编码结构

卷积码是一个有限记忆系统，它将信息序列分成长度为 k 的分组，当对当前时刻信息分组进行卷积码编码时，输出码字由当前时刻信息分组及前 L 个信息分组共同决定。由于码字生成一共受到 $L+1$ 个信息分组的约束，所以将 $L+1$ 称为约束长度。卷积码的基本参数常用(n, k, L)表示，即该码的码长是 n，信息位是 k，约束长度是 $L+1$。

图 11.1 表示码率为 $k/n=1/3$ 的卷积码编码器。其中，移位寄存器的长度为 $L=2$，卷积码的约束长度为 $L+1$。将二进制比特序列 $\boldsymbol{m}=(m_0^0, m_1^0, m_2^0, \cdots)$ 送入编码移位寄存器，得到的三路输出序列表示为

$$\begin{aligned}\boldsymbol{c}^{(0)}&=(c_0^0, c_1^0, c_2^0, \cdots)\\ \boldsymbol{c}^{(1)}&=(c_0^1, c_1^1, c_2^1, \cdots)\\ \boldsymbol{c}^{(2)}&=(c_0^2, c_1^2, c_2^2, \cdots)\end{aligned} \tag{11.1}$$

然后，将输出编码比特多路复用，得到输出编码比特流 $\boldsymbol{c}$ 为

$$\boldsymbol{c}=(c_0^0, c_0^1, c_0^2, c_1^0, c_1^1, c_1^2, c_2^0, c_2^1, c_2^2, \cdots) \tag{11.2}$$

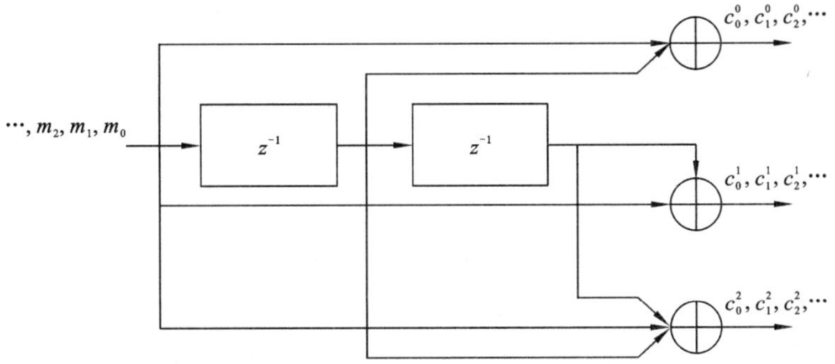

图 11.1　码率为 1/3 的卷积码编码器

11.2.1　卷积码的多项式表示

卷积码编码器可以用离散卷积运算来描述。图 11.1 所示的编码器输入输出关系可以用脉冲响应 $g_j^{(i)}$ 表示为

$$\begin{aligned} \boldsymbol{g}^{(0)} &= (110) \\ \boldsymbol{g}^{(1)} &= (101) \\ \boldsymbol{g}^{(2)} &= (111) \end{aligned} \tag{11.3}$$

将信息序列 $\boldsymbol{m}$ 输入编码器，则三路输出可分别表示为

$$\begin{aligned} \boldsymbol{c}^{(0)} &= \boldsymbol{m} * \boldsymbol{g}^{(0)} \\ \boldsymbol{c}^{(1)} &= \boldsymbol{m} * \boldsymbol{g}^{(1)} \\ \boldsymbol{c}^{(2)} &= \boldsymbol{m} * \boldsymbol{g}^{(2)} \end{aligned} \tag{11.4}$$

式中：$*$表示卷积运算。利用移位算子 D 可以将式（11.4）表示成码多项式相乘的形式，三路输出分别表示为

$$\begin{aligned} C^0(D) &= M(D)G^0(D) \\ C^1(D) &= M(D)G^1(D) \\ C^2(D) &= M(D)G^2(D) \end{aligned} \tag{11.5}$$

移位算子 D 表示移位寄存器引入的单元延迟，上述编码器多项式可分别表示为

$$\begin{aligned} G^0(D) &= 1 + D \\ G^1(D) &= 1 + D^2 \\ G^2(D) &= 1 + D + D^2 \end{aligned} \tag{11.6}$$

因此，图 11.1 所示的编码器可以用一个传递函数矩阵来描述

$$\boldsymbol{G}(D) = [G^0(D) \quad G^1(D) \quad G^2(D)] \tag{11.7}$$

编码器输出可以表示为

$$\boldsymbol{C}(D) = M(D)\boldsymbol{G}(D) \tag{11.8}$$

式中

$$C(D)=[C^0(D) \quad C^1(D) \quad C^2(D)] \tag{11.9}$$

$G(D)$称为编码器的传递函数矩阵。

例 11.1 如图 11.1 所示，若输入序列为 $\boldsymbol{m}$=(11101)，使用传递函数矩阵来确定编码器的输出码字。

解 输入序列的多项式可表示为

$$M(D)=1+D+D^2+D^4$$

则编码器输出为

$$\begin{aligned}C(D)&=[1+D+D^2+D^4][1+D \quad 1+D^2 \quad 1+D+D^2]\\&=[1+D^3+D^4+D^5 \quad 1+D+D^3+D^6 \quad 1+D^2+D^5+D^6]\end{aligned}$$

从而可以得到

$$\boldsymbol{c}^{(0)}=(1001110)$$
$$\boldsymbol{c}^{(1)}=(1101001)$$
$$\boldsymbol{c}^{(2)}=(1010011)$$

则输出码字序列为

$$\boldsymbol{c}=(111,010,001,110,100,101,011)$$

11.2.2 卷积码的状态图

卷积码编码器的输出取决于输入的信息组和编码器的状态。一个带有 L 个移位寄存器的编码器有 2^L 种可能的状态。状态图是一种表示编码器状态可能由一个状态转移到另一个状态的图形。从图 11.1 可以看出，卷积码编码器在时刻 i 输出的码字不仅取决于当前时刻输入的信息组，而且取决于时刻 i 之前存入移位寄存器的 L 个信息组。换言之，取决于存放在移位寄存器的内容，称之为编码器的状态。如图 11.1 所示的卷积码编码器中，除当前时刻的输入外还有时刻 $i-1$ 和 $i-2$ 存放到两个移位寄存器的输入，可能的组合有四种，即 00、01、10 和 11，故此编码器的状态有四种：$S_0->00$、$S_1->10$、$S_2->01$、$S_3->11$。

更一般地，把图 11.1 所示的移位寄存器阵列分成两部分，一部分是当前时刻输入的信息组 M_i ,另一部分是当前时刻以前输入的 L 个信息组，这些信息组总共占用 $k\times L$ 个存储单元，决定了编码器的状态。显然，$k\times L$ 个二进制移位寄存器单元最多可以有 2^{kL} 个状态。编码输出实际上是输入信息组与编码器状态的线性组合，可以认为输出码组 C_i 是当前时刻输入信息组 M_i 和当前时刻编码器状态 S_i 的函数，表示为

$$C_i=f(M_i,M_{i-1},\cdots,M_{i-L})=f(M_i,S_i) \tag{11.10}$$

式中：$S_i=h(M_{i-1},\cdots,M_{i-L+1},M_{i-L})$。

时刻 i 状态 S_i 向下一时刻状态 S_{i+1} 的过渡称为状态转移。如图 11.2 所示，由于移存的规则决定了下一个状态，故卷积码编码器的状态转移不是任意的，时刻 $i+1$ 状态 S_{i+1} 可表示为

$$S_{i+1}=h(M_i,M_{i-1},\cdots,M_{i-L+1}) \tag{11.11}$$

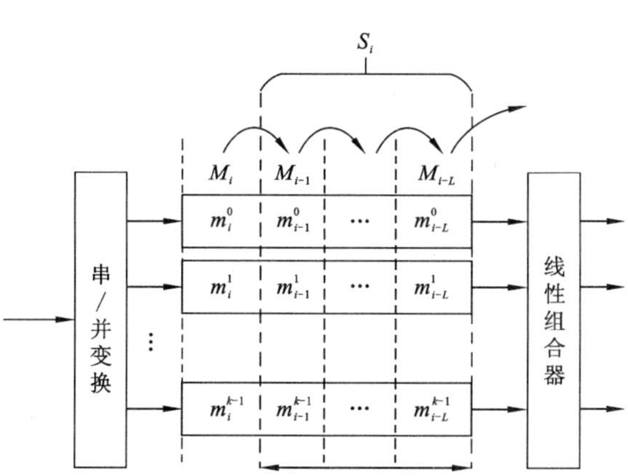

图 11.2 卷积码编码器状态和状态转移

通过对 S_i 和 S_{i+1} 进行比较可知，S_{i+1} 中的 $(M_{i-1},\cdots,M_{i-L})$ 在 S_i 中已确定，S_{i+1} 只与当前时刻的输入信息组 M_i 有关。二进制信息组 M_i 有 2^k 种可能组合，故状态转移也有 2^k 种。于是，可以把状态转移表示成当前时刻信息组 M_i 和当前时刻编码器状态 S_i 的函数，即

$$S_{i+1}=h(M_i,S_i) \tag{11.12}$$

式（11.10）和式（11.12）的含义是：当前时刻的输入信息组 M_i 和编码器状态 S_i 共同决定了编码输出 C_i 和下一时刻的状态 S_{i+1}。由于编码器状态和信息组的数量有限，故将卷积码编码器看作有限状态机，可以由输入信息组 M_i 触发的状态转移图来描述。

在式（11.12）决定状态转移的同时，式（11.10）也决定了输出码组，因此确定的状态转移必定伴随着确定的码组输出。kL 个二进制移位寄存器最多有 2^{kL} 种状态，而作为状态机触发信号的信息组 M_i 只有 2^k 种组合方式。因此从状态 S_i 出发转移到的下一状态也只有 2^k 种可能，而不是 2^{kL} 种可能状态。

根据编码器状态转移，以状态为节点、状态转移为分支，伴随着转移的输入/输出码元与各分支对应，可以画出卷积码编码器的状态转移图。

例 11.2 二进制(3, 1, 2)卷积码编码器如图 11.3 所示。如果输入信息是(101101011100…)，求输出码字序列。

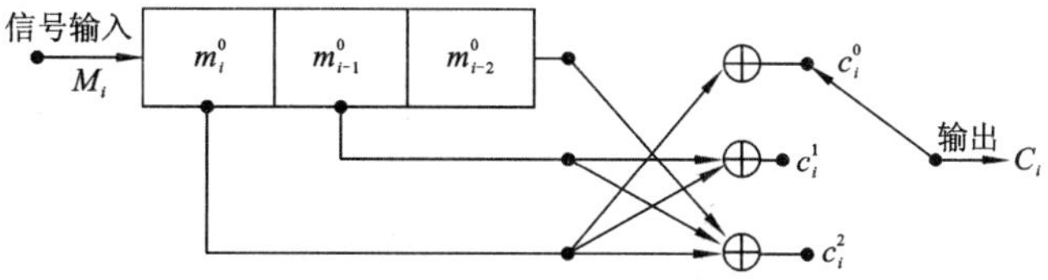

图 11.3 二进制(3, 1, 2)卷积码编码器

解 卷积码的参数为 $n=3, k=1, L=2$。除当前时刻输入信息 m_i^0 外，寄存器中 m_{i-1}^0 和 m_{i-2}^0 的四种组合决定了编码器的四种状态。同时 m_{i-1}^0 和 m_{i-2}^0（即状态）与当前输入 m_i^0 共同决定了编码输出，编码器的下一状态则是由 m_{i-1}^0 和 m_i^0 两位共同决定的。

图 11.4 为(3, 1, 2)卷积码的状态转移图。图中圆圈代表状态节点，箭头代表转移路径，与箭头对应的标注，例如 0/010，表示输入信息“0”时的输出码字为 010。每个状态都有

两个箭头发出，分别对应输入“0”“1”两种情况下的转移路径。如果输入信息序列是1011010111…，从状态图可以轻易地找到输入、输出和状态转移之间关系。从状态 S_0 出发，根据输入找到相应的箭头，随箭头在状态图上移动，可以得到以下结果

$$S_0 \xrightarrow{1/111} S_2 \xrightarrow{0/011} S_1 \xrightarrow{1/110} S_2 \xrightarrow{1/100} S_3 \xrightarrow{0/010} S_1 \cdots\cdots$$

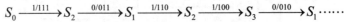

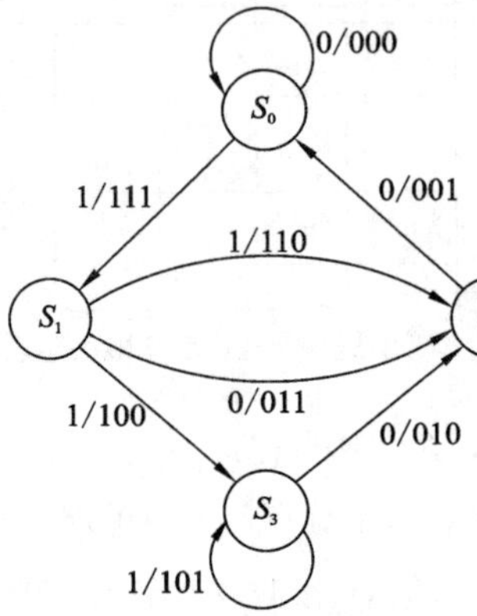

图 11.4　(3, 1, 2)卷积码状态转移图

11.2.3　卷积码的网格图

状态图描述状态转移的去向，但不能记录状态转移的轨迹，而网格图可以弥补这一缺陷。网格图可以将状态转移展开在时间轴上，使编码的全过程跃然纸上，是分析卷积码的有力工具。网格图以状态为纵轴，以时间（抽样周期 T）为横轴，将平面分割成网格状。状态和状态转移的画法与状态图一样，用一个箭头表示转移，状态转移的标注 M_i / C_i 表示转移发生时的输入信息组/输出码组。不同的是，网格图反映了编码随时间的变化，一次转移与下一次转移在图上头尾相连。

例 11.3　(3, 1, 2)卷积码编码器如图 11.3 所示，试用网格图来描述该码。如果输入信息序列是（1011010…），求输出码字序列。

解　由图 11.4 所示状态图得到的网格图和编码轨迹如图 11.5 所示。图中，当输入 5 位信息 10110 时，输出码字和状态转移如下：

$$S_0 \xrightarrow{1/111} S_2 \xrightarrow{0/011} S_1 \xrightarrow{1/110} S_2 \xrightarrow{1/100} S_3 \xrightarrow{0/010} S_1 \cdots\cdots$$

如果继续输入第 6 位信息，信息位为“0”或“1”时，状态将分别转移到 S_0 或 S_2，而不可能转移到 S_1 或 S_3。网格图最上方的一条路径代表输入全 0 信息/输出全 0 码字时的路径，这条路径在卷积码分析时常作为参考路径。

从图 11.5 可以看出，网格图分成两部分，一部分是对编码器的描述，阐述从当前时刻的各状态可以转移到下一时刻的哪些状态，以及伴随着转移的输入信息/输出码字是什么；另一部分是对编码过程的记录，一个节点标志一个状态，一个箭头代表一次转移，每隔时间 T（相当于移存器的一位移存 D）转移一次，转移的轨迹称为路径。两部分可以画在一起，也可单独画。例如，在描述卷积码编码器本身而并不涉及具体编码时，只画网格图的第一部分即可。

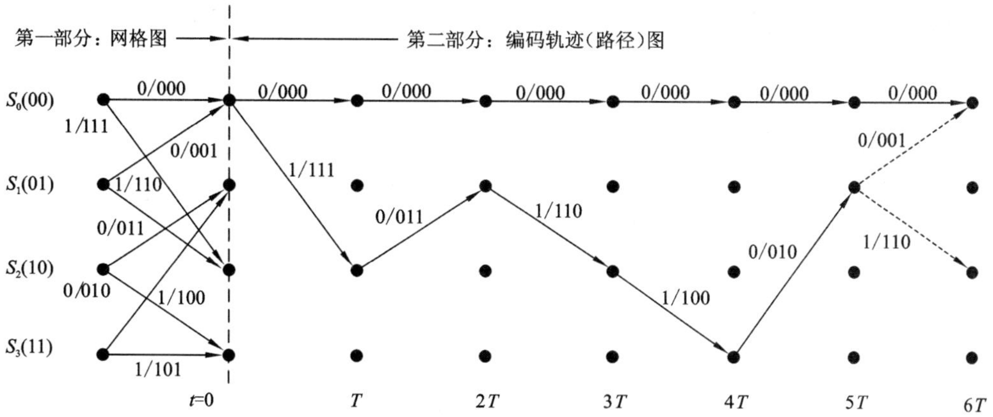

图 11.5 (3, 1, 2)卷积码网格图和编码轨迹

11.3 卷积码的特性

11.3.1 码率

卷积码编码时，每 k 位信息组生成 n 位码字，其码率与分组码相同，均为 $R=k/n$。然而，由于 L（约束长度）个移存器的记忆效应，在信息组结束输入时，编码器还要继续输入 L 个信息组才能将记忆阵列中的内容完全移出。故当对 kB 个比特进行编码时，卷积码的码率由 $R=k/n$ 降低为 $R'=kB/(n(B+L))$。将码率下降的相对值定义为码率损失系数，可表示为

$$码率损失系数=\frac{R-R'}{R}=\frac{L}{B+L} \tag{11.13}$$

从式（11.13）可以看出，B 越大，码率损失系数越小。当信息序列足够长使得 $B \gg L$ 时，码率损失系数趋于 0，可忽略不计。相反，B 越小，码率损失系数越大，当 $B=1$ 时码率损失系数接近于 1。由此可见，对连续长信息比特进行编码时，卷积码的码率损失可以忽略，但对短数据包编码来说，码率损失较大。

11.3.2 编码结尾方式

卷积码编码器在信息比特输入完毕后需要进行结尾处理，下面给出卷积码三种不同结尾方式。

1. 截断结尾

卷积码采用截断结尾是当信息比特最后 L 位输入编码器后终止输出，此时编码器结束状态由最后 L 个信息比特决定，编码器状态不做归零处理。此方式的优点是码率为 $R=k/n$，没有损失。其主要不足是编码器结束状态未知，由最后 L 位信息比特决定。译码时译码器

结束状态未知会造成最后信息比特错误概率增大，译码性能会受到影响。下面以 $1/n$ 的卷积编码进行说明。

对于码率为 $1/n$ 的卷积码编码器，在 $t>0$ 时，n 个输出码字是移位寄存器中 $L+1$ 个二进制数字的线性组合，即

$$c_t = m_t g_1 + m_{t-1} g_2 + \cdots + m_{t-L} g_{L+1} \tag{11.14}$$

当输入序列为 $\boldsymbol{m} = (m_0\ m_1 \cdots)$ 时，由式（11.14）可以将输出序列 $\boldsymbol{c}$ 写成矩阵形式，即

$$\boldsymbol{c} = \boldsymbol{m}\boldsymbol{G}_\infty \tag{11.15}$$

式中

$$\boldsymbol{G}_\infty = \begin{bmatrix} g_1 & g_2 & \cdots & g_{L+1} & & & & \\ & g_1 & g_2 & \cdots & g_{L+1} & & & \\ & & g_1 & g_2 & \cdots & g_{L+1} & & \\ & & & g_1 & g_2 & \cdots & g_{L+1} & \\ & & & & \cdots & \cdots & \cdots & \end{bmatrix} \tag{11.16}$$

当输入 B 个信息组时，则对应的 B 组输出码字可直接由式（11.16）通过取前 B 组输出码字得到，等效于

$$\boldsymbol{x} = \boldsymbol{u}\boldsymbol{G}_\infty \tag{11.17}$$

式中

$$\boldsymbol{G}_\infty = \begin{bmatrix} g_1 & g_2 & \cdots & \cdots & g_{L+1} & & & \\ & g_1 & g_2 & \cdots & \cdots & g_{L+1} & & \\ & & \ddots & \ddots & & & \ddots & \\ & & & g_1 & g_2 & \cdots & \cdots & g_{L+1} \\ & & & & g_1 & g_2 & \cdots & g_L \\ & & & & & \ddots & \ddots & \vdots \\ & & & & & & \ddots & g_2 \\ & & & & & & & g_1 \end{bmatrix} \tag{11.18}$$

$\boldsymbol{G}_\infty$ 是一个 $B \times nB$ 的矩阵，生成的卷积码可以看作是码率为 $1/n$ 的分组码，与原始卷积码具有相同的码率。但这种非归零的直接截断卷积码会造成最后几个编码码字受到较严重的噪声影响。究其原因，卷积码译码算法起始于全零状态，但结束状态未知，从而造成最后几位译码输出比特的错误概率增大，故译码性能会受到结尾比特的限制。图 11.6 给出截断结尾卷积码编码网格图。

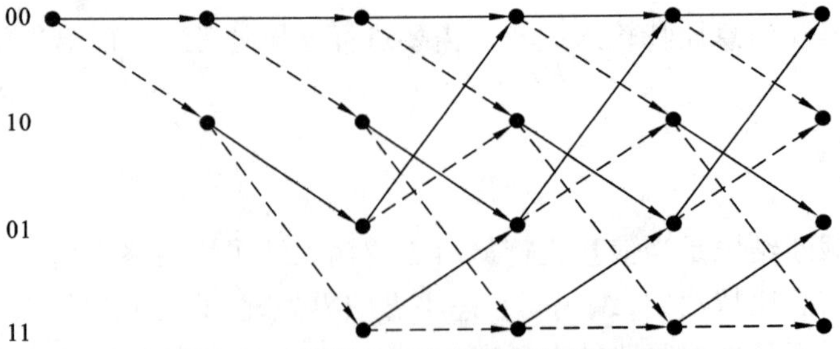

图 11.6　截断结尾卷积码编码网格图

2. 归零结尾

为了避免直接截断导致对最后编码码字的保护不足，卷积码编码最常见的结尾方式是归零结尾，即归零结尾卷积码（zero-tail convolutional codes，ZTCC）。通过在信息序列结尾补 L 个零，使得编码器结束状态与起始状态均处于全零状态，从而保证译码性能，但这种结尾方式会导致码率损失。对于约束长度 L 较大的短信息序列编码时，尾零导致的码率损失尤其严重。如对码率为 $1/n$ 的卷积码，B 个信息组经过编码后长度为$(B+L)n$，此时，ZTCC 的码率为 $B/((B+L)/n)<1/n$，这是归零卷积码为提高译码性能付出的代价。

例 11.4 图 11.7 给出归零卷积码编码网格图，通过将编码器状态归到 00 以终止网格，因此输入到移位寄存器的最后两位必须为零。如果原始卷积码的码率为 1/2，则 ZTCC 码的码率为 5/14。

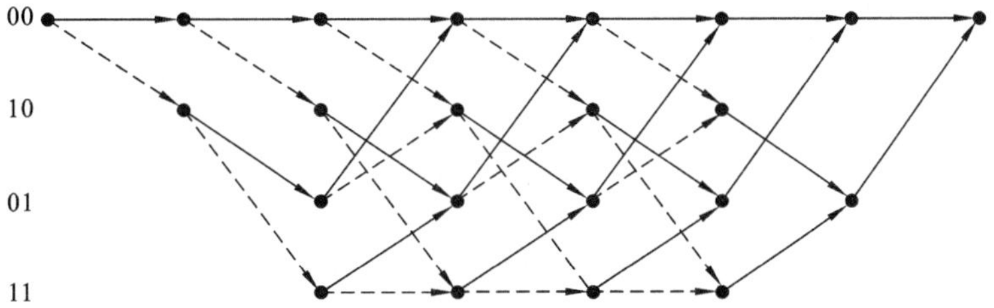

图 11.7 归零卷积码编码网格图

3. 咬尾结尾

在信息序列长度较短的情况下，采用归零结尾方式的 ZTCC 卷积码会造成较大的码率损失。特别是在大约束长度情况下，码率损失尤其严重。消除尾零开销的一种方式是利用信息序列的最后 L 个比特来初始化卷积码编码器的移位寄存器状态，此时编码结束时移位寄存器的状态与起始状态相同，这种结尾方式的卷积码编码称为咬尾卷积码（tail-biting convolutional codes，TBCC）。咬尾是一种将卷积码转化为分组码的技术，TBCC 利用最后 L 位信息比特来初始化编码寄存器状态，这样编码后寄存器的结束状态和编码前的起始状态相同。

与 ZTCC 相比，TBCC 的起始状态和结束状态相同，但是未知的，因移位寄存器的起始状态由 L 个结尾信息比特决定，TBCC 编码器的起始状态共 2^L 种，在译码时需要确定编码器的起始状态。故这种避免 ZTCC 码率损失的方式是以增加译码器复杂度为代价的。

TBCC 译码过程通常用网格图表示，在网格图上起始状态和结束状态相同的路径称为咬尾路径。图 11.8 表示一个四状态，码字长度为 $B=8$ 的咬尾网格。可以看出，TBCC 的咬尾网格是一个循环网格结构，由 2^L 个子网格构成。每个时刻的状态分支按编码状态转移规律进行交错连接，构成了所有的可能路径。其循环网格结构如图 11.9 所示。

TBCC 编码方式没有传输额外的归零比特，提高了编码效率，适合于短码场景下约束长度 L 较大的卷积码编码。如今 TBCC 已被应用于 4G 中的 LTE（长期演进技术，long term evolution）系统中，并且成为了 5G 中超可靠低时延通信（ultra reliable low latency communication，URLLC）场景中的备选编码方案。

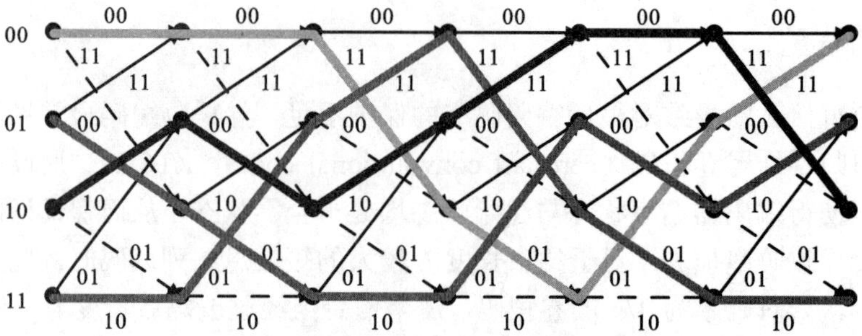

图 11.8　TBCC 码的网格图

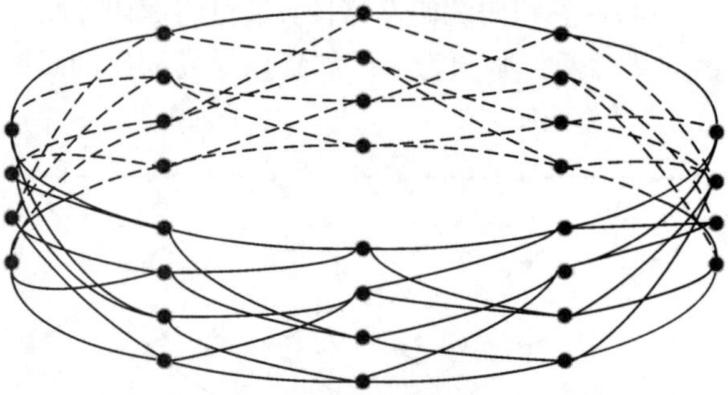
图 11.9　TBCC 的四状态咬尾循环网格

11.3.3　距离特性

卷积码的性能取决于卷积码的距离特性和译码算法。其中距离特性是卷积码本身的属性，它决定了该码的纠错能力，而译码方法只是研究如何将这种潜在的纠错能力转化为现实的纠错能力。所以，了解卷积码的距离特性是十分必要的。

距离特性一般利用网格图来描述，若卷积码码字序列 $\boldsymbol{c}'$ 和 $\boldsymbol{c}''$ 是从同一时刻（不妨称为零时刻）由零状态出发的两个不同的序列，所对应的信息序列分别是 $\boldsymbol{m}'$ 和 $\boldsymbol{m}''$，且 $\boldsymbol{m}' \neq \boldsymbol{m}''$。对于二元码，码字距离 $d(\boldsymbol{c}',\boldsymbol{c}'')$ 指汉明距离，等于 $\boldsymbol{c}'$ 和 $\boldsymbol{c}''$ 逐一模 2 加后得到的序列 $\boldsymbol{c}$ 的重量，也等于序列 $\boldsymbol{c}$ 和全零码字的距离或序列 $\boldsymbol{c}$ 的重量，即

$$d(\boldsymbol{c}',\boldsymbol{c}'') = w(\boldsymbol{c}' \oplus \boldsymbol{c}'') = w(\boldsymbol{c} \oplus 0) = d(\boldsymbol{c},0) \tag{11.19}$$

式（11.19）利用了线性码的性质：两个码字之和仍是码字。因此计算两个码字的最小距离，等效于计算全零码字与某条非全零码字的距离。网格图上的全零码字一般表现为维持在零状态的一条横线，故两个码字的最小距离也是非全零状态路径与全零状态路径的距离。

在序列长度一定时，不同的码字序列之间有着不同的距离。分析所有长度为 l 的任意两个码字序列的距离，将其中最小者称为 l 阶列距离。显然，列距离是序列长度 l 的函数，称之为列距离函数（column distance function, CDF），用 $d_c(l)$ 表示

$$d_c(l) = \min\{d([\boldsymbol{c}']_l,[\boldsymbol{c}'']_l):[\boldsymbol{m}']_0 \neq [\boldsymbol{m}'']_0\} \tag{11.20}$$

式中，$[c']_l$和$[c'']_l$代表零时刻从零状态出发、长度为 l 的任意两个不同的码字序列。所谓"不同"，即两个序列在零时刻的输出码字不同，即$[c']_0 \neq [c'']_0$；或等效于零时刻的两个信息组不同，即$[m']_0 \neq [m'']_0$，表现在网格图上就是从零时刻起两个序列轨迹从零状态分道扬镳形成分叉点。由式（11.19）、式（11.20）可改写为

$$\begin{aligned} d_c(l) &= \min\{w([c']_l,[c'']_l):[m']_0 \neq [m'']_0\} \\ &= \min\{w([c]_l):[m]_0 \neq 0\} \end{aligned} \tag{11.21}$$

式中：$[c]_l = [c']_l + [c'']_l$；$[m]_0$是 c 在零时刻所对应的信息。

由于早期卷积码译码方法与约束长度 $L+1$ 有关，于是把 $L+1$ 阶列距离称为最小距离 $d_{\min}$，即

$$d_{\min} = \min\{w([c]_{L+1}):[m]_0 \neq 0\} \tag{11.22}$$

把由零时刻零状态分叉的两个无限长序列之间的最小距离定义为自由距离

$$\begin{aligned} d_f &= \min\{d(c',c''):m' \neq m''\} \\ &= \min\{w(c'+c''):m' \neq m''\} \\ &= \min\{w(c):m \neq 0\} \\ &= \min\{w(m\mathrm{G}):m \neq 0\} \end{aligned} \tag{11.23}$$

列距离、最小距离、自由距离三者之间的关系为

$$d_{\min} = d_c(l)\big|_{l=L+1} \tag{11.24}$$

$$d_f = \lim_{l \to \infty} d_c(l) \tag{11.25}$$

在卷积码译码中，最重要的距离参数是自由距离 d_f 和列距离函数 d_i。码的自由距离是任意两个码字之间的最小距离，通常用 d_f 表示。对于给定的码率和编码存储器，目前还没有能确切找到最佳 d_f 的方法。通常用随机编码来寻找 d_f 的上下界。

以下举例说明三个距离的求法。

例 11.5 二进制(3, 1, 2)卷积码网格图如图 11.10 所示，试求该码 1～6 阶列距离、最小距离和自由距离。

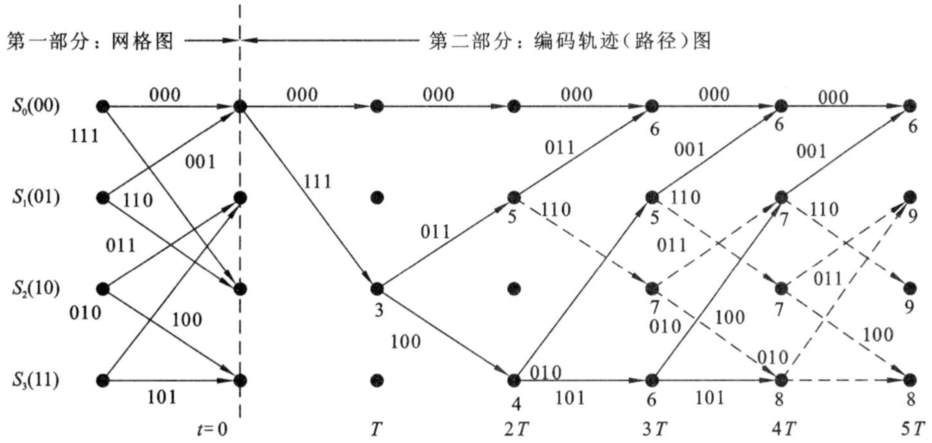

图 11.10 (3, 1, 2)卷积码的自由距离

解 根据$d_c(l)$、$d_{\min}$和d_f的定义，需要求从零时刻零状态S_0分叉出去的所有可能序列的重量（或者说与全零序列的距离）。当 l=1 时，分叉出去的序列只有一条，用状态转移轨迹来表示可记为$S_0 \to S_2$，伴随该转移的码字是 111，重量为 3，所以，一阶列距离是 3。当 l=2 时，零时刻分叉出去的序列有两条$S_0 \to S_2 \to S_1$和$S_0 \to S_2 \to S_3$，对应的码字序列分别是(111,011)和(111,100)，其中(111,100)是最轻序列，重量为 4，所以，2 阶列距离为 4。依此类推，可得到如下结果：

	最轻码字序列	列距离函数$d_c(l)$
$l=1$	$S_0 \to S_2$	$d_c(1)=3$
$l=2$	$S_0 \to S_2 \to S_3$	$d_c(2)=4$
$l=3$	$S_0 \to S_2 \to S_3 \to S_1$	$d_c(3)=5$
$l=4$	$S_0 \to S_2 \to S_3 \to S_1 \to S_0$	$d_c(4)=6$
	或 $S_0 \to S_2 \to S_1 \to S_0 \to S_0$	
$l=5$	$S_0 \to S_2 \to S_1 \to S_0 \to S_0$	$d_c(5)=6$
$l=6$	$S_0 \to S_2 \to S_1 \to S_0 \to S_0 \to S_0$	$d_c(6)=6$

所以本题最小距离$d_{\min}=d_c(l)|_{l=L+1}=d_c(3)=5$。

从图 11.10 看，当$l>4$时，从零时刻零状态分叉的非全零序列路径已经回归到零状态，之后与全零序列路径合并成为最轻的非零序列，码字重量不会再增加，所以自由距离$d_f=d_c(\infty)=6$。

由例 11.5 可以推出一般的结论：自由距离就是从零状态分叉后又回到零状态的最轻路径的重量。许多早期的卷积码文献将最小距离$d_{\min}$作为最重要的距离参数，这是由于当时的主要译码算法只有一个约束长度$L+1$的记忆容量。后来，维特比译码和序列译码成为主要方法，在理论上这些译码算法的记忆长度可不受限制，因此自由距离d_f成为主要的距离参数。而且d_f是决定卷积码性能的一个主要参数，故有必要专门讨论其计算方法。

对于类似例 11.5 的简单卷积码，可以直接从网格图中找出d_f。但随着约束长度的增大，状态数将以指数速度增加，网格图将变得非常复杂，不可能直接找出d_f，于是各种计算d_f的方法应运而生。一般来说，当状态数小于 16 或 32 时，可以采用解析法，借助信号流图来求自由距离。但当状态数非常大时，通常依靠计算机搜索来寻找d_f。下面主要介绍信号流图法。

卷积码的状态流图与信号流图之间具有拓扑等效性，因此可将信号流图的理论和方法应用于卷积码的研究。原则上，利用信号流图可计算任何一个以支路为基础的线性累积量。如果希望这个量以“和”的形式累积，可将该量写作某个特定底数的指数，并令其幂为该支路的增益。若干支路串联构成一条路径，路径增益是组成此路径的各支路增益的乘积（指数是各支路增益指数之和)。作为研究对象的两个节点之间可能有不止一条路径，所有路径增益的和称为两个节点之间的生成函数 $T(D)$。将信号流图法用于计算自由距离时，一个状态对应一个节点，人们感兴趣的量是不同转移间的距离（与全零转移相比就是重量），距离在连续转移中是以和的形式累积的。因此，以各转移所对应的码字重量 w_j 为指数来定义支路增益 D^{w_j} 和路径增益 $D^{\sum_j w_j}$。由于自由距离是由零状态出发又回零状态的最轻序列重量，可以将零状态拆开成两个节点：一个是始发点，一个是归宿点。从而沿着任一条由始发点到归宿点的路径都有一个路径增益，其中路径增益最小的路径就是最轻路径。从生成函数 $T(D)$的角度看，如果将所有指数相同的路径增益合并，各路径增益的和式可写作

$$T(D)=\sum_{d=0}^{\infty}A_d D^d \tag{11.26}$$

式中，系数 A_d 是路径增益指数为 d 的不同路径的条数。$T(D)$的最低次非零项指数就是最轻序列的重量，即自由距离 d_f。

对式（11.26）的分析揭示了生成函数 $T(D)$与自由距离 d_f 的关系，可以借用信号流图中计算生成函数的方法来计算卷积码的自由距离。

以下仍以(3, 1, 2)二元卷积码为例说明求生成函数 $T(D)$的步骤，以及如何通过 $T(D)$求得自由距离 d_f。

例 11.6 二进制(3, 1, 2)卷积码状态流图如图 11.11 所示。试用信号流图法求该码的自由距离 d_f。

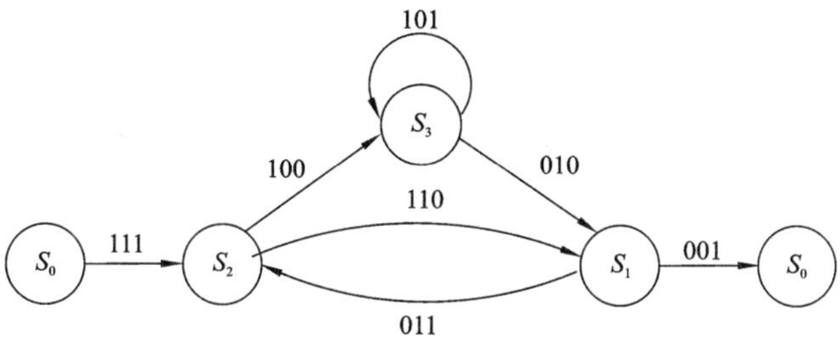

图 11.11 零状态拆分后的状态流图

解 将卷积码状态图的零状态 S_0 拆成始发和终点两个节点（图 11.11），状态的自环是全零码，在信号流图中不画出。令各支路的增益为 D^j（这里 j 是与转移对应的码字重量，如码字 011 的重量为 2，对应的支路增益是 D^2），可得信号流图（图 11.12）。再根据信号流图的一些初等变换规则（图 11.13），将图 11.12 进一步简化（图 11.14），最后得到生成函数为

$$T(D)=\frac{2D^6-D^8}{1-D^2-2D^4-D^6}$$

利用多项式除法（长除法），得

$$T(D)=2D^6+D^8+5D^{10}+\cdots \tag{11.27}$$

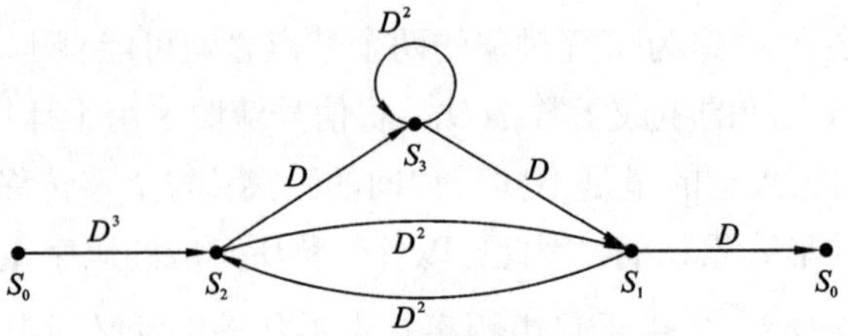

图 11.12　相应的信号流图和各支路增益

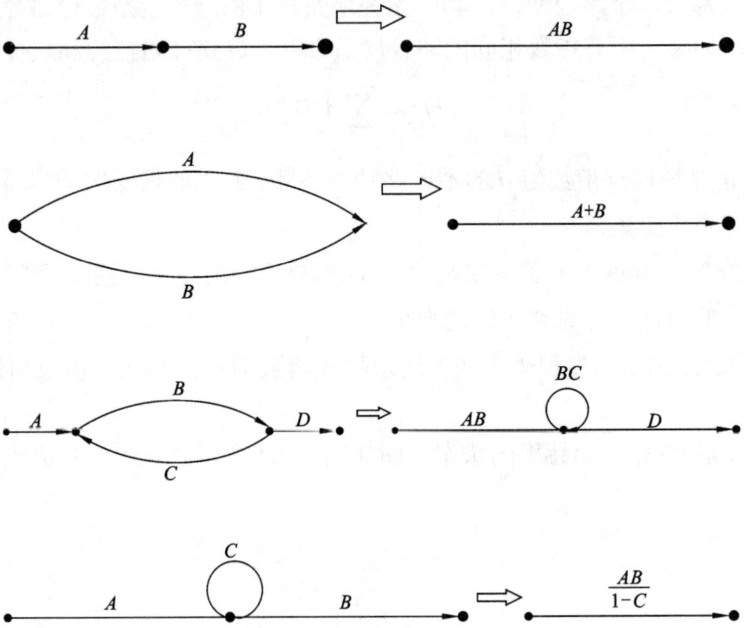

图 11.13　信号流图的初等变换

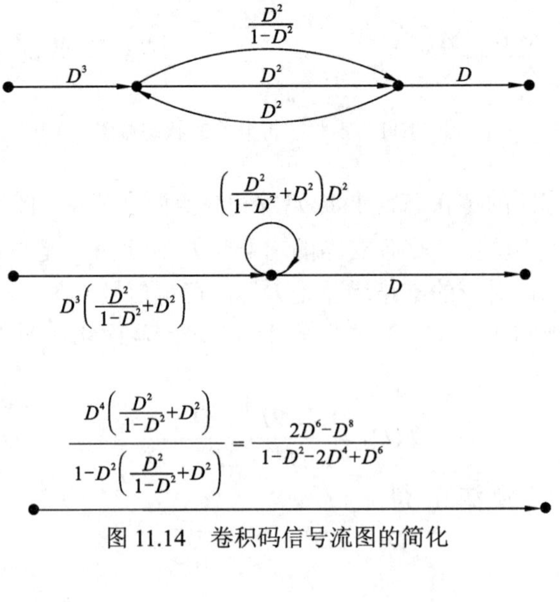

图 11.14　卷积码信号流图的简化

例 11.6 中生成函数 $T(D)$是一个无限多项式，多项式的每一项与网格图上具有相同重量的一类非零路径（非零序列）相对应：该项的指数表示此类非零序列的重量，该项的系数表示此重量非零序列的条数。例如，式（11.27）的生成函数说明，从零状态分叉又回到零状态的非零路径（序列）中，有两条路径重量为 6，有一条重量为 8，有五条重量为 10 等。显然，自由距离等于其中最轻者，即次数最低的第一项。本例中，$T(D)$的最低次项为 6 次，故可得 $d_f=6$。对照图 11.12，可以验证 $d_f=6$，而且重量为 6 的最轻非零序列有两条，一条是 $S_0S_2S_1S_0$，另一条是 $S_0S_2S_3S_1S_0$。重量为 8 的非零路径有一条，即 $S_0S_2S_3S_3S_1S_0$。

11.3.4 错误概率

1. 硬判决译码误码概率

比特错误概率 $P(E)$表示信息位的错误概率，上界为

$$P_b(E)<\frac{1}{L}\sum_{d=d_{free}}^{\infty}B_d[2\sqrt{p(1-p)}]^d \tag{11.28}$$

式中：L 为约束长度；B_d 为所有重量为 d 的路径上非零信息位的总数；p 为 BSC 信道的错误转移概率。

当 p 值较小时，式（11.28）中的上界由第一项决定，所以可得

$$P_b(E)<\frac{1}{K}B_{d_{free}}[2\sqrt{p(1-p)}]^{d_{free}}\approx\frac{1}{K}B_{d_{free}}2^{d_{free}}p^{d_{free}/2} \tag{11.29}$$

式中：$B_{d_{free}}$ 为所有重量为 d_{free} 的路径上非零信息位的总数。

如果 BSC 信道为 AWGN 信道，则对于相干 BPSK，p 由下式给出

$$p=Q\left(\sqrt{\frac{2E_s}{N_0}}\right) \tag{11.30}$$

式中：E_s/N_0 为平均符号能量与噪声功率谱密度之比。

由于 $Q(x)\leqslant 1/2\mathrm{e}^{-x^2/2}$，则当 $x\geqslant 0$ 时，上述错误概率可近似为

$$p\approx\frac{1}{2}\mathrm{e}^{-E_s/N_0} \tag{11.31}$$

将 p 代入式（11.29），利用 $E_b=E_s/R$ 关系得到

$$P_b(E)\approx\frac{1}{K}B_{d_{free}}2^{d_{free}/2}\mathrm{e}^{-(Rd_{free}/2)\cdot(E_b/N_0)} \tag{11.32}$$

对于离散无记忆信道，卷积码比特错误率 $\overline{P_b}$ 的平均概率表达式为

$$\overline{P_b}=\frac{(q-1)q^{-LR_0/R_c}}{1-q^{-(R_0-R_c)/R_c}} \tag{11.33}$$

式中：q 是信道输入符号数量；L 是约束长度；R_c 是码率；R_0 是中断码率，且 $R_c\leqslant R_0$。

参数 R_0 称为中断码率，其单位为位/维，表达式为

$$R_0 = \log \frac{B}{1+(B-1)\mathrm{e}^{-E_c/2N_0}} \tag{11.34}$$

式中：E_c为单位编码比特能量，B为符号的数目。

2. 软判决译码误码概率

文献[24]通过成对比较网格中d个比特位置不同的两条路径，给出了错误概率

$$P_2(d) = Q(\sqrt{2\gamma_b R_c d}) \tag{11.35}$$

式中：$\gamma_b = E_b / N_0$为比特信噪比，R_c为码率。

通过数值分析，$L=1$时的误比特率上界为

$$P_b = \sum_{d=d_{free}}^{\infty} \beta_d Q(\sqrt{2\gamma_b R_c d}) \tag{11.36}$$

式中：$\beta_d = a_d f(d)$；$\gamma_b = E_b / N_0$为比特信噪比；R_c为码率。a_d表示网格路径中第一次与全零路径合并时与全零路径距离为d的路径数。$f(d)$表示在选择与全零路径在某个节点合并的不正确路径时所产生的错误信息比特数。当约束长度L大于1时，误比特率上界为

$$P_b < \frac{1}{L} \sum_{d=d_{free}}^{\infty} \beta_d Q(\sqrt{2\gamma_b R_c d}) \tag{11.37}$$

11.4 卷积码的译码

卷积码本质上是一个有限状态机，它的码字是前后相关的。对于编码器编出的任何码字序列，在网格图上一定可以找到一条连续的路径与之对应，这种连续性正是卷积码码字前后相关的体现。但在译码端，一旦传输、存储过程中出现差错，在网格图上可能找不到对应接收码字的连续路径，而只有若干不确定、断续的路径供译码参考。从译码器译出的码字序列必须与编码器一样，也对应一条连续路径，否则译码将出现差错。在编码理论发展进程中出现了多种以序列为基础的译码方法，如1961年沃曾克拉夫特（Wozencraft）提出的序列译码算法。这种算法后来由费诺在1963年作出了修改和完善，现在称为费诺算法。但这些都不是最佳译码或最大似然译码方法。

卷积码概率译码的基本思路是：以断续的接收码字序列为基础，逐个计算其与所有可能的、连续的网格图路径的距离，选出其中可能性（概率）最大的一条作为译码估值输出。在大多数场合下概率最大可解释为距离最小，这种最小距离译码体现的正是最大似然的准则。

11.4.1 卷积码的最大似然译码

卷积码的最大似然译码与分组码的最大似然译码在原理上是一样的，但实现方法上略有不同。主要区别在于：分组码是孤立地求解单个码组的相似度，而卷积码是求码字序列

之间的相似度。经典的译码算法有 Viterbi 算法。

在传输码字 $\boldsymbol{c}=(c_1,\cdots,c_n)$ 时，接收端收到 $\boldsymbol{r}$，其条件概率密度函数为

$$p(\boldsymbol{r}\,|\,\boldsymbol{c})=\prod_{i=1}^{n}p(r_i\,|\,c_i) \tag{11.38}$$

将满足式（11.38）的信道称为平稳无记忆通道。译码器的任务是在接收到 $\boldsymbol{r}$ 时判决出传输的 $\boldsymbol{c}$。最大似然译码规则是选择使 $p(\boldsymbol{r}\,|\,\boldsymbol{c})$ 最大化的信号 $\boldsymbol{c}$。一般来说，因为码字序列 $\boldsymbol{c}$ 的元素之间是相互关联的，所以不能通过逐个最大化 $p(r_i\,|\,c_i)$ 来最大化 $p(\boldsymbol{r}\,|\,\boldsymbol{c})$。

实际上，在求解上述最大化问题时，假设有 B 个码字，则需要计算 B 个 $p(\boldsymbol{r}\,|\,\boldsymbol{c})$ 值，并寻找出最大值，当 B 值太大时这个方法不切实际。

为解决上述问题，可以从卷积码的结构特点出发，利用其网格图进行译码。假设“度量”（其值的最大化等价于 $p(\boldsymbol{r}\,|\,\boldsymbol{c})$ 最大化）是可以累加的，即

$$M(\boldsymbol{r}\,|\,\boldsymbol{c})=\sum_{i=1}^{n}M(r_i\,|\,c_i) \tag{11.39}$$

对于一个平稳无记忆信道，令度量 $M(\boldsymbol{r}\,|\,\boldsymbol{c})=\log p(\boldsymbol{r}\,|\,\boldsymbol{c})$ 即可满足可加性，即

$$\begin{aligned}\ln p(\boldsymbol{r}\,|\,\boldsymbol{c})&=\ln\prod_{i=1}^{n}p(r_i\,|\,c_i)=\sum_{i=1}^{n}\ln p(r_i\,|\,c_i)\\&=\sum_{i=1}^{n}M(r_i\,|\,c_i)=M(\boldsymbol{r}\,|\,\boldsymbol{c})\end{aligned} \tag{11.40}$$

对于 AWGN 信道，有

$$p(\boldsymbol{r}\,|\,\boldsymbol{c})=\mu\mathrm{e}^{-\|\boldsymbol{r}-\boldsymbol{c}\|^2} \tag{11.41}$$

式中：μ 是归一化常数，因此，可以忽略常数项 $\ln\mu$，则

$$M\big(\boldsymbol{r}\,|\,\boldsymbol{c}\big)=-\|\boldsymbol{r}-\boldsymbol{c}\|^2=-\sum_{i=1}^{n}|r_i-c_i|^2 \tag{11.42}$$

所以，分支度量（branch metric，BM）可表示为

$$M(r_i\,|\,c_i)=-|r_i-c_i|^2 \tag{11.43}$$

为简单起见，假设信号集 χ 包含实信号或复信号，从而

$$|r_i-c_i|^2=|r_i|^2+|c_i|^2-2\mathbf{R}(r_ic_i^*)$$

式中：$\mathbf{R}$ 表示实数部分；$|r_i|^2$ 与度量的最大化无关，因此可以将其删除。同样地，如果信号集中的信号能量相同，则 $|c_i|^2$ 也是与度量最大化无关的，度量可简化为 $\mathbf{R}(r_ic_i^*)$。

11.4.2 维特比译码算法

维特比译码的基本思想是将接收到的序列与所有的可能发送序列进行比较，选择其中汉明距离最小的序列作为译码输出。若发送一个 k 位序列，则有 2^k 种可能的发送序列。当 k 较大时，存储量太大，其实用性受到限制。维特比算法采用分段比较的方法来降低复杂度。其译码思路如下：

（1）逐级计算接收序列与由状态 S_i 出发到达各个状态的路径的汉明距离；

（2）对到达同一状态的多条路径，保留汉明距离最小的路径作为幸存路径，其路径度量作为下一级状态的累积度量；

（3）计算各状态间的分支度量，并与前一状态的幸存路径的度量值进行累加，重复步骤（2）。

对于网格图中穿过某个状态的所有路径，如果只考虑从起始状态到选定状态之间的部分，可以计算出接收序列和每条路径之间的距离，其中可能有一条路径比所有其他路径都要好。如果信道误码是随机的，那么在某个时刻不是最优的路径以后也不会成为最优路径。换言之，对每一个状态只需保留其中一条最优路径。所以，维特比算法在网格图中只保留 2^L 条路径，每来一个码组，都要判断哪些路径要舍弃，哪些路径要保留，具体过程如下：

（1）对 2^L 条存储路径中的每一条，分别计算接收序列与该路径延伸的 2^k 条分支之间的距离，即分支度量值 BM；

（2）对 2^L 个节点中的每一个，有 2^k 条路径到达该状态节点。计算每一条从零时刻开始到该状态节点处的分支度量值之和，得到总的路径度量值。路径度量值是分支度量值与幸存路径的路径度量值之和。将度量值最大的路径作为幸存路径保留。

维特比算法的关键步骤在于“加（add）、比较（compare）、选（select）”，即 ACS。图 11.15 展示了时刻 T 的网格状态（记为 S_T）和时刻 $T+1$ 的网格状态（记为 S_{T+1}）。连接路径的分支由相应的分支度量标记，而状态由累积的路径度量标记。ACS 步骤包括以下内容：在每个状态 S_{T+1}，对来自状态 S_T 的分支（图 11.15 中有两个这样的分支），将其分支度量累加到进入该状态的上一状态的路径度量，然后比较进入该状态的所有路径的度量。对于每个状态 S_{T+1}，选择度量值最大的分支，丢弃所有其他分支。维特比算法从网格的开始状态到结束状态不断重复 ACS 步骤。对于每个状态的 ACS 步骤之后，维特比算法保留一个累积度量值和一个路径，该路径即为该状态对应的幸存路径。所以，在任何时刻 T，对于每个 S_T，都有一个幸存路径从初始状态穿过网格到达 S_T，并且对应有一个累积度量值。该幸存路径是到达该状态的最大度量路径。经过 n 个 ACS 步骤，在网格末端，得到一个 n 分支路径和对应的累积度量，即为最大度量路径和最大度量值。

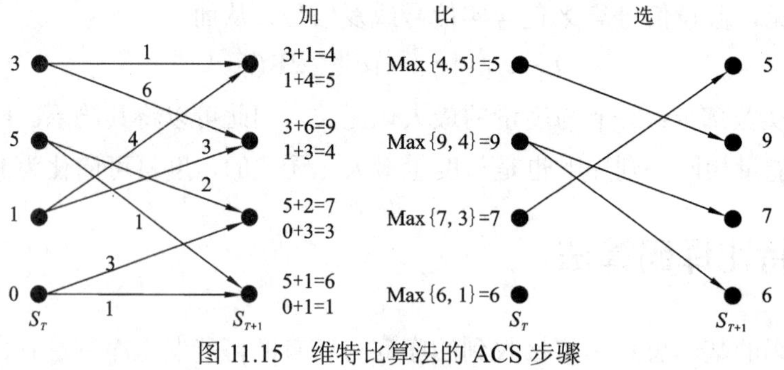

图 11.15　维特比算法的 ACS 步骤

维特比算法的计算复杂度仅随 n 呈线性增长，更具体地，在时刻 T 时，维特比算法需要存储 $n2^L$ 个位置，包括每个位置的每个状态的累积度量和一条幸存路径。实际应用中译码器必须存储和搜索的幸存路径的数量可能太大。

当接收序列 n 很长时，接收到整个编码序列后再进行判决是不现实的，这需要大记忆和长延迟。在给定时间 ℓ 通过回溯所有幸存路径发现，这些幸存路径都源自起始于0的一条路径，这条路径在 $l-D$ 时刻分裂。故对于输入接收序列 $\boldsymbol{r}$，只要延迟一定时间 D 就可译码输出，如图11.16所示。每输出一个码组就完成了一步，整个译码过程就是这样逐段完成的。

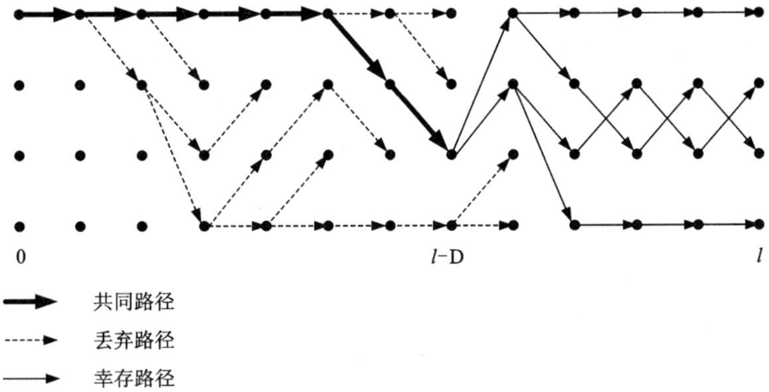

图11.16 在时间 $l-D$ 中合并成一个共同路径的幸存路径

维特比算法在实现某一步（比如第 l 步）译码时，必须已知以下数据：

（1）卷积码的状态转移网格图；

（2）第 l 步的接收码组 r^l；

（3）截止到第 $l-1$ 步，到达各状态的候选序列与接收序列相比的最大相似度（最小汉明距离）$PM^{(l-1)}(j)(j=1,2,\cdots,2^L)$。$PM^{(l-1)}(j)$ 也叫作 $l-1$ 时刻第 j 个状态的路径量度（path metric，PM）；

（4）截止到第 $l-1$ 步，到达状态 j 的最大似然序列的码元序列 $\boldsymbol{c}^{(l-1)}(j)$，也叫作第 j 个状态的幸存路径。

由维特比译码过程可以总结以下规律。

（1）每个状态都有自己的幸存路径和路径度量，但最后只有一个作为译码估值序列的输出。

在硬判决时，分支量度BM表示一次转移的差错数，路径量度PM表示一条路径上差错数的累计，而幸存路径是到达该状态的所有路径中差错累计数最少的路径所对应的码字序列片断（长度 D）。

如果传输中没有误码（即 $\boldsymbol{r}=\boldsymbol{c}$），那么总有一个状态的路径度量等于0。如果传输中发生误码，那么没有一个状态的路径度量为0（所有候选序列与接收序列的距离值不为0），我们只能选择其中距离最小者作为译码估值序列 $\hat{\boldsymbol{c}}$。如果接收序列 $\boldsymbol{r}$ 和发送序列 $\boldsymbol{c}$ 之间的距离小于与其他任何一条路径的距离，则译码是正确的此时 $\hat{\boldsymbol{c}}=\boldsymbol{c}$。如果信道误码大到一定程度而使 $\boldsymbol{r}$ 和 $\boldsymbol{c}$ 之间的距离大于 $\boldsymbol{r}$ 和其他某一条路径的距离，则译码错误，此时，$\hat{\boldsymbol{c}}\neq\boldsymbol{c}$。

（2）引入适当时延能提高译码器的纠错能力。

网格图上正确路径只有一条，虽然其和其他路径的度量PM都在持续增大，但造成增大的原因不同，统计特性也不同。正确路径的PM是由于码字差错造成的，增大速度取决于差错概率及分布特点；而其他路径是由于路径差异造成的，PM 持续增大且速度快。当信道中产生突发差错时，会导致正确路径的 PM 突然增大而暂时超过其他路径，但只要突发差错长度在一定限度之内且不是持续发生的，那么经过一段时间后正确路径的 PM 总会恢复为最小，即时间抹平了差错的峰谷。对比分析可知，$T=1$ 时发生的信道差错使正确路径长度 $PM^1(0)>PM^1(2)$，此时立即选择译码输出，与推迟到时刻 $T=5$ 才输出 $T=1$ 时的译码序列，结果是不同的。引入时延 D 使得译码根据一段时间内的统计而不是即时、孤立地去作判决，体现了噪声均化的纠错码原则。时延大对译码准确性有利，但对通信实时性不利，权衡折中后，工程上一般取时延 D 为卷积码限制长度 L 的 5～10 倍。

（3）各状态的幸存路径有合并为一条的趋势。

各状态幸存路径随着译码推进逐渐合并为一条，此时无论哪一个状态的似然度最大，都不会影响译码输出，因为各幸存序列最左边的码字是一样的。这说明差错的影响随着时间的增大是可以被消除的。如果时延 D 足够长以致到了 T 时刻，各状态在 $T-D$ 处的轨迹都已（或大多已）合为一条，那么译码差错必然大大减少。

（4）路径度量 PM 具有相对意义。

虽然路径度量表示各候选序列与接收序列的汉明距离，是一个绝对量，但决定译码正确与否的关键因素是路径度量的相对大小。事实上，随着差错的积累，正确序列的路径度量绝对值也一定是越来越大直至无穷，但只要其比其他序列小，译码照样是正确的。因此，在适当的时刻，要对路径长度做归一化处理，也即将各状态的路径长度减去同一个数，使其中最小者为零。

（5）卷积编码器有 L 个存储器，就有 2^L 个状态。

若用维特比算法对具有 2^L 个状态的(n, k, L)卷积码进行译码，就有 2^L 个路径量度和 2^L 条留存路径。在网格图每一时刻的每一状态，有 2^k 条路径汇合于该点，其中每一条路径都要计算其度量并比较大小，因此每个状态要计算 2^k 个度量。故在执行每一级译码中，计算量将随 k 和 L 成指数地增加，这就导致了维特比算法的应用局限性，即 k 和 L 值不能太大。

习　题

1. 已知(3, 1, 2)非系统卷积码的子生成元 $g^{(0)}=(110)$、$g^{(1)}=(101)$、$g^{(2)}=(111)$。

（1）画出编码器结构框图；

（2）计算生成矩阵 $\boldsymbol{G}$；

（3）计算信息序列 $\boldsymbol{u}=(11101)$ 对应的码字。

2. 已知(3, 2, 13)系统卷积码的两个子生成元是

$$g^{(1,2)}(D)=1+D^8+D^9+D^{12}$$

$$g^{(2,3)}(D)=1+D^6+D^{11}+D^{13}$$

（1）写出生成矩阵 $\boldsymbol{G}$ 和 $\boldsymbol{H}$；

（2）画出该码的编码电路。

3. 某码率 1/2，约束长度 $L=2$ 的二进制卷积码的编码器如题图 11.1 所示。

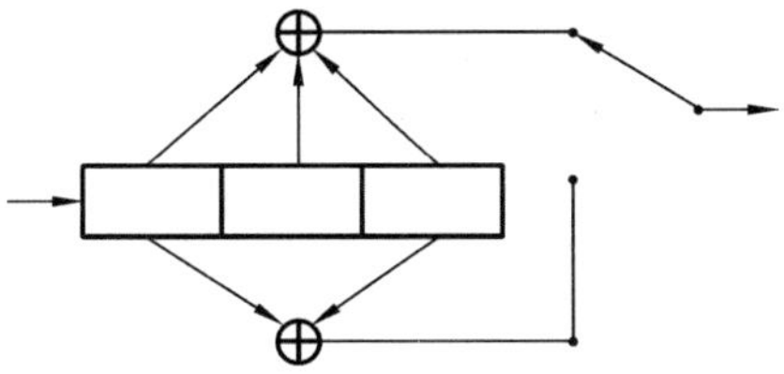

题图 11.1

（1）画出该卷积码的网格图和状态图；

（2）求转移函数，据此指出自由距离。

4. 已知（3,2,1）卷积码 $\boldsymbol{G}(D)=\begin{bmatrix}1+D & D & 1+D\\ D & 1 & 1\end{bmatrix}$。

（1）画出该码的编码器；

（2）写出 $\boldsymbol{H}(D)$；

（3）已知输入信息 $\boldsymbol{M}(D)=(1+D+D^3,1+D^2+D^3)$，试写出输出码字。

5. 设一个(2, 1, 3)卷积码的生成矩阵 $\boldsymbol{G}(D)=(1+D^2+D^3,1+D+D^2+D^3)$，画出它的状态转移图和网格图。

6. 已知(3, 1, 2)非系统卷积码的子生成元 $g^{(0)}=(110)$， $g^{(1)}=(101)$， $g^{(2)}=(111)$。

（1）画出该码的状态转移图和网格图；

（2）求出该码的转移函数和自由距离。

7. 采用题 5 的卷积码在 AWGN 信道中以硬判决方式传输，接收机解调器的输出为(101001011110111⋯)。运用维特比算法，找出发送序列。

8. 某二进制卷积码的框图如题图 11.2 所示。

（1）画出该码的状态转移图和网格图；

（2）求转移函数；

（3）如果码字经 BSC 信道以 $p=10^{-5}$ 的差错概率传输，接收序列为（110 110 110 111 010 101 101），请用维特比算法找出原发送码序列。

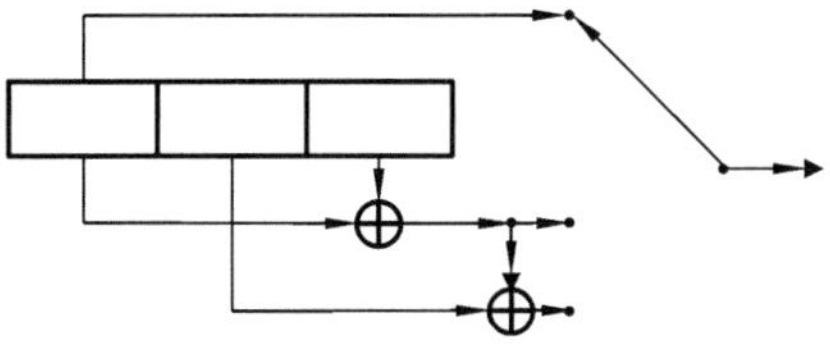

题图 11.2

9. 某(3, 1)卷积码的框图如下图所示。

（1）画出该码的状态转移图和网格图；

（2）求转移函数；

（3）求该码的自由距离 d_f，在网格图上画出相应路径（与全零码字相距 d_f 的路径）；

（4）对 4 位信息比特 (x_1,x_2,x_3,x_4) 和紧接的 2 位零比特编码，以 $p=0.1$ 的差错概率通过 BSC 信道传送。已知接收序列是(111 111 111 111 111 111)，试用维特比算法找出最大似然的发送数据序列。

参 考 文 献

曹雪虹, 张宗橙, 2016. 信息论与编码[M]. 北京:清华大学出版社.

陈前斌, 蒋青, 于秀兰, 2007. 信息论基础[M]. 北京:高等教育出版社.

陈运, 2007. 信息论与编码[M]. 北京:电子工业出版社.

傅祖芸, 2004. 信息论与编码学习辅导及习题详解[M]. 北京:电子工业出版社.

傅祖芸, 2015. 信息论:基础理论与应用[M]. 北京:电子工业出版社.

姜丹, 2019. 信息论与编码[M]. 北京:中国科学技术大学出版社.

李梅, 李亦农, 王玉皞, 2015. 信息论基础教程[M]. 北京:北京邮电大学出版社.

刘东华, 2004. Turbo 码原理与应用技术[M]. 北京:电子工业出版社.

仇佩亮, 2011. 信息论与编码[M]. 北京:高等教育出版社.

沈连丰, 李正权, 2010. 信息理论与编码基础[M]. 北京:科学出版社.

沈世镒, 陈鲁生, 2010. 信息论与编码理论[M]. 北京:科学出版社.

孙丽华, 陈荣伶, 2016. 信息论与编码[M]. 北京:电子工业出版社.

王新梅, 肖国镇, 2001. 纠错码: 原理与方法[M]. 西安:西安电子科技大学出版社.

王育民, 李晖, 2013. 信息论与编码理论[M]. 北京:高等教育出版社.

袁东风, 张海霞, 2004. 宽带移动通信中的先进信道编码技术[M]. 北京:北京邮电大学出版社.

张宗橙, 2003. 纠错编码原理和应用[M]. 北京:电子工业出版社.

赵晓群, 2008. 现代编码理论[M]. 武汉:华中科技大学出版社.

朱雪龙, 2001. 应用信息论基础[M] 北京:清华大学出版社.

ANDERSON J B, HLADIK S M, 1998. Tailbiting MAP decoders[J]. IEEE Journal on Selected Areas in Communications, 16(2): 297-302.

COVER J M, THOMAS J A, 2003. Elements of Information Theory[M]. Beijing: Tsinghua University Press.

JOHANNESSON R , ZIGANGIROV K S, 2015. Fundamentals of Convolutional Coding[M]. USA: Wiley.

LIN SHU, COSTELLO D J, 2004. Error Control Coding: Fundamentals and Applications[M]. Englewood: Pearson-Prentice Hall.

MCELIECE R J, 2004. 信息论与编码理论[M]. 李斗, 等, 译. 北京: 电子工业出版社.

POLYANSKIY Y, POOR H V, VERDÚ S, 2010. Channel coding rate in the finite blocklength regime[J]. IEEE Transactions on Information Theory, 56(5): 2307-2359.

SHANNON C E, 1948. A Mathematical Theory of Communication[J]. The Bell System Technical Journal, 27(3): 379-423.

SHIRVANIMOGHADDAM M, MOHAMMADI M S, ABBAS R, et al., 2018. Short block-length codes for ultra-reliable low latency communications[J]. IEEE Communications Magazine, 57(2): 130-137.

SWEENEY P, 2004. 差错控制编码[M]. 俞越, 张丹, 译. 北京:清华大学出版社.

附　录

数学预备知识

附录A　凸函数及詹森不等式

定义 A.1　对于任意小于1的正数$a(0<a<1)$以及定义域内的任意变量x_1、x_2 $(x_1 \neq x_2)$，如果$f[ax_1+(1-a)x_2] \geqslant af(x_1)+(1-a)f(x_2)$，则称$f(x)$为定义域上的上凸函数。若式中“>”成立，称$f(x)$为严格的上凸函数，如图A.1所示。

如果$f[ax_1+(1-a)x_2] \leqslant af(x_1)+(1-a)f(x_2)$，则称$f(x)$为定义域上的下凸函数。若式中“<”成立，称$f(x)$为严格的下凸函数。

在上凸函数的任意两点之间画一条割线，函数总在割线上方，如果$f(x)$是上凸函数，则$-f(x)$是下凸函数。如果$f(x)$存在非负的二阶导数，则为下凸函数。

对于凸函数，有一个很重要的不等式——詹森不等式。在信息论中关于熵函数的证明经常要用这个不等式。

若$f(x)$是定义在区间$[a,b]$上的实值连续上凸函数，则对于任意一组变量$x_1,x_2,\cdots,x_s \in [a,b]$和任意一组非负实数$\lambda_1,\lambda_2,\cdots,\lambda_k$满足$\sum_{k=1}^{q}\lambda_k=1$，则有

$$\sum_{k=1}^{q}\lambda_k f(x_k) \leqslant f\left[\sum_{k=1}^{q}\lambda_k x_k\right]$$

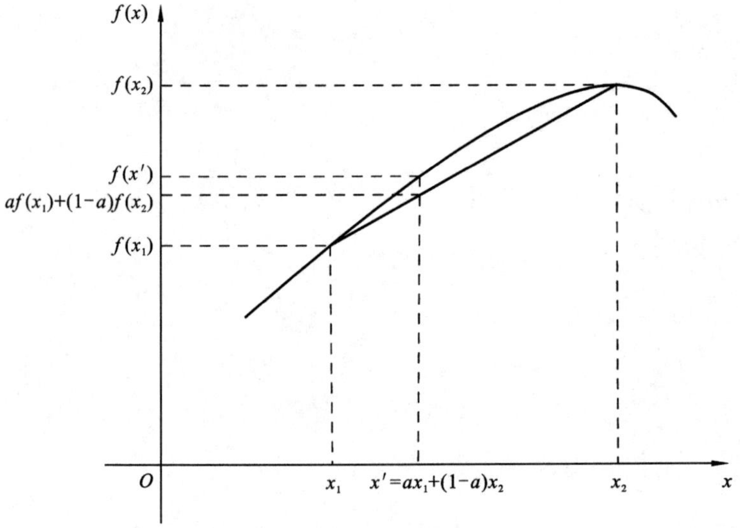

图A.1　上凸函数

证　如图A.1所示，当$q=2$时，由上凸函数的定义可知上式成立，用数学归纳法。

当$q=2$时，上式成立$\lambda_1 f(x_1)+\lambda_2 f(x_2) \leqslant f(\lambda_1 x_1+\lambda_2 x_2)$，$\lambda_1$、$\lambda_2$为满足$\lambda_1+\lambda_2=1$的任意非负实数。

当$q=3$时，有

$$
\begin{aligned}
&\lambda_1 f(x_1)+\lambda_2 f(x_2)+\lambda_3 f(x_3)\\
&=(\lambda_1+\lambda_2)\left[\frac{\lambda_1}{\lambda_1+\lambda_2}f(x_1)+\frac{\lambda_1}{\lambda_1+\lambda_2}f(x_2)\right]+\lambda_3 f(x_3)\\
&\leqslant(\lambda_1+\lambda_2)f\left[\frac{\lambda_1}{\lambda_1+\lambda_2}x_1+\frac{\lambda_1}{\lambda_1+\lambda_2}x_2\right]+\lambda_3 f(x_3)\\
&\leqslant f\left((\lambda_1+\lambda_2)\left(\frac{\lambda_1}{\lambda_1+\lambda_2}x_1+\frac{\lambda_1}{\lambda_1+\lambda_2}x_2\right)+\lambda_3 x_3\right)\\
&=f(\lambda_1 x_1+\lambda_2 x_2+\lambda_3 x_3)
\end{aligned}
$$

所以假设当 $q=n$ 时成立，即

$$\sum_{k=1}^{n}\lambda_k f(x_k)\leqslant f\left[\sum_{k=1}^{n}\lambda_k x_k\right]$$

那么，当 $q=n+1$ 时，令 $a=\sum_{k=1}^{n}\lambda_k$ ， $\lambda_{n+1}=1-a$ ，则

$$
\begin{aligned}
&\lambda_1 f(x_1)+\lambda_2 f(x_2)+\cdots+\lambda_n f(x_n)+\lambda_{n+1}f(x_{n+1})\\
&=a\left[\frac{\lambda_1}{a}f(x_1)+\frac{\lambda_2}{a}f(x_2)+\cdots+\frac{\lambda_n}{a}f(x_n)\right]+\lambda_{n+1}f(x_{n+1})\\
&=a\left[\frac{\lambda_1}{a}f(x_1)+\frac{\lambda_2}{a}f(x_2)+\cdots+\frac{\lambda_n}{a}f(x_n)\right]+(1-a)f(x_{n+1})\\
&\leqslant af\left[\sum_{k=1}^{n}\frac{\lambda_k}{a}x_k\right]+(1-a)f(x_{n+1})\\
&\leqslant f\left[\sum_{k=1}^{n}\lambda_k x_k+\lambda_{n+1}x_{n+1}\right]=f\left[\sum_{k=1}^{n+1}\lambda_k x_k\right]
\end{aligned}
$$

所以对于任意一组变量 $x_1,x_2,\cdots,x_q\in[a,b]$ 和任意一组满足 $\sum_{k=1}^{q}\lambda_k=1$ 的非负实数 $\lambda_1,\lambda_2,\cdots,\lambda_q$ ，有 $\sum_{k=1}^{q}\lambda_k f(x_k)\leqslant f\left(\sum_{k=1}^{q}\lambda_k x_k\right)$ 成立。

证毕。

当 $x_1,x_2,\cdots,x_q$ 视为随机变量 X 的可能取值，而 $\lambda_1,\lambda_2,\cdots,\lambda_q$ 视为对应的概率时，上述结论可记为 $E[f(X)]\leqslant f[E(X)]$。即函数的均值≤均值的函数。

对数函数即为上凸函数，这时，上式可表示为 $E[\log X]\leqslant\log[E(X)]$。

对于下凸函数有 $E[f(X)]\geqslant f[E(X)]$，即函数的均值≥均值的函数。

詹森不等式可以推广到多维随机变量的情况。

若 $f(\boldsymbol{x})=f(x_1,x_2,\cdots,x_n)$ 为一多维函数，对于任意小于 1 的正数 $\alpha(0<\alpha<1)$ 以及函数 $f(\boldsymbol{x})$ 定义域内的任意矢量 $\boldsymbol{x}_1$ 、$\boldsymbol{x}_2$ ($\boldsymbol{x}_1\neq\boldsymbol{x}_2$)，如果 $f[\alpha\boldsymbol{x}_1+(1-\alpha)\boldsymbol{x}_2]\geqslant\alpha f(\boldsymbol{x}_1)+(1-\alpha)f(\boldsymbol{x}_2)$，则称 $f(x)$ 为定义域上的上凸函数。若式中“>”成立，称 $f(\boldsymbol{x})$ 为严格的上凸函数。

如果 $f[\alpha\boldsymbol{x}_1+(1-\alpha)\boldsymbol{x}_2]\leqslant\alpha f(\boldsymbol{x}_1)+(1-\alpha)f(\boldsymbol{x}_2)$ ，则称 $f(\boldsymbol{x})$ 为定义域上的下凸函数。若式中“<”成立，称 $f(\boldsymbol{x})$ 为严格的下凸函数。

附录 B 渐进等同分割性和 ε 典型序列

为了严格论证定长信源编码定理，需要介绍渐进等同分割性和 ε 典型序列。在信息论的定理证明中，它是一种重要的数学工具。

当随机试验次数很大时，事件发生的频率具有稳定性。例如，多次抛掷硬币，出现正面或反面的次数是不定的，但是随着试验次数的增加，出现正面或反面的频率将逐渐稳定于 1/2。这就是随机事件的统计规律性。

对于独立同分布的随机变量 $X_1,X_2,X_3,\cdots,X_N$，只要 N 足够大，其算术平均值 $\frac{1}{N}\sum_{i=1}^{N}X_i$ 接近其数学期望值 $E(X)$，即 $\lim_{N\to\infty}P\left\{\left|\frac{1}{N}\sum_{i=1}^{N}X_i-E(X)\right|<\varepsilon\right\}=1$，也就是说其算术平均值依概率收敛于数学期望。当 N 很大时，其算术平均值将几乎变成一个常数 $E(X)$，这就是大数定律。

把 $\frac{1}{N}\sum_{i=1}^{N}X_i$ 看成一个随机变量，$E\left(\frac{1}{N}\sum_{i=1}^{N}X_i\right)=E(X)$，$D\left(\frac{1}{N}\sum_{i=1}^{N}X_i\right)=\frac{\sigma^2}{N\varepsilon^2}$，根据切比雪夫（Chebyshev）不等式可以推出，对于独立同分布的随机变量 $X_1,X_2,X_3,\cdots,X_N$，它们具有相同的数学期望和方差，对于任意正数 ε，有不等式 $P\left\{\left|\frac{1}{N}\sum_{i=1}^{N}X_i-E(X)\right|\geqslant\varepsilon\right\}\leqslant\frac{\sigma^2}{N\varepsilon^2}$ 和 $P\left\{\left|\frac{1}{N}\sum_{i=1}^{N}X_i-E(X)\right|\leqslant\varepsilon\right\}\geqslant 1-\frac{\sigma^2}{N\varepsilon^2}$ 成立，其中 σ^2 为随机变量 $X_1,X_2,X_3,\cdots,X_N$ 的方差。

考虑一个离散无记忆信源

$$\begin{bmatrix} S \\ P(S) \end{bmatrix}=\begin{bmatrix} s_1 & \cdots & s_i & \cdots & s_q \\ p(s_1) & \cdots & p(s_i) & \cdots & p(s_q) \end{bmatrix}$$

的 N 次扩展信源

$$\begin{bmatrix} \boldsymbol{S} \\ P(\boldsymbol{S}) \end{bmatrix}=\begin{bmatrix} \boldsymbol{s}_1 & \cdots & \boldsymbol{s}_j & \cdots & \boldsymbol{s}_{qN} \\ p(\boldsymbol{s}_1) & \cdots & p(\boldsymbol{s}_j) & \cdots & p(\boldsymbol{s}_{qN}) \end{bmatrix}$$

这里 $\boldsymbol{S}=S_1S_2\cdots S_N$ 是 N 维随机矢量，而

$$\boldsymbol{s}_j=s_{j_1}s_{j_2}\cdots s_{j_N},\quad s_{j_1}s_{j_2}\cdots s_{j_N}\in\{s_1,\cdots,s_i,\cdots,s_q\}$$

因为是离散无记忆信源的扩展信源，所以

$$p(\boldsymbol{s}_j)=p(s_{j_1})p(s_{j_2})\cdots p(s_{j_N})=\prod_{k=1}^{N}p(s_{j_k})$$

$$I(\boldsymbol{s}_j)=-\log p(\boldsymbol{s}_j)=-\log\left[\prod_{k=1}^{N}p(s_{j_k})\right]=-\sum_{k=1}^{N}\log p(s_{j_k})=\sum_{k=1}^{N}I(s_{j_k})$$

$I(\boldsymbol{s}_j)$ 是一个随机变量，其数学期望就是 $\boldsymbol{S}$ 的熵。

$$E[I(\boldsymbol{s}_j)] = H(\boldsymbol{S}) = \sum_{k=1}^{N} E[II(s_{j_k})] = NH(\boldsymbol{S})$$

$$D[I(\boldsymbol{s}_j)] = ND[I(\boldsymbol{s}_j)]$$

因为 $D[I(\boldsymbol{s}_i)] < \infty$，所以当 q 为有限值时，$D[I(\boldsymbol{s}_j)] < \infty$。

由于相互统计独立的随机变量的函数也是相互统计独立的随机变量，所以由 $S_1, S_2, \cdots, S_N$ 是相互统计独立且服从同一概率分布的随机变量，可以推出其自信息 $I(s_{j_k})(k = 1, 2, \cdots, N)$ 也是相互统计独立且服从同一概率分布的随机变量。

$$\frac{I(\boldsymbol{s}_j)}{N} = \frac{1}{N}\sum_{k=1}^{N} I(s_{j_k})$$

$$E\left[\frac{I(\boldsymbol{s}_j)}{N}\right] = \frac{1}{N}H(\boldsymbol{S}) = \frac{1}{N}\sum_{k=1}^{N} E[I(s_{j_k})] = H(\boldsymbol{S})$$

所以 $\frac{I(\boldsymbol{s}_j)}{N}$ 依概率收敛于 $H(\boldsymbol{S})$（大数定律），这称为渐进等同分割性。

离散无记忆信源的 N 次扩展信源，N 维随机矢量中每一维随机变量相互独立，当序列长度 N 变得很大时，由于统计规律性，N 个随机变量的算数平均，将变成一个常数（随机变量的数学期望），也就是 N 维随机矢量中平均每一维随机变量的自信息非常接近单符号信源熵。因为 $D\left[\frac{I(\boldsymbol{s}_j)}{N}\right] = D[I(\boldsymbol{s}_i)]/N$，根据切比雪夫定理，所以有以下不等式成立：

$$P\left\{\left|\frac{I(\boldsymbol{s}_j)}{N} - H(\boldsymbol{S})\right| \geqslant \varepsilon\right\} \leqslant \frac{D[I(\boldsymbol{s}_i)]}{N\varepsilon^2}$$

和

$$P\left\{\left|\frac{I(\boldsymbol{s}_j)}{N} - H(\boldsymbol{S})\right| \leqslant \varepsilon\right\} \geqslant 1 - \frac{D[I(\boldsymbol{s}_i)]}{N\varepsilon^2}$$

令 $\frac{D[I(\boldsymbol{s}_i)]}{N\varepsilon^2} = \delta(N, \varepsilon)$，可知 $\lim\limits_{N\to\infty}\delta(N, \varepsilon) = 0$。这样，可以把扩展信源输出的 N 长序列分成两个集合 G_ε 和 $\bar{G}_\varepsilon$：

$$G_\varepsilon = \left\{\boldsymbol{s}_j : \left|\frac{I(\boldsymbol{s}_j)}{N} - H(\boldsymbol{S})\right| \leqslant \varepsilon\right\}$$

$$\bar{G}_\varepsilon = \left\{\boldsymbol{s}_j : \left|\frac{I(\boldsymbol{s}_j)}{N} - H(\boldsymbol{S})\right| \geqslant \varepsilon\right\}$$

且 $P(G_\varepsilon) + P(\bar{G}_\varepsilon) = 1$。$G_\varepsilon$ 称为 ε 典型序列集，它表示 N 长序列中平均每一维随机变量信息非常接近单符号信源熵的一类序列的集合。而 $\bar{G}_\varepsilon$ 表示 N 长序列中不在 G_ε 的序列的集合，称为非 ε 典型序列集。它们的差别在于 $\frac{I(\boldsymbol{s}_j)}{N}$ 与 $H(\boldsymbol{S})$ 的差是否小于任意小的正数 ε。下面推导 ε 典型序列集的一些性质。

（1）G_ε 和 $\bar{G}_\varepsilon$ 的概率

$$1 \geqslant P(G_\varepsilon) \geqslant 1 - \delta(N; \varepsilon)$$

$$0 \leqslant P(\bar{G}_\varepsilon) \leqslant \delta(N,\varepsilon)$$

（2）G_ε 和 $\bar{G}_\varepsilon$ 中序列的概率。

根据 ε 典型序列集的定义，G_ε 中序列 $\dfrac{I(\boldsymbol{s}_j)}{N}$ 与 $H(\boldsymbol{S})$ 的差小于正数 ε，即

$$-\varepsilon \leqslant \frac{I(\boldsymbol{s}_j)}{N} - H(\boldsymbol{S}) \leqslant \varepsilon$$

$$N[H(\boldsymbol{S})-\varepsilon] \leqslant I(\boldsymbol{s}_j) \leqslant N[H(\boldsymbol{S})+\varepsilon]$$

而 $I(\boldsymbol{s}_j) = -\log p(\boldsymbol{s}_j)$，所以

$$2^{-N[H(\boldsymbol{S})-\varepsilon]} \geqslant p(\boldsymbol{s}_j) \geqslant 2^{-N[H(\boldsymbol{S})+\varepsilon]}$$

（3）G_ε 和 $\bar{G}_\varepsilon$ 中序列的个数。

设 G_ε 中序列数为 M_G，有

$$1 \geqslant P(G_\varepsilon) \geqslant M_G 2^{-N[H(\boldsymbol{S})+\varepsilon]}$$

$$1-\delta(N,\varepsilon) \leqslant P(\bar{G}_\varepsilon) \leqslant M_G 2^{-N[H(\boldsymbol{S})+\varepsilon]}$$

所以

$$\begin{aligned}
[1-\delta(N,\varepsilon)]2^{N[H(\boldsymbol{S})-\varepsilon]} &= \frac{1-\delta(N,\varepsilon)}{2^{-N[H(\boldsymbol{S})-\varepsilon]}} \\
&\leqslant \frac{P(G_\varepsilon)}{2^{-N[H(\boldsymbol{S})-\varepsilon]}} \\
&\leqslant M_G \\
&\leqslant \frac{P(G_\varepsilon)}{2^{-N[H(\boldsymbol{S})+\varepsilon]}} \\
&\leqslant \frac{1}{2^{-N[H(\boldsymbol{S})+\varepsilon]}} \\
&= 2^{N[H(\boldsymbol{S})+\varepsilon]}
\end{aligned}$$

即

$$[1-\delta(N,\varepsilon)]2^{N[H(\boldsymbol{S})-\varepsilon]} \leqslant M_G \leqslant 2^{N[H(\boldsymbol{S})+\varepsilon]}$$

所以，N 次扩展信源中信源序列可分为两大类，一类是 ε 典型序列，是经常出现的信源序列。当 $N \to \infty$ 时，这类序列出现的概率趋于 1，并且，每个 ε 典型序列接近等概率分布 $p(\boldsymbol{s}_j) \approx 2^{-N[H(\boldsymbol{S})]}$。另一类是低概率的非 ε 典型序列，是不经常出现的信源序列。当 $N \to \infty$ 时，这类序列出现的概率趋于 0。

信源的这种划分性质就是渐进等同分割性。

G_ε 中序列虽然是高概率序列，但是，G_ε 中序列数占信源序列总数的比值却很小

$$\varepsilon = \frac{M_G}{q^N} \leqslant \frac{2^{N[H(\boldsymbol{S})+\varepsilon]}}{q^N} = 2^{-N[\log q - H(\boldsymbol{S}) - \varepsilon]}$$

因为一般情况 $H(\boldsymbol{S}) < \log q$，所以 $\log q - H(\boldsymbol{S}) - \varepsilon > 0$，$\lim\limits_{N\to\infty} \xi = 0$，信源序列中大部分是不大可能出现的序列。如果只是对高概率的 ε 典型序列进行了一一对应的等长编码，码字总数减少，所需码长就可以缩短了。